水性聚氨酯及应用

黄毅萍　许戈文　等编著

 化学工业出版社

·北京·

本书主要从合成、配方设计、性能测试、配方举例及应用等角度对水性聚氨酯进行了全面论述。全书共分20章，具体包括水性聚氨酯木器漆、橡塑涂料、防水涂料、功能涂料、防腐涂料、皮革涂料；水性氨酯油；水性聚氨酯织物涂层；水性聚氨酯油墨；水性聚氨酯化妆品；水性聚氨酯复合胶、鞋用胶、合成革用胶、汽车内饰胶、建筑用胶以及在新能源材料上的应用等。可供从事水性聚氨酯材料研发、生产技术人员及相关部门的管理人员参考。

图书在版编目（CIP）数据

水性聚氨酯及应用/黄毅萍，许戈文等编著．—北京：化学工业出版社，2015.1（2017.7重印）
ISBN 978-7-122-22212-1

Ⅰ.①水…　Ⅱ.①黄…②许…　Ⅲ.①聚氨酯-水溶性树脂
Ⅳ.①TQ323.8

中国版本图书馆 CIP 数据核字（2014）第 252393 号

责任编辑：赵卫娟　　　　　　　　　　　　装帧设计：张　辉
责任校对：吴　静

出版发行：化学工业出版社（北京市东城区青年湖南街13号　邮政编码100011）
印　　装：北京虎彩文化传播有限公司
710mm×1000mm　1/16　印张20¼　字数399千字　2017年7月北京第1版第4次印刷

购书咨询：010-64518888　　　　　　　　售后服务：010-64518899
网　　址：http://www.cip.com.cn
凡购买本书，如有缺损质量问题，本社销售中心负责调换。

定　　价：78.00元

前　言

　　人们对环境污染关注的原因非常简单，就是渴望人类原本就该拥有的蓝天和绿地。聚氨酯乳液自 P. Schlack 20 世纪 40 年代成功地研制出至今的七十多年里，因其突出的环保性和优异的综合性能，而得到迅速发展。我国 70 年代开始研究并少量生产，80 年代主要应用于皮革涂饰，进入 21 世纪，特别是近十年，由于全球范围内环境保护的呼声越来越高，水性聚氨酯显现出超常规的发展速度，其应用面已涉及涂料、涂层、胶黏剂和助剂等领域。

　　水性聚氨酯应用面取决于聚氨酯材料优越的软硬可调特性，因此从硬度要求很高的金属涂料，到弹性要求突出的纺织涂层；从低温柔韧的低温胶黏剂，到高温不返黏的高温胶黏剂；加上水性聚氨酯的双亲结构而表现出的高分子表面活性剂特性，使其在特殊助剂领域也有着特殊的用途。

　　本书共分 20 章，涉及涂料、涂层、胶黏剂以及助剂，从研究现状及市场的基本介绍、配方设计基本原则、测试、基本配方、应用方法等方面作了介绍，以期对从事水性聚氨酯研究、开发和生产的同仁有参考作用。

　　参加本书撰写工作的有：杨伟平（第 1 章、第 4 章、第 5 章、第 6 章），许戈文（第 2 章、第 12 章、第 13 章、第 14 章、第 20 章），黄毅萍（第 3 章），陶灿（第 7 章、第 8 章、第 19 章），王继印（第 9 章），卢敏（第 10 章、第 18 章），夏会华（第 11 章），饶舟（第 15 章），鲍俊杰（第 16 章），陈朋（第 17 章）等，全书最后由黄毅萍定稿。

　　由于水平有限，书中不妥之处，恳请各位同仁批评指正。

编著者
2014 年 9 月于安徽大学

目 录

第 1 章　水性聚氨酯材料

第 2 章　水性聚氨酯木器漆

第 3 章　水性聚氨酯橡塑涂料

第 4 章　水性聚氨酯防水涂料

第5章　水性氨酯油

第6章　水性聚氨酯功能性涂料

第7章　水性聚氨酯防腐涂料

第8章　水性聚氨酯皮革涂料

第9章　水性聚氨酯织物涂层

第 10 章　水性聚氨酯油墨

第 11 章　水性聚氨酯在化妆品上的应用

第 12 章　水性聚氨酯复合胶

第 13 章　水性聚氨酯鞋用胶

第 14 章　水性聚氨酯合成革用胶

第 18 章　水性聚氨酯表面活性剂

第 19 章　水性聚氨酯增稠剂

第 20 章　水性聚氨酯抗静电剂和固化剂

水性聚氨酯材料

聚氨酯从 20 世纪 30 年代开始发展，而水性聚氨酯的研究始于 40 年代。1942 年，德国的 P. Schlack 在乳化剂和保护胶的存在下，通过剧烈搅拌将二异氰酸酯分散于水中并添加二胺，成功地研制出聚氨酯乳液[1]。1953 年 Du Pont 公司的 Wyandott 将二异氰酸酯基团封端聚氨酯预聚体的甲苯溶液分散于水中，用二元胺扩链，再加入适当的乳化剂，在强剪切力作用下形成聚氨酯乳液。但该工艺因存在乳化剂用量大、反应时间长以及乳液颗粒较粗而导致稳定性差、成膜性差及涂膜性能差等难以达到应用要求[2]。

由于当时聚氨酯材料科学刚刚起步，水性聚氨酯未受到足够重视，研究过程和生产都没有多大进展。直至 1967 年水性聚氨酯才首次以工业化形式出现在美国市场，1972 年拜耳公司正式将聚氨酯水分散体作为皮革涂料进行大批量生产。20 世纪 70～80 年代，美、德、日等国的一些聚氨酯乳液产品从试制阶段发展为工业生产和应用，开始有多种牌号的聚氨酯乳液产品供应[3]。

1962 年以前，水性聚氨酯所用的多异氰酸酯几乎都是 TDI，这种材料具有综合性能好、产量大、品种多、应用广、价格低等诸多优点，但有一个严重的缺点：耐黄变性较差。而后出现的 IPDI 和 HDI 等脂肪族多异氰酸酯克服了这一缺点，但成本较高。现今，对于耐黄变性没有特殊要求的情况下，仍然以 TDI 作为主要的多异氰酸酯原料。

由于聚氨酯结构具有软、硬嵌段，并且软硬段可调，通过对结构的调整，得到的材料具有以下诸多优点。

① 耐磨性与黏附性强。

② 防腐性能优异，耐油、耐酸碱盐、耐工业废气。

③ 施工温度范围广，可以从低温到室温，直至热固化温度。

④ 具有优良的电性能。

⑤ 与多种树脂混用性好。

⑥ 装饰与保护性能好。

⑦ 耐高低温性能好，—40～300℃都有相应的品种。

由于早期溶剂型聚氨酯材料含有有毒溶剂，严重污染环境，危害人体健康。随着人类生活质量的提高，以及环保法规越来越严格，各种环保条例对挥发性有机化合物（VOC）的排放量、有害溶剂的含量都有严格的限制[4]。水性聚氨酯由于以水为分散介质，不仅具有无毒、不易燃烧、不污染环境、节能、安全可靠等优点，同时还具备溶剂型聚氨酯的一些重要的性能特征[5]。水性聚氨酯材料既具有良好的综合性能，又具有不污染、运输安全及工作环境好等特点，满足了环保要求，更加具有诱惑力的是其价格低廉。在基本不改变有机溶剂型使用工艺前提下保持有机溶剂型的产品性能，并且廉价、安全，因此水性聚氨酯材料是近年来迅速发展的一类水性材料。

水性聚氨酯材料的柔韧性、机械强度、耐磨性、黏结性、耐化学药品及耐久性等都十分优异，欧洲、美国、日本均将其视为高性能的品种大力研发。

相比而言[6]，中国的水性聚氨酯仍处在初步发展阶段，市场扩展仍尚待时日，产品的产量远不能满足大量的市场需求。另外，国内水性聚氨酯在很多方面仍存在不少缺陷和改进的空间，如耐水性差、储存期短、分子量低、乳液中树脂含量低，以及批次产品差异大等。所以，对水性聚氨酯的应用及改性研究成为了国内各相关企业和高校科研工作者的研究热点。

1.1　基本原料

在水性聚氨酯乳液的合成中，主要涉及的基本原料有多异氰酸酯、大分子多元醇化合物、亲水扩链剂、成盐剂、溶剂和水。

(1) 多异氰酸酯　常用的品种有 TDI、MDI 等芳香族二异氰酸酯，HDI 等脂肪族二异氰酸酯和 IPDI、H-MDI 等脂环族二异氰酸酯等十多个品种。芳香族聚氨酯材料的力学性能较好，但不耐黄变，并且由于苯环结构的存在，使得水分散液的热活化温度较高，限制了其应用范围。而脂肪族或脂环族聚氨酯的耐水解性比芳香族聚氨酯要好，储存也更稳定，更重要的是其具有优异的耐黄变性能。国外高品质的聚酯型水性聚氨酯一般均采用脂肪族或脂环族异氰酸酯原料制成。我国受原料品种及价格等因素的限制，大多数产品仍采用 TDI 为多异氰酸酯的首选原料。

(2) 大分子多元醇　聚氨酯所用大分子多元醇化合物主要是聚醚多元醇、聚酯多元醇、聚乙二醇、聚四氢呋喃醚、聚酯酰胺、丙烯酸多元醇、蓖麻油类多元醇以及端羟基聚丁二烯橡胶、聚 1,6-己二醇碳酸酯等。水性聚氨酯的制备常采用低聚物多元醇，一般以聚醚二元醇和聚酯二元醇居多，有时还使用聚醚三元醇、低支化度聚酯多元醇、聚碳酸酯二元醇等小品种低聚物多元醇。

聚醚型聚氨酯中的醚基易旋转，具有较好的柔顺性，较好的低温性能，并且醚基不易水解，耐水解性优于聚酯型。但醚键的 α 碳易被氧化，产生一系列氧化降解反应。由于价格原因，目前国内主要采用聚醚多元醇制备水性聚氨酯。

聚酯型聚氨酯强度高、黏结力好，但由于聚酯本身的耐水解性较差，故采用一般原料制得的聚酯型水性聚氨酯，其储存稳定期相对较短。但如果采用耐水解性的聚酯多元醇品种，可以显著提高水性聚氨酯的耐水解性。国外的聚氨酯涂料的主流产品均是聚酯型聚氨酯。

（3）亲水扩链剂　亲水扩链剂是在对端异氰酸酯基的聚氨酯预聚体进行扩链的同时引入亲水性基团的物质，分为阴离子型、阳离子型和非离子型三种。常用的品种有二羟甲基丙酸（DMPA）、二羟基半酯、乙二氨基乙磺酸钠、二乙烯三胺、甲基二乙醇胺等。这类亲水扩链剂是水性聚氨酯制备中使用的专用原料，其结构中通常含有羧基、磺酸基或仲氨基，当其侧挂到聚氨酯分子链上，会使聚氨酯链段上带有能被离子化的功能性基团。

（4）成盐剂　成盐剂也称中和剂，是一种能和羧基、磺酸基、叔氨基或脲基等基团反应形成聚合物盐或者生成离子基团的试剂。阴离子型水性聚氨酯使用的成盐剂主要有三乙胺、氨水、氢氧化钠等，阳离子型水性聚氨酯使用的成盐剂主要有盐酸、醋酸、CH_3I、$(CH_3)_2SO_4$、环氧氯丙烷等。

（5）溶剂　在预聚反应过程中，根据反应的原料，有时候反应过程中的黏度会较大，甚至搅拌困难，此时需向体系中加入有机溶剂以降低黏度，利于搅拌。同时，加入溶剂有助于体系的充分反应，使分子链进一步增长。目前合成水性聚氨酯常用的溶剂有丙酮、丁酮、二氧六环、N,N-二甲基甲酰胺、N-甲基吡咯烷酮等。考虑成本的原因，工业上多采用丙酮作为溶剂。丙酮沸点低，易于脱除，但会使合成后期的反应温度较低，延长反应时间。

1.2　合成方法

合成水性聚氨酯，一般先将二异氰酸酯、低聚物二醇（或多元醇）和扩链剂预先反应，制备一定分子量的预聚体或高分子量聚氨酯树脂后，再采用相转移法将其溶解或乳化于水中。水性聚氨酯的合成方法主要有以下几种。

（1）由低聚物二醇、二异氰酸酯以及小分子扩链剂，制备端—NCO聚氨酯预聚体，或在有机溶剂中制备高分子量聚氨酯，在乳化剂及高剪切力作用下乳化。

（2）由中低分子量的聚氧化乙烯二醇作为低聚物二元醇原料，与二异氰酸酯（及扩链剂）制备聚氨酯或预聚体，再分散于水中。

（3）采用含羧基、磺酸基或叔氨基的扩链剂制备聚氨酯或其预聚体，中和后制成离子型聚氨酯并乳化。根据具体情况，中和可在乳化前或乳化同时进行，预聚体的乳化过程可用二胺扩链。

（4）制备聚氨酯-脲-多胺（PUUA）。PUUA在稀酸水溶液中乳化，或将PUUA与环氧氯丙烷（ECH）的加成物在酸性水溶液中乳化，得到阳离子型聚氨酯乳液。PUUA与二乙酸酐反应，在碱性水溶液中乳化，或PUUA和ECH的加成物与内酯或磺内酯反应，在碱性水溶液中乳化，可得到阴离子型聚氨酯乳液。

（5）使聚氨酯带有亲水的羟甲基。引入羟甲基的方法是利用聚氨酯的氨基与甲醛的反应，或含—NCO 的聚氨酯的预聚体与过量三乙醇胺反应。

(6) 先制备含 PEO 等亲水扩链性链节或基团的端—NCO 预聚体，再与亚硫酸氢钠醇水溶液反应并乳化，预聚体还可与酮肟或己内酰胺等封闭剂反应，并乳化于水中，形成封闭聚氨酯乳液。

(7) 采用含羧基、磺酸钠或叔氨基团的低聚物多元醇制备聚氨酯预聚体并离子化，乳化于水。

利用上述方法制备的水性聚氨酯产品品种繁多，应用广泛，稳定性高，性能较好。

1.3　水性聚氨酯的分类

从普遍观点来看，目前市场上的水性聚氨酯主要可以分为单组分水性聚氨酯、双组分水性聚氨酯以及改性水性聚氨酯。

1.3.1　单组分水性聚氨酯

单组分水性聚氨酯是以水性聚氨酯树脂为基料并以水为分散介质的一类涂料。通过交联改性的水性聚氨酯具有良好的储存稳定性、涂膜力学性能、耐水性、耐溶剂性及耐老化性能，而且与传统的溶剂型聚氨酯的性能相近，是水性聚氨酯的一个重要发展方向。

单组分水性聚氨酯是应用最早的水性聚氨酯，具有很高的断裂伸长率和适当的强度，并能常温干燥。因为高分子聚合物不能形成良好而稳定的水分散体，所以传统的单组分水性聚氨酯通常是较低的分子量或低交联度。分子链上不含交联基团的水性聚氨酯所形成的涂料属物理干燥成膜，所以线型聚氨酯分子不能提供像共价交联那样的性能，为了进一步提高水性聚氨酯的机械和耐化学品性能，可引入反应性基团进行交联[7]。

目前，单组分水性聚氨酯主要包含的品种包括以下几类。

(1) **热固性聚氨酯**　交联的聚氨酯能增加其耐溶剂性及水解稳定性。聚氨酯水分散体在应用时与少量外加交联剂混合使用，其体系称为热固性水性聚氨酯，也叫作外交联型水性聚氨酯。其使用的交联剂主要是多官能团的化合物。

(2) **含封闭异氰酸酯的水性聚氨酯**　该类成膜原料由多异氰酸酯组分和含羟基组分两部分构成。多异氰酸酯组分与苯酚、丙二酸酯、己内酰胺等封闭剂反应而生成氨酯键封闭，因此合装并不会造成这两部分发生反应，具有较好的储存性。而氨酯键在加热情况下发生分解生成异氰酸酯，与羟基组分反应生成聚氨酯。因此封闭型水性聚氨酯的成膜即利用不同结构的氨酯键的热稳定性差异，以稳定性强的氨酯键取代稳定性弱的氨酯键。

(3) **室温固化水性聚氨酯**　对于某些热敏性和大型制件而言，不能采用加热的方式进行交联，这就需要室温固化型的水性聚氨酯。此类水性聚氨酯，采用特制的多异氰酸酯交联剂，即含—NCO 端基的异氰酸酯预聚物，经亲水处理后分散于各种含羟基聚合物中而形成分散体，进而与多种含羟基聚合物水分散体组成能在室温固化的水性聚氨酯。

（4）光固化水性聚氨酯 光固化水性聚氨酯采用电子束辐射、紫外线辐射的高强度辐射引发低活性的预聚物体系产生交联固化。目前，以紫外线固化形式为主，具体方法是先用不饱和聚酯多元醇制备预聚物，然后引进离子基团，经亲水处理后制得在主链上带双键的聚氨酯水分散体，再与易溶的高活性丙烯酸烷氧基单体、光敏性助剂等混合得到光固化型水性聚氨酯。

（5）聚氨酯-丙烯酸酯（PUA） 单一的丙烯酸酯乳液存在耐磨性、耐水性和耐化学品性差的缺陷，单一的聚氨酯乳液也存在一定的不足，两者在性能上具有互补的作用。PUA 复合乳液兼备了两者的优点，具有耐磨、耐腐蚀和光亮，柔软有弹性，耐水性和力学性能良好，耐候性佳等特性。

1.3.2 双组分水性聚氨酯

双组分聚氨酯具有成膜温度低、附着力强、耐磨性好、硬度大以及耐化学品、耐候性好等优越性能。水性双组分聚氨酯将双组分溶剂型聚氨酯的高性能和水性材料的低 VOC 含量相结合，成为研究热点。水性双组分聚氨酯是由含—OH 基的水性多元醇和含—NCO 基的低黏度多异氰酸酯固化剂组成的，其膜性能主要由羟基树脂的组成和结构决定。

20 世纪 90 年代初，Jacobs 成功开发出一种能分散于水中的多异氰酸酯固化剂，从而使双组分水性聚氨酯真正开始进入实际应用研究阶段。尽管目前国内外生产的水性聚氨酯大多数是单组分聚氨酯，但由于单组分水性聚氨酯的膜性能不够理想，且实际应用中，有时为了满足高强度的需要，常对单组分的膜进行一些后处理，比如烘烤等，以提高交联度。这些后处理使得其应用范围受到很大的限制，所以现在对水性双组分聚氨酯的开发与研究已变得十分活跃。如 BASF 公司研制的高性能水性双组分聚氨酯清漆和底漆，具有极好的综合性能，现已成功地用于 OEM 涂装[8,9]。

常规的双组分水性聚氨酯由含有活泼异氰酸酯基团的固化剂（甲组分）和含有可与异氰酸酯基团反应的活泼氢（羟基）的水性多元醇（乙组分）两部分组成。甲组分为多异氰酸酯组分，选择合适的多异氰酸酯固化剂是决定膜性能的重要因素。用于双组分水性聚氨酯体系的固化剂要求有良好的溶解性，要求有足够的官能度和反应活性，同时须具有较低的黏度以便与其他树脂混合。由于多异氰酸酯单体具有较大的挥发性、刺激性和毒性，所以在制备聚氨酯时，很少直接使用多异氰酸酯单体，而是利用多异氰酸酯的预聚体，即把它们加工成不挥发的亲水性的多异氰酸酯组分，具体有亲水改性多异氰酸酯固化剂、低黏度多异氰酸酯固化剂和较难与水反应的固化剂。常用的预聚体有：TDI 三聚体和 TDI-TMP 的加成物、HDI-TMP 加成物和 HDI 的二聚体、HDI 三聚体、MPDI 三聚体等。目前市场上比较好的水性聚氨酯交联剂的产品有：Bayer 公司的交联剂，如脂肪族聚异氰酸酯 Desmodur DA、脂肪族聚异氰酸酯 Desmodur XO-671、芳香族聚异氰酸酯 Desmodur XO-672；BASF 公司的交联剂和 Rodia 公司的交联剂，如亲水性异氰酸酯 WT2102、WT2092 聚异氰酸酯；H. B. Fuller 公司的交联剂，如 UR-100 等；还可以用芳香族聚异氰酸酯交联剂（COMP1）、碳化二亚胺类交联剂（COMP2）及水分散型环氧交联剂（COMP3）等。

乙组分为水性双组分聚氨酯的多元醇体系，必须具有分散功能，能将憎水的多异氰酸酯体系很好地分散在水中，使得分散体粒径足够小，保证涂膜具有良好的性能。水性双组分聚氨酯的多元醇有乳液型多元醇（粒径 $0.08 \sim 0.5 \mu m$）和分散体型多元醇（粒径小于 $0.08 \mu m$）。

乳液型多元醇的制备采用乳液聚合技术，具有工艺简单、成本低的优点；乳液型多元醇的分子量较高，对多异氰酸酯固化剂的分散能力较差；为了改善膜的外观，必须采用亲水改性的多异氰酸酯固化剂，或采用高剪切力混合设备。

根据化学结构，分散体型多元醇可分为丙烯酸分散体多元醇、聚酯分散体多元醇和聚氨酯分散体多元醇。丙烯酸分散体多元醇具有较低的分子量，较高的羟基官能度，配制的膜交联密度较高，具有良好的耐溶剂性、耐化学品性和较好的耐候性，但膜的干燥速率较慢，如 Neo Resin 公司的 NeoCryl XK 110。聚酯分散体多元醇配制的双组分具有良好的流动性，膜光泽较高，适用于配制高光色漆；其缺点是聚酯分子链的酯键易水解，聚合物链易产生断裂。聚氨酯分散体多元醇配制的双组分具有优异的物理机械性能和耐化学品性能，而且可通过调整氨基甲酸酯键的浓度来裁剪膜性能。因此，聚氨酯多元醇分散体是理想的双组分聚氨酯的羟基组分[10]。

1.3.3 改性水性聚氨酯

水性聚氨酯以水作为分散介质，且生产过程中为了降低黏度而加入的有机溶剂可通过减压蒸馏回收利用，减少有机溶剂的使用和挥发，施工安全，操作简便。但由于要在水中分散，聚氨酯分子链中增加了一些特定官能团，使得水性聚氨酯性能较溶剂型聚氨酯还有一定的差距。其分子链中的亲水性基团的存在，导致水性聚氨酯在耐候性、耐水性、耐溶剂性、初始黏度等方面表现较差，且水性聚氨酯乳液的固含量低、成膜速率慢、成本较高。为了提高水性聚氨酯的综合性能，常对其进行改性，主要集中在：①原料及合成工艺改进；②交联改性；③使用各种助剂；④优化复合[11]；⑤多重改性。水性聚氨酯改性方法较多，以下针对当前研究较多、较成熟的几方面进行介绍，包括丙烯酸改性、环氧树脂改性、有机硅改性、有机氟改性、纳米改性、植物油改性、交联改性和多元改性等。

1.3.3.1　丙烯酸酯改性

丙烯酸酯改性聚氨酯（PUA）乳液常用物理改性和化学改性两种方法。物理共混法操作简单、使用方便，但两种树脂的相容性差，且两者间没有化学作用，易产生相分离，共混的树脂稳定性差、透过率低、性能较差。化学改性方法[12]常采用以下几种。①种子乳液聚合法：以 WPU 乳液为种子，将丙烯酸酯单体溶胀到 WPU 乳液中，然后进行自由基聚合，得到具有核壳结构的 PUA 复合乳液。②原位乳液聚合法：在聚氨酯预聚体合成过程中以丙烯酸酯单体代替有机溶剂，制得亲水型的聚氨酯预聚物/丙烯酸酯单体混合物，分散到水中后，加入引发剂进行自由基聚合。③嵌段聚合法：先制得含羧基和端羟基的聚丙烯酸酯，然后和聚氨酯中的异氰酸根反应，制得水性聚氨酯-丙烯酸酯嵌段共聚物。④互穿聚合物网络（IPN）法：IPN 是一种独特的多相多组分聚合物合金，其中至少有一种组分为交联结构，从而能限制分子链运动而产生的宏观相分离，使两种互不相溶的聚合物在分子水平上达到"强迫互溶"和"分子协同"的效果。PUA 互穿网络的合成，几乎都是采用分步乳液聚合即种子乳液或核壳乳液聚合。通常先合成出种子乳液，然后按某种方式加入混有丙烯酸酯的壳单体或混有 PU 网络的丙烯酸酯壳单体，使壳单体在种子乳胶粒的表面进行聚合和交联，从而形成 PUA 互穿网络。如果以疏水单体作为种子单体，以亲水性 PU 或混有亲水性 PU 的丙烯酸酯单体为壳单体进行种子乳液聚合，通常能形成正常结构的核壳乳胶粒。按丙烯酸酯常规合成工艺先合成带有活性的—OH、—NH₂ 核壳丙烯酸酯乳液，再合成含端—NCO 的 PU 预聚体，将 PU 预聚体逐渐分散在丙烯酸酯的核壳乳液中，形成 PUA 互穿网络聚合物；如果以亲水 PU 作为种子乳液，疏水性的丙烯酸酯作为壳单体，在聚合过程中，新生成的疏水性聚合物向种子乳胶粒内部迁移，形成翻转的乳胶粒。⑤多重复合改性：常见的多重复合改性有无机纳米粒子改性 PUA 复合乳液、氟改性 PUA 复合乳液、有机硅改性 PUA 复合乳液及环氧树脂（EP）改性 PUA 复合乳液等。

近年来，化学工作者不断开发出新的合成方法和工艺，制备出新型的 PUA 复合乳液。有关 IPN 结构的 PUA 乳液、核/壳乳液、细乳液等已成为研究的热点。

1.3.3.2　环氧树脂改性

环氧树脂具有许多优良的性能，如黏附力强、易固化、拉伸强度高、成型收缩率低、化学稳定性好、电绝缘性好等特点。而羟基和环氧基是环氧树脂特殊的活泼官能团，接入到聚氨酯分子主链上可以提高水性聚氨酯的力学性能、粘接强度以及耐水耐溶剂性。另外作为多羟基的化合物还可以提高水性聚氨酯的交联密度，形成丰富的交联网络结构，更能提高水性聚氨酯胶膜性能。环氧树脂改性水性聚氨酯文献报道较多，为水性聚氨酯改性热点之一。根据改性原理的不同，可以把环氧树脂改性水性聚氨酯的方式分为：共混、共聚和环氧开环后共聚等。

(1) 环氧树脂和水性聚氨酯共混　环氧树脂和水性聚氨酯共混属于基本的物理

共混，考虑到水分散相体系的基本特征，与水性聚氨酯进行共混的环氧树脂常采用水性环氧树脂，这样可以使环氧树脂和水性聚氨酯在分散时更加均匀、稳定，并且也有利于后期各种颜填料的加入[13]。采用物理共混的改性方式，虽然操作方便，但是毕竟是物理层面的改性，性能稳定性方面不是很好，相比之下，其涂膜的综合性能要明显地劣于嵌段共聚法得到的产品。另外，考虑到实际应用价值，目前国内这种方法的改性方式和文献并不多见。

(2) 环氧树脂和水性聚氨酯嵌段共聚　环氧树脂为多羟基化合物，可以与异氰酸根直接进行反应，且起到部分交联的作用，形成部分网状结构。目前，由于嵌段改性可以使环氧树脂有效地接入聚氨酯结构中，且改性效果明显，关于此类研究较多。另有相关文献报道关于环氧树脂-丙烯酸酯-聚氨酯的三元共聚，将三者的优良特性结合到一起，且降低了成本，具有较好的应用前景[14]。但是这类改性，存在环氧加入量不高、嵌段接枝率偏低等问题，使得改性效果往往不是很明显。

(3) 环氧树脂开环后和水性聚氨酯共聚　环氧树脂存在大量环氧基团，在起始剂作用下打开环氧基团，形成含羟基化合物，该羟基可直接与异氰酸根反应，接入水性聚氨酯主链中。目前国内环氧改性水性聚氨酯的研究中，环氧基团在反应体系中，未参加反应或者只是很少部分开了环。造成最终乳液中依然含有环氧基团，在储存时，环氧基团中的 β 位 C 原子受三乙胺、羟基、水等亲核试剂进攻，氧原子受质子和路易斯酸等亲电子试剂进攻发生开环反应，造成乳液的储存稳定性变差[15]。故采用合适的开环起始剂使其先开环，再接入聚氨酯结构中发生共聚反应，可以很大程度地提高乳液的储存稳定性。

另外，环氧共聚改性聚氨酯预聚体合成法，利用反相分散工艺即把水加入到聚氨酯溶液中，使聚氨酯溶液高速分散，制得的环氧改性水性聚氨酯乳液固含量高、胶乳粒径小、胶膜机械强度高[16]。水性环氧乳化剂和聚氨酯自身具有的自乳化功能两者结合，可以得到性能更加优异的环氧树脂改性水性聚氨酯乳液，并且可以解决环氧树脂改性水性聚氨酯乳化困难、储存稳定性差、容易出现凝胶等难题[17]。

1.3.3.3　有机硅改性

有机硅分子结构中同时存在无机结构的主链和有机结构的侧链，这种特殊的组成和结构使得有机硅材料兼具有机物的特性和无机物的性能，由于 Si—O 键的键能高于 C—C 键的键能，因而键的极性大，对所连的烃基有屏蔽作用，故提高了材料的氧化稳定性。同时由于 C—H 无极性，分子间的相互作用力很弱，Si—O—Si 键角大，使得 Si—O 键可以旋转，Si—O 键长较长且属于具有 50% 离子键特征的共价键，这使得材料具有耐气候老化、耐臭氧、耐高低温性、憎水、耐油污、黏结性能良好、生理惰性等多项优异性能[18]。利用有机硅改性聚氨酯，可以综合两者的优异性能。有机硅改性水性聚氨酯按照两者结合方式的不同可分为化学共聚改性和物理共混改性两种主要方式。

化学共聚改性是有机硅改性水性聚氨酯最常用的方法，该方法是用含有活性 —OH 和 —NH$_2$ 等双官能团或三官能团的有机硅低聚物（如氨基硅油、羟基硅油或氨基封端的硅氧烷偶联剂等）作为扩链剂或软段与 —NCO 反应接到聚氨酯分子链上，形成嵌段共聚物。这种嵌段共聚又分为两种合成方式：①作为扩链剂在乳化过程中用其活性官能团与 —NCO 反应；②在形成预聚体过程中利用 —OH 和 —NH$_2$ 与 —NCO 反应将其引入到分子链中，羟基硅油相对于氨基硅油反应活性适中，合成过程反应平稳。

所谓物理共混改性是利用机械混合的方式来实现的，有机硅聚合物可以乳化形成水溶性树脂，然后和水性聚氨酯乳液在机械搅拌力作用下形成有机硅-水性聚氨酯共混乳液，如此在聚氨酯乳液中混入有机硅可以改善水性聚氨酯胶膜的耐水性和耐溶剂性。但硅油容易在胶膜表面迁移，物理机械共混往往造成水性聚氨酯胶膜表面出油形成负面的效应。

利用合适的有机硅改性水性聚氨酯的合成工艺，其产品分子结构可调性强、黏附力强、手感好，涂饰后的材料具有手感丰满、光亮、耐磨、不易断裂和柔软等优点[19]。然而有机硅与水性聚氨酯溶解度参数相差较大，相容性不好，有机硅含量占水性聚氨酯体系不是越大越好，当含量超过某一定值时，聚合物中就会出现相分离，成膜性变差，吸水率反而增大。当不超过这一含量时，由于有机硅疏水性较强，含量越多，涂膜表面的疏水性也就越强，接触角也就相应地增大[20~23]。

1.3.3.4 有机氟改性

氟原子半径小，电负性强、可极化率小、折射率小，氟聚合物具有优良的电学性能和光学性能；C—F 键键长短，键能高，因此含氟聚合物有优异的耐热性、耐氧化性、耐化学溶剂性、生物相容性等[24,25]；同时含氟链段可在材料表面富集，可以使有机氟功能材料具有较低表面能[26]，拥有优异的拒水拒油性。因此，将含氟单体或聚合物引入到水性聚氨酯中，可以大幅度改善水性聚氨酯膜的表面性能，提高了涂料的品质，有机氟改性水性聚氨酯早已成为水性聚氨酯的热点之一。

水性聚氨酯的氟化的方法较多，常见的改性方法有以下三种：①将含氟丙烯酸酯不饱和单体引入聚氨酯/丙烯酸乳液中聚合；②将含有活泼氢原子的含氟二元醇/二胺与聚氨酯中的异氰酸根反应，将氟原子引入到聚氨酯主链上；③经氟改性的聚醚/聚酯多元醇和多异氰酸酯反应，合成含氟水性聚氨酯。

1.3.3.5 纳米改性

纳米材料具有表面效应、小尺寸效应、光学效应、量子尺寸效应、宏观量子尺寸效应等特殊性质，因而表现出特殊的光、电、磁和化学特性[27]，这为制备高性能、多功能复合材料开辟了新的途径。近年来，将纳米材料引入水性聚氨酯体系成为聚氨酯研究领域的热点，也为拓宽水性聚氨酯的应用提供了理论参考。

纳米改性水性聚氨酯的主要方法有机械共混法、插层法、原位聚合法及溶胶-凝胶法等[28~30]。机械共混法是将纳米粒子通过机械共混的方式，分散在水性聚氨酯中。机械共混法工艺简单，直观而又经济，是较易实现工业化的一种纳米改性水性聚氨酯的制备方法，由于纳米粒子极易团聚，通常需要采用适当的处理方法（如加入分散剂、偶联剂等对纳米粒子进行表面改性），才能使纳米粒子均匀地分散在水性聚氨酯中。插层法是将有机单体插入无机物夹层间进行原位聚合或将聚合物直接插进无机物层间所形成的纳米复合材料，硅酸盐类黏土（以蒙脱土为主）具有典型的层状结构，通过有机化改性后可使层间距增大，且使黏土内外表面由亲水转变为亲油性，降低硅酸盐表面能，以利于单体或聚合物插入黏土层间。原位聚合法是将 SiO_2、TiO_2 等纳米粒子均匀分散于反应单体中，然后用类似于本体聚合的方法进行聚合反应，这种方法的优点是反应条件温和，复合材料中纳米粒子分散均匀，粒子的纳米特性完好，且只经历过一次聚合成型，可以避免由此产生的聚合物降解，保证基体和聚合物的完整性。溶胶-凝胶法是使烷氧基金属或金属盐等母体和有机物组成的共溶剂在有聚合物存在的共溶体系中使前驱物水解和缩合，该法的优势在于从过程的开始阶段就可以在纳米尺度上控制材料结构，且有机和无机相间可通过氢键或共价键结合，缺点是母体大多是硅酸烷基酯，有毒，价格也比较昂贵，由于溶剂及小分子的挥发，在干燥过程中材料内部会产生收缩应力，导致材料脆裂，很难获得大面积或较厚的纳米复合涂层。

1.3.3.6　植物油改性

目前的环境以及资源问题日趋严重，这引起了全社会对于可再生资源的关注。而天然植物油由于廉价易得，且属于绿色可再生资源，在近年来被科研工作者越来越多地应用与推广在多个领域。而对于水性聚氨酯这个原本就属于环保型的材料而言，添加天然植物油改性，其优势就更加凸显。

由于植物油中含有多羟基，可以代替交联剂使聚氨酯产生交联网络；且改性的植物油可以使其含有端羟基，可以代替多元醇和异氰酸根反应；另外植物油中大多含有不饱和键，可用其他物质改性后再用来改性水性聚氨酯。降低成本的同时亦能提高聚氨酯膜物理性能和手感。植物油改性水性聚氨酯的研究主要集中在聚合物互穿网络（IPNs）方面[31,32]。

目前，常用的植物油改性水性聚氨酯有以下几个方面。①蓖麻油改性：蓖麻油能直接参与聚氨酯合成反应，且蓖麻油组分中含长链非极性脂肪酸链，能赋予漆膜良好的疏水性能、柔软性、耐屈挠性及耐寒性等；②亚麻油改性：用亚麻油改性水性聚氨酯，可使材料的耐水性、耐溶剂性等性能有明显提高；③醇酸树脂改性：醇酸树脂主要通过多元醇、多元酸/脂肪酸缩聚反应制得，其干燥速率、光泽度、硬度非常优异；④其他植物油改性：大豆油、菜籽油、棕榈油等植物油也常用于水性聚氨酯的改性。综上所述，天然植物油改性水性聚氨酯拥有诸多优势与广阔的应用前景，是水性聚氨酯改性的一个很好的发展方向。

1.3.3.7 交联改性

交联改性是在一定的实验条件下，在聚合物中引入某种物质使其分子链产生交联作用，使得分子链之间产生交联，以提高聚合物在耐性及力学方面的性能。交联可以大幅度提高水性聚氨酯胶膜的物理和化学性能，常见的交联方式分内交联和外交联两种。根据交联技术可分为常温交联、高温交联、辐射交联和氧化交联等；根据交联过程又可以分为预交联和后交联。它们的具体关系如图 1-1 所示。

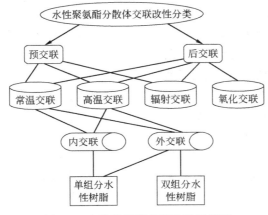

图 1-1　水性聚氨酯交联改性示意图

(1) 内交联改性法

① 多官能度单体支化交联改性。此类改性方法是在聚合物合成过程中，引入三个及三个以上官能度的大分子的聚醚、聚酯或小分子多元醇（如三羟甲基丙烷、三乙醇胺）等，与异氰酸酯进行反应，使得合成的聚合物分子链间产生交联，进而达到对水性聚氨酯交联改性的目的。

② 弱酸性条件下交联改性法。弱酸性条件下交联改性法是利用一些可发生反应的基团，在碱性条件下稳定，而在中性或者弱酸性条件下能发生反应的原理，在水性聚氨酯乳液中引入含有此类基团的物质，使其在乳液成膜过程中，随着水分及中和剂的挥发，pH 值逐渐变为弱酸性时，与水性聚氨酯分子上的反应性基团发生交联反应，进而对水性聚氨酯进行交联改性。

③ 封闭剂封端型水性聚氨酯交联改性法。封闭交联改性法，首先是利用某种带有活性氢的化合物与异氰酸酯反应，实现对预聚体的封端，将异氰酸酯基团封闭起来；之后在一定条件下，释放出异氰酸酯基团，使其与分子链上的羟基、氨基等活性基团发生反应，产生交联。由于交联产生的前提条件是需要对封闭的异氰酸酯基团在高温条件下进行解封，释放出异氰酸酯基团，因此需要对封闭剂进行选择，以期降低其解封温度，避免在解封时，对涂膜产生负面影响。一般采用的封闭剂，多为酚类、酰胺类及小分子酯类。

④ 紫外辐射交联型改性法。紫外辐射交联型改性法主要是在分子链上引入双

键，同时在水性聚氨酯乳液中添加光引发剂及其他助剂，在紫外辐射照射下产生自由基，引发分子链上的双键产生交联反应。

⑤ 离子交联改性法。离子交联改性法是利用水性聚氨酯中的羧基与金属离子产生离子键而进行交联改性的方法。

（2）外交联改性法 外交联改性法是一种以水性聚氨酯作为一种组分，另以某些特殊的交联剂作为另一组分，将两种组分混合在一起，使得水性聚氨酯产生交联反应，进行交联改性的方法。外交联改性法又可分为以下几种。

① 环氧树脂交联改性法。环氧树脂是一种多羟基化合物，分子结构中的羟基可以与聚氨酯中的异氰酸酯基团发生反应，在聚氨酯分子链中引入交联，形成交联结构；另外，环氧基团也可以和氨基发生开环反应，利用这种反应，首先将聚氨酯预聚体采用氨基封端乳化，再用多羟基化合物与氨基发生环氧开环反应，进而引入交联结构。

② 氨基树脂交联改性法。该方法是利用氨基树脂在高温条件下能与水性聚氨酯分子链中的氨酯基、氨基及脲基发生反应，从而在水性聚氨酯分子链中引入交联，达到交联改性的目的。

③ 多元胺交联改性法。多元胺交联改性法是指在聚氨酯预聚体乳化分散后，引入多元胺类化合物或树脂，利用水性聚氨酯分子链中含有的异氰酸酯基团或其他反应性基团与氨基的在常温下的反应，在水性聚氨酯分子链中引入交联，达到交联改性的目的。

1.3.3.8　多元改性

对于特定性能和领域的要求，水性聚氨酯与多种树脂结合，各取所长和发挥协调效应，得到性能更优异的树脂。多元改性就是利用多种改性剂或者改性方法对水性聚氨酯进行多重改性，以期得到具有三种甚至三种以上物质的优势协同效应。如丙烯酸酯-环氧树脂双改性水性聚氨酯、丙烯酸酯-有机硅双改性水性聚氨酯、丙烯酸酯-醇酸树脂双改性水性聚氨酯和环氧-有机硅双改性水性聚氨酯等，合成出的产品兼具三种树脂的优点。

1.4　水性聚氨酯的成膜机理

（1）成膜的条件 水性聚氨酯成膜过程可以描述如下。

① 充填过程。水挥发，微粒相互相靠近而达到密集充填状态。

② 融合过程。微粒表面层破坏，微粒相互接触。

③ 扩散过程。分散体粒子间的分子链互相扩散，形成有一定力学性能的均相膜。

Brown 在建立的数学模型基础上推导出成膜条件公式：

$$G \leqslant 35(\sigma_{w/a})/R$$

式中，G 为分散体粒子的剪切模量；$\sigma_{w/a}$ 为水/空气界面张力；R 为分散体的粒子半径。

可见，分散体的成膜能力与分散体的粒子剪切模量及分散体的粒径成反比。

为了获得连续涂层就必须降低分散体粒子的粒径或降低粒子的粒径。亲水成分多，乳液粒径小，分散性较好，成膜性好，但不利于胶膜的耐水性。如果粒子内已形成交联结构，则粒子的剪切模量较高，不利于成膜。

（2）成膜性能 乳液的成膜性能是指乳液涂到底物上，干燥后在底物的表面形成均匀胶膜的能力。聚氨酯乳液的成膜性能不仅和聚氨酯的分子量、乳液中残存溶剂的种类和数量、粒子的平均直径和乳液的黏度等密切相关，还和乳液的固化速率有关。若易挥发溶剂的残存量较大时，乳液的固化速率快，固化后的膜易产生气泡、收缩、起皱。若在这种乳液中加入少量的高沸点溶剂，既不影响固化速率，又能得到平展无气泡的胶膜。粒子直径的大小也会影响固化速率。直径越小，固化速率越慢，但成膜性越好，固化后得到的胶膜的物理机械性能也越好。对乳液黏度的要求取决于具体的应用。

1.5　水性聚氨酯的现状与发展趋势

从 1943 年德国的 Schlack 首先研制出水性聚氨酯至今已经有 70 年的历史，国内外对于水性聚氨酯的研究取得了可喜的进展，技术日益成熟和完善。德国、美国、日本等多家企业已经生产出性能优异的水性聚氨酯产品，并占据了一定的市场份额。随着环境保护、人体健康和对水基材料质量要求的不断提高，综合运用多种改性方式和开发新的改性方法，制备出高档多功能水性聚氨酯的发展势在必行，随着研究人员的努力，水性聚氨酯产品的技术和性能等已趋向成熟。与国外水性聚氨酯系列化、大工业化的水平相比，国内对于水性聚氨酯的研究和开发仍处于成长阶段，仍存在着原料品种少、制备方法单一、理论研究不足、应用研究不够深入等诸多问题，需要进一步探索，同时，水性聚氨酯也存在一定的不足，如耐水性差、干燥速率慢、体系表面张力大、成本高、价格高等，也限制了水性聚氨酯的进一步应用与发展[33,34]。

目前，国内市场上的水性聚氨酯还具有以下共同特点[35]。

① 大多数单组分水性聚氨酯主要是依靠分子内极性基团产生内聚力和黏附力进行固化。水性聚氨酯中含有羧基、羟基等基团，适宜条件下可参与反应，使其产生交联，进一步增加其成膜强度。

② 水性聚氨酯气味小，操作方便，残胶易于清理。

③ 水性聚氨酯可与多种水性树脂混合（如水性丙烯酸树脂、水性环氧树脂等），以改进性能或降低成本。因受到聚合物间的相容性或在某些溶剂中的溶解性的影响而受到一些限制。

④ 由于水的挥发性比有机溶剂差，故水性聚氨酯干燥缓慢，胶膜干燥后若不形成一定程度的交联，则耐水性不佳。

高性能低 VOC 含量的水性聚氨酯有广阔的应用前景。水性聚氨酯具有干燥时间短、外观好、耐溶剂性好等特点，使其在木器涂料中占有很大份额；具有良好的耐低温性和耐化学品性的水性聚氨酯皮革涂料，已取代传统溶剂型丙烯酸皮革涂饰剂、硝基纤维素涂饰剂，成为皮革涂料的主要品种；此外，水性聚氨酯可用于工业涂料和防腐涂料[36,37]。

聚氨酯未来的发展趋势为开发高性能、低能耗和无污染的水性聚氨酯。今后若干年水性聚氨酯的发展方向主要将集中在以下方面。

① 提高水性聚氨酯的耐水性。

② 提高水性聚氨酯的稳定性，在保持水性聚氨酯耐水性的同时，提高水性聚氨酯的储存稳定性是目前国外水性聚氨酯研究的重要方向。

③ 提高水性聚氨酯的固含量，目前所生产的水性聚氨酯的固含量多为20%～40%，干燥和运输费用较高，应努力设法将其提高；如果将固含量提高到45%以上，在40～60℃的干燥温度下其干燥速率可与普通溶剂型聚氨酯树脂在室温下的干燥速率相近。

④ 加强复合型改性水分散型聚氨酯的研究，利用聚氨酯分子的可设计性，在聚氨酯链上引入特殊功能的分子结构，如含氟、含硅聚合物链，使涂膜具有更多的功能性。

⑤ 发展抗静电和抗菌型水性聚氨酯。

⑥ 加强对高固含量和粉末状水分散型聚氨酯的研究。

⑦ 利用可再生资源如植物油、松香及废弃塑料制备多元醇，再用该多元醇合成水性聚氨酯，制备改性水性聚氨酯。

⑧ 积极进行双组分水性聚氨酯的研究，发展高性能、低 VOC 双组分水性聚氨酯。

⑨ 进一步开拓水性聚氨酯的应用领域。

参 考 文 献

[1] 徐徐，宋湛谦，商士斌，等. 水性聚氨酯涂料的改性技术与应用进展 [J]. 生物质化学工程，2009，43 (5)：49-54.

[2] 周善康，林健青，许一婷，等. 水性聚氨酯研究 [J]. 黏结，2001，22 (1)：21-24.

[3] 李绍雄，刘益军. 聚氨酯树脂及其应用 [M]. 广州：广东科技出版社，2001.

[4] Noble K L. Waterborne polyurethanes [J]. Progressin Organic Coatings, 1997, 32；131-136.

[5] 曹红菊. 水性聚氨酯漆的制备与性能研究 [J]. 涂料工业，2001，(7)：31-34.

[6] 郭智臣. 国内水性聚氨酯涂料发展仍需时日 [J]. 化学推进剂与高分子材料，2008，6 (2)：62.

[7] 陈国新，赵石林. 水性聚氨酯涂料的研究进展 [J]. 福建建材，2002，(3)：5-7.

[8] 刘意，张力，刘敬芹，等. 聚氨酯涂料的研究进展 [J]. 辽宁化工，2002，31 (3)：107-112.

[9] 瞿金清，黎永津，陈焕钦. 水性双组分聚氨酯涂料的研究进展 [J]. 涂料工业，2002，(11)：34-37.

[10] 杨清峰，瞿金清，陈焕钦. 水性聚氨酯涂料技术进展综述 [J]. 化工科技市场，2004，(10)：17-22.

[11] Tirpak R E, Markusch P H. Aqueous Dispprsions of Crosslinked Polyurethanes [J]. J Coat Technol，1986，58；738-740.

[12] 张炎，齐正旺，黄毅萍，等. 丙烯酸酯改性水性聚氨酯的方法 [J]. 应用化学，2008，(5)：9-15.

[13] 游长江，贾德民，石小华. 国外水性环氧树脂和水性聚氨酯涂料的研究进展 [J]，化学建材，1998，(4)：19-21.

[14] Hirose M，Kadowaki F，Zhou J H. The structure and properties of core-shell type acrylic- polyurethan hybrid aqueous emulsions [J]. Progress in Organic Coatings，1997，(31)：157-169.

[15] 孙曼灵. 环氧树脂应用原理与技术 [M]. 北京：机械工业出版社，2002：18-26.

[16] 杨惠弟，刘菁，薛淑娥. 环氧改性水性聚氨酯微乳液的合成工艺研究 [J]. 山西化工，2009，29 (6)：6-8.

[17] 曾小君，王和平，李芳清. AG-80环氧树脂改性水性聚氨酯的合成与性能研究 [J]. 新型建筑材料，2009，(4)：62-65.

[18] 郑飞龙，项尚林，陆春华，等. 甲基丙烯酸十二氟庚酯改性水性聚氨酯 [J]. 涂料工业，2009，39 (7)：45-48.

[19] Zhu M J，Qing F L，Meng W D. Novel waterborne polyurethanes containing short fluoroalkyl chains：Synthesis and applications on cotton fabrics [J]. J Appl Polym Sci，2008，109：1911-1915.

[20] Kozakiewicz J. Polysiloxaneurethane：new polymers for potential coating application [J]. Progress in Organic Coatings，1996，27：123-131.

[21] 李仲莲，李小瑞，王海花. 阳离子自交联羟基硅油/聚氨酯皮革涂饰剂的合成及应用 [J]. 中国皮革，2007，36 (23)：47-50.

[22] 马伟，李树材，贾旭敏. 有机硅改性水性聚氨酯乳液的制备及性能 [J]. 天津科技大学学报，2008，23 (1)：6-9.

[23] Yilgor I，Yilgor E，Erenturk B，et al. Effect of structural variations on the synthesis and structure-property behavior of segmented silicone-urethane and copolymers：Polymer synthesis [J]. Polymer Preprints，2004，45 (1)：561-562.

[24] 潘学梅，武元鹏，邓瑾妮，等. 水性含氟聚氨酯的研究进展 [J]. 高分子通报，2009 (2)：33-41.

[25] Dai J B，Zhang X Y，Chao J. A new core-shell type fluorinated acrylic and siliconated polyurethane hybrid emulsion [J]. J Coat Technol Res，2007，4：283-288.

[26] 汪武. 水性含氟聚氨酯乳液的合成及性能的研究 [J]. 聚氨酯工业，2007，22 (3)：21-23.

[27] 朵英贤，张玉龙. 纳米塑料技术 [M]. 杭州：浙江科学技术出版社，2006.

[28] 姜力强，林曼，郑精武，等. 纳米材料在水性乳液中的应用 [J]. 化工进展，2003，22 (8)：872-875.

[29] 赵立波. 纳米技术在聚氨酯改性中的应用 [J]. 科技情报开发与经济，2001，11 (2)：60-61.

[30] 聂鹏，赵学增，陈芳，等. 聚合物基纳米复合材料制备方法的研究进展 [J]. 哈尔滨工业大学学报，2005，37 (5)：594-598.

[31] Nayak P，Mishra D K，Parida D，et al. Polymers from Renewable Resources. IX Interpenetrating polymer networks based on castor oil polyurethane poly (hydroxyethyl methacrylate)：Synthesis，chemical，thermal，and mechanical properties [J]. J. Appl. Polym. Sci.，1997，63 (1-5)：671-679.

[32] Mohapatra D K，Nayak P，Lenka S. Polymers from Renewable Resources. XXI Semi- interpenetrating polymer networks based on cardanol-formaldehyde-substituted aromatic compounds copolymerized resins and castor oil polyurethanes：Synthesis，structure，scanning electron microscopy and XRD [J]. J Polym Sci. (PartA). Polym. Chem.，1997，35 (15)：3117-3124.

[33] 吕国斌，杨建军，吴庆云，等. 水性聚氨酯涂料的研究进展 [J]. 聚氨酯，2009，(7)：74-77.

[34] 唐邓，戴震，张彪，等. 水性聚氨酯涂料的研究进展 [J]. 聚氨酯，2008，(11)：70-73.

[35] 张洪涛，黄锦霞. 水性树脂制备与应用 [M]. 北京：化学工业出版社，2011：214.

[36] 陈红. 水性聚氨酯涂料技术进展 [J]. 涂料工业，2006，36 (3)：47-51.

[37] 瞿金清，陈焕钦. 水性聚氨酯涂料研究进展 [J]. 高分子材料科学与工程，2003，19 (2)：43-47.

第2章

水性聚氨酯木器漆

2.1 概　　述

木器漆对木质家具等不仅有装饰美化作用，而且起着很好的保护作用。但目前使用的木器漆大多为溶剂型，包括大量使用的聚氨酯漆，都含有大量并且往往具有毒性的有机挥发性化合物（VOC），严重危害生产、施工和使用人员的身体健康，对大气环境有着不可逆转的危害。自 20 世纪 60 年代以来，世界各国开始重视 VOC 对大气的污染，西方发达国家还成立了专门的管理机构，制定了各种法规对涂装时的溶剂挥发量加以严格的限制。如 1966—66 法规（加利福尼亚/美国），目标是减少涂料（油漆）中的溶剂量；1984 年德国油漆生产商协会公约，目标是降低溶剂刺激性；1991 年清洁空气运动（美国），目标是 VOC 低于规定限量；1999 年有关工业有机挥发物限制的欧洲导向，目标是从 1990 年至 2007 年有机挥发物的刺激性要降低 70%。因此，各种环境友好型涂料应运而生。作为涂料工业的重要组成部分的木器漆，同样也随之经历了一个重大的变革。20 世纪 40 年代，P. Schlack 制备出了阳离子水性聚氨酯，标志着水性聚氨酯涂料的开端。20 世纪 70 年代，阴离子型水性聚氨酯成功开发。1980 年，水性丙烯酸-聚氨酯共混体系在瑞典等北欧国家迅速推广并商品化。1987 年，开发出水性聚氨酯-丙烯酸共聚树脂，并开始在欧洲商品化。到 20 世纪 90 年代，双组分体系、水性 UV 固化树脂体系开始出现，特别是双组分体系，使得水性聚氨酯木器漆在性能上接近溶剂型的指标，从而得到广泛应用。

水性聚氨酯木器漆具有施工性好，附着性、坚韧度高，高度耐撞击性等优点。其成膜物水性聚氨酯树脂从电荷上分类，主要有阴离子型、阳离子型和非离子型三大类，其中使用比较多的是阴离子型水性聚氨酯树脂。以水性聚氨酯树脂为主要成膜物质的涂料在多种性能上优于水性丙烯酸树脂，如水性聚氨酯木器漆的光泽较高，较好的可以达到 90°以上，而丙烯酸树脂或 PUA/APU 一般都只能达到 80°～90°。但是，水性聚氨酯木器漆成本较高，结合保光、保色性、耐候性，往往水性聚氨酯和丙烯酸乳液按不同比例物理混合使用以平衡涂膜的性能及成本。

目前市售的水性聚氨酯木器漆用树脂主要有三种。

(1) 单组分水性聚氨酯树脂 聚氨酯树脂分子结构是由硬链段和软链段组成的，硬段和软段有两个 T_g，使水性聚氨酯具有优异的低温成膜性和柔韧性，而且耐磨性好、硬度高、光亮度大、抗热回黏性好，并且通过调节软、硬链段的种类和组成比，可以得到不同性能的水性聚氨酯产品，非常适用于配制各种高档的水性木器面漆，如家具漆和地板漆[1]。

为了进一步提高水性聚氨酯木器漆的物理性能及耐化学品性，目前人们在制备过程中选用不饱和油（如亚麻油、蓖麻油等），以引入不饱和键，制得自交联型水性聚氨酯，不仅提高涂膜的物理性能及耐化学品性，还可以提高干燥速率，降低成本。由于水性聚氨酯中引入了亲水基团，会导致其耐水性下降，可用含有羟基硅氧烷基团的有机硅化合物或含氟化合物进行封端，制备含硅/氟水性聚氨酯分散体，得到具有优异的耐水性、抗划伤性及耐候性等性能的单组分水性聚氨酯木器漆[2]。

(2) 水性聚氨酯-丙烯酸共聚树脂 综合水性聚氨酯的物理性能、耐化学品性、抗热回黏性和水性丙烯酸树脂的润湿性、颜料的分散性、成本、含量等特点，可以通过化学接枝改性的方法，制备出了水性聚氨酯-丙烯酸共聚树脂[3]。在控制成本的同时，大大改善了涂膜的耐化学品、耐溶剂性及耐沾污性。但目前市售的多为水性聚氨酯-丙烯酸共混树脂，性能上接近共聚树脂，但水性聚氨酯和丙烯酸乳液为两种不同的体系，存在着相容性的问题，这不是简单的 pH 值问题，还存在热力学稳定性问题，所以在配漆前一定要注意以下几点。

① 相容性。液态混合放置一段时间，可以观察混合溶液的外观，如黏度有无变化、有无沉淀析出、有无成胶甚至分层等现象发生来判断其相容性，更好的办法是在玻璃板上涂覆干燥后，观察涂膜的透明性及表面状态等来判断其相容性。

② 一定要掌握两种树脂的离子型态。相同离子型的混合后稳定性相对较好，但即使相同离子型还要注意离子强度和离子的电荷作用，有无自由离子存在（像丙烯酸树脂中乳化剂）也是在实际混拼过程中要特别注意的。

③ 要注意树脂极性的过渡性。比如选一个高极性的和一个相对低极性树脂相拼，相容不好，可以再选一个极性介于两者之间的第三种树脂来平衡两者的极性。

(3) 双组分水性聚氨酯树脂 与单组分水性木器漆相比，双组分水性木器漆采取外加交联剂的办法来提高漆膜的综合性能，常见的交联剂有聚氮丙啶、碳化二亚胺，更多的是用水分散多异氰酸酯[4,5]。双组分水性聚氨酯树脂在硬度、光泽、耐水性、耐化学品和耐候性方面与溶剂型双组分聚氨酯木器漆相近，然而水性双组分聚氨酯木器漆的 VOC 含量很低，可减少 $70\%\sim90\%$，且干燥速率快，光泽、物化性能及使用期能满足水性木器漆的要求。但水分散多异氰酸酯中异氰酸酯基不仅与羟基反应，同时也与水发生反应，生成 CO_2，这些气体如果在成膜前不能及时排出，很容易造成涂膜起泡现象，这在实际应用中特别容易出现问题。

水性聚氨酯木器漆除了上述三种树脂以外，目前还有水性光固化聚氨酯树脂，它的光固化机理是丙烯酸聚氨酯树脂中的丙烯酸双键在光催化下断键而固化，与传统的光固化树脂相比，在耐化学性、抗沾污性以及打磨性方面性能相近，在环保、有毒有害物质含量以及价格特别是再涂覆性方面明显优于传统的光固化树脂[6]。

我国是家具大国，但人均年家具消费程度却很低。据统计，我国人均家具消费程度仅仅是欧美等发达国家和地区的5%。特别是乡村市场家具的占有率更低。中国是木器漆生产和消费大国，年产量在25万吨以上，但水性漆所占比例很少。目前欧美市场水性木器漆在不同领域有5%~80%的使用率，且每年以接近9%的比例增长。

水性聚氨酯木器漆在我国先后经历了十几年的曲折发展历程，真正进入市场还是近几年的事，目前从事水性木器漆研究的高等院校、科研院所和生产企业据报道超过200家。水性木器漆产品已渐渐应用于一些高档宾馆、酒店、医院等公共场所。品种上，儿童家具用漆发展速度很快，已经成为单独的品种。水性聚氨酯尽管综合性能好，但由于价格高，某些性能如丰满度、硬度等还满足不了市场需求，所以市场反映不是很积极，客观上造成了真正从事水性木器漆生产和推广的企业寥寥无几，大部分涂料生产企业都持观望态度。所以在"十二五"涂料行业产业规划中，提出的"清洁生产、循环经济、环境友好、节能减排"四方面规划，为我国水性聚氨酯木器漆的发展提供了良好的契机。

在过去的几年中，水性聚氨酯技术在木器漆领域得到了快速的发展，但水性聚氨酯木器漆的全面推广还需要行政的干预及消费者在理念上的认同。尽管发展前景一片光明，但需要整个行业的努力和呵护。从技术而言，目前国内还处在发展阶段，特别是漆膜厚度及光泽度等性能不如溶剂型，施工性能也不如溶剂型发展得成熟，但这并不妨碍水性聚氨酯木器漆最基本和最重要的保护功能。对涂料产品既强调环保性能又苛求物理性能，在目前全球范围内都不是明智的要求。而木器漆的水平在一定程度上体现了一个国家的涂料工业发展的水平。我国木器漆主要应用于两大领域，一是用于家具制造厂，二是用于室内装修装饰，即家具漆和家装漆；而根据木制品不同的使用场所，水性聚氨酯木器漆可分为以下几个品种。

① 木制家具：是目前水性聚氨酯木器漆的主要应用领域，以工厂化生产家具为主，特别是儿童家具制品的涂饰。

② 室内装修：以手工刷涂为主要施工手段的家庭装修和公共场所装修，如木门、窗、橱柜、家具等涂饰。

③ 木地板：是工厂化生产木地板用，目前以水性光固化丙烯酸聚氨酯漆为主。

④ 木制玩具：以不透明涂饰为主，重金属含量不能超标是其主要的质量指标。

⑤ 铅笔涂料：是一类不透明涂饰的专用木器漆，除要求快干外，重金属含量也不能超标。

⑥ 户外用木制品：木制亭阁、休闲木制品、室外木饰。其要求是有一定的耐候性。

随着水性聚氨酯木器漆的应用领域的不断扩大，除了性能的提高外，其环保级别还将不断发展和升级[7]。目前的无甲醛、无苯概念已经远远不能满足人们的需要。水性聚氨酯木器漆还在向着低 VOC（挥发性有机化合物）、低或无 APEO（烷基酚聚氧乙烯醚）、无重金属的方向不断发展，不但要满足木器装饰、保护的需要，更要保护好人类健康和生存环境。

2.2　水性聚氨酯木器漆的特点及使用

2.2.1　水性聚氨酯木器漆的特点

水性聚氨酯木器漆不仅具有环保性，而且具有良好的附着性，漆膜坚韧、硬度高，高度的耐磨性及耐撞击性，涂膜抗热回黏性好，保鲜艳性好，是目前性能优异的环保型的木器漆。具体表现如下。

(1) 无异味　由于水性聚氨酯木器漆是用水稀释，用水直接稀释，无毒、不燃烧、无异味。

(2) 环保　水性聚氨酯木器漆不含苯、甲苯、游离 TDI 等有毒物质，VOC 含量很低，"即刷即住"。木器漆总有机挥发组分（TVOC）的测试要求（RAL-UZ-38 室内试验）：TVOC$<1200\mu g/m^3$（48h 后）；TVOC$<600\mu g/m^3$（28d 后）。气味和毒性也应该在考虑的范围内。

(3) 快干　由于水性聚氨酯木器漆涂层薄，所以在正常环境下，20min 表干。

(4) 硬度-韧性兼备　表面坚硬，漆膜丰满坚韧，不会因碰撞变白。

(5) 不变黄　采用脂肪族体系，漆膜耐老化性能佳。

(6) 耐水　漆膜防水，长期水浸不受任何影响。

(7) 耐热　能承受高温、耐沸水，不会在台面上留下永久的热水杯白印。

(8) 丰满剔透　漆膜丰满，清澈透明。

(9) 手感好　漆膜润滑、不粗糙、不油腻、不黏手，手感光滑细腻。

(10) 附着力强　对硬木、软木、合板、贴面板、已有油性漆面等附着力强。

(11) 耐化学品性能好　水、成膜助剂等挥发后树脂本身的高分子链发生自交联反应，由线型结构变成立体网状结构，耐水且耐酸、耐碱性很好。

(12) 性价比高　每平方米的需漆量少，不用拿水稀释，工时少。

(13) 特种底漆　封闭底材，具有极强的填充力和极好的可打磨性以及再涂覆性。

2.2.2　水性聚氨酯木器漆的使用

通常先用 200 目滤网过滤入水性聚氨酯树脂，取另外一个干净容器，将助剂混合在容器内，选定树脂体系后，一般按以下顺序选择助剂：润湿分散剂（颜填料/消光粉），流变助剂，基材润湿剂，流平和表面控制助剂，消泡剂/脱泡剂。并且搅拌至完全均匀的状态下，将分散机调至 $400\sim500r/min$，以缓慢速度加入，分散

10min 以上。取样品，涂刮玻璃板，检测涂膜外观是否缩孔，确认分散均匀后，加入增稠剂，搅拌 30min，静置 30min 后，取适量样品，加去离子水 10%稀释施工刷涂，检测外观是否缩孔。如果缩孔，分散直至外观无缩孔为止，然后进行成品检测。选用 400 目滤网过滤，出料。

注意在水性聚氨酯木器漆制备过程中，与溶剂型有很大区别。

(1) 分散原理不同　溶剂型漆按照树脂的不同，可单独或与分散剂一起使用去研磨分散颜填料。使用乳液的水分散体一般不能参与研磨，高速剪切会造成破乳。乳液体系要首先将无机颜填料制备成浆料后才能调漆。此时的分散原理和所用助剂均与溶剂型漆不同。

(2) 流变性不同　在水分散体中连续相-水增稠的不同方式，对涂料会产生不同的流变结果。水在体系中占的体积分数很高，一般可达到 55%。但并不是说全部的水都是作为连续相。浆料中的无机物的粒径、堆积密度、比表面积、结晶构造、形状、吸油量等都会影响到无机物的分散稳定性，聚集体或附聚体的形成会将部分连续相的水转变为分散相。最终将影响体系的流变性。尤其是高 PVC 体系。在低 PVC 体系中无机物的密度高，份额少，保水效果差，乳液量高，作为连续相的水的体积分数偏高，其施工性和储存性能要求也高，流变助剂的缔合作用更为突出。

在溶剂型涂料中，溶剂对树脂及树脂包裹的颜填料则是真溶液。流变性能主要是控制树脂的流变性、PVC 含量及选择适当比表面积和吸油量的无机物。

(3) 颜填料悬浮原理不同　彩色/消色水分散体实际上是一种广义混合胶体，连续相-水的低黏度、低密度无法使高密度的无机物在涂料中保持长期悬浮和稳定，容易造成相分离，所以增稠剂是必需的。

溶剂型树脂是亲液性树脂，其分子量的大小和固体分对黏度有很大的影响。树脂自身长链形成的空间位阻的作用有助于无机物的悬浮。增稠剂在必要时起辅助作用。

(4) 消泡方面的区别　如前所述，在乳液中作为乳化剂的第三组分使用，使水分散体具有很强的稳泡作用。其中使用的各类添加剂，或为表面活性剂的衍生物，或为含表面活性剂的物质，其同样有稳泡作用。及时脱去因制备和施工引入的空气必须要加消泡剂，英文称之为 Anti-foamer 或 Defoamer。

溶剂型漆中的表面活性剂的量相对较低。制备和施工引入的空气在高分子量致密涂膜中很难脱出，加入一些低分子量又有一定的相容性物质嵌入成膜物作为脱气剂是常用的方法，英文称之为 Air release agent。

2.3　水性聚氨酯木器漆配方设计

在选择水性聚氨酯木器漆树脂时，为了保证漆膜的硬度和亮度，一般选择树脂玻璃化温度（T_g）较高的水性树脂。但在使用过程中，特别是喷涂工艺中，高 T_g 的水性树脂在混配以及施工中更容易起颗粒，其主要原因是水性聚氨酯乳液处在不稳定状态：①树脂干燥较快，在雾化过程中已成胶粒；②在喷涂时，涂料在雾化过程中受到较大的剪切力，这可能造成局部破乳。另外为了保证较好的成膜性，较高 T_g 的水性聚氨酯树脂需要加入较多的成膜助剂，增加了涂料成本及 VOC 含量。而 T_g 太低时，漆膜的硬度低。因此，木器用水性聚氨酯树脂的玻璃化温度不能过高或过低。另外，涂料基本上是要求透明的，所以胶膜的结晶性能在涂料用树脂中尽可能不体现。因此，在水性聚氨酯木器漆中，树脂原料的选择和配比十分重要。

(1) 软段链部分的选择　在聚氨酯软段链的选择上，有两大类，即端氨基和端羟基大分子化合物，尤其以端羟基化合物为主，这里包括聚醚和聚酯，如聚环氧丙烷二醇类、聚四氢呋喃醚类、二聚酸类、聚碳酸酯二醇类、聚己内酯二醇类、聚己二酸酯类、苯酐聚酯多元醇、油脂类（蓖麻油）等几种。

聚酯型比聚醚型有较高的强度和硬度，这归因于酯基的极性大，内聚能（12.2kJ/mol）比醚键内聚能（4.22kJ/mol）高，软段链分子间作用力大，内聚强度大，理化性能好。并且由于酯键的极性作用，内聚强度大，热氧化性能也好。有时为获得较好的硬度和亮度，通常采用聚酯为软段链。然而由于醚键较易旋转，具有较好的柔韧性和优越的低温性能，并且耐水解性好，所以，某些情况下还是要选择聚醚作为软段链。

在水性聚氨酯木器漆中多选择聚酯类或结晶性聚醚，如聚四氢呋喃醚类。但要注意，聚酯类，特别是直链聚己二酸酯类，结晶性太强，以致会影响到漆膜的透明性，如要制备透明的漆膜，同时要顾及硬度等性能，建议使用带有支链的聚己二酸酯类，或混入聚醚多元醇，以破坏其结晶性能。

软段链的种类对水性聚氨酯木器漆漆膜亮度影响还体现在软段中双键的存在和数量。软段链中含有的双键，造成其折射率较大、光泽好。比如苯酐聚酯多元醇、蓖麻油等含有双键，实际应用中，蓖麻油对光亮贡献最大，苯酐聚酯多元醇次之，而其他几种原材料对光亮度贡献相对较小。

(2) 多异氰酸酯的选择　在水性聚氨酯涂料树脂中，多异氰酸酯类型为两大类：芳香族（包括 TDI、MDI 等）和脂肪族（包括 HDI、HMDI、IPDI 等）。芳香族综合强度大，价格低，但耐老化性能差；脂肪族耐老化性能好。这些要根据具体要求加以选择。

在多异氰酸酯中，除了耐老化性能外，分子规整性和苯环等刚性环对漆膜性能的影响这些年研究的很多，如水性聚氨酯木器漆中常用的 MDI 和 H_{12}MDI，分子规整性好，同时含有六元环，利于氨基甲酸酯硬段的结晶，对提高水性聚氨酯木器漆的物理性能、硬度及光亮度有很好的促进作用。另外，MDI 在苯环数量上多于 TDI，所以就力学性能和硬度等方面 MDI 比 TDI 表现得更为突出。但考虑规整性易产生结晶性，降低了涂膜的透明性，所以，很多情况下还是选择 TDI。与脂肪族多异氰酸酯相比，芳香族异氰酸酯的耐紫外线等老化性能差，但苯环的存在，使得硬度以及由于折射率大造成的光泽度高等性能是脂肪族不能相比的，所以在水性聚氨酯木器漆中，建议使用 TDI。

在水性聚氨酯木器漆中，目前使用的双组分水性漆中多应用的是亲水改性的多异氰酸酯，活泼的—NCO 基团在水中不稳定，极易与水进行反应。实际应用时希望与水的反应速率尽量降低，这样水性聚氨酯漆的开放期长，利于应用操作。实际上，亲水改性的多异氰酸酯的—NCO 基团在酸性至弱碱性的 pH 值范围内，在水中的反应是很慢的。如在 pH 值为 8 左右时，要 6h 才能消耗掉—NCO 总量的 1/4。所以，亲水改性的多异氰酸酯在 pH 值为 5～8 时可以满足水性漆开放期要求。

亲水改性多异氰酸酯具有好的自乳化性能，但其黏度通常约 4000mPa·s。黏度过大会影响到实际应用，如果降低—NCO 含量，其黏度会降低，自乳化性能增加，但交联作用又会下降。所以，通常使用高—NCO 含量的亲水改性的多异氰酸酯时，用溶剂稀释到 80% 左右的固体含量。这样，溶剂的选择就十分重要。实际上，在碳酸异丙烯酯中 80% 的亲水改性多异氰酸酯溶液就可以自乳化，其他溶剂（如甲氧基丙烯乙酸酯或二丙烯基乙二醇二甲基醚）配制的 80% 亲水改性异氰酸酯，则需高速搅拌才能乳化。

（3）软硬段比例对水性聚氨酯木器漆性能的影响　随着 $n(—NCO)/n(—OH)$ 值的增大，刚性链段（氨基甲酸酯键和脲键等）增加。而 TDI 的量的增加，使链段中的苯类含量增加，硬度增大，光泽度增高，但过高，如大于 9，就会影响到耐冲击强度，所以建议氰羟比在 8 以内。

软硬段比例调整中，牵涉到小分子多元醇等扩链剂，如 1,4-丁二醇、一缩二乙二醇、三羟甲基丙烷、二羟甲基丙酸、乙二胺、异佛尔酮二胺等。总的来说，胺类扩链剂比醇类扩链剂的理化性能好，光泽度高。破坏结晶性的带有支链甲基的扩链剂，光泽度高。对于二羟甲基丙酸来说，其加入量越大，乳液粒径越小，漆膜的平整度增加，光泽度就会增大。但亲水组分的增大会使耐水性能下降，干燥时间延长，所以要统筹考虑。

2.4　水性聚氨酯木器漆测试方法

我国目前还没有水性聚氨酯木器漆的检测标准，实际应用中应选择针对性和实用性强的性能项目作为性能要求。水性聚氨酯木器漆最大优势在于环保性，因此要重点突出挥发性有机化合物总量这一项性能要求，而其他性能，如硬度、耐磨性、丰满度等应考虑到水性化后漆膜的缺陷和实际应用对象的要求综合考虑，不应全部按照溶剂型漆测试方法。如地板漆应全面考察漆膜的性能；家具漆则重点考察耐磨性、柔韧性、硬度、耐化学品性等性能；装饰装修漆则适当考虑硬度、耐化学品性等性能。针对用于水性木器漆的技术要求，对水性聚氨酯木器漆进行检测，具体测试方法如下。

(1) 外观 涉及固体颗粒、粒径、结皮、分层、沉淀等现象，试验方法参考 GB/T 9756—2001。

(2) 固体含量 涂料的固体含量可定量地确定水性聚氨酯木器漆中成膜物质含量。对用户来说，这也是衡量涂料成本的一项重要指标，固体含量可采用 GB/T 1725—2007 方法检测。

(3) 黏度 黏度是水性聚氨酯木器漆较重要的性能指标。应根据水性聚氨酯木器漆的种类，如清漆、清亚光、白色漆等分别作出要求。检验方法有涂-4 杯法或旋转黏度计法。

(4) 细度 细度是涂料产品的重要性能。对涂料的储存稳定性尤其是涂膜外观有较大影响。除了树脂本身的细度，生产过程中消光粉、颜填料浆的分散不佳以及水性树脂的结皮均会导致涂料细度变差。细度的测试方法有 GB/T 1724—1979 (89) 和 GB/T 6753.1—2007。

(5) 低温稳定性 水性聚氨酯木器漆组成中大部分是水，在温度低于 0℃时容易凝结成冰，若低温稳定性不好，可能会产生絮凝、破乳等现象。试验方法参考 GB/T 9756—2009。

(6) 抗粘接性 考察涂层在外力下，是否产生粘接或压痕。其大致方法：将 6 块样板按从底到上第 1 块面朝上，第 2、3 块面朝下，第 4、5 块面朝上，第 6 块面朝下放置，施加一定的负荷，在 50℃下放置 24h，观察涂层表面。具体实施方法参见 ASTM D 2793。

(7) 光泽 光泽是衡量涂膜外观的重要指标。聚氨酯类要高于丙烯酸乳液类。光泽的测定可按 GB/T 9754—2007《色漆和清漆 不含金属颜料的色漆漆膜的 20°、60°和 85°镜面光泽的测定》。

(8) 铅笔硬度 铅笔硬度是综合评定涂层的硬度、韧性以及涂层对底材附着力的一种方法，也体现出涂层耐划伤的能力。因为漆膜厚度很低，铅笔硬度测定方法更为准确，测试方法按 GB/T 6739—2006。

硬度（单摆硬度）是单纯评定涂层软硬程度的一种方法。测试方法参考 GB/T 1730—2007。

(9) 柔韧性 柔韧性是评价涂层随底材一起变形而不发生损坏的能力。测试方法参考 GB/T 1731—1993。

(10) 附着力 评价涂层与底材或涂层与涂层间附着的牢固程度。按 GB/T 9286—1998 测试。

(11) 耐磨性 评价涂层对摩擦作用的抵抗能力。按 GB/T 1768—2006 测试。

(12) 耐冲击性 涂层在外力的快速作用下不发生如开裂、剥落等破坏的能力。按 GB/T 1732—1993 测试。

(13) 干燥时间 因为水性聚氨酯木器漆溶剂是水，挥发性慢，但实际应用中，涂层的厚度薄，所以干燥时间能满足实际需要。按 GB/T 1728—1989 表干中乙法和实干中甲法规定测定。

（14）耐化学介质性　涂层在日常生活中可能会受到包括生活污渍在内的各种化学物质的污染，对于水性聚氨酯木器漆来说是一种重要的性能检测项目。JISK 5961—2003 中涉及酱油、蜡笔等生活污染源，另有耐水、耐碱性等。ASTM D 25715 中涉及咖啡、沸水、50％乙醇。我国 GB/T 4893.1—2005 也有耐水性标准，而 EN12720：1997E 方法标准中，涉及咖啡、沸水、黑茶子汁、柠檬酸（10％）、清洗剂、咖啡、消毒液、浓缩牛奶、橄榄油、碳酸钠（10％）、50％乙醇、茶水、氯化钠（10％）等。ISO-MAT-0024 中涉及耐脂肪性、耐酒精性、耐咖啡性。上述标准中规定的化学物质均由其本国的饮食习惯而定，根据我国的国情，可以将水（冷、热）、洗涤剂、消毒液、茶水（冷、热）、碳酸钠（10％）、乙醇（50％）、大豆油、酱油、醋、柠檬酸（10％）、浓缩牛奶等作为污染源。

JISK 5961—2003、EN 12720：1997E、ISO-MAT-0024 均采用点滴法。大致如下：将化学介质滴在涂层上（可采用滤纸防止化学介质的过度挥发），用表面皿将其罩住，到规定时间后（一般为 2h），用水冲洗干净，并用干纱布吸干，与原始漆膜比较，颜色和光泽有无变化及有无起泡等现象。该方法接近于 GB/T 9274—1988 中丙法。

（15）耐黄变性　考察在紫外线作用下涂膜老化发黄的情况，可以借此鉴别是脂肪族还是芳香族聚氨酯，试验方法 ASTM G23、IOS-MAT-0050。

（16）有害物质限量　水性聚氨酯木器漆中可能含有的有害物质有三苯（苯、甲苯、二甲苯）、卤代烃、甲醛及甲醛缩聚物、重金属（汞、铅、镉、铬）。试验方法参照 HJ/T-201—2005 或 GB 18582—2008。

（17）挥发性有机化合物总量　水性聚氨酯木器漆与溶剂型聚氨酯木器漆相比，其最大优势在于其挥发性有机化合物总量低，因此此项应严格控制。按 HJ/T 201—2005（环境标志产品要求　水性涂料）要求水性木器漆中总挥发性有机化合物的控制应该更严谨。

在检测涂膜性能时会涉及试验底材，JISK5961 中的试验底材为山毛榉制成的胶合板，IOS-MAT-0024 中试验底材为松木，ASTM 中试验底材由供货双方商定。既然水性木器漆应用于木器表面，试验底材就应尽量使用木材，这样检验出的结果更能真实地反映其性能，但如柔韧性、耐冲击、耐磨性、硬度、铅笔硬度、光泽、耐黄变性等还是采用方法标准中规定的试验底材。优等白毛榉胶合板表面平整，木纹细腻，色差较小且颜色较浅，便于观察涂层的变化，是较适宜的试验底材。

以上是从水性木器聚氨酯漆产品的分类及应具备的性能两个方面，提出了对水性聚氨酯木器漆标准的一些设想。制定一个行业标准还需考虑更多的细节，进行更多的验证试验，广泛地征求从事水性聚氨酯木器漆研制工作的专家的意见，从而制定出能够体现我国现有水性聚氨酯木器漆的技术水平的标准，来规范水性聚氨酯木器漆市场，引导水性聚氨酯木器漆向健康有序方向发展。

2.5　水性聚氨酯木器漆的应用实例

(1) 基本组成　水性聚氨酯木器漆的基本组成如下。

① 水性聚氨酯树脂（乳液或分散体）。成膜的基料，决定了漆膜的主要性能。

② 抑泡剂和消泡剂。抑制生产和施工过程中漆液中产生的气泡，并能使已产生的气泡逸出液面并彻底清除。消泡剂的种类包括矿物油类、聚醚类、有机聚硅氧烷类、有机聚硅氧烷/无机硅复合、超支化聚合物类等。选择抑泡剂和消泡剂时应对其与树脂的相容性、消泡能力以及持久性等方面进行实验，根据木材和水性漆种类、漆膜性能、施工工艺确定种类和用量。

③ 流平剂。增加漆流动性能，改善施工性能，以期形成平整的、光洁的涂层。

④ 润湿剂。有效降低体系表面张力，改善漆液对底材的润湿性能，改进流平性，增加漆膜对底材的附着力，并促进消泡剂和体系的相容性。润湿剂的种类包括阴离子型表面活性剂、非离子型表面活性剂、有机聚硅氧烷等，润湿剂的种类和用量根据木器漆树脂的表面张力（基材润湿铺展能力）、基材的界面张力、消泡剂的种类和用量等因素确定。

⑤ 成膜助剂。在水挥发后，使水性聚氨酯分散体微粒形成均匀致密的膜，并有效降低树脂最低成膜温度，改善成膜效果。常用成膜助剂包括有 N-甲基（或乙基）吡咯烷酮、乙二醇丁醚、二乙二醇丁醚、醇酯-12 等。根据水性漆种类、漆膜性能、施工工艺及环境条件等因素选择成膜助剂的种类和用量。

⑥ 分散剂。促进颜料和填料在漆液中的分散。

⑦ 流变助剂。对漆料提供良好流平性，减少涂装过程中的弊病。改善流平与流挂，使漆膜具有较高的丰满度，提高光泽等。

⑧ 增稠剂。提高木器漆黏度，增加一次涂装的湿膜厚度，并且对颜填料有防沉淀和防分层的作用。

⑨ 着色剂。主要针对水性聚氨酯色漆而言的，使得水性漆获得所需颜色。它包括颜料和染料两大类，颜料用于不显露木纹的实色漆，染料用于显露木纹的透明色漆。

⑩ 填料。主要用于腻子和实色漆中，增加遮盖力，增加固体分。

⑪ pH 值调节剂。调整水性漆的 pH 值，使水性漆稳定，特别是水性聚氨酯-丙烯酸酯混拼漆。

⑫ 蜡乳液或蜡粉。增加漆膜表面滑爽程度，提高漆膜抗划伤性。

⑬ 特殊添加剂。针对水性漆的特殊要求添加的助剂，如消光剂、增滑剂、抗粘连剂、交联剂、耐水剂、防老剂等，此外，配方设计时必不可少的还要添加少量的水以便制漆。

在具体制备水性聚氨酯木器漆时必须注意水性漆的特殊性。

（2）颜料分散 水性体系的颜料分散要比溶剂型难，润湿困难，必须使用润湿分散剂。选用润湿分散剂时要注意以下几方面。

① 润湿分散剂必须与树脂相容，与颜料的亲和力要大于树脂的亲和力，HLB 值是一个标志。

② 润湿分散剂与树脂应是相同的离子型态，最好选用非离子和高分子型润湿分散剂。

③ 添加量，无机颜料是该颜料吸油量的 10%，通常在 1%～5% 之间，最好在 2%～5% 之间。炭黑，可测定 DBP 的吸收值，按 DBP 吸收值的 20% 添加，一般在 20%～30% 之间。例如采用 FW200 炭黑，炭黑占配方量 3%，分散剂用量占炭黑量 30%（按固体分计）。

有机颜料黄、橙、红是 BET 的 50%，酞菁蓝、绿是 BET 的 25%。

④ 添加顺序：水＋分散剂＋颜料＋（树脂）。

⑤ 研磨色浆，是用树脂研磨还是用水制造浓色浆添加，这是个值得讨论的问题。实际以树脂而定，具有润湿分散功能的树脂可以参加研磨，例如水溶的胺化丙烯酸；没有活性官能团可以不参加研磨，比如一些含交联基团丙烯酸乳液。关于 PUD 是否参加研磨，理论上讲，无论羧酸型还是磺酸型的，最后分别中和成盐，关键是羧酸基和磺酸基的多少，吸附牢度和吸附颜料粒子的亲水性，第二层吸附的形成等要认真研究和实践。

（3）基材润湿和流平 高表面张力有助于流平，但对基材润湿不利，看来这两者之间是矛盾的，这个矛盾并不十分尖锐，因为水的表面张力降到 30mN/m 以上是不成问题的，对流平有些影响，但并无大碍。溶剂型涂料大体如此。能够降低表面张力的流平剂等都可作基材润湿剂，有化合物类、硅类、氟类。

目前比较好的是小分子量的有机硅化合物，它类似表面活性剂，有固/液界面定向排布的特征而不影响气/液界面，所以它不同于一般公司所推荐的流平剂，它会在基材/涂料之间定向排布降低界面张力，增强展布性。

（4）泡沫问题 水性涂料比溶剂涂料更容易起泡，原因如下：
① 表面张力差距较大；
② 水性材料添加的表面活性剂要比溶剂型多；
③ 木材空隙的填充不实情况；
④ 机械搅拌；
⑤ 施工刷、滚、高压无气喷涂等。

消泡剂有脱泡和消泡之区别：
① 消泡剂与树脂要有一定的不相容性；
② 消泡剂的表面张力一定要比涂料低；
③ 消泡剂要有良好的扩散性；
④ 消泡剂要有良好的渗透性；

⑤ 消泡剂不能影响涂料的性能（附着力、光泽、漆膜的透明性等）。

消泡剂的使用及添加量的确定：消泡剂的用量最好在所有的添加剂都加完了以后再定，这样可以排除其他助剂的稳泡因素，另外，黏稠的液体最好添加两种消泡剂，一种脱泡，另一种消泡。

（5）流动与流平 流动是指无外力作用涂膜自动流平，这个力就是表面张力，所以高表面张力有助于流平。表面状态控制是指消除表面张力差，使表面张力趋于平衡，因表面张力差是产生表面缺陷的主要原因。一般使用表面状态控制剂（流平剂）。除消除表面缺陷外，还有抗粘连、抗划伤的效果。

① 降低摩擦系数（消除表面粗糙度，提高平滑性）。

② 在涂料表面形成一层薄的润湿剂，填平空隙，使滑动物体与表面保持一定距离。

硅系列流平剂恰好能达到上述两项要求，所以具有抗划伤、防粘连的效果。

（6）动态表面张力控制 动态表面张力失衡在高表面张力、高剪切速率的前提下才能发生。产生的弊端是满板缩孔，甚至不展布。

解决办法：添加在高剪切速率下能够快速展布的表面活性剂。

（7）黏度控制 水性树脂固含量少，黏度低，为达到颜料防沉的目的，可以用黏度的调整来增稠，但不能影响流平，最好添加高剪切增稠的 PU 型缔合增稠剂。

（8）成膜助剂 成膜助剂一般控制在 5% 以下，这样对成膜有好处，条件是：①溶剂挥发速率要比水慢，沸点在 100℃ 以上；②该溶剂必须能溶所用树脂。另外添加溶剂可以降低水的表面张力，调整表面状态，对消泡也有帮助，特别是不相溶的溶剂。例如 200 号溶剂汽油在乳液中就有消泡作用。

应用举例一：用于房门的底漆和面漆

（1）清漆制备过程

羟基分散体可拼入成膜助剂用来形成好的涂膜。当加入叔胺中和后，该混合物放至高的 pH 值和腐蚀抑制剂以避免锈斑。熟化后加入颜料润湿剂、消泡剂、颜料及填料，然后上砂磨机研磨至所需细度。清漆过滤后，如果需要的话，可用增稠剂、水或消泡剂来调整黏度。

清漆制备时，可在机械搅拌下加入 100% 树脂份的亲水的—NCO 组分。按常规通气 5~15min 后，物料就可以进行加工了。

如果交联剂是用—NCO 组分溶于异丙烯碳酸酯的 80% 溶液时，其混合加入可用手工完成。

总之，用于双组分聚氨酯体系的开配方是十分简单的，具体如下。

羟基分散体（固体分，45%）　844.4 份

二甲基乙醇胺（约 50%）　13.0 份

丁基乙二醇　42.7 份

消泡剂（约 50％溶于丁基乙二醇）　3.2 份

水（施工时加入）　96.7 份

亲水改性的多异氰酸酯　100.0 份

在制备双组分水性聚氨酯清漆时，操作人员应先向分散体涂料操作人员了解有关事宜。特别是机器设备的处理应引起重视，如果残余分散体干后就不容易清除了，而湿的则简单用水冲洗即可。

（2）应用结果

表面：聚酯，聚碳酸酯，木材

干燥：室温或最高 40℃

施工：喷涂（双嘴喷头，高压）

膜厚：0.08mm（底漆和面漆）

光泽（60°）：最大 65％

划方格试验（DIN53151）：1 级

耐候测试（DIN 50017）：20 个循环后无变化

交替试验（DIN50018）：5 个循环后无变化

人工老化试验（DIN53381）：2000h 后无变化

从实际应用结果可以看到，该涂料可以代替传统的溶剂型双组分聚氨酯，应用于房门等木器上。

应用举例二：RHODIA 推荐的黑色柔感涂料

具体配方见表 2-1。

表 2-1　RHODIA 黑色木器漆配方

原材料 1	用量/g	作用
A 组分		
成分 I		
（分散在砂磨机中）	13.30	树脂
DAOTAN VTW 6420 / 75 NMP	4.80	
去离子水	0.30	润湿分散剂
ADDITOL XL 250	0.50	润湿分散剂
ADDITOL VXW 6208	1.50	颜料
特种炭黑 4		
成分 II（混合溶解后加到成分 I 中）	22.90	树脂
DAOTAN VTW 6430 / 36 WA NMP	18.20	
去离子水	0.50	消泡剂
BYK 011	8.40	消光剂
OK 412		
Part III（搅拌下加入成分 I 和成分 II）		
DAOTAN VTW 6420 / 75 NMP	19.90	树脂
去离子水	7.20	

原材料 1	用量/g	作用
BYK 346	0.50	基材润湿剂
VISCALEX HV 30	0.50	增稠剂
去离子水	1.50	
总计	100.00 g	
B 组分		
Rhodocoat EZD 401	12.65g	水可分散多异氰酸酯
总计	12.65g	

此双组分水性聚氨酯柔性漆具有柔软舒适的触感，耐化学品性及物理耐久性好，附着力、耐冲击、耐刮擦、耐磨损性能优异，低光泽，质感很好。

参 考 文 献

[1] 陈中华，刘冬丽，余飞，等.高硬度单组分水性木器漆的研制 [J].应用化工，2009，38 (1)：54-59.

[2] 陈杰，晋军，张新平，等.一种水性木器漆的研制 [J].试验研究与应用，2012，15 (5)：4-6.

[3] 于海深，高丽华.丙烯酸酯改性水性聚氨酯树脂合成工艺的研究 [J].化学世界，2009，3：149-152.

[4] 吴海生，黄卫，施国萍，等.微波干燥应用于双组分水性聚氨酯木器漆的干燥过程 [J].涂料工业，2011，41 (1)：61-64.

[5] 李学良，刘华，聂孟云，等.木器漆用双组分水性聚氨酯固化剂的合成与性能研究 [J].广东化工，2011，38 (11)：6-8.

[6] 俞文清.水性丙烯酸酯改性聚氨酯用作光固化涂料的研究 [D].复旦大学，2010.

[7] 金祝年，方锡武.纳米改性水性木器漆的研制 [J].化工新型材料，2008，36 (9)：74-75.

第3章

水性聚氨酯橡塑涂料

塑料由于质轻、易加工、耐腐蚀、资源丰富并具有较好的力学性能等特点，已在很多领域替代了传统的材料，如金属、木材、建材等。塑料在当今社会应用很广泛，大宗塑料 PP、PE、PC、PS、HIPS、ABS 以及尼龙等已经进入到人们生活的方方面面，如汽车挡泥板、摩托车部件、手机、计算机、电视机和冰箱外壳、音响设备、照相机、工艺品、仪器仪表外壳等。但塑料制品由于材料本身固有的缺陷，成型加工时会产生颜色不均、色泽单调、花斑疵点等，且易老化变脆，产生划痕、沾污、静电等问题。在塑料制品表面涂装涂料可以避免或部分消除上述缺陷和存在的问题，并且可以大大改善塑料制品的手感及美观感，因而研发塑料涂料已受到涂料工作者的广泛关注。由于塑料是低表面能物质，其表面涂装要比钢铁、木器、建筑等表面涂装困难得多，附着力成为制约塑料涂料发展的一个重大障碍。需要根据不同的塑料底材选择不同配方的涂料，使得涂料与塑料极性匹配，这样才能产生更好的附着力。随着人民生活水平的提高和环保意识的加强，塑料涂料也像其他涂料一样，正向着功能化和环保化方向发展，塑料表面涂饰的功能也日益增多。由于塑料制品的耐热变形温度相对较低、对溶剂敏感等一些特点，用于塑料制品的涂料应具备以下性质[1,2]。

① 涂料对塑料底材必须有良好的结合力，且不能过分溶蚀塑料表面。

② 涂料应具一定的硬度和韧性，以克服制品的日常磨损，甚至在一些特定场合使用的制品上，涂层还应具备特殊的物理化学及光电等性能。

③ 性价比合理，并且施工和使用中不会对环境产生污染。

④ 施工方便，常温自干，干燥速率要适宜，成膜后可掩盖塑料制品成型过程中所产生的小缺陷，能形成性能各异、色彩鲜艳、丰满光亮、耐候性强的涂膜。

3.1 塑料涂层选择机理

涂料的种类很多，选择塑料用涂料体系，必须保证选择的涂料体系对塑料有足够的附着力。要获得足够的附着力必须遵循一些基本原则：首先涂料能对塑料底材进行充分润湿；边界层要有足够的内聚强度；塑料和涂料的过渡层要尽量避免内应力积累等。底材的润湿程度可通过测定涂料润湿塑料时的接触角来判定，接触角的大小可直接反映底材表面自由能的大小。接触角小，润湿性就好，而表面能越低的底材越难润湿。对低表面能的塑料底材，为得到良好的润湿，常在涂料中加入一些助剂如有机硅偶联剂，降低液体涂料的表面张力。合适涂料的选择仅仅是获得良好附着力的前提条件，塑料底材表面的特性对涂料在其表面的附着起主要作用，而这和塑料的加工有一定关系，如塑料底材在注塑时，注塑压力、温度、时间、注塑冷却速率等因素都对其表面性能有明显影响；塑料零件喷涂前所处的条件对附着力也有较大影响，例如温度、湿度、内应力以及表面粗糙度。内应力可以在零件注塑过程或表面加工过程中形成。涂料在喷涂及固化过程中，溶剂迁移或加热塑料使其松弛、收缩，可有效降低内应力。由此可知复合塑料底材的结晶度越高，涂料在其表面的附着力越小。

常规金属表面自由能为 $(5\sim50)\times10^{-5}\mathrm{J/cm^2}$，塑料表面自由能则明显低、极性小，其表面自由能往往低于 $1\times10^{-5}\mathrm{J/cm^2}$，表面难以附着[3]。研究者就涂料在塑料底材上的附着，提出多种理论，如扩散理论、溶解度参数理论、静电理论、化学键合理论、吸附和机械咬合理论等[2~4]。每种理论都能从某个层面上描述涂料在塑料表面的附着状态，但对塑料涂层的实际应用都存在着偏差，其中扩散理论得到较为广泛的认可。该理论认为涂层附着力的大小与涂料扩散到塑料底材内部能力的大小密切相关。其实各种理论并不矛盾，例如涂料一旦渗透到塑料底材中，渗透物与塑料底材间存在的静电和机械咬合现象，会明显增强两者之间的附着力。要想涂料渗透到塑料底材当中，首先要使它能很好地润湿底材，这在实际生产中可以通过调配涂料各组分的比例，使之在底材上铺展开来，此时涂层和塑料底材之间通过各种作用力而结合到一起。如果成膜树脂与塑料基材的溶解度参数选择适当，就能使漆膜与塑料表面形成一个互混层，这时涂料与塑料之间的静电和机械咬合力就会起作用。互混层虽有助于附着，但是要靠涂料中的溶剂对塑料的轻微溶解来实现，如果把握不当使涂料过分溶蚀塑料底材表面，将会使塑料底材表面凹凸不平，漆膜起皱，流平性不好，影响外观。因此所用溶剂的溶解度参数要尽量与塑料的溶解度有一些偏差。由于塑料和涂料均是较为复杂的体系，存在着物理、化学等方面的不均一性，因此在界面存在着内应力，如收缩应力、热应力和变形应力等，这些应力均会对涂料的附着力造成不利影响，因而需要添加合适的助剂及选择适当的涂料体系来加以消除。不同的塑料底材也要根据结构相似、极性相近原理选择合适的涂料体系。

从以上分析出发，设计塑料用涂料的配方时，除保证涂料的树脂施工时不拉丝、易于流平、常温易自干、漆膜丰满度好、耐候性好外，选择溶剂体系是配方的关键。设计恰当的溶剂体系，可提供与塑料底材相近的溶解度参数，做到对底材附着力好又不明显溶蚀底材，保证漆膜流平性好，外观平整光滑，干燥速率适宜。每种塑料底材都有固定的溶解度参数 δ_M，而选择的溶剂体系溶解度参数 δ_R 可根据式（3-1）求得：

$$\delta_R = \varphi_1\delta_1 + \varphi_2\delta_2 + \varphi_3\delta_3 + \cdots + \varphi_i\delta_i \tag{3-1}$$

式中，φ_i 是溶剂体系中某一组分的体积分数；δ_i 是该溶剂的溶解度参数。同样依照式（3-2）可计算涂料的溶解度参数：

$$\delta_p = \varphi_R\delta_R + \varphi_S\delta_S \tag{3-2}$$

式中，φ_R，φ_S 分别为溶剂和树脂的体积分数；δ_R，δ_S 分别为溶剂和树脂的溶解度参数。有了涂料的溶解度参数 δ_p，可以与塑料底材的溶解度参数 δ_M 相比，判断溶剂体系是否合适。一般来说 $|\delta_p - \delta_M| > 2(J/cm^3)^{1/2}$ 时，易在塑料底材上产生良好附着而不溶蚀底材[5]。如 HIPS 的 δ_M 为 $8.6 \sim 9.7(J/cm^3)^{1/2}$，所选涂料的 δ_p 应在 $10.6 \sim 11.7$ $(J/cm^3)^{1/2}$ 之间才比较匹配。

选择合适涂料体系的另一种方法是实验法，按照实验结果进行调试。将不同的溶剂按照比例混合在一起，并将混合的溶剂涂在塑料底材上，以混合溶剂刚好浸蚀塑料底材为准。以这样的溶剂配制涂料，一般经过几次实验就可确定漆料体系。在确定溶剂体系时，同时还要兼顾溶剂的挥发速率。溶剂挥发太快，漆料流平性不好，易产生针孔、泛白等现象；溶剂挥发太慢，漆料易流淌，固化速率太慢。一些常见溶剂的溶解度参数和挥发速率常数在溶剂手册上可查到。

由于表面能的差异，塑料表面涂装比在钢铁、木材上要困难得多，要根据不同的塑料底材选择不同配方的涂料，并且有时涂装前还要对表面进行处理。使用的处理方法有紫外线照射处理、等离子放电、重铬酸钾和高锰酸钾酸性溶液清洗和溶剂清洗等。但这些方法存在着问题，如在表面处理过程中产生废液、增加费用等。因此现在这些方法只在一些特定场合使用，人们主要还是希望能在涂料配方上完善。此外，在涂装过程中，大气的温度和湿度也是影响涂料附着力的重要因素，应加以注意。

根据前面的描述，塑料表面的涂层选择是和塑料本身材料直接相关的。目前塑料的种类主要有聚烯烃、PS、ABS、PC、PMMA、聚酰胺和聚醚等。其中，聚烯烃、ABS 和 PS 塑料的应用最为广泛。ABS、PVC 塑料的极性较大，和多种涂料有较强的亲和力，可选择的涂料品种就比较多，如热塑性丙烯酸酯漆、醇酸改性丙烯酸漆、聚氨酯漆、硝基漆、聚烯烃类漆等；PS、HIPS 等塑料对溶剂敏感，容易被溶剂溶蚀，且耐温性较差，一般选择常温自干的热塑性丙烯酸漆、改性丙烯酸漆或硝基漆等，并选择适当的稀释剂；对于非极性的聚烯烃 PP、PE，涂料在其表面难以润湿和附着，且它们的耐溶剂性很强，难度最大，比较实际的办法是加涂一薄层底漆（过渡层），此底漆中往往含有一部分氯化烯烃（CPO），以增加附着力。由于不同塑料底材的结构、极性有很大差别，因此不同的塑料底材要选用不同的涂料体系。表 3-1 给出常见塑料的涂料体系[3]。

表 3-1   不同塑料及选择的涂料体系

塑料名称	特点	选用涂料
聚乙烯（PE）	耐试剂、耐磨、相对密度小、电气性能好	丙烯酸酯、环氧、聚氨酯、氯化聚烯烃
聚丙烯（PP）	耐试剂、耐磨、相对密度小、电气性能好	丙烯酸酯、环氧、聚氨酯、氯化聚烯烃
聚氯乙烯（PVC）	耐候、难燃、绝缘性能好	丙烯酸酯、聚氨酯、氯化聚烯烃
聚苯乙烯（PS）	透明、刚度大、加工性能和绝缘性能好	丙烯酸酯、聚氨酯
聚甲基丙烯酸甲酯（PMMA）	透明、耐候、表面硬度高、电气性能好	丙烯酸酯、含硝基类
聚碳酸酯（PC）	透明、耐热、耐冲击、电气性能好	丙烯酸酯、有机硅改性聚氨酯
涤纶（PET）	耐热、耐磨、耐冲击、抗疲劳、表面光泽度高	聚酯、聚氨酯
PPO	耐燃、耐候、强韧	丙烯酸酯、聚氨酯
丙烯腈-丁二烯-苯乙烯共聚物（ABS）	强度高、加工性能好	丙烯酸酯、环氧、聚氨酯

3.2   不同类型塑料用涂料

3.2.1   聚烯烃塑料涂料

聚烯烃类塑料主要有聚丙烯塑料（PP）、聚乙烯塑料（PE）。聚烯烃类塑料基材的结晶度较高，耐溶剂性强，表面极性和表面能低。在进行表面涂装时，除应选择适当的涂料体系外，还需进行适当的表面处理。与该塑料基材有相似的分子结构和溶解度参数的氯化聚烯烃类涂料、氟碳树脂涂料等可提供良好的附着力，是该类塑料用涂料的首选，也可使用环氧、聚氨酯、双组分丙烯酸类涂料。

常规聚烯烃类塑料用涂料包括两类。一类是含氯化聚烯烃类（CPO）的涂料，CPO 是在聚烯烃中引入了极性基团"氯"，其本身可以与一些涂料用树脂互混，并且能够和塑料底材相容，"润湿"塑料表面，提高附着力。另一类是不含 CPO 的涂料，要想提高涂层与底材之间的附着力，需在此类涂层中引入一些特殊的官能团结构。研究表明可以预合成双戊烯为种子，在此骨架上引入一定比例的甲基丙烯酸甲酯、丙烯酸丁酯及苯乙烯，增加基料结构中的"枝杈"，以结构相似适应聚烯烃表面上的附着。

3.2.2   ABS 塑料涂料

ABS 是由丙烯腈（Acrylonitrile）、丁二烯（Butadiene）、苯乙烯（Styrene）三种单体共聚而成的聚合物。改变三种组分的比例和采用不同的组合方式，以及共聚物相对分子质量不同，可以制造出性能范围广泛的不同规格、型号的 ABS 树脂。

目前常用 ABS 树脂中单体含量的范围为：A 占 20%～30%；B 占 6%～30%；S 占 45%～70%。可以看出：ABS 中苯乙烯含量相对较高，与 PS 具有同宗性，但由于加入了丙烯腈和丁二烯，共聚物刚性强、硬度大、韧性好、表面性好、成型性好，其应用范围远远超过 PS。由于 ABS 含苯乙烯单体，适合 PS 类塑料涂装的涂料也适合 ABS 的涂装。同时由于 ABS 含有极性单体丙烯腈，具有较高的表面张力，较其他的塑料制品更容易涂装。其可选择的涂料范围比较宽，可选挥发性涂料，如丙烯酸酯涂料、环氧醇酸硝基涂料、氨酯油涂料，也可选双组分转化型涂料，如丙烯酸聚氨酯涂料。根据需要可以把这些涂料制成有光、半光、金属质感以及橡胶软质感的涂料。有研究者用热塑性丙烯酸树脂、醋酸-丁酸纤维素（CAB）、不同助剂等原料配制出 ABS 塑料用表面涂料，具有金属质感[6]。日本则研制出一种塑料涂装用仿金属水性涂料用于 ABS，该涂料由聚合物水分散体树脂、金属颜料、着色颜料、成膜助剂、水性涂料用助剂和水组成。

3.2.3 PS 塑料涂料

由于成型性能好、外观光亮、综合力学性能优良等特点，PS 以及由它改性而来的 ABS 主宰了电器塑料外壳市场。出于成本考虑，PS 比 ABS 更容易被厂家接受。但单纯的 PS 因脆性大、易碎裂、耐热性差等缺点，应用受到了限制。用橡胶类聚合物改性聚苯乙烯得到 HIPS，即高抗冲击聚苯乙烯，由于解决了上述缺点而在家电外壳行业得以广泛应用，并越来越多地代替了 ABS。HIPS 为非结晶、无色透明的塑料，该类塑料分子具有极性，与涂层附着力较好。适宜的涂料体系有环氧涂料、热塑性丙烯酸酯树脂涂料、热固性丙烯酸酯-聚氨酯树脂涂料、丙烯酸改性醇酸树脂涂料、醇酸树脂改性聚苯乙烯涂料、改性纤维素类涂料等。有研究者以丙烯酸酯树脂为基料作为 HIPS 的塑料漆，并用硝基纤维素对丙烯酸酯树脂漆进行改性，且引进一些极性基团，如羧基、氰基等提高涂膜附着力，取得了很好的效果[7]；也有采用丙烯酸树脂对硝基纤维素涂料进行改性，制备出性能优良的丙烯酸改性硝基涂料，用于 HIPS 塑料的表面涂装。由于国内彩电业的发展由低端走向高端，其涂料也从单层热塑性涂料发展成高光涂料。出于环保的要求，水性涂料、UV 辐射固化涂料得以开发。一种 UV 固化梳形聚酰胺预聚物塑料用涂料被研究，该预聚物由相对分子质量低的聚酰胺树脂和丙烯酸乙酯氨基甲酸酯基-异氰酸酯通过加成反应制得，以聚酰胺为主链、丙烯酸乙酯二氨基甲酸酯为侧链，能满足 HIPS 塑料的应用要求。Igami, Kiyotaka 等人研制出了一种塑料耐光涂料用聚合物组合物。该组合物由 UV 吸收基的聚酯多元醇制得的 UV 吸收聚合物和丙烯酸聚合物或聚氨酯组成。涂装在 HIPS 底材上，干燥后可提高附着力，在润湿条件下耐光性好。

3.3　塑料用涂料研究的多功能化

随着生活水平的不断提高，人们对家电等塑料外壳表面装饰和保护功能的要求越来越高，所用涂料朝着高性能化、多功能化和环保型的方向发展。新的高性能涂料具有高的综合性能，如耐腐蚀性能、抗划伤性及适宜的硬度等。亚光涂料在家电外壳的应用中越来越受欢迎，亚光涂料一般都是加入消光粉或填料进行消光的，使得涂料的耐划伤性能降低。解决这一问题的方法之一是采用悬浮法制备丙烯酸树脂，加入抗划伤蜡粉制成涂料；方法二可采用弹性树脂作基料增加涂料的韧性，轻度划伤可很快恢复。塑料用有机硅树脂和氟碳树脂硬涂层都具有优异的耐划伤性、耐擦伤性和耐候性等性能，近年得到迅速发展，已在塑料制品的涂装中广泛采用。塑料用可辐射固化硬涂层的开发也十分活跃，辐射固化涂料主要包括紫外线固化、电子束固化和可见光固化三类。

紫外线固化涂料的优点是节约能源和溶剂，不污染环境，可用各种方法进行施工，在进行 30～60s 的预干后，用紫外线照射，生产效率高。电子束固化涂料比 UV 固化涂料更为节能，固化速率也更快，尤其便于实施自动化操作。多功能化是塑料家电外壳用涂料一个重要的发展方向。在发挥优异保护作用的同时，家电等用塑料涂料越来越注重具有其他特殊的功用，如电气功能、审美功能、保健功能等。塑料表面容易产生静电，涂装防静电涂料则可以避免静电的产生；而涂装电磁屏蔽涂料则可以克服塑料基材不具备电磁屏蔽功能的缺点，保护家电自身免受电磁干扰或防止环境受到电磁污染。涂料的审美功能使涂料被赋予了新的功能，使人们在视觉、听觉、触觉等方面得到美感，提高舒适性。视觉美涂料，如珠光涂料、变色涂料、金属闪光涂料等；听觉美涂料可以防振、隔声等，使人们免受家电内部机器噪声的干扰；触觉美涂料，如绒面、砂面、软面、皮面等涂料，使人们在触觉上获得新的美感。除臭涂料、杀菌涂料等具有保健功能。除臭涂料是在涂料中添加吸附力极强的矿物海沧石或活性炭微粒除臭剂，能消除塑料本身添加剂中挥发性物质及周围的怪味，制造一个良好的环境；杀菌涂料则可以杀灭周围环境中的细菌，使家电免受污染，起到保健作用。纳米技术在制得特殊功能塑料涂料中发挥着重要的作用，纳米抗菌塑料漆已用在冰箱、空调等家用电器上。随着塑料材料在家用电器、汽车等领域中越来越广泛的应用和涂料技术的不断进步，塑料用涂料多功能化已经取得进展，并将会继续得到迅速发展。

3.4　塑料用涂料水性化发展

出于环保和资源保护的要求，近年来，人们纷纷要求限制高 VOC 含量和有毒涂料的使用，欧盟更是制定标准，在 2004 年开始全面禁止有机溶剂的生产、销售和使用。这些都促进了涂料工业向以水性涂料、高固体分涂料、光固化涂料和粉末涂料等为代表的低毒、环保涂料方向发展，其中最重要的是水性涂料。虽然塑料用涂料目前已经应用的多为油性涂料，但水性涂料会随着环保法规的日益严格和生产技术的逐渐完善而增多，终将会取代油性涂料。国内水性涂料用于塑料的研究十分活跃，但真正进入工业化生产的类型不多、规模很小，只在汽车、玩具、家电等少数领域有使用，而且主要品种是聚氨酯水分散体、丙烯酸酯乳液等。这主要是因为涂料水性化后涂膜的综合性能与油性涂料相比存在较大差距：水性涂料以水为分散介质，不会腐蚀塑料底材，在塑料表面的附着很困难；同时由于水性化过程必须在树脂分子链中引入亲水性基团，或在涂料中加入表面活性剂，形成的胶膜耐水性往往低于油性涂料。因此必须从成膜树脂与水性涂料的组成、结构和制备方法上进行专门设计。

当前塑料涂料的水性化研制方法主要从两个方面入手：一种是直接采用乳液聚合的方法，制备水基乳液再配制成漆；另一种则是水稀释性或者水分散性树脂及涂料，即先采用传统的溶液聚合或本体聚合制备带有亲水官能团羧基、羟基等或非离子亲水链段的树脂，用中和剂中和树脂上的亲水官能团，直接分散到水中；或者对于含有非离子亲水链段的树脂可直接分散到水中，制备成水性树脂及涂料，该方法除适用于水性丙烯酸酯树脂、聚酯树脂和醇酸树脂，也适用于水性聚氨酯。当然实际情况可能会更复杂，有可能同时结合了以上两种思路，如改性丙烯酸聚氨酯（PUA）复合乳液的制备。有研究表明采用乳化工艺得到的水性 UV 涂料，在塑料上作为罩光清漆时，性能与普通 UV 涂料的耐磨性、耐水性等相当。对影响这种涂料性能的因素进行分析并调整制备工艺，可使得其性能达到溶剂型 UV 涂料的水平，能满足在手机、电脑等对表面涂层性能要求比较苛刻的应用领域。也有人以水溶性丙烯酸树脂为基料、银包铜粉为导电填料，制备水性导电涂料，讨论了导电填料、水加入量、分散剂以及固化温度、涂膜厚度等对导电涂料性能的影响，确定了最佳的水性导电涂料组成和工艺条件，该导电涂料可用于 ABS 基材[8]。有专利介绍了一种水性涂料组合物，它是由包含底漆树脂的有机相、水相和乳化剂组成的，可以作为涂料的添加剂，改善涂料的附着力，也可以用于木材或塑料表面[9]。Michael D. Gerno 等研究了链烷醇胺等水性中和剂的添加对塑料用水性涂料附着力的影响，在相同对比试验下，使用不同中和剂的水性涂料对塑料基材的附着力是有差别的[10]。美国专利则介绍了一种金属离子交联的塑料基材用涂膜，它包括胺中和的多羧基水基分散树脂和提供交联点的复合锌铵盐，涂膜具有良好的柔韧性、高光、耐湿气等优点，主要用于高极性塑料基材的外保护[11]。如果希望不对底材做预处理而直接涂装，则在树脂配方设计及施工中要着重两点：一是竭力"破坏"塑料表面微晶区来提高润湿性，比如在水性涂料中使用助溶剂来降低涂料体系的表面张力，并且能溶胀基材表面，使涂层树脂分子在干燥过程中能够渗入基材表面层，以提高附着力；二是尽力"延伸"晶区结构来增加树脂间匹配性，即使用与塑料基材表面具有相似结构的功能树脂作为添加成分来获得满意的附着力，典型的有氯化聚丙烯对聚丙烯基材的附着促进作用。通常将氯化聚烯烃树脂通过外乳化或其他改性方法使其水性化，虽然在聚烯烃表面附着力得到了一定的提高，但缺少某些功能性基团难以实现特殊目的的应用；而对氯化聚烯烃乳液进行接枝改性，或在传统共聚乳液反应中添加适量氯化聚烯烃是同时获得附着力和功能基团的常用方法。Laura 等人[12]先将非离子乳化剂壬基苯基聚氧乙烯醇和乙二醇混合均匀，搅拌下加热到一定温度后加入氯化聚烯烃 CP343-1，混合均匀至树脂溶化分散，再加入胺混合均匀，慢慢滴加水，滴加完毕后，高速搅拌，即得水性氯化聚烯烃乳液。该水性氯化聚烯烃乳液在性能上虽不及同类溶剂型涂料，但毕竟提供了一种将溶剂型氯化聚烯烃涂料转化成乳液型的思路。有研究者在马来酸酐改性氯化聚丙烯的预乳液存在下，加入丙烯酸羟乙酯、阴离子表面活性剂和水，混合均匀后，滴加含有甲基丙烯酸环己酯、甲基丙烯酸异丁基酯和过硫酸铵引发剂的混合液，即得到丙烯酸酯类改性氯化聚丙烯乳液[13]。此乳液稳定，在 50℃下存放 1 个月，未发生任何变化。乳液胶膜具有很好的防腐性和耐油性，并且用十字划格法测定其在聚丙烯树脂板上的附着力，附着力可达 100%。另有专利介绍了一种适用于未处理的聚丙烯基材的水性漆，该漆由带丙烯酸的树脂乳液、氯化聚烯烃乳液和用于交联该丙烯酸树脂羧基的交联剂三种成分组成，由于适度的交联，使得漆膜的耐溶剂性和耐水性有很大的提高[14]。据文献报道，一种无污染的聚丙烯用水性乳液，采用甲基丙烯酸2-乙基己酯等进行乳液聚合，所得乳液的干燥涂层在聚丙烯上有很好的附着力[15]。

专利介绍了一种乳化马来酸酐改性 CPP 后进行丙烯酸酯单体接枝制备水性氯化聚丙烯，与聚丙烯底材附着力好[16]。国内近几年对 PP 塑料用水性涂料研究也逐渐增多，如有专利就介绍了一种塑料用水性树脂及其制备方法[17]。采用原位聚合方法合成亲水-疏水嵌段聚合物溶液，疏水性聚合物链段与亲水性聚合物链段形成均匀的微相分离结构，再加水"相反转"制备塑料用水性树脂，采用这种水性树脂制备的涂料对 PC、PET、POM、PVC、PE、PP、ABS 等塑料基材附着力强。同样有将氯化聚丙烯、石油树脂或氯醋树脂，溶于溶剂中，加入乳化剂、pH 值调节剂等，加水得到稳定的水性树脂乳液，该乳液经减压蒸馏后，得到低 VOC 的水性树脂。采用此树脂制备的涂层与聚丙烯底材附着力良好。尽管人们在水性塑料涂料的研究上取得了可喜的进步，但目前已有的塑料水性涂料的硬度、光泽、耐水性、耐候性等还达不到溶剂型涂料的标准，性能有待进一步提高。

目前，市场上可应用于塑料制品的水性涂料品种和水性木器涂料类似，主要使用水溶性涂料和乳胶涂料，按树脂分类主要有水性丙烯酸、水性单组分聚氨酯、水性双组分聚氨酯等，此外还包括水性光固化类型。这些品种主要应用于 ABS、PS、PC/ABS、PVC 等极性塑料表面；对于非极性的 PE、PP 等表面张力很小的塑料需做特定的前期表面处理，或是将氯化聚烯烃树脂通过外乳化或其他改性方法使其水性化。

水性丙烯酸涂料用的丙烯酸树脂主要是丙烯酸、甲基丙烯酸及其酯与乙烯系单体（如苯乙烯）经共聚而得到的热塑性或热固性丙烯酸系树脂，以及其他具有活性可交联官能团树脂改性的丙烯酸树脂。根据树脂在水中的状态分为水溶性、水乳性和乳胶型丙烯酸涂料。水性丙烯酸树脂通过添加增稠剂、消泡剂、催干剂、防霉杀菌剂、缓蚀剂等助剂构成涂料。塑料用水溶性丙烯酸由于需要溶解在水中，其相对分子质量不会太大，否则水溶困难，因此它们作为一种高分子材料使用多半是制成热固性的。其成膜方式都是通过交联，主要是通过外加入交联树脂（如环氧树脂、酚醛树脂、氨基树脂等）来实现外交联的。另一种为丙烯酸类乳胶漆，按所用乳胶一般分为三类，即全丙乳胶漆、苯丙乳胶漆和乙丙乳胶漆，其中全丙乳胶体性能最佳。水性丙烯酸酯涂料的研制和应用始于20世纪50年代，到了70年代初得到了迅速发展，并逐渐在塑料中得到应用，是塑料用水性涂料重要的品种之一，具有防腐、耐碱、耐光、耐候、成膜性好、保色性佳、无污染、施工性能良好、使用安全等特点；并且可以通过改变共聚单体、交联剂种类及调节聚合物相对分子质量等一系列措施，改变涂料的各种性能。但是水性丙烯酸酯涂料也存在一些缺陷，如容易失光、透水性、吸水性较高，热黏冷脆。80年代以来，人们开始研制水性丙烯酸酯复合乳液，以通过各组分间优势互补来提高水性漆涂膜的整体性能（如光泽、耐水性、附着力等）。水性丙烯酸酯涂料更多地是通过采用其他树脂或单体对其进行改性。如：环氧树脂改性水性丙烯酸酯树脂、水性聚氨酯丙烯酸酯树脂、含氟或含硅水性丙烯酸酯树脂等。

由于水自身的性质，尽管塑料用水性涂料具有自身的优异性，但相比于传统溶剂型涂料，仍存在以下一些问题。①水的蒸发潜热较高，易受湿度的影响，从而产生流挂、闪光颜料定向不良等问题。因此，水性涂料的施工应用和溶剂型涂料有诸多不同，其对塑料表面的洁净性、施工环境温、湿度的要求比较高，这是水性涂料推广受制约因素之一，这需要通过配方技术和施工两方面来共同解决。②水的溶解度参数和表面张力大，对底材和颜料的润湿性差，涂层对塑料表面的附着力不能满足普遍的要求，特别是对于PE、PP塑料制品。另外，在含有灰尘、油等溶解度参数较低的杂质时，易产生异物附着的缩孔、由水的突沸引起的气泡孔、展平性差等问题，虽然通过添加助溶剂和表面活性剂可以降低表面张力，但难以彻底解决。③在水性体系中达到颜料的良好分散一般比在溶剂型体系中困难，水溶性聚合物（增稠剂）可能对分散的颜料粒子起絮凝作用，在某些场合还可使胶乳粒子絮凝。离子型杂质也可能对水分散体起絮凝作用，由于水性配方中存在的颜料有一定的水溶性，即使在未干涂膜中颜料不絮凝，但随着在干燥中分散粒子和絮凝性物质浓度的增加，在最后的干涂膜中颜料仍会絮凝。添加缔合性增稠剂可使颜料絮凝的倾向减少。④水性涂料还必须解决涂料亲水性和涂膜耐水性之间的问题。对于水性涂料，为了能稳定水溶或分散于水中，其主要成膜物树脂中必然含有大量的亲水基团或亲水物质，若不加以转化或消除，必然要影响涂层的耐水性。现在，大多数水性涂料的耐水性还远不如同类型的溶剂型涂料，这也是许多水性涂料难以大量应用的制约因素之一。⑤由于水性涂料属于非均相体系，其储存稳定性较差，容易发生凝聚现象。乳化剂性能欠佳、批次合成过程中操作有问题、运输中的振荡、超过储存期限都会导致体系的失稳而凝聚，且这种水性涂料的凝胶是不可逆的。因此，选用合适的配漆工艺，并对配方组分中各助剂的类型与用量进行合理选择和优化配置，在后期制备中加以严格管控，都有助于提高体系的储存稳定性。

塑料用水性涂料面临的难题是在成本可接受的前提下可以方便施工，使涂膜性能易于设计与优化，提高产品的性能，以满足不同的要求，并进一步降低 VOC 排放量。因此，水性塑料涂料势必向高性能化、高功能化、低成本化方向发展。探索新的合成技术和制备改性复合水性涂料提高涂膜的综合性能；依靠分子设计和聚合物分子裁剪技术，在水性树脂中引入特殊功能的组分，以赋予涂膜多功能性，如含氟、含硅水性涂料和防火、抗菌和导电涂料等；进一步开拓水性涂料在塑料件上的应用，如塑料绒面涂料等。

3.5 聚氨酯橡塑涂料

为了延长橡胶制品的储存时间及使用寿命，简单的办法是在其表面形成强韧性的薄膜，具有耐寒、耐热、耐日光老化或耐化学药品的特性。根据要求，有时还要制定特殊的配方，赋予涂层特殊的功能。例如加入防霉剂可以防止橡胶表面在潮湿环境中霉变；加入防污剂防止海生物附着等。随着橡胶制品应用的日益广泛，所用涂料也取得了很大的进展。

众所周知，和塑料一样，涂层难于附着于橡胶表面一直是涂料研制中首先要考虑的问题。橡胶表面张力一般都小于 100mN/cm，涂料在其上难于润湿和铺展，属于难于附着的低能表面。依据表面化学的相互关系，液体的表面张力必须小于固体的表面张力才能在固体表面润湿和铺展，这就对涂料的表面张力范围作出了限制。涂料表面张力是基料树脂和溶剂的表面张力的综合体现，因此必须选择适当的涂料体系。一般来说，涂料树脂必须与橡胶底材结构相似、极性相近、相容性良好（溶解度参数相似）才能对橡胶有良好的附着能力；另外，橡胶制品是弹性高（模量低）、柔韧性好、易于发生形变的特殊基材，对涂料的匹配性要求很高，一般橡胶涂料的技术指标中都必须包含相对伸长率的指标。使用时选择热膨胀系数与底材相似、模量低、柔韧性好的涂料，且不会因气候影响而发生漆膜脱落、龟裂、起皱纹现象，苛刻的条件甚至要求涂料能满足橡胶制品在使用中经常发生较大的形变，如消声瓦水下 300m 左右的压力形变，使用的涂料也应该随之经常变化。涂料还应具有良好的流变特性，施工时黏度低，流动性和流平性好，不流淌、不流挂，以及涂膜本身不易氧化，具有良好的耐候性等。

与其他底材用的涂料相同，橡胶制品用的涂料由成膜树脂、溶剂、颜料和填料及助剂四大部分组成。但是，由于橡胶底材的特性决定了适用于其制品的涂料又有区别于通用型涂料的一些特点。

对于橡胶高分子底材而言，涂料树脂的化学结构、极性及溶解度参数最好与底材相近。较为传统的基料是氯丁橡胶、乳胶、SBS-AA 接枝聚合物、聚丙烯酸酯等，而改性氯化聚合物、氯磺化聚乙烯、聚氨酯及改性聚氨酯体系近年研制很多，硅橡胶体系也取得了较快进展。

聚氨酯涂料应用于橡塑制品上，在国外已经有几十年历史。国内聚氨酯涂料的研究始于 20 世纪 70 年代初，然而至今对橡塑制品的表面涂料仍以乳胶、硫化橡胶加色层以及聚丙烯酸酯涂料等为主。但聚丙烯酸酯涂料干燥速率快，弹性和耐寒性能较差，明显不适合我国北方等寒冷气候条件。

随着环保要求的提高，水性涂料越来越成为人们研究的热点。目前，市场上可应用的水性树脂有丙烯酸乳液型、水性聚氨酯（包括双组分聚氨酯型），此外还包括水性光固化类型，这些品种主要应用于 ABS、PVC 等极性非结晶塑料制品表面。由于水性聚氨酯相对于其他水性涂料，链段上有可形成氢键和范德华力的基团（氨酯基和脲基），因此有较高的内聚力和对极性基材的附着力，可满足大多数极性塑料品种对涂层性能的要求，同时可交联的特性保证了聚氨酯成膜后的耐水、耐溶剂等性能，是今后塑料用水性树脂及涂料的研究方向之一，也是水性塑料涂料的主要品种之一。水性聚氨酯可分为聚氨酯水溶液、聚氨酯水分散体和聚氨酯乳液 3 种，聚氨酯水溶液在涂料中用得很少，后两者有时统称为聚氨酯乳液或聚氨酯水分散体。按组成分有单、双组分之分，单组分属热塑性树脂，聚合物在成膜过程中不发生交联，方便施工；双组分水性聚氨酯涂料由含有活泼—NCO 固化剂组分和含有可与—NCO 反应的活泼氢（羟基）的水性多元醇组成，施工前将两者混合均匀，成膜过程中发生交联反应，得到的涂膜性能好。

单组分水性聚氨酯涂料是应用较早的水性涂料，具有很高的断裂伸长率（可达800％）和适当的强度（20MPa），并能常温干燥。因为相对分子质量高的聚合物不能形成良好而稳定的水分散体，所以传统的单组分水性聚氨酯涂料通常是较低的相对分子质量或低交联度。并且由于其结构中存在亲水性基团，在干燥固化过程中，如果成盐剂不能完全逸出，那么亲水性基团会残留在体系中，则涂膜耐水性差。而且单组分聚氨酯水分散体涂膜的耐化学性和耐溶剂性不佳，涂膜硬度、表面光泽和鲜艳性较低。为进一步提高单组分水性聚氨酯涂料的力学和耐化学品性能，常常引入反应性基团进行交联或复合改性基料来提高涂料性能，选用多官能度的反应物如多元醇、多异氰酸酯和多元胺等合成具有交联结构的水性聚氨酯分散体；添加内交联剂，如碳化二亚胺、甲亚胺和氮杂环丙烷类化合物；采用热活化交联和自氧化交联等。此外与环氧树脂复合，将环氧树脂较高的支化度引入到聚氨酯主链上，同样可提高乳液涂膜的附着力、干燥速率、涂膜硬度和耐水性；而与聚硅氧烷复合可制备低表面能、耐高温、耐水、耐候性和透水性良好的复合乳液；利用聚氨酯较高的拉伸强度和耐冲击性、优异的柔韧性和耐磨损性能，结合丙烯酸树脂良好的附着力和外观以及低成本，制备高固含量、低成本的聚氨酯-丙烯酸（PUA）复合乳液，同样也是人们研究的热点。

20 世纪 90 年代初，Jacobs 成功开发出能分散于水的多异氰酸酯固化剂，从而使双组分水性聚氨酯涂料进入研究阶段[18]。得到的双组分水性聚氨酯具有成膜温度低、附着力强、耐磨性好、硬度高以及耐化学品性、耐候性好等优越性能。双组分水性聚氨酯涂料在施工时存在干燥速率慢，并且由于水可以和—NCO 反应，在涂膜过程中易产生气泡等不足之处。为了减少这些不足，可利用—NCO 与水、—OH 的反应速率的不同，选择合适的水性多元醇和固化剂来获得使用价值高的双组分水性聚氨酯涂料，其涂膜光泽、硬度、耐化学品性能和耐久性可与溶剂型双组分相当。为得到表观和内在质量均匀的涂料，双组分聚氨酯水分散体涂料应满足以下两个条件：①多元醇体系应具有乳化能力，从而保证两组分混合后，容易把聚氨酯固化剂（特别是未经亲水改性的固化剂）乳化，具有分散功能，使分散体粒径尽可能小，以便在水中更好地混合扩散；②固化剂的黏度要尽可能小，从而减少有机溶剂的用量，甚至不用有机溶剂，同时又能保证与含羟基的组分很好地混合。为获得综合性能更加优异的水性聚氨酯涂料，双组分水性聚氨酯还需在单体和助剂、合成工艺、交联技术以及优化复合等方面进行改进。目前主要有丙烯酸改性、环氧树脂改性、有机硅或氟改性、纳米材料复合改性体系等。

聚氨酯树脂为嵌段共聚物，除了氨酯键以外，还可含有许多酯键、醚键、脲键、油脂的不饱和双键以及丙烯酸酯成分等，可通过结构的改变得到特定的性能。若用于橡胶底材，可通过选择聚酯的支化程度、聚醚的聚合度、丙烯酸树脂的内增塑程度、羟基含量等来调节漆膜的柔韧和硬度，以此选择合成性能优良的树脂，来配制有很高的机械耐磨性和韧性的弹性涂层，且对橡胶表面有很强的附着力，这是其他树脂的综合性能所达不到的。所以经常采用聚氨酯树脂或用别的树脂加以改性作为橡胶表面用漆，尤其是有特殊要求的场合。单纯聚氨酯弹性漆有固化型与挥发型两种类型，除了纺织行业外，一般采用前者。有两条路线可走，一是先合成线型长链聚酯或长链低支化度聚酯，然后与多异氰酸酯反应；另一路线是合成长链异氰酸酯预聚物与二元醇或二元胺如 1,4-丁二醇或常用的芳香族二胺 MOCA 反应，这样异氰酸根受环境的影响要小得多。聚氨酯改性体系有丙烯酸/聚氨酯、聚氨酯改性氯化聚合物和氟碳或含氟烷基聚氨酯。丙烯酸树脂有很好的耐光性能和耐户外老化性能，用含柔性链段较多的羟基丙烯酸树脂与脂肪族多异氰酸酯配合，可制得性能优异的耐候橡胶用涂层，且干燥时间短。微支链的聚酯与脂肪族多异氰酸酯配合，也能制成柔性树脂，但耐水性差，干燥时间长，需使用催化剂如环烷酸锌、二月桂酸二丁基锡等。也可采用丙烯酸树脂、聚酯以一定比例混合与脂肪族多异氰酸酯反应，其中聚酯可提高固含量，并对颜料有很好的润湿性。聚氨酯改性氯化聚合物可以制得成本低、耐腐蚀、难燃的橡胶用涂层。用弹性的聚氨酯树脂按一定的比例改性，可制得柔韧性不同的双组分涂层，来满足需求，其中要考虑储存稳定性。氟化聚氨酯应用于橡胶底材作耐磨涂层近年研究较多，如 100％聚氨酯和 2％～100％氟聚物和足够的硅二氢来提供给二氨活性氢，对异氰酸酯的比例 17～113，这样的配方产物具有良好的弹性及耐介质性[19,20]。

3.6　聚氨酯橡塑涂料研究实例

3.6.1　一种水性双组分聚氨酯橡胶涂料研究举例[21]

(1) 在氮气保护下，于 −5～15℃向密闭反应器中加入聚氧化丙烯二醇和水分散型聚异氰酸酯（见图 3-1），混合均匀，聚异氰酸酯加入量为聚氧化丙烯二醇质量的 7％～23％。

(2) 在高速分散搅拌的条件下，滴加偶联剂 α,ω-二羟丙基聚硅氧烷（见图 3-2），混合完毕后加入扩链剂 1,4-丁二醇并混合均匀，其中 α,ω-二羟丙基聚硅氧烷加入量为聚氧化丙烯二醇质量的 22％～28％，1,4-丁二醇加入量为聚氧化丙烯二醇质量的 15％～20％。

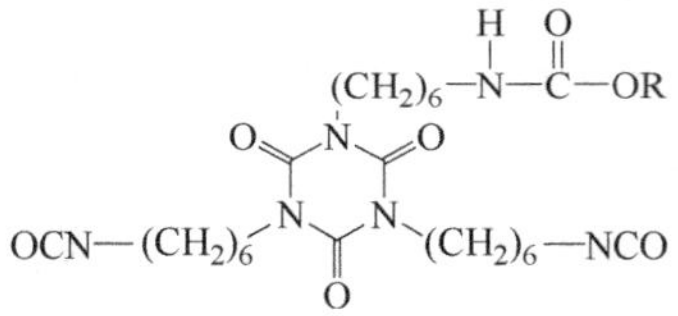

图 3-1　水分散型聚异氰酸酯 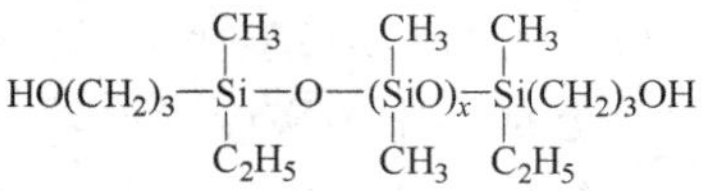　　　　　　　图 3-2　α,ω-二羟丙基聚硅氧烷

(3) 补加水分散型聚异氰酸酯，使体系中—NCO 基团与—OH 基团的摩尔比为 2.5∶1。

(4) 升温至 85～90℃反应 3～5h 后，加入表面活性剂混合均匀，得到有机硅共聚改性聚氨酯乳液 PU-Si。表面活性剂为 N-酰基甲基牛磺酸、醇醚硫酸钠和 Span-20 按质量比 1∶3∶2 的混合物，加入量为乳液量的 3％～10％。

(5) 将上述改性 PU-Si 乳液 70 份，加入滑爽剂聚二甲基硅氧烷 10 份，搅拌混合均匀作为甲组分；水分散型聚异氰酸酯为乙组分，实际使用时甲组分和乙组分质量比 10∶1。

(6) 制成的涂料检测结果如表 3-2 所示。

表 3-2　一种水性聚氨酯橡胶涂料检测结果

序号	检测项目	技术要求	检测结果	检测方法
1	总固含量/％	26±2	26	GB/T 2793
2	密度/(g/cm³)	1.00～1.10	1.01	GB/T 13354
3	pH 值	6.0～8.0	6.6	GB/T 8325
4	涂膜耐寒稳定性（−20℃，24h）	无裂纹，允许有稍微失光现象	无裂纹，无失光现象	

序号	检测项目	技术要求	检测结果	检测方法
5	涂膜耐热稳定性(50℃,8h)	无熔融,允许有稍微失光现象	无熔融,无失光现象	
6	涂膜耐水性(室温,蒸馏水,24h)	无脱色,允许有稍微失光现象	无脱色,无失光现象	
7	涂膜耐酸性(室温,耐5% HCl,4h)	无腐蚀,无脱色,允许有稍微失光	无腐蚀,无脱色,无失光现象	
8	涂膜耐碱性(室温,耐5% NaOH,4h)	无腐蚀,无脱色,允许有稍微失光现象	无腐蚀,无脱色,无失光现象	

通过该方法制备的改性水性聚氨酯,应用于 EPDM、TPV、PVC、TPE 等橡胶制品材料的表面涂装,涂料经过喷涂后 2～4d 内测试,磨耗次数超过 20000 次。

3.6.2　一种应用于塑料表面涂装的水性聚氨酯研究举例[22]

一种低表面能柔感水性聚氨酯塑料涂料按照如下过程合成:在装有搅拌器、温度计和冷凝管的 500mL 烧瓶中,加入计量比的 PTMG、PDMS、DMPA 和 IPDI,在氮气保护下,缓慢升温到 90℃反应。同时通过二正丁胺-盐酸滴定法测定体系中的—NCO 含量,该值达到理论值时将体系降温至 40℃,制得端—NCO 预聚体 A。反应体系冷却至 40℃后,加入计量的 BDO、阻聚剂和适量的丙酮,然后缓慢升温到 80℃反应,直到—NCO 含量达到理论值为止,制得预聚体 B。将预聚体 B 降温至 40℃后,加入计量的 PTEA 和适量丙酮,然后升温到 60℃反应,直到—NCO 反应完全为止,制得聚合物 C。将体系降至室温,加入计量的 TEA,中和分子链中的羧基,然后加入去离子水,高速剪切搅拌乳化,最后减压蒸馏脱除溶剂丙酮,制得固含量为 40%、pH 值为 7～8 的均匀稳定的硅氧烷改性 UV 固化水性聚氨酯乳液。制备的改性水性聚氨酯涂料的性能表征结果列于表 3-3。

表 3-3　一种改性水性聚氨酯柔感塑料涂料的性能

检测项目	检测方法	检测结果		
		PU	PU-A	PU-ASi
漆膜外观	目测	透明,平整而光滑	透明,平整而光滑	微白,平整而光滑
60°光泽/%	GB/T 9754—2007	85	81	72
附着力/级	GB/T 9286—1998	0	1	1
手感	1=差,5=好	4～5	1～2	4～5
铅笔硬度	GB/T 6739—2006	H	3H	HB
耐水性(72h)	GB/T 1733—1993	微白	无明显变化	无明显变化
耐醇性(24h)	GB/T 9274—1988	发白	无明显变化	无明显变化

3.6.3 一种塑料涂料基料多重交联聚氨酯-乙烯基聚合物无皂微乳液研究[23]

以聚氨酯-乙烯基接枝聚合物为壳，乙烯基聚合物为核的具有核-壳结构微乳液经过如下方式制备：二异氰酸酯、低聚二元醇、醇扩链剂、亲水性改性剂、乙烯基壳单体、油溶性引发剂在 60～95℃反应 2～8h，制备含 NCO 端基和亲水基团的聚氨酯-乙烯基接枝聚合物预聚体；加入中和剂、乙烯基核单体，充分混合，强力剪切下水分散，由胺扩链剂扩链，胺交联剂交联，形成交联型聚氨酯-乙烯基接枝聚合物壳包裹核单体的水分散中间体；加水溶性引发剂，50～90℃反应 3～6h，核单体自由基乳液聚合形成内部交联的乙烯基聚合物核；上述乳液成膜时核内含有的环氧基与壳内含有的羧基自交联。

一种适用于 HIPS 和 ABS 的涂料乳液详细制备过程如下。

在搅拌桨 300r/min 的转速下，将 115g 异佛尔酮二异氰酸酯、70g 平均分子量 2000 的聚己二酸乙二醇酯、9.2g 1,6-己二醇、40g 苯乙烯、55g 甲基丙烯酸甲酯、0.12g 辛酸亚锡和 0.05g 对苯二酚加入带搅拌、冷凝器和温度计的 1000mL 四口烧瓶中，水浴加热，在温度（90±2）℃下反应 2h，得到端 NCO 的聚氨酯预聚体；加入 25.5g 二羟甲基丁酸和 15.0g 甲基丙烯酸-β-羟乙酯，（80±2）℃下反应 2h，得到以双键和 NCO 为端基的含亲水基团的聚氨酯预聚体；体系维持（75±2）℃，加入 0.33g 偶氮二异丁腈、030g 正十二硫醇和 20g 丙酮，反应 3h，得到含 NCO 端基和亲水基团的聚氨酯-乙烯基预聚体；降温≤40℃，加入 40g 苯乙烯、55g 甲基丙烯酸甲酯、10g 二乙烯基苯、15g 甲基丙烯酸缩水甘油酯和 16.5g 三乙胺，500r/min 搅拌 15min，得到含 NCO 端基的亲水性聚氨酯-乙烯基接枝预聚体与乙烯基核单体的混合物；将混合物置于乳化罐内，在乳化机 8000r/min 的高速剪切下，缓慢加入 980g 去离子水，乳化 10min 后加入 10.2g 三乙烯四胺进行壳扩链并交联，继续乳化 10min，静置消泡，得到聚氨酯-乙烯基接枝聚合物壳包裹核单体的水分散中间体；将中间体置于干净的带搅拌、冷凝管和温度计的 2000mL 的四口烧瓶内，300r/min 搅拌速度下水浴加热，在（75±5）℃下保温 4h，并在此期间滴加 0.42g 过硫酸铵和 20g 去离子水的溶液；升温并在（85±5）℃下保温 1h；降温至 70℃，在 40kPa 真空下蒸馏 1h，脱除溶剂和部分水分，降至室温，用氨水调节 pH 值为 8～9，得到 1280g 乳液。乳液呈现蓝光微透明，平均胶粒粒径小于 80nm，固含量为 35%。经测试乙烯基聚合物占聚合物总量的 50%（质量分数），乳液 50℃下放置 7d 无明显变化；最低成膜温度≤5℃，附着力（HIPS 塑料板划格法）达到 100%，涂膜铅笔硬度为 2H。

参 考 文 献

[1] 边蕴静，邓永青，王洪增，等. 家电塑料外壳用涂料与涂装 [J]. 化工新型材料，2005，33（2）：

63-66.

［2］ Wang Y Y，Qiu F X，Xu B B，et al. Preparation，mechanical properties and surface morphologies of waterborne fluorinated polyurethane-acrylate ［J］. Progress in Organic Coatings，2013，76：876-883.

［3］ 廖阳飞，张旭东. 塑料涂料研究进展 ［J］. 上海涂料，2008，46（8）：14-18.

［4］ 郭志光，顾卡丽，李健，等. PP 塑料表面涂料的研制 ［J］. 现代涂料与涂装，2003，3：10-12.

［5］ 孙道兴. 塑料涂装中的技术问题 ［J］. 现代涂料与涂装，2002，3：45-46.

［6］ 曹逸辰，游波，武利民. 塑料用水性树脂及涂料的研制及应用 ［J］. 涂料技术与文摘，2012，13-17.

［7］ 王玉香，孙东成. 阳离子型水性丙烯酸酯聚氨酯塑料涂料的研究 ［J］. 热固性树脂，2007，22（3）：13-16.

［8］ 李效玉. 紫外光固化水性塑料涂料 ［C］. 全国涂料信息中心：第 2 届水性塑料涂料及涂装技术研讨会. 常州：2008.

［9］ Fredric W，Ronald O. Emusions useful for coatings and coating additives ［P］：WO，2006093916. 2009-9-8.

［10］ Gernon M D，Dowling C M，Alford D. Alkanolamine influence on adhesion of waterborne coatings to plastics ［J］. Paint & Coatings Industry，2008，24（10）：78-86.

［11］ Craun G P，Rance D G. Strippable aqueous emulsion inomeric coating for recyclable plastic containers ［P］：US，6184281-B2. 2001-6-2.

［12］ Laura A E，Easton R J，Frisch K. Aqueous coating composition and method of use ［P］：US，5227198. 1993-7-13.

［13］ Mitsui H，Koyama K，Muramoto H，et al. Aqueous dispersion，process for producing the same and use thereof ［P］：EP，1364977-A1. 2003-11-26.

［14］ Bugajski J，Kooy R，Moeller R J，et al. One-coat，waterborne coating system for untreated polypropy lene-based substrates ［P］：US，5777022. 1998-7-7.

［15］ Ashihara T，Tone S，Satto T，et al. Manufacture of the emulsion of synthetic resin composites ［P］：US，5349022. 1998-1-1.

［16］ Schindler G，Esters R. Process for the preparation of an aqueous，finely divided dispersion of achlorinated polyolefin，and the use thereof in aqueous coating compositions ［P］：0466743. 1992-1-22.

［17］ 游波，曹逸辰，武利民. 一种塑料用水性树脂及其制备方法和应用 ［P］：中国，201010102117. 2. 2010-1-28.

［18］ Jacobs P B，Yu P C. Two-component waterborne polyurethane coatings ［J］. Journal of Coatings Technology，1993，65（7）：45-50.

［19］ Xu H P，Qiu F X，Wang Y Y，et al. UV-curable waterborne polyurethane-acrylate：preparation，characterization and properties ［J］. Progress in Organic Coatings，2012，73：47-53.

［20］ Park D H，Oh J K，Kim S B，et al. Synthesis and characterization of sulfonated polyol-based waterborne polyurethane- polyacrylate hybrid emulsions ［J］. Macromolecular Research，2013，21（11）：1247-1253.

［21］ 华道良，孔卫东. 水性双组分聚氨酯橡胶涂料及其制备与应用 ［P］：中国，CN 101781515A 2010. 3. 18.

［22］ 许飞，胡中，陈卫东，等. 低表面能 UV 固化水性柔感塑料涂料的研究 ［J］. 上海涂料，2012，50（7）：5-9.

［23］ 何晓明，蔡双儿，叶斌. 一种塑料涂料基料多重交联聚氨酯-乙烯基聚合物无皂微乳液及其制备 ［P］：中国，CN 101798389 A，2010. 8. 11.

第4章

水性聚氨酯防水涂料

聚氨酯防水涂料是 20 世纪 60 年代在欧美、日本发展起来的一种新型的高分子防水涂料。在我国，聚氨酯防水涂料在 70 年代开始起步，于 90 年代发展迅速并得到了广泛的推广与普及。从一开始的焦油型到后来的沥青型，到现在大力研究与应用的水性聚氨酯防水涂料，不难看出，人们在注重聚氨酯防水涂料的防水功效的同时，对于健康环境的安全意识也越来越强。

水性聚氨酯涂料在具有诸多优点的同时，也存在一个比较严重的缺点：由于其以水作为分散剂，不可避免地会在分子结构中引入—COOH、—OH 等亲水基团，使得其耐水性能较溶剂型聚氨酯涂料要差很多，限制了其使用范围。通常，聚氨酯结构中常见的基团抗水解能力排列如下：

醚基＞氨基甲酸酯＞脲，缩二脲＞酯基

水对聚氨酯的作用主要体现在两个方面。一方面是物理变化，水进入聚氨酯分子之间，与分子中的极性氨基甲酸酯基产生氢键作用，从而减弱了原先聚合物主链的氢键作用，严重影响聚氨酯的物理性能，起到类似增塑剂的作用，不过这种吸水可逆，经干燥脱水后可以恢复原来的性能；另一方面是化学变化，这种影响在聚氨酯水解中，尤其对于聚酯型聚氨酯最为明显，主链中的酯基水解成两个端基分别为羟基和羧基的短链，而酸性羧基又会进一步加速其他酯基的水解，发生自动催化的连锁反应，这种水解变化是不可逆的。

正因为如此，为了克服水对聚氨酯结构的影响和破坏，通常会对水性聚氨酯本身的结构进行改造，如增加体系交联组分、接入疏水基团等，从而合成具有防水效能的水性聚氨酯涂料。

4.1　水性聚氨酯防水涂料的分类

4.1.1　按涂料组分状态与形式[1]

(1) 乳液型水性聚氨酯防水涂料　乳液型水性聚氨酯防水涂料为单组分包装，在涂刷后随着水分的挥发而自然成膜，其施工工艺简单方便，成膜过程无有机溶剂逸出、不污染环境、不燃烧、施工安全、价格便宜，是今后防水涂料发展的主要方向。聚氨酯以极小颗粒稳定悬浮在水中，使用时依靠水分的挥发而使聚氨酯颗粒成膜，具有成膜性好、延伸率大、黏结力强、耐油耐酸碱等化学品和施工应用范围广等优良性能，其防水性能要优于传统的单纯聚丙烯酸酯乳液防水涂料。

(2) 反应型水性聚氨酯防水涂料　反应型水性聚氨酯防水涂料，其作为主要成膜物质的高分子材料是以预聚物液态形态存在的，通过液态的高分子预聚物与相应的物质发生化学反应成膜。反应型水性聚氨酯防水涂料为双组分包装，其中一个组分为成膜物质，另一组分为固化剂，施工时将两组分混合后涂刷，成膜物质与固化剂发生反应而交联成膜。

4.1.2　按离子所带电荷分类

(1) 阴离子型水性聚氨酯防水涂料　以羧基类亲水扩链剂或磺酸盐亲水扩链剂为代表，合成阴离子型水性聚氨酯，常用的阴离子型扩链剂有二羟甲基丙酸、二氨基烷基磺酸盐等。其作为防水涂料具有合成稳定、易于改性、综合性能优异等特点。

(2) 阳离子型水性聚氨酯防水涂料　以叔胺化合物亲水扩链剂或卤素元素化合物扩链剂为代表，合成阳离子型水性聚氨酯，常用的阳离子型扩链剂有 N-甲基二乙醇胺、2,3-二溴丁二酸等。其作为防水涂料具有较好的防渗透、耐擦拭性、高黏合力等特点。

(3) 非离子型水性聚氨酯防水涂料　以亲水性的聚乙二醇或含氧化乙烯链节的扩链剂为代表，合成非离子型水性聚氨酯，其作为防水涂料具有较好的耐酸、耐碱、耐盐稳定性。

4.1.3　按用途分类

(1) 交通运输工具用漆　汽车、船舶、飞机等交通运输工具，除满足光泽性、耐摩擦性、黏合性等要求外，由于其特殊的使用频率及环境，对于所用的水性聚氨酯涂料的防水性能也提出了很高的要求。这里所指的水性聚氨酯防水涂料主要应用于交通运输工具的内部配件涂饰（如汽车仪表盘、气囊面层等）、修补漆、船舶涂装漆等多个方面。

(2) 建筑用漆　水性聚氨酯防水涂料在建筑物防水领域的应用范围有屋顶、内外墙、地下室等防水[2]；浴室、盥洗室、厨房等室内防水；储水池、游泳池、屋顶花园、屋顶养鱼池等防水；地铁、地下建筑、地下管道等防水防腐；混凝土构件缩缝、密封及其他防水；气密性仓库、道路、桥梁等其他防水。其除具有较高的防水性能以外，还需满足以下特殊性能：适合各种复杂形状基层的表面施工；拉断伸长率大，能够适应基材表面的膨胀、收缩及龟裂；按照施工基材的选择，与 PC 硬泡、钢铁、石棉、陶瓷、砖块、水泥、石料等有较好粘接性；成膜后无孔洞，避免粉尘积存。

(3) 木器漆 由于木器制品遇水极易产生变色、膨胀、开裂等明显的观感瑕疵，并会影响其使用效用及使用寿命，故水性聚氨酯木器漆对于防水性能有着较高的要求。同时，应具有在遇热或重物压迫后漆膜不易变形脱落、耐划伤及碰撞，光泽、透明度较高，不易黄变等性能；另外，有时还需要满足一些木器制品特殊的工艺效果，如波纹、褶皱效果等。

(4) 织物涂层 水性聚氨酯可广泛用于尼丝纺、真丝、棉、帆布、涤棉等织物的涂层。经水性聚氨酯防水涂层整理后的织物应具有防水透湿、表面柔软、富有弹性的功能。防水透湿织物也叫"可呼吸织物"[3]，是只能透过水蒸气分子，不能透过水滴，并集防水、透湿、防风及保暖性能于一体的织物，既能抵御雨水和寒风的入侵，又能让人体的汗气、汗液及时排出。过去几十年中，织物涂层虽然可以获得完全的防水机能，但是由于大量汗液无法以蒸汽形式排出，在服装内部形成冷凝水，使人体有黏湿、发闷等不舒适感，在恶劣条件下甚至会结冰而冻伤，不能适应野外活动如部队作战、登山、滑雪等激烈运动的需要，因此各国研究人员开始注重对新型"可呼吸性"水性聚氨酯薄膜及涂层制品的研究。

(5) 皮革涂饰剂 皮革涂饰剂可增加皮革的美观和耐用性能，提高皮革质感，增加花色品种和扩大使用范围。综合考虑皮革的使用范围与环境，水性聚氨酯皮革涂饰剂在满足常规的防水要求之外，还需满足光泽度可调（高光、亚光）、平滑、手感丰满、耐曲折、富有弹性、耐候性好、易清洁保养等一系列性能要求。

4.2 水性聚氨酯防水涂料通常的合成及改性方法

对于一般的水性聚氨酯涂料而言，由于其引入的亲水基团，耐水性方面相比溶剂型聚氨酯确实存在一定的差距，然而，通过有目的的改性，合成水性聚氨酯防水涂料，则可以较好地解决水性聚氨酯耐水性不足这一问题，目前合成水性聚氨酯防水涂料中应用较广的改性方法如下。

4.2.1 交联改性

水性聚氨酯涂料主要应用于各种基材的外涂层，如果不能抵御溶剂和水的渗入，那它的实际应用价值就没有，所以必须提高材料的耐水性能，提高的方法有多种，对其进行交联改性是最普遍的一种改性方法。通常的交联改性方法有以下几种。

(1) 内交联法 通过在聚合物主链或者乳液粒子上引入反应性的功能基团，形成在环境温度下可以自交联的部分支化和交联的聚氨酯乳液；或是含有可反应官能团的水性聚氨酯，经过热处理能进一步交联，形成交联的胶膜，干燥固化时不发生化学反应，这些方法统称为内交联，多用于单组分体系。目前的内交联具体方式有：①主原料部分采用多官能团的异氰酸酯或聚醚、聚酯多元醇；②含氨基的聚氨酯用环氧氯丙烷处理后，在热固化过程中发生交联；③制备封闭型异氰酸酯乳液，或用其与其他聚氨酯乳液混合成稳定体系，在成膜后加热使—NCO 基团再生，与聚氨酯分子中所含的活泼氢基团发生交联反应；④添加多官能团交联剂，如三羟甲基丙烷、三乙醇胺等小分子多元醇。

（2）外交联法 通常，外交联法主要是利用接枝、嵌段、交联等方法对聚氨酯结构进行改性，以其他类型的聚合物代替链段上的一部分结构，在控制好组分和反应过程的情况下，这种改性方式可以综合聚氨酯和其他的高分子化合物的优良性能，产生良好的协同效应。目前应用较多的有：①环氧树脂和聚氨酯预聚体化学共聚合成的水性聚氨酯分散体，环氧树脂量在 $4\%\sim6\%$ 之间[4]，分散体外观好，环氧树脂共聚聚氨酯不仅能提高机械强度，还可以提高水性聚氨酯胶膜的接触角，耐水性得到明显提高；②丙烯酸树脂与水性聚氨酯的共聚与接枝，能够提高聚氨酯本身的硬度，得到高耐水性的成膜产品，已在工业生产中得到广泛的应用，被称为"第三代水性聚氨酯"；③常用的有二羟甲基脲、三羟甲基三聚氰胺等，这类含 N-羟甲基基团的树脂在一定温度下可以与聚氨酯分子中的羟基、氨基甲酸酯基团、氨基及脲基反应，产生交联。

（3）辐射交联 指光固化型的水性聚氨酯在受到电子束辐射或紫外线辐射时引发水性聚氨酯体系中的活性低聚物产生交联固化。目前应用较多的是紫外线固化，首先制得在主链上带有双键的不饱和基料树脂，再与光引发剂、表面活性剂或其他分散稳定剂混合，得到光固化水性聚氨酯涂料。

（4）螯合交联 通过亲水扩链剂上的羧基与金属离子成盐反应达到交联目的，如氢氧化铝、氢氧化钙等金属化合物，都可以提高胶膜的强度、耐水性和耐候性，当然这类交联剂由于反应活性较大，需严格控制反应条件和配比，才能得到操作性能和使用性能俱佳的水性聚氨酯乳液。

4.2.2 有机硅、有机氟改性

有机硅分子结构中的 Si—O 键的键能较大[5]，键的极性大，对所连的烃基有屏蔽的作用，故提高了材料的氧化稳定性。同时由于 C—H 无极性，分子间的相互作用力很弱，Si—O—Si 键角大，使得 Si—O 键可以旋转，Si—O 键长较长且属于具有 50% 离子键特征的共价键，制得的材料兼具有机化合物和无机化合物的特点，具有耐低温、耐老化、耐水、难燃、生理惰性等优异性能。目前最常用的有机硅是聚硅氧烷系列，硅氧烷链段在表面富集，能降低表面的极性，增大表面憎水性，有效地改变了材料的表面张力。

有机氟结构中的 C—F 键长短、键能高，氟聚合物具有优良的电学性能和光学性能。由于氟原子的半径小、电负性高，因此将含氟单体或聚合物引入到水性聚氨酯中，可使聚氨酯具有优异的耐热性、耐氧化性、耐水性、耐化学溶剂性、生物相容性等，同时含氟链段可在材料表面富集，可以使有机氟功能材料具有较低表面能[6]，大幅度改善水性聚氨酯膜的表面性能，提高了涂料的品质。

4.2.3 植物油改性

植物油改性水性聚氨酯是近些年比较流行的一种改性方法，由于其原料天然易得，且属可再生资源，被广大科研工作者与企业研发人员所关注，利用植物油中特有的油脂结构以及多官能度，能够使制得的产品胶膜耐水性显著提高，目前应用较多的植物油有蓖麻油、亚麻油、环氧大豆油、菜籽油、桐油等。随着植物油提取技术、植物油处理手段与生物技术的不断发展，可用于合成改性水性聚氨酯的植物油从种类和质量上都有着巨大的发展，经过处理的具有功能化基团的植物油，用于聚氨酯的合成可以根据需要赋予改性的水性聚氨酯一定的功能性。

4.2.4 多元改性

针对提高耐水性的水性聚氨酯的多元改性通常有：丙烯酸酯-环氧树脂双改性水性聚氨酯、丙烯酸酯-有机硅双改性水性聚氨酯、植物油-丙烯酸酯双改性水性聚氨酯和环氧-有机硅双改性水性聚氨酯等。

4.3 影响水性聚氨酯涂料防水效能的因素

4.3.1 多元醇的选择

一般而言，由于聚醚多元醇的疏水性要明显好于聚酯多元醇，合成水性聚氨酯防水涂料的多元醇一般均选择聚醚型多元醇。聚醚型多元醇由于醚基具有较好的柔顺性，具有优越的低温性能，且醚基抗水解能力要远好于酯基，但相比聚酯型聚氨酯而言，聚醚型聚氨酯的强度及黏结力要差差，而四氢呋喃醚二醇等聚醚型聚氨酯机械强度及耐水性均较好。

4.3.2 异氰酸根指数（R 值）

以小分子二元醇为扩链剂的聚氨酯体系，随着 R 值的增大，结构中苯环、氨基甲酸酯键、脲键等疏水基团比重增大，因而胶膜的耐水性提高。而以小分子二元胺为扩链剂的聚氨酯体系，随着 R 值的增大，预聚物中残留的—NCO 含量增大，乳化时与水或乙二胺反应生成的脲键增多，而脲键中有两个 N 原子，氨基甲酸酯中含有一个 N 原子，因此，脲键形成的三维氢键作用力比氨基甲酸酯大，故胶膜耐水性反而变差[7,8]。

4.3.3 亲水扩链剂

亲水扩链剂作为水性聚氨酯合成中的关键原料，直接影响水性聚氨酯涂料的耐水性能。通常，亲水扩链剂的含量越高，预聚物在水中的分散效果越好，得到的乳液越透明，产品越稳定，但耐水性越差。

4.3.4　交联剂

交联剂在水性聚氨酯防水涂料中的作用主要在于通过提高聚氨酯体系的交联密度，有效阻止水分子对聚氨酯结构的分解，显著增强水性聚氨酯胶膜的耐水性能。一般而言，交联度越大，体系的防水性能越好。

4.3.5　中和剂

以阴离子型水性聚氨酯为例，选择挥发性的中和剂，如氨水、三乙胺等，其在成膜过程中会随着水分的挥发而挥发，相比氢氧化钠等非挥发性的中和剂，后者会造成胶膜的体系中残留较多的—COO⁻，其胶膜的耐水性也明显表现出前者好于后者。

4.3.6　乳液粒径

水性聚氨酯乳液的粒径在一定程度上反映了体系中的粒子的分散均匀程度，从水性聚氨酯成膜机理的角度来看，粒径越小成膜性越好，更能防止水分子的渗透，但另一方面，粒径越小通常意味着体系中的亲水成分越多，使得胶膜的耐水性下降，往往后者的影响程度要大于前者。

4.4　水性聚氨酯防水涂料配方设计

通过对水性聚氨酯涂料耐水性因素的罗列，可以初步对水性聚氨酯防水涂料中部分基本原料的配方设计进行如下的总结分析（以阴离子型水性聚氨酯为例）。

(1) 在不影响力学性能和机械强度的基础上，由于聚醚型聚氨酯耐水解能力要比聚酯型聚氨酯大 5～10 倍，所以首选聚醚型多元醇作为水性聚氨酯防水涂料的多元醇组分。从综合性能方面考虑，可以选择价格较高的聚四氢呋喃醚作为原料，或者掺入部分聚酯型多元醇以增强产品胶膜的硬度与强度。

(2) R 值通常不宜过大，因为会造成残留—NCO 过多，使得体系在乳化时产生大量的脲基，体系易发白，且产生的交联过大，不易储存。R 值过小（接近于 1）则会造成分子量过大，造成反应难以控制，故从综合性能考虑，R 值控制在 1.1～1.2 之间比较合适。

(3) 亲水扩链剂，如二羟甲基丙酸（DMPA）加入量是最直接影响胶膜耐水性的因素，在水性聚氨酯防水涂料的合成过程中需要严格控制，根据实际产品的需要，在保证反应稳定性和乳液状态的基础上，尽量减少亲水扩链剂的加入量，但过低的亲水扩链剂含量会造成乳液粒径过大，分散不均匀，甚至导致乳化困难，通常作为防水型聚氨酯的合成原料，DMPA 的加入量控制在 4%～6%（占预聚物质量分数）。

(4) 交联剂，如三羟甲基丙烷（TMP）的加入量增加也能显著提高水性聚氨酯的耐水性，但交联度过大会造成体系内聚能急剧增加，导致成膜后胶膜易开裂，同时在反应过程中会使黏度过大，反应难以控制，通常作为防水型聚氨酯的合成原料，TMP 的加入量控制在 2%（占预聚物质量分数）左右。

以上是单纯的阴离子型水性聚氨酯的原料配比分析，若在加入其他树脂如丙烯酸树脂、环氧树脂等情况下，其配比应根据实际情况作相应调整，以期在保证防水性的同时有着良好的综合性能和乳液稳定性。

4.5 水性聚氨酯防水涂料表征测试方法

4.5.1 吸水率测试

将水性聚氨酯防水涂料放置于模具中，在空气中放置若干天，自然晾干成膜，剪成 20mm×20mm 的小块，放置在 50℃的恒温烘箱中烘至膜的质量不再发生变化为止，冷却至室温，称重（W_0）；常温在水中浸泡 24h，用吸水纸擦拭掉膜表面上的水，称重（W_1），计算聚氨酯膜在水中的吸水率（质量分数），计算公式如下：

$$吸水率(\%) = (W_1 - W_0)/W_0 \times 100\% \tag{4-1}$$

4.5.2 表面接触角分析

接触角指的是在固、液、气三相交汇处，穿过液-固与液滴交界点作气-液界面的切线之间的夹角 θ，是液滴在固体表面润湿程度的一个重要指标。

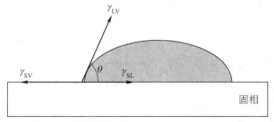

杨氏方程：$\gamma_{LV}\cos\theta = \gamma_{SV} - \gamma_{SL}$

图中，θ 角越小，润湿性能越好，即液体易在固体表面润湿分散；θ 角越大，则润湿性能越差，即液体难于在固体表面润湿分散，易在表面发生移动，不能进入固体表面的毛细孔，材料的疏水性的强弱基本可以通过表面水接触角大小表现出来。

具体测试方法：将水性聚氨酯防水涂料稀释至质量分数为 0.5% 的稀溶液，将此溶液均匀涂在载玻片上，置于真空烘箱中，50℃抽真空至水分完全挥发，然后采用 FACE CA-A 型接触角测量仪，用水滴法测样品的接触角，测试两次，取平均值。

4.5.3　表面张力测试[9]

按照国标 GB/T 6541 的要求，采用铂金板法在非平衡条件下，测定各溶液体系的表面张力。测试两次，取平均值。

4.5.4　透湿性测试[10]

涂层透湿性测试具体描述如下。

(1) 设备和材料　试验箱内应配备温度和湿度传感器和测量装置，温度控制精度为±2℃，相对湿度控制精度为±4%，且每次关闭试验箱门后，3min 内应重新达到规定的温度和湿度；应具有持续稳定的循环气流速度，大小为 0.3~0.5m/s；应保证试验箱工作空间中各处温度和湿度均匀，在试验期间不应在样品表面产生凝露现象。

透湿杯、压环、杯盖、螺栓、螺母应采用不透气、不透湿、耐腐蚀的轻质材料制成，透湿杯与杯盖应对应编号；由试样、吸湿剂、透湿杯及附件组成的试验组合体质量应小于 210g；垫圈用橡胶或聚氨酯塑料制成；乙烯胶黏带宽度应大于 10mm；用其他方法密封的透湿杯，只要符合内径 60mm、杯深 22mm 两个尺寸，也可以使用。

此外还需要电子天平，精度为 0.001g；保持温度为 160℃的烘箱；干燥剂，采用无水氯化钙（化学纯），粒度 0.63~2.5mm，使用前 160℃烘箱中干燥 3h；标准筛，孔径为 0.63mm 和孔径为 2.5mm 各一个；干燥器、标准圆片冲刀；织物厚度仪，按 GB/T 3820 测定织物的厚度，精度为 0.01mm。

(2) 试样的准备和调湿　样品应在距布边 1/10 幅宽，距匹端 2m 外截取，样品应具有代表性；从每个样品上至少剪取三块试样，每块试样直径为 70mm，对两面材质不同的样品（例如，涂层织物），若无特别指明，应在两面各取三块试样，且应在试验报告中说明；对于涂层织物，试样应平整、均匀，不得有孔洞、针眼、皱折、划伤等缺陷；对于试验精确度要求较高的样品，应另取一个试样用于空白试验；试样按 GB/T 6529 规定进行调湿。

(3) 试验条件　优先采用①组试验条件，若需要可采用②、③组或其他试验条件：

① 温度（38±2）℃，相对湿度（90±2）%；

② 温度（23±2）℃，相对湿度（50±2）%；

③ 温度（20±2）℃，相对湿度（65±2）%。

(4) 试验步骤

① 向清洁、干燥的透湿杯内装入干燥剂约 35g，并振荡均匀，使干燥剂成一平

面。干燥剂装填高度为距试样下表面位置 4mm 左右。空白试验的杯中不加干燥剂。

② 将试样测试面朝上放置在透湿杯上，装上垫圈和压环，旋上螺母，再用乙烯胶黏带从侧面封住压环、垫圈和透湿杯，组成试验组合体。

③ 迅速将试验组合体水平放置在达到规定试验条件的试验箱内，经过 1h 平衡后取出。

④ 迅速盖上对应杯盖，放在 20℃ 左右的硅胶干燥器中平衡 30min，按编号逐一称量，精确至 0.001g，每个试验组合体称量时间不超过 15s。

⑤ 称量后轻微振动杯中的干燥剂，使其上下混合，以免长时间使用上层干燥剂使其干燥效用减弱。振动过程中，尽量避免干燥剂接触试样。

⑥ 除去杯盖，迅速将试验组合体放入试验箱内，试验 1h 后取出，按步骤④规定称量，每次称量试验组合体的先后顺序应一致。

⑦ 干燥剂吸湿总增量不得超过 10%。

(5) 结果计算 试样透湿率按公式（4-2）计算，试验结果以三块试样的平均值表示，结果按 GB/T 8170 修约至三位有效数字：

$$WVT = \frac{\Delta m - \Delta m'}{At} \tag{4-2}$$

式中，WVT 为透湿率，$g/(m^2 \cdot h)$ 或 $g/(m^2 \cdot 24h)$；Δm 为同一试验组合体两次称量之差，g；$\Delta m'$ 为空白试样的同一试验组合体两次称量之差，g，不做空白试验时为 0；A 为试验时试验箱的相对湿度，%；t 为透湿杯内的相对湿度，%，透湿杯内的相对湿度可按 0% 计算。

试样透湿度按公式（4-3）计算，结果按 GB/T 8170 修约至三位有效数字：

$$WVP = \frac{WVT}{\Delta p} = \frac{WVT}{p_{CB}(R_1 - R_2)} \tag{4-3}$$

式中，WVP 为透湿度，$g/(m^2 \cdot Pa \cdot h)$；Δp 为试样两侧水蒸气压差，Pa；p_{CB} 为在试验温度下的饱和水蒸气压力，Pa；R_1 为试验时试验箱的相对湿度，%；R_2 为透湿杯内的相对湿度，%。注：透湿杯内的相对湿度可按 0% 计算。

如果需要，按式（4-4）计算透湿系数，结果按 GB/T 8170 修约至两位有效数字：

$$PV = 1.157 \times 10^{-9} WVPd \tag{4-4}$$

式中，PV 为透湿系数，$g \cdot cm/(cm^2 \cdot s \cdot Pa)$；$d$ 为试样厚度，cm。注：透湿系数仅对于均匀的单层材料有意义。

对于两面不同的试样，若无特别指明，分别按以上公式计算其两面的透湿率、透湿度和透湿系数，并在试验报告中说明。

4.5.5　抗渗水性测试[11]

采用织物静水压测试仪，按照 FZ/T 1004—2008 的方法进行测定，取没有明显瑕疵的涂层布，涂层面对着水面，加压测试时，当不接触水的一面出现三处水珠，此时显示的压力即为试验结果，每组样品布至少测三次，取平均值。

(1) 原理　在规定条件下，待测涂层织物试样的一面受到持续上升的水压作用，直到达到规定的水压值。在规定的时间内观察是否有渗透发生或持续加压直到渗透发生为止。

(2) 仪器　仪器由一个带试样夹持装置的敞口容器组成。容器的底部有一个进水口，与充有室温水的进水管相连。在试样上方有一个可防止试样变形、爆裂的金属网，金属网网眼的孔径周长不大于 30mm，由直径为 1.0～1.2mm 的金属丝制成。

可使用压力标尺或压力计测量静水压。压力标尺：与测试头相连，水压可达到 19.6kPa（200cm 水柱），精度为 ±1%。压力计：最大量程至少为 100kPa（1020cm 水柱）。

夹在敞口容器上的试样的测试面积为 $100cm^2$，如试样为方形则边长 100mm，为圆形则直径 113mm。必要时，为了降低夹持器对试样的破坏程度和便于测试，可将一软橡胶垫圈置于试样与夹持器之间。垫圈的硬度约为 40IRHD（国际橡胶硬度），厚 5mm，直径 10mm。也可使用密度 0.045～0.055g/cm^3、厚 10mm 交联聚乙烯泡沫密封垫圈。

所取试样应无任何影响试验结果的疵点；除非另有规定，每个样品测试五个试样；每个方形试样的边长大约为 200mm。

4.5.6　拒水性测试[12]

采用 ISO-4920 沾水仪，按照 GB/T 4754—1997 的方法进行测试。

4.6　水性聚氨酯防水涂料应用实例

4.6.1　新型木地板防水涂料[13]

(1) 主要原料及配比（以质量份计）　水性聚氨酯树脂乳液 80～100；聚乙烯醇 10～20；钛白粉 10～20；滑石粉 6～10；羟甲基纤维素 1～3；磷酸三丁酯 2～4；乳化剂（OP-10）0.3～0.8；木质素磺酸钙 0.1～0.3；硫酸钡 4～6；水 10～20。

(2) 制备方法　①把颜料、助剂和水加入砂磨机中，再加入水性聚氨酯树脂乳液，开动搅拌机充分搅拌均匀；②然后加入聚乙烯醇，继续搅拌研磨 1～2h，过筛后装桶即得成品。

（3）性能分析　木地板接触到水后如不及时清理，则木地板容易发生膨胀、开裂等情形，大大影响木地板的美观度，以及缩短了木地板的使用寿命。该水性聚氨酯防水涂料具有优异的耐水性，可以用水洗布擦洗，且制备工艺简单，原料易得，成本低廉。

4.6.2　含氟水性聚氨酯拒水材料[14]

(1) 主要原料配比及合成方法

① 合成溴代环氧丁烷。在装有回流冷凝管和温度计的 250mL 三口烧瓶中加入三溴新戊醇（20.0g，61.5mmol）、NaOH（20g）、相转移催化剂 TBAB（0.79g，2.46mmol）和 CH_2Cl_2（100mL），磁力搅拌均匀，然后升温至 35℃反应 12h，停止反应，冷却至室温。静置分层，取下层有机物，水层用二氯甲烷萃取，合并有机层，用无水硫酸镁干燥。真空下除去有机层，减压蒸馏，得到的溴代环氧丁烷为无色液体（10.5g，产率 70%）。

② 合成氟代环氧丁烷。在氮气保护下，将化合物溴代环氧丁烷（10.0g，40.9mmol）加入到装有回流冷凝管、滴液漏斗和温度计的 100mL 三口烧瓶中。将相转移催化剂 TBAB（12.2%，3.0g）、三氟乙醇（8.2g，82.0mmol）和 KOH 水溶液（45%，6.0g）加入到反应混合物中。然后加热到 80～85℃，搅拌反应 24h。加入蒸馏水（20mL），冷却至室温，溶液分层，收集有机层，用无水硫酸钠干燥。去除溶剂，减压蒸馏，得到的化合物 FOX 为无色液体（10.4g，产率 90%）。

③ 合成含氟聚醚。在氮气保护下，将除过水的新戊二醇（7.37g，70.9mmol）、$BF_3 \cdot ET_2O$（4.03g，28.4mmol）和无水二氯甲烷（185mL），加入到干燥的 500mL 三口烧瓶中。室温下搅拌 30min，将单体 FOX（120g，0.426mol）慢慢滴加到反应混合物中，这个反应是放热反应，这时会发现温度稍微上升。加完后，在室温下继续反应 6h。停止反应，所得含氟聚醚 PFOX 为无色黏稠的蜡状物（产率 95%）。

④ 合成水性聚氨酯。在氮气保护下，将 PFOX、IPDI（IPDI/PFOX＝2.1/1，mol）和 DBTDL（DBTDL/单体＝0.001/1，摩尔比）加入到干燥的 500mL 三口烧瓶中，加热到 40℃反应 2.5h，加入无水丙酮稀释预聚体，然后室温下将预聚体慢慢加入到二乙烯三胺和环氧氯丙烷（二乙烯三胺/环氧氯丙烷/预聚体＝1/1/1，mol）的丙酮溶液中，加完后加热到 45℃继续反应 2h。最后加入醋酸水溶液，中和度控制在 60%，冷却到室温后，残留的丙酮在真空下去除，得到的聚合物为带有蓝色的半透明液体，分子量分布在 2000～5000 之间。

（2）性能分析　将上述阳离子型水性聚氨酯配成溶液，加入交联剂，采用浸轧-烘干-熔烘工艺整理，整理后的织物对水接触角达到 147°。整理后的织物也显出较好的耐久性，经过 30 次水洗后，对水的接触角仍达到 130°。

4.6.3　单组分高弹性水性聚氨酯/丙烯酸酯防水涂料[15]

(1) 主要组分　聚氨酯/丙烯酸酯复合乳液 30～90 份；填颜料（钛白粉、滑石粉、高岭土、色浆或云母粉或重质碳酸钙中的一种或一种以上的混合物）5～45份；分散剂（聚羧酸钠 5060、5040、或六偏磷酸钠中的一种或两种混合物）0.2～1.1 份；成膜助剂（苯甲醇或 TEXANOL 中的一种或两种混合物）0.6～1.5 份；流平剂（RM-2020）0.05～0.35 份；消泡剂（脂肪烃 Nopco NXZ 或 Nopco 8034中的一种或两种混合物）0.08～0.32 份；增塑剂（邻苯二甲酸二辛酯或邻苯二甲二丁酯中的一种或两种混合物）0.6～12 份；增稠剂（纤维素 481HEC 或 TH-80中的一种或两种混合物）0.01～1.0 份；pH 稳定剂 0.01～5.0 份；紫外线吸收剂0.5～1.0 份；水 2～15 份。

(2) 制备方法　①按配方设计，将分散剂、成膜助剂、消泡剂、增塑剂、pH稳定剂、紫外线吸收剂在水中搅拌 20～30min，加入颜填料高速分散 30～40min；②将聚氨酯/丙烯酸酯乳液缓慢倒入，低速搅拌 20～30min，再加入流平剂、消泡剂、增稠剂，继续低速搅拌 10～20min，即得单组分高弹性水性聚氨酯/丙烯酸酯建筑防水涂料。

(3) 性能分析　经检测，拉伸强度为 3.4MPa，断裂伸长率为 720%，低温柔韧性为－30℃。其性能优于现有的聚合物乳液防水涂料，尤其是突出的高弹性。

4.6.4　水性双组分聚氨酯防水涂料[16]

(1) 原料配比及合成方法

① A 组分生产步骤：称取聚醚多元醇 Diol-2000 80kg、酒石酸 0.8kg，将聚醚多元醇 Diol-2000、酒石酸放入真空反应釜内，在 100℃温度、－0.08MPa 压力并在搅拌下反应 80min；在上述反应物料中加入其总质量 20% 的异氰酸酯后，在60℃温度下搅拌，在真空反应釜内反应 120min；将上述合成反应后物料降温至35℃后灌装，制得防水涂料 A 组分。

② B 组分生产步骤：a. 称取古马隆树脂 30kg、吐温-80 0.3kg、水 8kg、二月桂酸二丁基锡 0.3kg，将古马隆树脂、吐温-80、水、二月桂酸二丁基锡放入高速分散机中，在 500r/min 的转速下，高速分散 20min，制成乳化物；b. 将上述乳化物中加入其总质量的 79% 的滑石粉、加入其总质量的 11% 的氢氧化钙，在 1000r/min 的转速下，用高速分散机高速分散 20min，制成基料；c. 在上述基料中加入基料总重量的 0.01% 的抗老化剂 264，在 500r/min 的转速下，用高速分散机高速分散 20min，制成半成品；d. 将上述半成品放入研磨机中，以 80r/min 的速度进行研磨，然后灌装，制得防水涂料的 B 组分。

③ 使用时，按重量计，A 组分：B 组分＝1：2 的配比，将 A 组分、B 组分混合，机械搅拌 5min，取该防水涂料按照 300g/m² 分两遍涂刷。第一遍涂刷完毕、

固化后再进行第二遍涂刷，可用毛刷、刮板或滚刷完成；涂膜厚度为（2±0.1)mm。

（2）性能分析 该水性双组分聚氨酯防水涂料在反应原理上是以水作交联剂，选择了具有亲水基团的聚醚生产，因此，可用于湿基层（指混凝土或水泥砂浆基面制作完成、水泥化而达到基本的强度、无明水的基层）的防水处理施工，其主要的性能参数与对应指标如表 4-1 所示。

表 4-1 水性双组分聚氨酯防水涂料参数示例

项 目	标准要求	实际数据
固含量/%	≥92	92.5
涂膜表干时间/h	≤12	6
涂膜实干时间/h	≤24	14
拉伸强度/MPa	≥1.90	2.79
断裂伸长率/%	≥450	760
不透水性	0.3MPa,30min 无渗透	合格
低温柔性	−35℃,2h 无裂纹	合格

参 考 文 献

[1] 沈春林，苏丽荣，李芳．建筑防水涂料 [M]．化学工业出版社，2003，17-21.

[2] 南博华．环保型聚氨酯防水涂料的研制 [D]．西北工业大学，硕士学位论文，2006，3.

[3] 杨伟平，黎兵，戴震，等．水性聚氨酯在防水透湿织物上的研究进展 [J]．聚氨酯，2010，(2)：60-63.

[4] 黎兵．环氧树脂开环复合改性水性聚氨酯及其性能研究 [D]．安徽大学，硕士学位论文，2010，4.

[5] 郑飞龙，项尚林，陆春华，等．甲基丙烯酸十二氟庚酯改性水性聚氨酯 [J]．涂料工业，2009，39(7)：45-48.

[6] 汪武．水性含氟聚氨酯乳液的合成及性能的研究 [J]．聚氨酯工业，2007，22 (3)：21-23.

[7] 王国建．影响水性聚氨酯乳液涂膜性能的因素的研究 [J]．中国建筑防水，2003，(2)：10-12.

[8] 瞿金清，陈焕钦．高固含量水性聚氨酯分散体的合成 [J]．化工学报，2003，54 (6)：868-891.

[9] GB/T 6541—1986，石油产品油对水界面张力测定法（圆环法）[S].

[10] GB/T 12704.1—2009，织物透湿性试验方法第一部分：稀释法 [S].

[11] FZ/T 1004—2008，涂层织物抗渗水性的测试 [S].

[12] GB/T 4754—1997，纺织织物表面抗湿性测定沾水试验 [S].

[13] 雍奎义．一种新型木地板防水涂料 [P]：中国，CN102863886A，2013.1.9.

[14] 卿凤翎，黄继庆．一种含氟水性聚氨酯及其制备方法和应用 [P]：CN100567357C，2009.12.9.

[15] 郭青，吴蓁．单组分高弹性水性聚氨酯/丙烯酸酯防水涂料及其制备方法 [P]：中国，CN1670096A，2005.9.21.

[16] 李成顺．水性双组分聚氨酯防水涂料的生产方法 [P]：中国，CN101200616B，2011.9.28.

第5章

水性氨酯油

氨酯油是指将干性油与多元醇进行酯交换再与二异氰酸酯反应制成的一类高分子化合物的总称。氨酯油分子中的不饱和双键可在催干剂作用下于空气中干燥固化。其主要用于制备涂料，形成的涂膜硬度高、耐磨性好、抗水抗碱性好。广义的氨酯油则是指天然植物油改性聚氨酯的总称，而水性氨酯油则是近些年比较热门的一个研究方向，即将天然植物油和水性聚氨酯有效结合，旨在制备环保型的氨酯油涂料。

众所周知，目前的环境以及资源问题日趋严重，这引起了全社会对于可再生资源的关注。而天然植物油由于廉价易得，且属于绿色可再生资源，近年来被科研工作者越来越多地应用与推广在多个领域。而对于水性聚氨酯这个原本就属于环保型的材料而言，添加天然植物油改性，其优势就更加凸显。

天然植物油是一类天然的有机化合物，从化学概念上定义为混合脂肪酸甘油三酯的混合物。就一般天然油脂而言，其组分中除95%为甘三酯以外，还有极少含量且成分复杂的非甘三酯成分。由于脂肪酸在甘三酯分子中所占比重很大，所以对其化学和物理性质的影响起主导作用。将其作为一种改性剂对水性聚氨酯进行改性，可以在符合绿色环保的基础上，有效地提高水性聚氨酯的综合性能，扩大其应用领域。

植物油的种类繁多，性质多样，主要包括以下几种基本成分：①饱和高级脂肪酸，其分子长链上不存在不饱和键，故其化学性质稳定，难与空气、氧化剂等发生化学反应；②单烯高级脂肪酸，其分子长链上存在一个不饱和碳碳双键，具有较强的活性；③多烯高级脂肪酸，其分子长链上含有两个或多个不饱和碳碳双键，化学性质活泼，易与空气、氧化剂发生氧化反应；④不干性油，在空气中不能氧化结膜，加热后不能凝胶固化；⑤半干性油，氧化后胶膜强度不高，成膜后仍具有部分可溶性；⑥干性油，可迅速在空气中氧化成膜，且坚固耐水，不溶于有机溶剂。

目前，制备植物油改性水性聚氨酯的天然油脂主要有蓖麻油、亚麻油、大豆油、棕榈油、棉籽油等。利用可降解的天然植物油为原料合成的聚合物材料，无论从经济效益还是社会效益角度上来看，都不失为一个明智科学的选择。天然植物油本身所具有的一些结构特征，也证实了用其改性水性聚氨酯的优势所在[1]：①天然植物油中含有大量不饱和双键，使得经过其改性的水性聚氨酯具有可光固化性，并且可以与丙烯酸酯类单体聚合，从而达到进一步改性，以制得性能更加优异的产品；②部分天然植物油为多羟基酯结构（如蓖麻油），与异氰酸根反应得到具有交联结构的水性聚氨酯，有利于提高水性聚氨酯的耐水、耐热以及力学性能；③植物油中的长链结构含有羟基、酯基以及双键等具有反应活性的基团，可以使植物油的结构具备可操控性，以此对天然植物油进行功能化处理，制备出功能化的水性聚氨酯。综上所述，天然植物油改性水性聚氨酯拥有诸多优势与广阔的应用前景，是水性聚氨酯改性的一个很好的发展方向。

5.1　天然植物油羟基化方法

通过上述介绍可以看出，植物油改性水性聚氨酯的方法基本上是利用植物油或者改性后羟基化的植物油中含有的多羟基结构与多异氰酸酯中的异氰酸根反应。由于植物油或者改性后羟基化的植物油中的的羟基官能度一般均大于2，因此，利用这种改性所得到的水性聚氨酯产品具有一定的微交联或半穿网络结构，随着交联密度的增加，可以有效增强聚氨酯材料的内聚能密度，从而增强材料的力学性能，同时致密的分子结构有利于提高聚氨酯材料对于腐蚀介质的防御作用。另外，植物油中所含的大量不饱和双键可以使聚氨酯成膜后在空气中进一步发生氧化作用，从而使硬度与强度进一步增强。

目前，用于改性水性聚氨酯的植物油，主要是一些结构明确、来源广泛以及价格低廉的品种。另外，使制备出的水性聚氨酯材料具有生物降解的特性，更加符合绿色环保的要求。

在各类天然植物油品种中，蓖麻油结构中所具有的顺式-12-羟基十八碳烯-9-酸中本身带有羟基，其平均官能度达到2.7。因此，可直接与异氰酸根反应，而对于其他油脂，由于其本身结构中不含类似于羟基、氨基之类的带有活泼氢的官能团，故必须对其进行诸如羟基化改性，才能使其应用于改性水性聚氨酯的制备。目前，植物油羟基化的方法主要有以下几种。

5.1.1　环氧化

此法主要利用天然植物油分子链中的双键进行环氧化，然后再进行羟基化而制成。具体来说：乙酸在催化剂的作用下与过氧化氢生成过氧乙酸，过氧乙酸在水相中扩散转移至有机相，再与天然植物油中的不饱和双键发生反应，生成环氧大豆油，在有机相中则生成乙酸，其扩散至水相与过氧化氢反应重新生成过氧乙酸[2]。工艺流程分为溶剂法和无溶剂法。

传统的溶剂法工艺，其工艺流程见图5-1。以苯（或同系物）为溶剂、硫酸为催化剂，将大豆油、硫酸、甲酸与苯配制成混合液，在搅拌下滴加过氧化氢与有机酸进行环氧化反应，反应完成后静置，分离废酸水，油层部分用稀碱液和软水洗至中性；待油水分离后，将油层进行蒸馏，蒸馏出苯/水混合物经冷凝后分离，其中苯可以回收重复利用，减压蒸馏，截取成品馏分。由于该法工艺较复杂，污染严重，基本上已被淘汰。

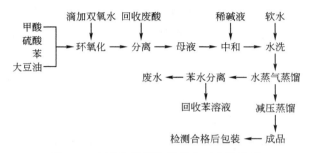

图 5-1　大豆油溶剂法环氧化工艺示意图

　　无溶剂法工艺，其工艺流程见图 5-2。在不添加任何溶剂的条件下，有机酸在催化剂作用下与低浓度的过氧化氢生成环氧化剂，将环氧化剂滴加到植物油中，在 60～70℃进行反应。反应结束后静置分层，分去母液，用稀碱液和软水洗至中性，将油层部分抽至脱水釜中，减压蒸馏脱除油层中所含的水后，即可得到环氧化植物油产品。该工艺不含有机溶剂，无污染、流程短、温度低、时间短、副产物少，所得产品不仅质量较高，而且还具有表面活性剂和分散剂的作用。

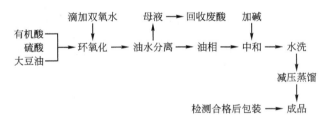

图 5-2　大豆油无溶剂法环氧化工艺示意图

　　由于环氧基团具有很高的反应活性，能够发生多种亲电、亲核开环反应，因此，随着环氧化的进行，同时也会发生环氧键的生成与断裂反应，致使环氧化植物油的产品质量不稳定。为此，要根据情况选择适宜的工艺条件，优化工艺参数，在环氧化反应过程中有效地抑制开环副反应的发生。

5.1.2　醇解羟基化

　　亚麻油的醇解[3~5]从反应动力学上来看，实际上是在反应中利用混合物中所含有的过量羟基，使羟基可以在反应的羧基上进行重新分配。理论上说，这种分配有随机性和导向性两种类型。另外，由于醇解反应温度较高，通常高于混合物中各组分的最高熔点，一些生成物从中析出，有利于反应向生成物方向进行，因此比较容易形成相对定向的醇解效果。需要指出的是，醇解反应虽然可以提高甘三酯分子酰基的迁移性，但在很大程度上会造成反应体系中酰基间的交换与分布的随机性，从而造成副产品的产生。

天然油脂的主要成分是甘油三酸酯，从理论上说，其发生醇解不仅可获得游离甘油及重新排列的甘三酯，也可产生单甘酯、双甘酯和新醇的酯，这就是所谓的反应的随机性。

采用碱性催化剂进行醇解反应主要机理是亲核取代反应。因碱性催化剂夺取质子的能力强，在和甘油酯通过反应产生中间体烯酮离子。催化剂在靠近甘油酯基 α 碳原子后夺去一个质子而生成烯酮阴离子，烯酮阴离子中的羰基碳原子亲电能力强，而醇中的烷氧基作为亲核试剂进攻该碳原子，从而生成双甘酯、单甘酯，以及新醇的酯阴离子。这时，该新醇的酯阴离子再从碱性催化剂中夺去一个质子，同时，会发生酯-酯交换反应，此烯酮离子与另一酯羰基作用，而后一个酯的碳又和前一个酯羰基作用，从而在第一酯的羰基和与之相连的 α 碳原子两端分别断裂而完成酯交换过程，通常这种反应需要在一定的酸或碱性催化条件下进行，且温度要求较高，影响因素较复杂[6~8]。

(1) 醇解剂 比较甘油和三羟甲基丙烷（TMP）两种醇解剂与天然植物油（以亚麻油为例）的醇解反应，由于羟基的活性相对较小，在 240℃ 条件下，采用 LiOH 作为催化剂，对两种醇解剂进行比较，通过测乙醇容忍度的方法，每半小时进行抽样比较，观察两者的醇解效率，结果见表 5-1。

表 5-1 甘油和 TMP 经过不同反应时间与亚麻油反应效果比较

反应时间/min	30	60	90	120	150	180	210	240	270
甘油	+	+	+	+	+	+	−	−	−
TMP	+	+	+	+	+	+	+	−	

注：+为容忍度测试不通过；−为容忍度测试通过。

由于甘油为液态，而 TMP 在室温下为固态，甘油更易尽快与亚麻油发生均相反应；另一方面甘油的分子量较小，相对 TMP 来说与亚麻油发生酯交换反应更加容易。故在其他因素固定的情况下，采用甘油作为醇解剂比采用 TMP 作为醇解剂更早地到达容忍极限，也就是说甘油更快地完成醇解完全过程。

(2) 催化剂 采用的醇解催化剂分别为 CaOH、LiOH、PbO，加入量均为 0.5%（质量分数），选择三羟甲基丙烷（TMP）为醇解剂，在 240℃ 下进行醇解反应，测试容忍度通过时的反应时间如表 5-2 所示。

表 5-2　不同催化剂对亚麻油醇解的影响

催化剂	CaO	LiOH	PbO
反应时间/min	300	160	230

催化剂选择 LiOH 反应时间最短，采用碱性催化剂主要利用的是亲核取代反应，由于 LiOH 是强碱性的，在亲核取代反应中作为强夺质子剂，反应所产生的中间体烯酮离子中的羰基碳原子亲电能力更强，而烷氧基作为亲核试剂进攻该碳原子产生新醇的酯阴离子，这时该新醇的酯阴离子再从碱性催化剂中夺去一个质子，同时发生酯-酯交换反应，因此采用单一催化剂时，LiOH 能更好地催化醇解反应。而 CaO 和 PbO 等金属氧化物催化活性较高，选择性强，稳定性好，无污染，不腐蚀设备，本身制备简单且可回收重复使用，也是醇解反应的一类很有前途的催化剂。

（3）**反应温度**　采用三羟甲基丙烷为醇解剂，LiOH 为催化剂，反应时间为 180min，分别在不同的反应温度下对醇解反应进行横向比较，以乙醇容忍度为反应结束标志，结果见表 5-3。

表 5-3　反应温度对亚麻油醇解的影响

反应温度/℃	180	200	220	240	260
容忍度	+	+	+	-	-

注：+ 为容忍度测试不通过；- 为容忍度测试通过。

在 180min 内，220℃以下的温度不可以使醇解反应完全，240℃以上虽然反应完全，但温度过高会造成反应难以控制且产品色泽变化，故醇解反应的温度在 220~240℃之间比较合理。

（4）**反应时间**　采用三羟甲基丙烷（TMP）作为醇解物，温度稳定在 230℃，催化剂使用 LiOH，以乙醇容忍度为反应结束标志，研究反应时间与反应程度之间的关系，结果见表 5-4。

表 5-4　反应时间对亚麻油醇解的影响

反应时间/min	100	120	140	160	180	200	220
容忍度	+	+	+	+	-	-	-

注：+ 为容忍度测试不通过；- 为容忍度测试通过。

在 180min 之后，乙醇容忍度测试通过，即表示醇解完全，可以认为所生成的体系中羟基已经接入完全，实际操作时反应终点以测试的容忍度为准。

5.1.3　氨解羟基化

对天然植物油进行氨解羟基化，则是指在氨解剂的作用以及催化剂的存在条件下，羰基化合物生成胺类化合物的反应过程。在此过程中，羰基化合物与氨发生氢化氨解反应，生成伯胺、仲胺或叔胺，同时进行酯交换反应，生成羟基化合物。氨解羟基化的过程由于氨解剂活性较高，故温度相比醇解可以低很多[9]。

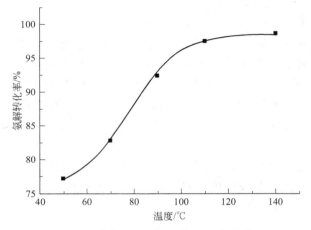

图 5-3　反应温度对亚麻油氨解效果的影响

(1) 反应温度　氨解反应温度对氨解转化率的影响十分明显，当反应时间控制在 3h，即在时间上保证氨解充分的情况下，在不同温度条件下对氨解转化率进行测试，结果如图 5-3 所示。结果表明，由于氨基的活性较大，所以在60℃左右即可使氨解转化率接近 80%，而在 60～100℃，转化率曲线斜率较大，100℃之后，转化率趋于稳定，从经济角度出发，建议氨解反应温度控制在 90～100℃。

(2) 反应时间　在固定温度 90℃条件下，对亚麻油氨解反应进行转化率测试，

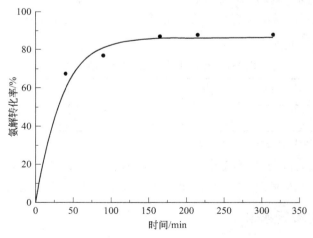

图 5-4　反应时间对亚麻油氨解效果的影响

从图 5-4 中可以看出反应在 100min 之前，氨解转化率处于较低水平，在 100min 之后，氨解转化率达到 80％以上，在 150min 以后转化率趋于稳定。从效率角度出发，建议氨解反应时间在 120min 左右。

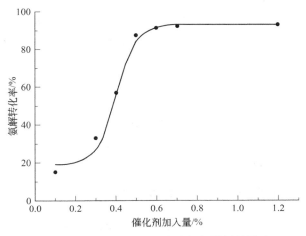

图 5-5　催化剂用量对亚麻油氨解效果的影响

（3）催化剂用量　在反应温度 100℃，反应时间 120min 条件下，对氨解反应与催化剂（如乙醇钠）加入量的关系进行研究，结果见图 5-5。结果表明，当催化剂加入量占投料总量 0.5％以下，转化率未达 90％，且在 0.4％以下转化率很低，在 0.6％之后趋于稳定，为了保证反应完全，建议催化剂用量在 0.5％左右，且由于乙醇钠碱性很强，过多的催化剂用量会对后续的水性氨酯油合成反应产生影响，使反应活性过大，不易控制，所以催化剂用量不宜过大。

5.2　蓖麻油改性水性聚氨酯

蓖麻油的价格低廉、来源丰富，作为一种可再生原材料，广泛应用于制备水性聚氨酯树脂、聚氨酯清漆以及聚氨酯底漆。蓖麻油的应用价值和发展前景一直被人们关注。蓖麻油是含有脂肪酸的三甘油酯，其羟值约 163mg KOH/g，羟基含量 4.94％，羟基当量 345，按羟值计算，蓖麻油含有 70％的三官能度和 30％二官能度。因此，通过蓖麻油中的羟基和多异氰酸酯反应，可以将蓖麻油接入水性聚氨酯体系中，使水性聚氨酯具有体型的交联结构，大幅增加耐水、耐热以及力学性能。总的来说，由于蓖麻油本身带有多官能度的羟基，故将其接入聚氨酯结构中比较容易，其应用范围也相对较广，目前研究较为普遍和成熟。

5.2.1 蓖麻油基水性聚氨酯[10]

(1) 主要原料 蓖麻油（C.O.）；2，4-甲苯二异氰酸酯（TDI）；二羟甲基丙酸（DMPA）；N-甲基吡咯烷酮（NMP）；三乙胺（TEA）；丙酮。

(2) 合成方法 在干燥氮气保护下，将 C.O. 和 TDI 加入到装有温度计、搅拌装置和回流冷凝器的 250mL 四口烧瓶中，在 70℃反应 1h，将含 DMPA 的 NMP 溶液加到四口烧瓶中继续反应 1h，得到聚氨酯预聚体。将预聚体冷却至 30℃后添加丙酮稀释，然后加入三乙胺的去离子水使溶液乳化，真空脱去丙酮得到聚氨酯分散体。

(3) 性能研究 当氰羟比为 2.2、DMPA 添加量为 7.0%左右，反应和乳化温度分别为 70℃和 30℃条件下，制得的水性聚氨酯产品所涂的膜具有较高硬度与柔韧性，成膜性和疏水性较好。

5.2.2 环氧化蓖麻油改性水性聚氨酯[11]

(1) 主要原料 聚酯多元醇、异佛尔酮二异氰酸酯（IPDI）、二羟甲基乙酸、辛酸亚锡、乙二醇、环氧化蓖麻油、丙酮、氨水、对苯二胺、去离子水等。原料配方见表 5-5。

表 5-5　环氧化蓖麻油改性水性聚氨酯原料组成

原料	质量/g	原料	质量/g
聚酯多元醇	30.0	环氧化蓖麻油	35.0
异佛尔酮二异氰酸酯(IPDI)	32.5	丙酮	42.0
二羟甲基乙酸	6.5	氨水	9.2
辛酸亚锡	0.1	对苯二胺	1.8
乙二醇	8.0	去离子水	289.0

(2) 合成方法 在装有电动搅拌器、回流冷凝管、热电偶温度计的玻璃反应器中，加入聚醚多元醇、二羟甲基乙酸，于 105℃下抽真空 60min 后，降温至 80℃左右加入 IPDI，滴加辛酸亚锡，于 80℃搅拌反应 3h，得到预聚体。向预聚体中加入乙二醇、环氧化蓖麻油及丙酮，于 70℃搅拌反应 2h，得到改性的聚氨酯预聚体。改性预聚体降温至 55℃后加入氨水中和成盐。将中和后所得的预聚物在 4000r/min 的转速下剪切分散到去离子水中乳化约 10min，然后在 40℃下加入对苯二胺扩链 0.5h。最后在 58℃、0.1MPa 真空度下减压蒸出丙酮，制得环氧化蓖麻油改性的水性聚氨酯。

5.2.3 蓖麻油改性聚醚型水性聚氨酯乳液[12]

(1) 主要原料 蓖麻油、甲苯二异氰酸酯（TDI）、聚醚（N-210）、一缩二乙二醇（DEG）、二羟甲基丙酸（DMPA）、丙酮、辛酸亚锡（T-9）、去离子水等。

（2）合成方法　在装有氮气保护装置的四口烧瓶中加入计量好的聚醚、甲苯二异氰酸酯（TDI），缓慢升温至 80℃，反应 1.5h 后，加入计算量的亲水扩链剂二羟甲基丙酸及适量的丙酮以降低反应体系的黏度，60℃保温 2h 后，加入扩链剂一缩二乙二醇（DEG），少量的催化剂辛酸亚锡，保温 3h，反应期间视黏度变化加入丙酮，当 NCO 摩尔分数达到理论值后，降温至 40℃以下，加入与二羟甲基丙酸等物质的量的三乙胺作为成盐剂，反应 20min，将制得的亲水性聚氨酯溶液在高速搅拌下分散到一定量的蒸馏水中，低温搅拌 1h，然后在 37℃减压旋蒸脱去丙酮得到固含量为 30% 的水性聚氨酯乳液。

（3）性能分析　随着亲水扩链剂二羟甲基丙酸含量的提高，增强了乳液的稳定性，降低了乳液的粒径。随着氰羟比的增加，粒径随之变大，稳定性下降，断裂伸长率降低，拉伸强度增加。加入适量的蓖麻油作为内交联剂，可以改善胶膜的力学性能，提高了胶膜的耐水性。当二羟甲基丙酸含量为 5%，聚醚 N-210/蓖麻油质量比为 7∶3，氰羟比为 1.3 时，制备的水性聚氨酯具有良好的稳定性，乳液呈半透明状，胶膜具有较好的耐水性及力学性能。

5.3　环氧大豆油改性水性聚氨酯

大豆油所具有的化学结构可以影响其所改性水性聚氨酯胶膜的耐热性能，随着羟基含量的提高，对于提高涂膜的耐热性有着较大的积极作用。作为涂料用大豆油改性水性聚氨酯一般可以满足涂料对热性能的要求。一般对大豆油进行环氧化改性，然后与异氰酸酯中的异氰酸根发生开环反应，从而接入水性聚氨酯结构中，合成环氧大豆油改性水性聚氨酯。

5.3.1　织物用水性聚氨酯涂层基料[13]

（1）主要原料　异佛尔酮二异氰酸酯（IPDI）；环氧大豆油；聚氧化丙烯二元醇；二羟甲基丙酸（DMPA）；三羟甲基丙烷（TMP）；辛酸亚锡（T-9）；二月桂酸二丁基锡（DBTDL）；一缩二乙二醇（DEG）；乙二胺（EDA）；二乙醇胺（DEA）；丙酮（AC）。

（2）合成方法

① 将计量好的已脱水环氧大豆油和二乙醇胺加入到四口烧瓶中，通氮气保护，搅拌均匀，在 50℃的温度下反应约 2h，待油脂由淡黄绿色变至深棕色，然后在 80℃真空脱掉其中的少量水分、氨及其他小分子，即可得到部分开环的环氧大豆油 K-ESO，待用。

② 在干燥氮气的保护下，将真空脱水后的聚醚二元醇，未开环或部分开环的环氧大豆油，IPDI 按计量加入到四口烧瓶中，升温至 85～90℃，反应约 2h；然后降温至 60℃以下，再加入计量好的扩链剂 DMPA、TMP、DEG、催化剂（T-9、

T-12）和丙酮，在 65℃下反应 4h，之后冷却至 40℃出料，转移至乳化桶中，将预聚体加三乙胺中和，加冰水进行高速乳化，然后再加入乙二胺稀释液反应 10min，即可得到环氧大豆油改性的水性聚氨酯乳液，将乳液减压蒸馏脱出丙酮即可得到产品。

（3）性能分析　利用二乙醇胺将环氧大豆油中环氧基团打开，制备出羟基化的环氧大豆油，再利用—OH 与—NCO 的反应，把环氧大豆油成功地接入到水性聚氨酯中；环氧大豆油改性的水性聚氨酯乳液平均粒径均小于 100nm，但是与未改性的乳液相比粒径有所增大，且随着环氧大豆油加入量的增加，乳液的粒径分布呈现出不断变宽的趋势；随着环氧大豆油加入量的增加，胶膜的玻璃化温度有所提高，热分解温度也相应地提高了，这些均可满足后期涂层热处理时的温度要求。在后期加入适量的分散剂、抗皱剂以及增稠剂即可配制得到能够实际应用的织物涂层产品。

5.3.2　环氧大豆油基水性聚氨酯涂料[14]

（1）主要原料　甲苯二异氰酸酯（TDI）；精制大豆油；乙酸（99.5%）；甲醇（99.5%）；碳酸钠；氢氧化钠；过氧化氢（30%）；硫酸（98%）；氨水（30%）；四氟硼酸（48%）；2,4-甲苯二异氰酸酯（TDI）；二月桂酸二丁基锡（DBTDL）；2-羟乙基甲基丙烯酸酯（HEMA）；丙酮；二羟甲基丙酸（DMPA）。

（2）合成方法

① 先将过氧乙酸在 30～40℃条件下与冰醋酸、过氧化氢、浓硫酸在黑暗处放置反应约 12h。将大豆油放置在 1000mL 的四口烧瓶中，用漏斗滴加制备的过氧乙酸，维持在 70℃，2h（±5min）后滴完。然后将样品倾入分液漏斗中，分离水层和油层，油层先用碳酸钠溶液洗至 pH 接近中性，再用饱和氯化钠溶液和蒸馏水滤洗，得到环氧化的大豆油（ESO）。

② 以四氟硼酸作为催化剂，加入甲醇和 ESO，环氧基团与甲醇的摩尔比为 1∶11，将反应混合物在 65℃下反应 1.5h，然后冷却至室温。接着，加入氨水以中和催化剂。最后在旋转蒸发器中除去溶剂得到开环的环氧大豆油。

③ 将计量的开环环氧大豆油和 DMPA 加入到四口烧瓶中，在 90℃下加热 1h，使其熔化混合均匀，接着慢慢加入指定量的 TDI 使 R 值为 1.1，以 DBTDL 为催化剂，在 75℃下继续搅拌反应 3h，其间加入 HEMA 使—NCO 达到理论值。接着加入丙酮以降低黏度，最后加入三乙胺中和，并用水在 3000r/min 搅拌速度下高速乳化得到以环氧大豆油为基的水性聚氨酯涂料。

（3）性能分析　硬段含量对水性聚氨酯的微相分离起到了关键作用，其中，随着大豆油羟基官能团的增加，涂膜的耐热性能随之大幅度提高，具体表现在分解温度从 250℃提高到 390℃，玻璃化温度从－10.2℃提高至 48.6℃。另外，所合成的水性聚氨酯涂料具有明显的低成本、可再生以及潜在的生物可降解性。

5.4 亚麻油改性水性聚氨酯

亚麻油属于天然干性油，干燥后涂膜不易软化，且很难被溶剂溶解，广泛用于涂料、油墨等多种行业。用亚麻油改性水性聚氨酯，可使涂膜的耐水性和耐溶剂性等性能明显提高，因此，其广泛应用于各种易腐蚀性材料的表面涂层以及防腐涂料[15~17]。

5.4.1 氨解亚麻油改性水性聚氨酯涂料[18]

(1) 主要原料 亚麻油；二乙醇胺；三羟甲基丙烷；聚酯二元醇 756 ($M_n =$ 2000）；二羟甲基丙酸；2,4-甲苯二异氰酸酯（TDI）；丙酮；三乙胺；Co、Zr、Mn 的有机酸皂；乙醇钠。

(2) 合成方法 在装有搅拌器、冷凝管、温度计的三颈烧瓶里，加入计量的聚酯二元醇 756、TDI、DMPA、TMP 及丙酮，80℃反应 4h 左右；再将合成的氨解产物加入反应体系中，合成带有亚麻油改性的水性聚氨酯预聚体。在上述预聚体中加入 TEA 中和，加入去离子水在机械搅拌下于水中分散，得白色乳液。

(3) 性能与合成分析 利用氨解法，采用亚麻油对水性聚氨酯进行改性，氨解温度在 100~120℃之间，反应时间 100min 左右较合适；从涂膜硬度着手分析了改性及未改性水性聚氨酯的固化速率，利用热重分析测定了耐热性能。改性后水性氨酯涂料的性能测试结果表明：将亚麻油的相关性能与聚氨酯优良性能相结合，可以获得性能优良的水性聚氨酯涂料尤其在硬度和耐热性方面显著优于普通水性聚氨酯，同时发现亚麻油改性水性聚氨酯中的不饱和双键在催干剂的作用下发生自交联，进一步增强了胶膜的硬度。

5.4.2 醇解亚麻油改性水性聚氨酯凹印油墨[19]

(1) 主要原料 亚麻油；桐油；丙三醇；LiOH；甲苯二异氰酸酯（TDI）；己二异氰酸酯（HDI）；二羟甲基丙酸（DMPA）；丙酮；低碳醇醚复合溶剂；催化剂；一乙醇胺；催干剂。

(2) 合成方法 按要求组装反应装置，检查加热、搅拌、冷凝、温控及密封系统无误后，向反应容器中投入亚麻油、桐油、丙三醇、LiOH，开动搅拌并升温，通 N_2 保护液面，混合物加热到 220~240℃保温醇解，每 10min 测甲醇容忍度一次，待 1:3 甲醇完全溶解即为醇解终点；降温至 40~50℃加入丙酮，搅拌均匀，体系溶解，降温至 20~30℃，将 TDI 与 HDI 分 3 次加入，每隔 15min 加入 1 次，并加入催化剂，控制反应温度在 70~80℃，保温 2h；加入低碳醇醚复合溶剂，搅拌均匀，分批加入一乙醇胺使其中和成盐，控制温度 70℃以下，待体系黏度稳定并合格后，过滤出料。

(3) 采用干性植物油（胡麻油、桐油）与甘油在 LiOH 催化条件下发生醇解反应，生成以甘油一酸酯为主的醇解中间体；此中间体和功能单体二羟甲基丙酸（DMPA）组成复合二元醇（—OH）组分与 TDI/HDI 混合二异氰酸酯（—NCO）。复合组分通过逐步加成聚合，得到常温交联水性聚氨酯树脂；以此水性树脂可制得适合凹版印刷的单组分聚氨酯水性凹印油墨。研究表明，采用 $n_{油}/n_{甘油} = 2.6$、$n_{亚麻油}/n_{桐油} = 1.5$、$n_{DMPA}/n_{醇解物} = 0.5$、$n_{OH}/n_{NCO} = 1.1 \sim 1.2$、$n_{TDI}/n_{HDI} = 1.5 \sim 0.6$ 的原料配比，酸值控制在 $105 \sim 115\text{mgKOH/g}$，通过醇解方法合成的常温交联水性聚氨酯树脂满足水性凹版印刷油墨的制造工艺适性、凹版印刷作业适性和凹印制品的使用质量适性，该水性油墨的印膜高光耐水、强附着、干性可调、色彩鲜艳、层次清晰、无毒不燃、耐候、黏稠易控，对各种包装承印物具有广泛适应性，是一种优良的环境友好型凹版印刷油墨。

5.5 菜籽油改性水性聚氨酯[20]

菜籽油也是一种天然植物油，主要成分有芥酸、油酸、亚油酸、亚麻酸、生育酚和菜子固醇，它和大豆油等作物可以作为液体燃料，是优质的石油、柴油代用品。

(1) 主要原料 菜籽色拉油；异佛尔酮二异氰酸酯；二羟甲基丙酸；丙烯酸丁酯；苯乙烯；1-甲基-2-吡咯烷酮；己二醇；己二酸；苯酐；一缩二乙二醇。

(2) 合成方法

① 在装有搅拌器、温度计、抽真空装置和氮气导管的 500mL 四口烧瓶中按一定比例加入菜籽色拉油、二乙醇胺，升温至（190±2）℃反应约 2h，观察到体系已呈稍稠透明状时，降温至 70℃。然后，加入约 20mL 甲苯，升温至（110±2）℃，开启真空水泵，断氮气，脱溶剂，抽毕降温至室温，制得脂肪醇酰胺混合多元醇（RDEA）。

② 在装有搅拌器、温度计、分水冷凝装置和氮气导管的 500mL 四口烧瓶中按一定比例加入 RDEA、己二酸和 T-12 催化剂，升温至（140±2）℃反应约 2h。然后，降温至 80℃以下，将冷凝装置改为分水冷凝装置，同时加入 10mL 甲苯，升温至（180±2）℃，升温及反应时间总计约 10h，在此过程中不断有水分析出。到反应后期，取样测酸值，当酸值小于 1mgKOH/g 时，降温，停止反应，制得聚酯酰胺多元醇 polyols 1。以少量一缩二乙二醇代替部分 RDEA，根据上法制得 polyols 2。以少量一缩二乙二醇和己二醇代替部分 RDEA，另再用少量苯酚代替部分己二酸，制得 polyols 3。

③ 在装有搅拌器、温度计、回流冷凝管和氮气导管的 250mL 四口烧瓶中按一定比例加入 polyols、DMPA 和 IPD，升温至（90±2）℃，反应 3~4h，分析预聚体的—NCO 含量与理论值接近时，降温至 60℃。然后，加入成盐试剂和一定量的

丙酮，搅拌20min后分散于水中，再加入胺扩链剂并在60℃反应1h，最后真空脱除丙酮得PUU水分散液。基于前面已制得的三种polyols，最终制得PUU1，PUU2，PUU3。

④ 在装有搅拌器、温度计、回流冷凝管和氮气导管的250mL四口烧瓶中按一定比例加入polyols、DMPA和IPDI，升温至（90±2）℃反应3~4h，分析预聚体的—NCO含量与理论值接近时，降温至60℃。然后，加入成盐试剂，一定量的乙烯基单体和适量AIBN，搅拌20min后分散于水中，再加入胺扩链剂并在60℃反应2h，缓慢升温至70℃，再反应1h，即得PUA分散液。基于前面已制得的三种polyols，最终制得PUA1、PUA2、PUA3（乙烯基单体为BA）以及PUA-1、PUA-2、PUA-3（乙烯基单体为St）。

(3) 性能分析　以polyols1合成的PUU1的流动行为表现为牛顿流体，而polyols2合成的PUU2是非牛顿流体。PUA复合水分散液对电解质的稳定性较好；所有PUU及PUA水分散液样品均呈现出一定的表面活性。

5.6　桐油改性水性聚氨酯

桐油是一种天然的植物油，它具有迅速干燥、耐高温、耐腐蚀等特点。桐油还具有良好的防水性，广泛用于建筑、涂料、印刷（油墨）、农用机械、电子工业等方面。桐油分为生桐油和熟桐油两种，生桐油用于医药和化工；熟桐油由生桐油加工而成，可代替清漆等涂料，直接用于机器保养、室内木地板、木制天花板、桑拿板、木制阳台扶手等。

5.6.1　干性植物油醇解制备聚氨酯水分散体[21]

(1) 主要原料　桐油；亚麻油；丙三醇；LiOH；甲苯二异氰酸酯（TDI）；六亚甲基二异氰酸酯（HDI）；二羟甲基丙酸（DMPA）；丙酮；低碳醇醚复合溶剂；二月桂酸二丁基锡；一异醇胺。

(2) 合成方法

① 按要求组装反应装置，检查加热、搅拌、冷凝、温控及密封系统无误后，向反应容器中投入亚麻仁油、桐油、丙三醇、LiOH，开动搅拌并升温，通N_2保护液面，混合物加热到220~240℃保温醇解，每10min测甲醇容忍度1次，待1:3甲醇完全溶解即为醇解终点；降温至40~50℃加入丙酮，搅拌均匀，体系溶解，降温至20~30℃，将TDI与HDI分三次加入，每隔15min加入一次，并加入二月桂酸二丁基锡，控制反应温度在70~80℃保温2h；加入低碳醇醚复合溶剂，搅拌均匀，分批加入一异醇胺使其中和成盐，控制温度70℃以下，待体系pH=8.5~9.5后，加入催干剂搅匀；加入蒸馏水，待体系黏度（3500mPa·s）稳定并合格。

② 按配方量称取上述制备的常温交联水性聚氨酯树脂、颜料、填料和助剂，

投入预分散容器中，搅拌使颜填料粉体润湿并使体系初步分散。将预分散的物料送入砂磨机中进行研磨，保持研磨温度低于30℃，加入水和低碳醇复合溶剂调整黏度，测黏度和细度合格，即可出料制板检测各项性能。

（3）性能分析 醇解方法所制得的常温交联型水性聚氨酯不仅具有较好的耐候性，同时还具有水性涂料无污染的优点，是一种环境友好型涂料，既可作为水性内外墙涂料，也可作为木器装饰涂料及织物印染涂料。

5.6.2 酯基醇解桐油改性水性聚氨酯[22]

（1）主要原料 桐油；三羟甲基丙烷（TMP）；聚四氢呋喃醚（PTMG）；异佛尔酮二异氰酸酯（IPDI）；乙二胺（EDA）；三乙胺（TEA）；丙酮；N-甲基吡咯烷酮（NMP）；二月桂酸二丁基锡（DBTDL）。

（2）合成方法 将桐油、三羟甲基丙烷和催化剂加入四口烧瓶中，安装回流冷却装置，插入温度计，在氮气保护下将混合物于130～220℃加热数小时，结束以乙醇容忍度作为判断依据，降温出料得到改性桐油。接着，在装有电动搅拌器、温度计、回流冷凝管、氮气进口的四口烧瓶中加入计量的PTMG、改性桐油、DMPA、NMP，加热搅拌至DMPA完全溶解，加入IPDI，在氮气保护下85～95℃反应至异氰酸根含量达到理论值，降温加三乙胺中和，降温后加入去离子水和EDA扩链转相，得到阴离子水性聚氨酯乳液。

（3）性能分析 试验证明生成了预期产物桐油改性水性聚氨酯，进一步研究表明，DMPA含量对乳液性能影响较大，随着DMPA添加量的增加，聚氨酯储能模量增大，相分离完全，引入改性桐油可以增强软硬段间的相容性，增大储能模量；醇解桐油改性水性聚氨酯相比氨解桐油改性水性聚氨酯，粒径更小，Zeta电位更高，强度和耐冲击性能较好，相分离趋于不完全。

5.7　天然植物油多元改性水性聚氨酯

随着社会和市场对水性聚氨酯产品要求的逐渐提高，有时光靠一种改性剂进行改性是不够的，将天然植物油和其他改性剂并用对水性聚氨酯进行改性，以期获得更加优异的产品性能，起到协同增强的作用，选择合适的改性剂与植物油进行复合改性，在一定程度上可以降低成本、进一步提高市场竞争力。

5.7.1 环氧改性蓖麻油基水性聚氨酯树脂[23]

（1）主要原料 蓖麻油；环氧树脂；甲苯二异氰酸酯（TDI）；聚四氢呋喃二醇（PTHF）；二羟甲基丙酸（DMPA）；1,4-丁二醇（BD）。

（2）合成方法 在装有搅拌器、温度计和冷凝回流装置的三口烧瓶中加入C.O.（蓖麻油）、PTHF，加热至90～95℃，真空脱水1h，降温至80℃，加入化学计量的 TDI，开动搅拌保温 1.5h；将一定量的 DMPA 加入体系中继续保温 2h；然后降温至 70℃，加入环氧树脂和 BD，反应 30min 后于 60℃ 保温 3h，制得聚氨酯树脂。去离子水乳化前，向树脂中加入计量的三乙胺中和，然后将水直接倒入，快速搅拌，得到乳液后用胺扩链，即得水性聚氨酯乳液。

(3) 性能分析 当蓖麻油的添加量为 7.1%，环氧树脂添加量为 13.7% 时，材料的力学性能达到最佳。环氧树脂的引入，使材料的耐水和耐温性得到显著提高，耐水性达到 120h 无异常，而耐温性则是在沸水中 15min 无变化。

5.7.2 亚麻油基水性聚氨酯-聚丙烯酸酯复合乳液[24]

(1) 主要原料 异佛尔酮二异氰酸酯（IPDI）；聚醚 N210（$M_n = 1000$）；2,2-二羟甲基丙酸（DMPA）；一缩二乙二醇（DEG）；辛酸亚锡（T-9）；二月桂酸二丁基锡（T-12）；三乙胺（TEA）；丙酮；甲基丙烯酸甲酯（MMA）；丙烯酸丁酯（BA）；十二烷基硫酸钠（K12）；过硫酸钾（$K_2S_2O_8$）；碳酸氢钠（$NaHCO_3$）。

(2) 合成方法

① 在干燥氮气的保护下，将真空脱水后的聚醚 N210 与 IPDI 以及经醇解方式改性后的羟基化亚麻油按计量加入装有回流冷凝管、温度计、搅拌桨的 250mL 四口烧瓶中，其中亚麻油占树脂总质量分数为 30%，混合均匀后升温至 80～85℃，反应 2h，降温至 60℃ 以下，再加入计量好的 DMPA 作为亲水扩链剂、DEG 作小分子扩链剂、丙酮、催化剂（T-9、T-12），60～65℃ 反应 4h 后，冷却到 35℃ 出料，按计量将预聚体用 TEA 中和，加冰水进行高速乳化，3～5min 后得到水性氨酯油乳液，将乳液减压蒸馏脱出丙酮即得产品，控制固含量在 25% 左右。

② 在干燥氮气的保护下，将计量好的亚麻油改性水性聚氨酯乳液（LPU）、$NaHCO_3$、K12、1/2 计量的 BA、1/3 计量的 $K_2S_2O_8$ 及水，加入装有回流冷凝管、搅拌杆、恒压漏斗、温度计的 500mL 四口烧瓶中，高速搅拌 20min；低速搅拌升温至 80℃，变蓝后保温 30min；接着同时滴加剩余 1/2BA 和另外 1/3$K_2S_2O_8$，在 60min 内滴加完毕，80℃ 保温 60min；最后滴加剩余 1/3 $K_2S_2O_8$ 和 MMA，在 60min 内滴完，80℃ 保温反应 90min，即得亚麻油基水性聚氨酯-聚丙烯酸酯复合乳液（LPUA）。

(3) 性能分析 表征证明实验成功将丙烯酸酯接入亚麻油基水性聚氨酯中，生成了预期的核壳结构复合乳液。当亚麻油添加量控制在 20%，PUA 加入比例在 1/2 以下时，乳液状态稳定。经丙烯酸酯改性后的亚麻油基水性聚氨酯胶膜具有更好的硬度，耐水性增强显著，24h 吸水率最低达到 6.5%，拉伸力学性能变化不大。

参 考 文 献

[1] 许戈文，徐恒志. 植物油改性水性聚氨酯的研究 [J]. 涂料技术与文摘，2011，(5)：8-14，19.

[2] 蔡双飞，王利生. 环氧植物油基增塑剂的合成工艺进展 [J]. 塑料助剂，2010，5：1-6.

[3] 欧阳惕，周春琼．水性聚氨酯乳液的研究进展 [J]．广东化工，2005，(3)：31-33.

[4] 马伟，陆丽浓．环境友好型水性聚氨酯的研究进展 [J]．聚氨酯工业，2008，23 (2)：8-11.

[5] 张兴智，谢镇铭．合成革用水性聚氨酯及其技术应用现状和未来发展 [J]．聚氨酯，2008，(9)：78-81.

[6] 曹向禹，兰云军．醇解技术在制备皮革加脂剂方面的研究进展 [J]．皮革化工，2003，20 (5)：24-28.

[7] 王勇，邹献武，秦特夫．生物质醇解重质油的表征及燃烧特性研究 [J]．中南林业科技大学学报，2011，31 (9)：133-138.

[8] 方旭升．醇解反应中的介质效应及其应用（Ⅱ）[J]．涂料工业，2009，39 (1)：35-38.

[9] 谭靖辉，梁建军，唐淑贞．对氨解反应认识的深化 [J]．科技创新导报，2010，(22)：252.

[10] 何蕾，杨隽，涂洁，等．蓖麻油基水性聚氨酯的合成及性能 [J]．武汉工程大学学报，2010，32 (3)：79-81，110.

[11] 蒋剑春，史以俊，罗振扬．一种环氧化蓖麻油改性的水性聚氨酯的制备方法 [P]：中国，CN101967222B.2010.9.19.

[12] 蒋洪权，宋湛谦，商士斌，等．蓖麻油改性聚醚型水性聚氨酯乳液的性能 [J]．化工进展，2010，29 (2)：285-288.

[13] 李俊梅．织物涂层用水性聚氨酯的研究 [D]．安徽大学硕士学位论文，2012，4.

[14] Ni B L，Yang L T，Wang C S，et al. Synthesis and thermal properties of soybean oil-based waterborne polyurethane coatings [J]．J Therm Anal Calorim. 2009，9.

[15] 陈志莉，叶茂平，卢宝亮，等．一种功能性防腐涂料的研制与开发 [J]．腐蚀科学与防护技术，2004，16 (6)：413-415.

[16] 王萃萃，张彪，黎兵，等．聚氨酯防腐蚀涂料研究进展 [J]．涂料技术与文摘，2009 (8)：10-14.

[17] 高敬民，聂小燕，方冉，等．纳米 SiO_2 改性核壳型氟碳乳液的合成及性能研究 [J]．涂料工业，2003，33 (11)：1-5.

[18] 陈建兵，王武生，曾俊，等．亚麻油改性水性聚氨酯涂料 [J]．涂料工业，2006，36 (9)：33-36.

[19] 崔锦峰，杨保平，周应萍，等．水性聚氨酯凹印油墨的醇解合成研究 [J]．中国包装工业，2005 (8)：85-86.

[20] 于寒冰，王新灵．植物油基聚酯酰胺多元醇的合成及其在水性聚氨酯中的应用 [J]．上海涂料，2007，45 (3)：39.

[21] 周应萍，崔锦峰，杨保平，等．植物油醇解制备聚氨酯水分散体 [J]．涂料工业，2005，35 (7)：17.

[22] 马恒印．酯基醇解桐油改性水性聚氨酯的研究 [D]．郑州大学硕士学位论文，2011，5.

[23] 訾少宝，马景松，等．环氧改性蓖麻油基水性聚氨酯树脂的结构与性能 [J]．涂料工业，2007，37 (4)：25-27，31.

[24] 杨伟平．天然亚麻油改性水性聚氨酯的合成及性能研究 [D]．安徽大学硕士学位论文，2012，4.

第6章

水性聚氨酯功能性涂料

功能性涂料，顾名思义，是指通过特殊的物理和化学方法，使得所制备的涂料在某些方面具有特殊品质，可以为生产和生活提供功能性帮助的涂料总称。功能性的水性聚氨酯涂料通常是利用接枝反应在聚氨酯分子骨架上引入活性功能基，从而改变水性聚氨酯的物理化学性质，赋予其新的功能；也有采用物理方法，即通过小分子功能化合物与水性聚氨酯的共混来实现。主要技术方法见表 6-1[1]。

表 6-1　水性聚氨酯功能涂料主要工艺方法及技术要点

工艺与方法		技术要点
丙酮法工艺		丙酮、丁酮作为预聚物溶剂,合成高相对分子量预聚体,分散于水中后脱除溶剂
预聚体分散法工艺		合成端异氰酸根预聚体,分散于水中后,用高活性多胺进行二次扩链
亲水基团类型	阴离子型	羧基、磺酸基
	阳离子型	季铵基
	非离子型	聚乙二醇链段
分子结构设计	硬段结构	多异氰酸酯,小分子扩链剂
	软段结构	确定聚醚、聚酯、聚碳酸酯等多元醇的相对分子质量
	结构比例	软硬段结构质量比
	结构改性	有机硅、有机氟、聚丁二烯、其他功能基团
交联改性	封闭异氰酸酯	芳香族 WPU 封闭剂:苯酚、甲苯、甲乙酮肟脂肪族 WPU 封闭剂:亚硫酸氢钠、乳酸乙酯、己内酰胺
	外加交联剂	多异氰酸酯、环氧树脂、氨基树脂
	高能射线交联	紫外线固化、电子射线交联、钴 60-γ 辐射交联
粒子结构设计		控制粒径及其分布
复合改性		共混,共聚,核壳

通过对水性聚氨酯进行分子结构设计、复合改性、合成工艺和成膜技术改进等方法，制备出特殊性能的水性涂料以应对市场需求，如在分子尺度上进行多元醇分子设计，或将特定分子结构（或者元素）引入多元醇来改变大分子主链结构，或在微观尺度上进行纳米复合改性，或在成膜过程引入特定官能团进行交联改性等多种方法来提升水性聚氨酯涂料的功能。水性聚氨酯功能性涂料的开发与研究，进一步扩大了其生产和应用范围，目前研究较多的水性聚氨酯功能性涂料主要包括隔热阻

燃涂料、导电涂料、光学涂料以及抗菌涂料等[2]。

6.1 阻燃型水性聚氨酯涂料

近年来，每每发生较大影响的火灾，聚氨酯的阻燃问题总是一次又一次被人们搬上桌来讨论。在通常情况下，聚氨酯作为一种有机高分子材料，在空气中是可燃的，其极限氧指数（LOI）仅为18%左右[3]，且燃烧时会释放出HCN、CO等有毒气体；水性聚氨酯作为一种绿色环保材料，广泛应用于纺织工业、木材加工、皮革涂饰、汽车行业等领域，涉及的领域都存在易燃的风险。设法让水性聚氨酯具备一定的阻燃特性，就可以保护基材、降低材料表面燃烧速率甚至燃烧自熄，能及时发现并防止大面积火灾的发生和扩大，从而可以保护人们的人身财产安全。所以，对水性聚氨酯进行阻燃化处理，让其更好地应用于各个领域，是水性聚氨酯功能化的发展方向，也是未来高分子材料集多种功能于一体的趋势。

6.1.1 阻燃改性的机理[4]

阻燃性实际上是指达到某种规范或某种试验方法下的一个具体标准，提高阻燃性的途径主要有两点。一是添加含氯、溴、磷等元素的化合物；二是在多元醇或异氰酸酯键上引入氯、溴、磷、锑等原子，得到结构型阻燃材料。按照上面的方法经过改性的阻燃聚氨酯，也分别称为共混复配型和反应型阻燃聚氨酯[5,6]。

(1) 共混复配型阻燃聚氨酯 在共混复配中，添加的阻燃剂主要分无机和有机两类[7~10]。无机阻燃剂的阻燃机理主要以降低燃烧所产生的热量来达到阻燃的目的。氢氧化物、氧化锑、红磷等是常用的阻燃剂。它们在材料燃烧时，根据阻燃元素的不同，发生相应的复杂变化，起到阻燃的效果。如加入含卤阻燃剂的材料在受热后会分解出卤素离子，与氢自由基结合成卤化氢气体，卤化氢气体可以进一步稀释可燃性气体，形成一层保护膜，使材料与氧气隔绝，从而使材料自熄。磷系阻燃剂的阻燃机理主要是凝聚相阻燃，在燃烧时，能使聚合物炭化形成含磷的炭化保护层，从而起到阻燃作用。氮系阻燃剂受热分解后，易放出氨气、氮气、水蒸气等难燃或不燃性气体，不燃性气体的生成和阻燃剂分解带走大部分热量，起到降低聚合物的表面温度和稀释空气中的氧气和高聚物受热分解产生可燃性气体的浓度的作用，并隔绝材料和氧气的接触，同时氮能捕捉高能自由基，抑制聚合物的继续燃烧。无机阻燃剂分解温度高，除了有阻燃效果外，还有抑制发烟和毒性的作用。

有机阻燃剂的阻燃机理也随组分不同而不同，在有机磷系阻燃剂当中，最重要的阻燃剂是磷酸酯类阻燃剂。有机磷系阻燃剂的另一个发展方向是膨胀型阻燃剂。它是应用磷-氮协同、不燃气体发泡、多元醇和酯脱水炭化形成阻燃炭化层等多种阻燃机理共同作用而起到阻燃效果，其中的磷化物能消耗聚合物燃烧时的分解气体，促进不易燃烧的炭化物生成，阻止氧化反应的进行，从而抑制燃烧的进行。

（2）反应型阻燃聚氨酯 反应型的阻燃聚氨酯阻燃机理则是通过将一些阻燃元素或基团接入聚氨酯分子结构中，从而起到阻燃改性效果。其机理按接入的结构单元不同分为软段阻燃改性和硬段阻燃改性。对于软段阻燃改性，由于软段分子量较大，阻燃化后的软段一般其阻燃元素含量较高，同时软段在整个聚氨酯原料中所占的比例也最大，因此用部分阻燃软段替代普通软段后，整个聚氨酯分子中便具有较多的阻燃成分，同时对胶膜的性能影响较小；而硬段阻燃改性主要是将反应型阻燃剂作为扩链剂或固化剂引入到聚氨酯分子结构中，即阻燃元素和基团直接以小分子的形式嵌段到聚氨酯结构中。

6.1.2 阻燃型水性聚氨酯涂料实例

6.1.2.1 硼酚醛树脂改性水性聚氨酯阻燃涂料[11]

（1）主要原料 异佛尔酮二异氰酸酯（IPDI）；聚醚二元醇（N-210）；硼酚醛（FB）；1,4-丁二醇（BDO）；三羟甲基丙烷（TMP）；二羟甲基丙酸（DMPA）；丙酮等。

（2）合成方法 在干燥氮气保护下，在装有回流冷凝管、温度计、搅拌桨的 250mL 四口烧瓶中加入 IPDI、脱水后的 N-210，在 90℃ 下反应 2h；降温至 60℃，加入计量的 DMPA、BDO、TMP 及 FB 丙酮液，然后加入几滴 T-9、T-12 反应 4h，其间加入适量丙酮调节黏度；在该反应过程中，每隔 30min 取样检测残留异氰酸根含量，反应至异氰酸根含量不再变化。降温至 30℃ 以下，加入少量丙酮调整黏度，加入 TEA 中和 3min，然后加水乳化分散 3min，减压蒸馏脱除反应过程中加入的丙酮，得到产品。

（3）性能分析 当加入 6% 的硼酚醛时，胶膜吸水率仅为 6.58%；硼酚醛的加入对提高聚氨酯的拉伸强度和摆杆硬度明显；随着硼酚醛树脂含量的增加，涂膜热稳定性增强，残炭率也增加明显，改性聚氨酯的热释放速率降低，总热释放量降低，极限氧指数增大，阻燃性能得到提高；当 FB 含量为 10% 时，改性聚氨酯的氧指数为 29%，垂直燃烧测试结果显示聚氨酯的阻燃性能已达到 UL 94V-1 级。

6.1.2.2 有机磷改性水性聚氨酯阻燃涂料[12]

（1）主要原料 聚醚 N-210（$M_n=1000$）；异佛尔酮二异氰酸酯（IPDI）；一缩二乙二醇（DEG）；二羟甲基丙酸（DMPA）；[（双（2-羟乙基）氨基）甲基]一磷酸二乙酯（FRC-6）；N-(2-氨乙基)-氨丙基甲基二甲氧基硅烷（KH-602）；三乙胺（TEA）；二月桂酸二丁基锡（T-12）；辛酸亚锡（T-9）。

（2） 在干燥氮气保护下，将真空脱水后的低聚物多元醇 N-210、IPDI、FRC-6 按计量加入到四口烧瓶中，混合均匀后升温到 85～90℃ 反应 3h，降温至 60℃ 以下，加入适量丙酮，亲水扩链剂 DMPA，扩链剂 DEG，催化剂（T-9、T-12），于 65～70℃ 反应至 NCO 含量不再变化，降温至 35℃，将预聚体转移至乳化桶，用三乙胺（TEA）中和后加水进行高速乳化，在乳化的同时，用滴管缓慢滴加计量的KH-602，然后搅拌反应15～20min，得到有机磷阻燃改性的水性聚氨酯乳液。减压蒸馏脱去丙酮，过滤即得产品。

（3）性能分析　将FRC-6代替其他小分子二醇扩链剂，可合成出一系列很稳定的有机磷阻燃改性的水性聚氨酯；在一定范围内，随着磷含量在预聚体中质量分数的增加，PU胶膜的热释放速率降低，热释放量降低，LOI增大，阻燃性能提高，当磷含量占预聚体的质量分数为2.31％时，其氧指数为28％，垂直燃烧测试显示PU的阻燃性能已达到UL 94V-2级。

6.1.2.3　含氢氧化镁的水性聚氨酯阻燃涂料[13]

（1）组分（质量分数，％）

脂肪族水性聚氨酯乳液20～40；

苯丙乳液5～10；

片状纳米氢氧化镁20～40；

甲基磷酸二甲酯5～20；

三聚氰胺2～5；

季戊四醇3～6；

聚磷酸铵5～10；

红磷0.1～0.5；

可膨胀石墨5～10。

（2）合成方法　将脂肪族水性聚氨酯乳液20份、苯丙乳液（TL-1）5份加入搅拌釜内分散5min后，继续搅拌慢慢加入片状纳米氢氧化镁（MH）25份，再加入甲基磷酸二甲酯（DMMP）5份；三聚氰胺2份，季戊四醇3份，聚合度50的聚磷酸铵（APP）7份，红磷0.1份，可膨胀石墨（TP-100）5份，再搅拌30min，即可检测包装。

（3）性能分析　参考GB 12441—2005，使用酒精灯对涂覆过阻燃涂料的木材进行灼烧。灼烧时，以酒精灯火焰外焰接触涂料板为标准。用秒表来记录胶合板烧穿的时间，测试结果表明，所制的涂料所涂胶合板烧穿时间均在20min左右。

6.1.3　阻燃型水性聚氨酯的发展前景

目前，聚氨酯阻燃的研究主要集中在外部添加阻燃剂与聚氨酯树脂复配的这种形式，对于反应型，即合成聚氨酯时，通过使用含阻燃元素的原料，将阻燃元素接入聚氨酯分子结构中的研究，在国内，这方面无论从理论还是实际应用上相对较少。共混型在操作工艺上比较简单，但也存在相容性及产品稳定性较差等其他缺点。另外，国内更加关注阻燃的改性效果，在阻燃机理方面，研究也相对较少。

在阻燃剂选择方面，大多数研究选择的为磷系和卤系，氮系、硅系阻燃剂的研究较少，磷系阻燃剂在聚氨酯树脂阻燃中的应用较为成熟，但存在着挥发性大、耐热性相对不高的缺陷，而卤系阻燃剂虽然阻燃效果好，但发烟量较大，且有着较为严重的破坏环境的隐患。所以，需要进一步加强氮系、硅系等其他种类的阻燃剂的开发与应用。另外，复合的阻燃体系也在进一步研究中，力求达到多种阻燃剂的协同作用，今后阻燃剂的发展趋势将是无毒、无卤、低烟、对环境冲击最小且具有最佳阻燃性能的新型阻燃剂体系。

6.2　导电型水性聚氨酯涂料

自 20 世纪 70 年代人们发现聚环氧乙烷能与碱金属盐混合从而使其本身具有离子导电性以来，很多研究者都开始研究具有导电性能的高分子及其复合材料，以期找到具有很好的电子传导性，且力学性能和热稳定性能也较好的高分子及其复合材料，扩大其在高科技领域中的应用。

水性聚氨酯涂料本身并不具有导电性，若将其作为一种基质制备导电材料，不仅能使材料具有聚氨酯的良好性能，也能使聚氨酯材料实现导电功能。目前，国内对于导电水性聚氨酯的研究，大多采用掺杂的方法，以聚氨酯作基体，将导电填料掺杂到聚氨酯中，使聚氨酯具有导电性能。根据掺杂的导电填料的不同，导电聚氨酯的导电机理也不尽相同，随导电填料的导电机理而异，既包括电子离域传导或电子移动导电，也包括离子传导[14]。

6.2.1　氟硅改性水性聚氨酯导电乳液[15]

(1) 主要原料　异佛尔酮二异氰酸酯（IPDI）；六亚甲基二异氰酸酯（HDI）；聚酯二元醇；聚醚二元醇；聚四氟乙烯；有机硅树脂；导电炭黑；助剂。

(2) 合成方法　该乳液由 A、B 两组分按照一定比例混合而成。

A 组分制备方法：数均分子量为 1000～2000 的聚酯二元醇和数均分子量 1000～2000 的聚四氢呋喃醚二醇脱水后与异佛尔酮二异氰酸酯在 88～92℃下进行共聚反应，当聚合物 NCO 的质量分数达到 12%～15%后加入二羟甲基丙酸和 1,3-丁二醇，在 80～83℃下进行扩链反应，然后加入 N-甲基吡咯烷酮、有机锡催化剂、丙酮，在 55～65℃下反应至 NCO 质量达到 2%～3%，然后加入三乙胺中和，再加入水分散，脱出丙酮，获得 A 组分产品。

B 组分制备方法：聚醚 210 脱水后与六亚甲基二异氰酸酯在 88～92℃下进行共聚反应，然后与二羟甲基丙酸、一缩二乙二醇、丙酮在 78～82℃下反应 1～2min，再加入有机锡催化剂、丙酮反应至 NCO 质量含量达到 2%～3%，用三乙胺中和，加水分散，再加三乙烯二胺扩链反应，脱丙酮得到 B 组分产品。

将 A、B 组分混合，加入聚四氟乙烯、有机硅树脂、导电炭黑、助剂，进行搅拌、研磨、过滤得到不同电导率的水性聚氨酯氟硅改性导电乳液，其中以质量分数计，A组分占30％～60％，B组分占30％～60％，聚四氟乙烯3％～7％，有机硅树脂1％～5％，导电炭黑1％～5％，助剂0～2％。

根据产品情况可选择不加或适当加入助剂，如常规的流平剂、分散剂、消泡剂或润湿剂，每一种助剂添加时所占质量分数分别为：流平剂0.1％～0.2％，分散剂0.5％～0.6％，消泡剂0.6％～0.8％，润湿剂0.3％～0.4％。

(3) 性能分析 相关技术指标见表6-2。

表 6-2　氟硅改性水性聚氨酯性能

项目	结果	项目	结果
柔韧性	0.1mm 不断裂	耐温性	120℃烘烤不黏
硬度	H～2H	耐磨性(500g/100r)	0.0088g
电阻	$10^9 \Omega$	附着力	0级

6.2.2　导静电防腐涂料[16]

(1) 组成 (质量分数) 包括45％～66％水性聚氨酯-丁腈环氧复合分散乳液；15％～20％复合导电填料，1％～5％缓蚀剂，5％～18％铁钛粉，0.3％～0.6％分散剂，0.4％～0.8％润湿剂，0.2％～0.5％消泡剂，0.3％～0.6％流平剂，4％～6％成膜助剂和2％～14％颜填料。

(2) 各原料的制备方法

① 复合导电填料。取60％～80％导静电云母粉，10％～30％聚苯胺，5％～10％氧化锡，用聚四氟乙烯（PTFE）乳液混合搅拌均匀，在500～1000℃温度下，焙烧，然后球磨成5～10μm粉末，PTFE乳液的用量为导电云母粉、聚苯胺和氧化锡混合物总量的20％～40％。

② 水性聚氨酯-丁腈环氧复合分散乳液。在氮气保护下，将NCO/OH总摩尔比为1.4～1.7的甲苯二异氰酸酯和脱水的聚醚二元醇在80℃，反应1～3h，加入甲苯二异氰酸酯和脱水的聚醚二元醇混合物总质量2％～10％的丁腈环氧树脂，反应2～5h，冷却至室温，加入三乙胺中和至中性，在1000～1500r/min的高速剪切力下加入甲苯二异氰酸酯和脱水的聚醚二元醇混合物总质量20％～25％的水乳化，得到水性聚氨酯-丁腈环氧复合分散乳液。

③ 丁腈环氧树脂。在催化剂偶氮二异丁腈或二甲基咪唑存在下，10％～30％丁腈橡胶和70％～90％环氧树脂，反应温度80～120℃加热反应得到丁腈环氧树脂。

(3) 导静电防腐涂料的制备方法 将分散剂、润湿剂、钛白粉和铁钛粉混合，在1000～1500r/min的剪切力下砂磨分散至细度小于60μm，再加入复合导电粉填料搅拌均匀，然后加入水性聚氨酯-丁腈环氧复合分散乳液、消泡剂、流平剂、缓蚀剂和成膜助剂搅拌均匀，得到导静电防腐涂料。

(4) 性能指标　采用三元体系导静电材料（导电云母粉、聚苯胺、氧化锡），树脂采用水性聚氨酯-丁腈环氧复合分散乳液，组成导静电防腐涂料，各项指标都达到 CNCIA-HG/0001—2006 指标要求。除满足一般指标外，特殊指标如下：①导静电防腐涂料电阻率 P_s 在 $10^6 \sim 10^8 \Omega/cm^2$；②涂料耐温在 $150 \sim 180℃$；③该产品价位比氟碳导静电防腐涂料低 $40\% \sim 60\%$。

6.2.3　透明导电隔热纳米复合涂料[17]

(1) 组成（质量分数）　水性聚氨酯树脂 $40\% \sim 70\%$；纳米锌镓氧化物 GZO 湿浆 $8\% \sim 22\%$；涂料助剂 $5\% \sim 8\%$；稀释剂 $10\% \sim 50\%$；其中纳米锌镓氧化物 GZO 湿浆的粒径范围为 $10 \sim 20nm$；固含量为 $20\% \sim 30\%$，溶剂为水；涂料助剂包括流平剂和消泡剂，流平剂为丙烯酸共聚物或非反应型聚醚改性聚硅氧烷；消泡剂为非聚硅氧烷含疏水粒子矿物油混合物或改性聚硅氧烷，稀释剂为水。

(2) 制备方法

① 制备 30% 水性纳米锌镓氧化物 GZO 湿浆。取一次粒径 20nm 以下的纳米锌镓氧化物 GZO 粉体 30 份，去离子水 69.4 份，分散剂 0.6 份，放入高速旋转的分散机上分散一定时间，制得固含量为 30%、粒径为 20nm 以下的锌镓氧化物 GZO 湿浆。

② 制备水性纳米锌镓氧化物 GZO 透明导电隔热涂料。按配方添加水性聚氨酯树脂混合，放入球磨机中活化 12h 后，添加涂料助剂中的流平剂和消泡剂，再添加稀释剂水，即获得水性透明导电隔热纳米复合涂料。举例配方见表 6-3。

表 6-3　透明导电隔热涂料配方　　　　　　单位：质量份

序　号	1	2	3	4
固含量 30% 的 GZO 水性湿浆	50	40	30	20
水性聚氨酯树脂	48	58	68	78
流平剂	1	1	1	1
消泡剂	1	1	1	1
稀释剂	10	10	10	10

(3) 性能分析　玻璃表面涂层硬度达到 H～3H；附着力为 3 级；耐水性、耐热性良好；涂层厚度为 $3 \sim 5\mu m$ 时，可见光透过率大于 85%；对于波长 $1200 \sim 2500\mu m$ 区间红外线的反射率在 70% 以上；玻璃表面涂层厚度为 $3 \sim 5\mu m$ 时电阻率为 $10^6 \sim 10^8 \Omega \cdot cm$。

6.3　水性聚氨酯光学涂料

紫外线固化技术（UV）是利用光引发剂在紫外线照射下，引发不饱和有机单体进行聚合、接枝、交联等化学反应从而达到迅速固化的一种新兴技术。其具有固化时间短、设备简单、能量利用率高、固化温度低、不污染环境等特点，受到了广大研究应用者的关注。

水性光固化涂料是一种在继承和发扬了传统的光固化技术优势的基础上，利用水作为分散介质的一种新型环保涂料，水性光固化树脂作为水性光固化涂料中最重要的组成部分，决定了固化膜的物理机械性能，如硬度、附着力、耐水性、耐化学品性等，也影响光固化速率。其中，水性光固化聚氨酯树脂则是一类具有代表性的树脂。

6.3.1 扩链法制备双阴离子型水性光固化聚氨酯树脂[18]

(1) 主要原料 甲苯二异氰酸酯；聚丙二醇；新戊二醇；二羟甲基丙酸；丙酮；丙烯酸乙酯等。

(2) 制备方法 在装有温度计、回流冷凝管、机械搅拌的三口烧瓶中加入17.70g聚丙二醇，1.84g新戊二醇，17.40g的甲苯二异氰酸酯，在通 N_2 条件下，70℃，反应2h；然后加入1.96g二羟甲基丙酸和10.00丙酮，逐渐升温至75℃，反应2h，加入5.80g丙烯酸羟乙酯和0.06g阻聚剂，逐渐升温至80℃，反应至异氰酸酯基达到理论值，降温至50℃，加入1.47g三乙胺，中和待用；在另一装有温度计、回流冷凝管、机械搅拌的三口烧瓶中加入4.33g4-氨基苯磺酸，100g去离子水，加热至70℃，加入预聚物，反应至异氰酸酯基完全消失，加入三乙胺中和，调节pH＝8，蒸去丙酮，即得固含量为33％的水性光固化聚氨酯树脂，平均粒径为51nm，光敏基团含量为0.32mmol/g。

(3) 性能分析 在预聚体制备过程中，以二羟基丙酸先引入第一个水性化基团——羧基，后接枝丙烯酸羟乙酯或丙烯酸羟丙酯，引入光敏基团；再以4-氨基苯磺酸作为扩链剂，用扩链的方法引入又一水性化基团——磺酸基，4-氨基苯磺酸中氨基的2个活泼氢分别与异氰酸酯反应，生成氨酯基的同时还有扩链的效果，使得分子量变大，同时生成双阴离子型的水性聚氨酯树脂。在达到相同水溶性的条件下，与传统的仅以羧酸盐离子为水性化基团的单阴离子型光固化水性聚氨酯树脂相比，其每克树脂中所需的水性化基团的物质的量更少。

6.3.2 紫外线固化水性聚氨酯丙烯酸酯涂料树脂[19]

(1) 主要原料 芳香族二异氰酸酯、聚乙二醇、多羟基羧酸、二元醇、甲基丙烯酸羟乙酯（或甲基丙烯酸羟丙酯）、三乙胺等。

(2) 制备方法

① 聚氨酯预聚体Ⅰ的合成。首先往反应容器中加入芳香族二异氰酸酯，升温至80～90℃；然后一边搅拌一边往反应容器中滴加聚乙二醇，其中芳香族二异氰

酸酯与聚乙二醇摩尔比为 (2~4)∶1,加料后在 80~90℃温度范围内反应 2~3h,得到聚氨酯预聚体 I。

② 聚氨酯预聚体 II 的合成。将聚氨酯预聚体 I 降温到 60℃ 以下;把干燥好的多羟基羧酸溶解在二甲基酰胺中之后加入到反应容器中;然后往反应容器中滴加二元醇单体,滴加时间控制在 0.5~1h;滴加完毕,再升温到 70~80℃,反应 2.5~3.5h,反应过程中加入适量的稀释剂调节反应体系的黏度;反应结束后得到含亲水基团的聚氨酯预聚体 II。

③ 聚氨酯丙烯酸酯低聚物的合成。将聚氨酯预聚体 II 降温到 60℃ 以下;然后往反应容器中滴加预先加有阻聚剂的甲基丙烯酸羟乙酯或甲基丙烯酸羟丙酯,滴加结束后升温至 60~70℃,反应 2.5~3.5h,得到聚氨酯丙烯酸酯低聚物。

④ 把聚氨酯丙烯酸酯低聚物降温到 60℃ 以下,在搅拌下往低聚物中加入三乙胺进行成盐反应,三乙胺与多羟基羧酸摩尔比为 1∶1,再加入水、搅拌、乳化得到紫外线固化水性聚氨酯丙烯酸酯涂料树脂,固含量≥75%。

(3) 性能分析 外观微黄透明,固含量在 80% 左右;光固化速率约为 30m/min (UV 光源:4.5kW×3,光源与涂层光固距离 20cm);水溶性很好,可以与水任意比例混合透明 (检测方法 Q/STND2—2006);柔韧性很好,正面 90° 折合及背面 180° 折合 10 次以上而不会出现裂痕 (检测方法 Q/STND1—2005);储存时间在 6 个月以上。

6.3.3 复合型紫外线固化水性木器漆涂料[20]

(1) 主要组分 水性常温自干树脂 45%~65%;水性紫外线固化树脂 30%~50%;增稠剂 0.1%~0.3%;光引发剂 0.5%~1%;水 1%~5%。

其中,所说的水性常温自干树脂为水性丙烯酸酯共聚物乳液或水性聚氨酯分散体,其主要作用是帮助漆膜实现表面自干,并降低成本。技术要求:固含量 30%~50%,可采用德国 ALBERDINGK 公司的 AC2514;水性紫外线固化树脂为水性紫外线固化聚酯型丙烯酸酯与脂肪族异氰酸酯的聚氨酯乳液或分散体,可采用 BAYER 公司的 UV2282;增稠剂为缔合型聚氨酯增稠剂中的一种或两种,其化学组分大致为缔合型聚氨酯,可采用德国明凌公司的 PUR40;光引发剂为 2-羟基-2-甲基-1-苯基-1-丙酮,如常州华钛公司的 RUNTECURE1103;润湿剂为聚硅氧烷-聚醚共聚物,可采用 TEGO 公司的牌号为 TEGO245 的产品。

(2) 制备方法 首先将水性常温自干树脂和水性紫外线固化树脂混合,然后在搅拌下加入消泡剂、光引发剂,搅拌分散;然后加入增稠剂、润湿剂和水,搅拌分散,再加入增稠剂调整黏度至 60~80KU/25℃ 即获得产品。

(3) 性能分析 环保,几乎无味;可直接用水稀释;通过先自干再紫外线固化的技术,提高了干燥速率,性能好;成本较一般紫外线固化水性木器漆低。

6.4　抗菌型水性聚氨酯涂料

目前，杀菌型水性聚氨酯的合成方法有三种：一是引入杀菌单体，如吡啶、三丹油等，利用其结构上的活泼氢与异氰酸酯反应而将杀菌性基团接入聚氨酯分子链上；二是利用季铵盐本身的杀菌功能，合成含季铵盐的阳离子型水性聚氨酯；三是掺入纳米粒子[21]，如纳米二氧化硅、二氧化钛，将其引入聚氨酯结构中，利用纳米粒子特有的自清洁抗菌性能，合成抗菌型水性聚氨酯涂料。

从使用方面来看，目前杀菌型水性聚氨酯涂料主要用于敏感处，如电话机、电脑键盘、鼠标器、电梯按钮、电器开关等触摸频繁的共用物品；冰箱内衬、儿童玩具、饮水机、食品包装、文具、供水管道等日用品以及其他对清洁度有特殊要求的环境与部件。

6.4.1　具有杀菌抑菌净化空气功能的水性木器漆[22]

(1) 主要原料

① A 组分（质量分数）：成膜助剂 5.5%～8.0%；分散剂 0.3%～0.5%；润湿剂 0.2%～0.4%；助溶剂 0.8%～1.2%；纯水 2.0%～3.0%；流平剂 0.2%～0.5%；增稠剂 0.1%～0.2%；表面活性剂 0.1%～0.2%；消泡剂 0.2%～0.5%；纳米二氧化硅和纳米二氧化钛的混合物 1.2%～1.5%。

② B 组分：水性聚氨酯乳液 75.0%～85.0%；水性蜡乳液 4.0%～5.0%。

(2) 制备方法

① 将 A 部分中的成膜助剂、分散剂、润湿剂、助溶剂、纯水、流平剂、增稠剂、表面活性剂、消泡剂、纳米二氧化硅和纳米二氧化钛的混合物在分散机中高速分散，分散机转速为 1500～2000r/min，分散时间为 40～60min。

② 将 B 部分中的水性蜡乳液在搅拌状态下缓慢加入水性聚氨酯中，在搅拌机中搅拌混合均匀，搅拌机转速为 200～400r/min，时间为 30min。

③ 将经步骤①获得的产物在搅拌状态下缓慢加入步骤②的产物中，在搅拌机搅拌混合，搅拌机转速为 200～400r/min，时间为 30～40min。

④ 产物过筛，即得产品。

(3) 性能分析
经试验，该水性木器漆具有良好的杀菌抑菌功能，对大肠杆菌、金黄色葡萄球菌的杀菌效果可达到 99%，对空气中的甲醛、氨气、苯等有害气体的转化率可达 90%，漆膜的硬度为 2.5H。

6.4.2　三丹油型抗菌水性聚氨酯[23]

(1) 主要原料
异佛尔酮二异氰酸酯（IPDI）；聚醚 N-210（$M_n=1000$）；一缩二乙二醇（DEG）；二羟甲基丙酸（DMPA）；三丹油（TNO）；二月桂酸二丁基

锡（T-12）；辛酸亚锡（T-9）；邻苯二甲酸二丁酯（DBP）作为溶剂，配成 3% 溶液使用；三乙胺（TEA）。

（2）制备方法　在干燥氮气保护下，将真空脱水后的聚醚 N-210 与 IPDI 按计量加入三口烧瓶中，混合均匀后升温至 90℃ 左右反应 2h 再加入适量 DMPA 反应 1h，最后加入扩链剂 DEG，经脱水处理过的 TNO、丙酮和几滴催化剂 T-9、T-12，60℃ 左右反应 4～6h 后，冷却至 30℃ 出料，将预聚物用三乙胺（TEA）中和后进行高速乳化，得到产品。

（3）性能分析　有机抗菌小分子 TNO 通过化学反应与 PU 连在一起，使得 PU 具有抗菌功能，比传统的通过物理混合添加抗菌剂更长效；并且由于 TNO 作为一种交联剂，使 PU 的力学性能和热学性能都有所提高。

6.4.3　季铵盐型抗菌水性聚氨酯[24]

（1）主要原料　聚醚多元醇（N-210）；异佛尔酮二异氰酸酯（IPDI）；一缩二乙二醇（DEG）；二月桂酸二丁基锡（T-12）；辛酸亚锡（T-9）；三乙胺（TEA）；N-甲基二乙醇胺（MDEA）；丙酮；冰醋酸。

（2）制备方法　将真空脱水后的 N-210 与 IPDI 按计量加入三口烧瓶中，混合均匀后升温至 85℃ 左右，反应 2h；然后加入适量的扩链剂 DEG，将温度控制在 70℃ 左右反应 3h；随后加入适量的亲水性扩链剂 MDEA、丙酮和几滴催化剂（T-12 和 T-9），温度控制在 40℃ 左右，约 1h 反应结束。出料，将预聚体用适量的冰醋酸中和后加水进行高速乳化得到乳液。

（3）性能分析　季铵盐型 PU 具有显著的抗菌效果，并且不需要再添加任何抗菌剂，因而不会破坏聚氨酯本身的结构，为其在日常生活中的应用提供了空间；但它存在着容易变黄、力学性能不如三丹油型抗菌水性聚氨酯等缺点。

参 考 文 献

[1] 杨建军，张建安，吴庆云，等. 功能型水性聚氨酯涂料的设计与应用最新进展 [J]. 涂料工业，2011，41（3）：70-74.

[2] 尚倩倩，刘虎，肖国民. 功能性水性聚氨酯涂料的研究进展 [J]. 化工时刊，2009，23（10）：60-65.

[3] 王锦成，陈月辉. 新型聚氨酯防火涂料的阻燃机理 [J]. 高分子材料科学与工程，2004，20（4）：168-172.

[4] 杨伟平，戴震，许戈文. 聚氨酯阻燃的研究进展 [J]. 聚氨酯，2010，（4）：66-70.

[5] 袁开军，江治，李疏芬，等. 聚氨酯的阻燃性机理研究进展 [J]. 高分子材料科学与工程，2006，22（5）：1-4.

[6] 陈鹤，罗运军，柴春鹏，等. 阻燃水性聚氨酯研究进展 [J]. 高分子材料科学与工程，2009，25（6）：171-174.

[7] 赵哲，张鹏，夏祖西，等. 阻燃聚氨酯软泡的研究进展 [J]. 应用化工，2008，37（5）：565-567，572.

[8] 王升文，秋银香. 阻燃剂的研究现状和进展 [J]. 工程技术，2008，5（1）：41-43.

[9] 肖凯. 部分无机阻燃剂概述 [J]. 大众商务，2009（1）：102.

[10] 孟现燕，唐建华，叶玲，等. 聚氨酯泡沫塑料阻燃研究现状 [J]. 化学工程与装备，2008 (5)：63-67.

[11] 王焕. 环保型聚氨酯的合成及阻燃性能研究 [D]. 安徽大学硕士学位论文，2012，4.

[12] 王萃萃. 无卤阻燃水性聚氨酯的研究 [D]. 安徽大学硕士学位论文，2011，4.

[13] 王昭，张先正，洪本飞. 含有氢氧化镁的阻燃涂料 [P]：中国，CN101148560A. 2008，3，26.

[14] 张威，卢敏，许戈文. 导电型聚氨酯研究进展 [J]. 聚氨酯，2011，(8)：64-67.

[15] 董其兴. 水性聚氨酯氟硅改性高分子导电乳液 [P]：中国，CN1970626A. 2007，5，30.

[16] 施铭德，曾福生，周春爱. 一种导静电防腐涂料及其制备方法 [P]：中国，CN101508870A. 2009，8，19.

[17] 李学成，丁基哲，李佳怡. 透明导电纳米隔热复合涂料 [P]：中国，CN101240144A. 2008，8，13.

[18] 胡和丰，俞鸣明，万梅，等. 扩链法制备双阴离子型水性光固化聚氨酯树脂的方法 [P]：中国，CN101544741A. 2009，9，30.

[19] 刘晓暄，吴光国，段伦永，等. 紫外光固化水性聚氨酯丙烯酸酯涂料树脂及其制备方法 [P]：中国，CN1869139A. 2006，11，29.

[20] 叶荣森，伍忠岳. 复合型紫外光固化水性木器涂料及其生产方法 [P]：中国，CN101633813A. 2010，1，27.

[21] 刘红波. 纳米材料在涂料中的应用进展 [J]. 中国涂料，2010，25 (2)：25-28.

[22] 董善刚，刘永屏. 具有杀菌抑菌净化空气功能的水性木器漆 [P]：中国，CN1644639A. 2005，7，27.

[23] 钟达飞，谢伟，鲍俊杰，等. 抗菌水性聚氨酯的合成及其性能研究 [J]. 涂料工业，2007，37 (9)：37-39.

[24] 詹媛媛，李莉，钟达飞，等. 两种抗菌型水性聚氨酯-季铵盐型与三丹油型的比较 [J]. 中国胶黏剂，2008，17 (7)：20-23.

第7章

水性聚氨酯防腐涂料

在科技迅速发展的今天，涂料的意义和应用范围已被极大地丰富和演绎，得益于制造技术和测定方法的进步以及人们对新材料和新功能的追求，涂料越来越被功能化。防腐涂料作为主要功能涂料之一，被广泛地应用于石油、化工、电力、船舶、桥梁、冶金、公路交通、水利、食品、医药、航空航天、国防、燃气、供水等各行各业。

腐蚀是指金属、混凝土、木材等物体受周围环境介质的化学作用或电化学作用而损坏的现象[1]。腐蚀过程是热力学自发过程，是不可逆转的。腐蚀会显著降低材料的强度、塑性、韧性等力学性能，破坏构件的几何形状，增加零件间的磨损，恶化电学和光学等物理性能，缩短设备的使用寿命，甚至造成火灾、爆炸等灾难性事故。据国内外调查数据显示，因腐蚀造成的损失约占一个国家当年国内生产总值（GDP）的 3%～5%。目前国际上研究腐蚀问题的重点对象是现今被应用量最大、同时最易受到腐蚀的材料——金属材料。美国、日本、加拿大等国公布的报告显示，腐蚀生锈的钢铁约占钢铁年产量的 20%，而在我国，2010 年国民经济总值为397983 亿元人民币，每年因腐蚀而引起的损失约 10000 亿元人民币。因此，腐蚀问题，不容小视。科学研究表明，如果采取积极科学的防腐蚀技术和措施，每年至少可减少 30% 的腐蚀损失。防腐涂料是目前实际应用的众多防腐措施中兼顾了简便性、有效性和经济性的防腐措施之一，从而防腐涂料在金属防腐研究中具有重大意义和应用价值。

7.1 防腐涂料的发展

早在欧洲工业革命时期就出现了亚麻油红丹漆及锌白瓷漆等原始的调和漆，并相继应用于机械、火车、轮船、电机等领域的防护。20 世纪 30 年代，具有优良耐候性的醇酸瓷漆问世，它既可刷涂于户外建筑，也可喷涂作为车辆的烘烤瓷漆，起到装饰和保护作用。第二次世界大战后，锌铬黄防锈底漆、磷化底漆、氯化橡胶漆、氯乙烯/醋酸乙烯共聚体涂料陆续问世。20 世纪 50 年代，随着环氧树脂和聚氨酯树脂的问世，对提高防腐蚀涂料的性能起了很大作用，同时还发展了富锌底漆、丙烯酸涂料。20 世纪 60 年代出现了阳极电沉积漆，使流水线上产品的底漆发生了很大的改变。20 世纪 70 年代出现了阴极电沉积漆，其防腐蚀性大大超过阳极电沉积漆。20 世纪 90 年代开始，新一代防腐涂料体系陆续占据了市场研究和应用的主流，其中包括水性环氧涂料、水性丙烯酸涂料、水性无机硅酸富锌涂料、聚硅氧烷涂料、粉末涂料、氟碳涂料、聚脲涂料、鳞片涂料、导电聚苯胺涂料以及钛纳米聚合物涂料等。此时人们也开始更关心环境保护，关心涂料的污染和毒性，逐步发展了粉末涂料、水性涂料等[1]。

我国古代就有用生漆保护木器的方法。自 20 世纪六七十年代中国防腐蚀产业形成以来，防腐涂料在现代工业中发挥着不可或缺的重要作用，它已成为船舶、交通、石化、电力、建筑等行业建造材料的重要组成部分，并保护其他材料免受严苛使用环境的侵蚀。我国防腐蚀涂料大致经历了三个时期，第一个时期多以油基树脂、酚醛树脂以及醇酸树脂涂料为主；第二个时期以合成树脂，包括酚醛、醇酸、环氧、氯化橡胶、乙烯树脂等为主；目前处于第三个时期，以新型合成树脂替代沿用树脂，并对所用颜料、填料、助剂和溶剂等均有新的要求。最近几年，国内防腐蚀产业取得了不小进展，防腐蚀涂料产品种类增多，产量和性能也都大幅度提高。据资料显示，2010 年我国防腐涂料应用数量已超过 220 万吨，防腐涂料产量和使用量已达到世界第一水平，其国内市场规模已居于第二位，仅次于建筑涂料，国内市场价值排名第一[2]。

目前，在现有的涂料防腐、金属表面处理、耐腐蚀材料、防锈油、缓蚀剂、电化学保护等防腐措施中，由于防腐涂料具有隔离屏蔽、钝化缓蚀、电化学保护等作用，而且施工简单，成本及操作费用低，成为最广泛、最经济实惠、最方便的方法之一，并且还可与其他防腐方法联合使用。传统防腐涂料品种有：聚氨酯型防腐涂料、环氧树脂型防腐涂料、煤焦沥青涂料、氯化聚烯烃防腐涂料、酚醛树脂型防腐涂料以及干性植物油（如亚麻油等）、醇酸树脂漆、丙烯酸树脂漆、生漆等。在众多的防腐涂料中，聚氨酯型防腐涂料是继醇酸树脂涂料之后的最通用品种，与醇酸树脂相比，聚氨酯树脂涂料具有优异而全面的性能。聚氨酯涂料已经广泛用于桥梁、石油储罐、化工设备、路桥工程等重防腐涂料。聚氨酯防腐涂料的种类很多，比如：聚氨酯粉末涂料、水性聚氨酯涂料、高固体分聚氨酯涂料、聚脲弹性体涂料、聚氨酯-烯烃类聚合物互穿网络防腐蚀涂料、含氟聚氨酯涂料、有机硅聚氨酯涂料等。随着各国环保法规对 VOC 的限制以及人们对环保的重视，水性聚氨酯涂料得到了快速的发展，"十二五"期间，国家将大力发展以水性涂料为代表的环境友好型涂料[3]。

7.2 水性聚氨酯防腐涂料

水性聚氨酯涂料是以水性聚氨酯树脂为基料，用水、颜料、助剂等配制而成[4]。水性聚氨酯涂料，不仅无毒无污染、不易燃烧、成本低、不易损伤被涂饰表面、易于清理，而且由于其自身分子结构带来的优异的耐溶剂性、耐气候性和防腐蚀性能等特点，使它在涂料中得到了很广泛的应用，尤其是在防腐蚀涂料中的应用。防腐蚀水性聚氨酯可低温固化，并且具有突出的耐油、耐盐水、耐磨、抗冲击、抗应变等性能，是一类具有优异的综合性能和良好发展前景的防腐涂料基料[5]。水性聚氨酯防腐涂料可分为单组分水性聚氨酯防腐涂料和双组分水性聚氨酯防腐涂料，而往往单一的水性聚氨酯涂料难以满足较高程度的耐腐蚀要求，改性水性聚氨酯防腐涂料的研究受到了广泛的重视。

7.2.1 水性聚氨酯防腐涂料防腐机理[6,7]

当基体发生腐蚀反应时，涂层对腐蚀介质具备化学惰性，对基体起到屏蔽保护作用，并且可以起到抑制化学、电化学的反应。

(1) 涂膜的屏蔽隔离作用 防腐涂料在被涂基体表面固化后形成涂层，使基体和环境达到隔离的状态而免受环境的腐蚀，这就是涂层的屏蔽隔离作用。金属界面存在水、氧气等，并且离子可以流通是金属发生腐蚀的最主要条件。因此，要防止金属发生腐蚀，就要求涂层具有屏蔽隔绝作用，能阻挡水、氧气等从外界环境渗透过涂层而到达金属界面。在涂料中加入的玻璃鳞片、铝粉等无机颜料可以增强涂膜的屏蔽隔离作用。

(2) 涂膜的缓蚀、钝化作用 防腐蚀涂层中通常含有缓蚀、钝化作用的化学型防锈颜料，与金属表面发生作用，例如钝化作用、磷化作用等，产生新的表面膜层，即钝化膜、磷化膜。这些薄膜的电极电位较原金属为正，使金属表面部分或全部避免了成为阳极的可能性。同时，由于薄膜上存在许多微孔，便于成膜物质的附着，可以阻止锈蚀在涂膜被破坏的方向外扩展。当有微量水存在时，颜料就会从涂层中离解出具有缓蚀功能的离子，通过各种机理使腐蚀电池的电极极化，抑制腐蚀进行。

(3) 电化学保护作用 通过在涂料中添加一些电位比基体金属活泼的金属作为填料，当电解质渗入涂层到达金属基体时，金属基体与电负性金属填料形成腐蚀电池，填料作为阳极首先发生溶解，达到保护基体的作用，这就是所谓的牺牲阳极保护阴极，这类涂料称为牺牲型涂料。如富锌防腐涂料中的锌粉则起到牺牲阳极的作用。

7.2.2 单组分水性聚氨酯防腐涂料

单组分水性聚氨酯涂料是应用最早的水性聚氨酯涂料，其最大优点是以水为分散介质，作为涂料使用时不含液体有机填料，在成膜过程中只是水分挥发到环境中，符合环保的要求，且施工简单[8]。最初使用的单组分水性聚氨酯涂料是用一些热塑性并带有一定数量亲水基的线型高分子为成膜物，耐化学性和耐溶剂性不良，涂膜硬度、表面光泽度和鲜艳性较低[9]。交联是提高水性聚氨酯分散体性能最直接、最有效的方法之一[10]。通过交联改性可以有效提高聚合物的交联密度并增大聚合物的相对分子质量，得到的单组分水性聚氨酯涂料具有与传统溶剂型聚氨酯涂料相近的力学性能、耐化学品性、耐水性和耐溶剂性以及耐老化性能。通常可以通过加入三官能团反应单体如多元醇、多元胺扩链剂和多异氰酸酯等作为前交联剂，合成具有交联结构的水性聚氨酯分散体；或者加入室温固化型后交联剂如三聚氰胺、氮吡啶、环氧硅烷、碳化二亚胺、甲亚胺或者水分散的多异氰酸酯等来达到交联改性的效果[11]；亦可采用辐射引发活性低聚物体系产生交联固化，目前以紫外线固化形式为主[12,13]。

凌芳[14]利用亚麻酸、新戊二醇以及三羟甲基丙烷和间苯二甲酸等原料自制脂肪酸聚酯二元醇，IPDI和HMDI三聚体，DMPA等开发了一种单组分氧化自交联水性聚氨酯分散体，并与水性成膜助剂、流平剂等相关助剂配成单组分水性聚氨酯清漆和色漆。将含不饱和键的植物油或其脂肪酸引入活性氢组分分子链中，由金属催干剂来催化自交联。该涂膜外观平整，光泽度好，硬度高，韧性好，具有优异的户外耐久性、耐污、耐刮擦性及耐化学腐蚀性，各项指标达到或超过传统的溶剂型聚氨酯涂料，可应用于内用/外用防腐涂料。随着单组分水性聚氨酯涂料的不断发展，性能的逐步提高，使其在防腐领域得到了应用。

万婷等[15]以水性聚氨酯为基料，加入磷酸锌、三聚磷酸铝防腐剂和助剂合成水性防腐蚀涂料。改变涂料配方中颜填料和基料的质量比（P/B），在不锈钢板上制得涂层样品，通过极化曲线和电化学阻抗测试，比较了不同P/B样品的腐蚀性能。试验结果表明，涂料配方中P/B=0.8和1.5时涂层综合性能较好。不同P/B水性聚氨酯防腐蚀涂料的常规性能如表7-1所示。但是，单组分水性聚氨酯涂料由于其本身的缺陷，使得其在防腐应用中具有一定的局限性，多通过改性的方法提高其防腐性能。

表7-1　不同P/B水性聚氨酯防腐蚀涂料的常规性能

性能	P/B=2	P/B=1.5	P/B=1	P/B=0.8
表干时间/h	1	1	1	1.5
实干时间/h	8	8	9	10
附着力/级	1	1	1	1
耐冲击性/cm	<120	<120	120	120
柔韧性/mm	2	1	1	1
细度/μm	60	50	50	45
耐盐水(3%,20d)	起泡	无变化	黑点	无变化

拜耳公司[16]采用水性聚氨酯分散体BayhydrolUH245作为主要树脂，配用水性防锈颜料和相关助剂，开发了具有优异的耐盐雾性和早期耐水性的单组分水性聚氨酯防腐蚀涂料，满足中等防腐要求，而且使用复合防锈颜料体系，可以提高该涂料的防腐效果。涂料配方、性能分别如表7-2、表7-3所示。各种颜填料，特别是防锈颜料对水性防腐蚀涂料的耐盐雾性起到关键作用。添加剂的pH值对水性聚氨

酯分散体的稳定性影响较大，所以颜填料的酸碱性质需要考虑，由于 Bayhydrol UH245 配制的涂料在碱性条件下更加稳定，所以优先选用中性和弱碱性颜填料。超细滑石粉可以增加对金属底材的附着力和提高涂料的防沉性；三聚磷酸铝与氧化锌配用可以提高涂料的防腐蚀性。因为 Bayhydrol UH245 配制的涂料耐冲击性能较差，所以为了提高耐冲击性，选用了拜耳公司的弹性水性聚氨酯 Bayhydrol UH240 并用，试验结果见表 7-4。当 Bayhydrol UH240 的用量在 15％时，耐冲击性显著提高，而对附着力和耐盐雾性没有明显影响，涂料的摆杆硬度稍降。

表 7-2　水性聚氨酯防腐涂料（白色，底面合一漆）配方

原　料	质量分数/％	备　注
Bayhydrol UH245	30.00	改性聚氨酯树脂
SER-AD FA379	0.20	缓蚀剂
Airex 901W	0.05	消泡剂
Surfynol 104BC	0.50	润湿剂
去离子水	7.00	
20％三乙胺水溶液	0.75	中和剂
防锈颜料 1	12.50	
防锈颜料 2	1.25	
去离子水	3.00	
20％ 三乙胺水溶液	0.75	中和剂
Ti-pure R960	10.00	钛白粉
滑石粉（1250 目）	4.00	填料
Aerosil R972	0.50	防沉剂
BYK 024	0.20	消泡剂
Bayhydrol UH245	28.90	改性聚氨酯树脂
Acrysol RM-8W	0.40	增稠剂
总计	100.00	

表 7-3　水性单组分聚氨酯防腐涂料的性能

检测项目	检测结果
摆杆硬度	0.38
附着力（划格 1mm，钢板）/级	0～1
耐冲击性/cm	<20
柔韧性/mm	≤2
表干时间（T_1）/min	22
实干时间（T_3）/min	35
耐盐雾性（358h，干膜 42μm）	腐蚀<3mm
耐盐水性（5％ NaCl，常温，10d，干膜 40μm）	漆膜轻微变色，无泡
早期耐水性（干燥 24h 后，7d）	漆膜轻微变色，无泡
耐二甲苯性（1min）	2
耐碱性（5％ NaOH，1h）	5
耐酸性（5％ H_2SO_4，1h）	2

注：0＝无痕迹；1＝试验印迹可见，漆膜仍坚硬；2＝试验印迹可见，漆膜轻微变软；3＝漆膜有轻微变化（起泡，起皱）；4＝漆膜有明显的起泡、起皱现象；5＝漆膜损坏。

表 7-4　Bayhydrol UH240 用量对耐冲击性的影响

检测项目	$m_{\text{Bayhydrol UH240}}/m_{\text{Bayhydrol UH245}}$（固体/固体）			
	0	5%	10%	15%
附着力（划格 1mm，钢板）/级	0～1	0～1	0～1	0～1
耐冲击性（50cm）	失效	失效	失效	通过
耐盐雾性（300h，干膜 40～45μm）	—	—	—	腐蚀<3mm
摆杆硬度	0.38	0.35	0.35	0.32

7.2.3　双组分水性聚氨酯防腐涂料

双组分水性聚氨酯涂料是一种新的环境友好型涂料，它主要由含羟基的水性多元醇和含异氰酸酯基的固化剂组成[17]。由于双组分水性聚氨酯涂料以水为介质，并将双组分溶剂型涂料的高性能和水性涂料的低 VOC 含量结合起来，因此，近年来水性双组分聚氨酯涂料的研究开发变得十分活跃[18]。双组分水性聚氨酯涂料正成为水性防腐涂料中的佼佼者，不但有优异的物理性能，而且具有优异的耐老化、耐强酸、耐强碱、耐盐雾（>480h）、耐盐水（>480h）、耐油等化学性能。

C. A. Hawkins 等[19]以水性环氧富锌为底漆，以相同的树脂制备中间漆，以乳液型丙烯酸多元醇为基础制备的双组分水性聚氨酯为面漆制备了三涂层防腐体系。这种水性三涂层体系提供了优异的防腐蚀性能。在盐雾老化 3700h 后，涂覆在喷砂钢板上的此涂层仅有轻微的腐蚀，并且具有同溶剂型相类似的性能。其耐化学品性能的测试显示这一体系适于水下使用。

朱德勇[20]以德国 BASF 羟基丙烯酸乳液（LuhydranS937T）和水性 HDI 型固化剂（BasonatHW160P C）为基料，配合无毒高效的防锈颜料、水性缓蚀剂，配制成性能优越的水性重防腐涂料。双组分水性聚氨酯防腐涂料配方详见表 7-5。具体性能详见表 7-6。检测结果表明水性双组分聚氨酯防腐涂料的性能优越，可以达到大部分的溶剂型防腐涂料的性能。

表 7-5　双组分水性聚氨酯防腐涂料配方

原料名称	质量分数/%
主漆 A（含羟基组分）	
Luhydran S937T①	400
DM EA （11 在水中）	8
FuC2030（分散剂）	3
DC65（消泡剂）	0.5
润湿剂	5
防沉剂	1
金红石钛白粉	52.5
硫酸钡	87.5
三聚磷酸铝	50～100

续表

原料名称	质量分数/%
改性磷酸锌	50～100
TEGO 822（消泡剂）	0.8
二乙二醇丁醚醋酸酯	15
水	60
固化剂 B（NCO 组分）	
水性自乳化 HDI 型固化剂 Basonat HW160PC②	

① 为德国 BASF 羟基丙烯酸乳液。

② 为德国 BASF 水性自乳化脂肪族异氰酸酯（HDI）。

表 7-6　双组分水性聚氨酯重防腐涂料的性能

检测项目	检测结果
耐汽油性①（90#，7d）	轻微变色（合格）
耐碱性①（5% NaOH，7d）	无变化
耐酸性①（5% H_2SO_4，7d）	很轻微变色（合格）
耐盐水性①（5% NaCl，7d）	无变化
耐盐雾性①（3% NaCl）	240h 漆膜无变化
耐沾污性①（5 次循环）/%	1
铅笔硬度①	2H
附着力①（划格 1mm）/级	1
耐冲击性①/cm	50
柔韧性①/cm	2
耐盐水性②（5% NaCl，20d）	无变化
耐盐雾性②（3% NaCl）	480h 漆膜无变化
QUV②（1000h）	变色 0 级、粉化 0 级

① 为国家涂料质量监督检验中心结果。

② 为 BASF 亚太技术中心实验室检测结果。

　　王从国[21]以拜耳公司生产的水性聚氨酯为原料研制了金属用水性双组分聚氨酯涂料，研究了有关助剂对涂料性能的影响。水性双组分聚氨酯金属涂料清漆基础配方见表 7-7。

表 7-7　水性双组分聚氨酯金属涂料清漆基础配方

原料	质量分数/%	原料	质量分数/%
多元醇树脂 1	30.0～60.0	消泡剂	0.2～1.0
多元醇树脂 2	13.0～30.0	防冻剂	1.0～3.5
去离子水	2.0～12.0	防腐剂	0.1～0.3
成膜助剂	3.0～12.0	pH 调节剂	3.0～10.0
润湿剂	0.1～0.8	增稠剂	0.8～5.0
流平剂	0.1～0.8	其他助剂	1.0～4.0

　　固化剂采用两种固化剂复配，固化剂 1/固化剂 2 为 8/1，并用适量的溶剂稀释至合适黏度。水性双组分银色聚氨酯金属涂料的涂膜性能检测结果见表 7-8。

表 7-8　水性双组分银色聚氨酯金属涂料的涂膜性能检测结果

检验项目	技术指标	实测结果	检测标准或方法
铅笔硬度	≥2H	2H	GB/T 6739—2006
附着力	≥1 级	≥1 级	旋转钢针划痕
流平性	无明显橘皮	无明显橘皮	目测
平膜厚度	10～15μm	12μm	GB/T 13452.2—2008
耐醇性	无发白、变色、软化等不良现象	合格	用棉布包 500g 砝码蘸 95%乙醇溶液来回擦拭 50 次
耐高温高湿性	无变色、起泡等异常现象，附着力≤1 级	合格	55℃，93% 湿度，120h。晾干 1h 后用胶带粘接 5 次
耐盐水(5%氯化钠,24h)	无异常	合格	GB/T 9274—1988
耐冷热循环	无异常现象,附着力≤1 级	合格	−20℃,2h ⟷60℃,2h,10 次循环
耐 QUV(100h)	无明显变色.无起泡,ΔE≤3	合格 ΔE＝0.4	ISO 4892-3:1994
耐磨耗性	100 个循环以上	100 个循环以上无露底	使用砂质橡胶作摩擦,W＝19.6N 显露底材次数
不黏着性	无痕迹	无痕迹	发泡聚乙烯,W＝4.9N(0.5kgf),50℃,48h
VOC	≤200g/L	135g/L	EPA24

注：底材为马口铁板。

陈建国[22]等发明了一种水性双组分聚氨酯防腐涂料，该涂料是由水性羟基丙烯酸分散体（A-145 乳液，拜耳公司）、改性树脂（部分甲基化三聚氰胺甲醛树脂，氰特公司）、颜料、助剂和水配制而成的漆料，由亲水性脂肪族异氰酸酯（304，拜耳公司）、十二酯醇和丙二醇甲醚醋酸酯组成的固化剂两部分组成，漆料（甲组分）和固化剂（乙组分）的详细配方分别如表 7-9 和表 7-10 所示，其耐腐蚀等性能见表 7-11。

表 7-9　漆料组成物及其配比

原料名称	配方 1	配方 2	配方 3	配方 4	配方 5	配方 6
水/g	40.5	59.5	121.6	115.8	45.0	41.0
A-145 乳液①/g	690.0	595.0	500.0	450.0	680.0	680.0
改性树脂/g	20.0	20.0	30.0	20.0	20.0	20.0
金红石型钛白粉/g	180.0	180.0	265.0	180.0	180.0	180.0
氧化铁黄浆/g	—	—	—	—	—	—
氧化铁红浆/g	—	—	—	—	—	—
炭黑浆/g	1.0	1.0	1.4	1.2	1.0	1.0
沉淀硫酸钡/g	—	43.5	—	—	—	—
重质碳酸钙/g	—	—	—	60.0	—	—
滑石粉/g	—	28.0	—	55.0	—	—
高岭土/g	—	—	—	35.0	—	—
分散剂/g	7.0	10.0	9.0	11.0	7.0	10.0
消泡剂/g	3.0	4.0	4.0	5.0	3.0	4.0
pH 值调节剂/g	2.5	3.0	4.5	5.0	2.5	2.5
润湿剂/g	1.0	1.0	1.5	1.5	1.5	1.5
流平剂/g	1.5	1.5	1.5	1.5	1.5	1.5

原料名称	配方1	配方2	配方3	配方4	配方5	配方6
闪锈抑制剂/g	2.0	2.0	2.0	2.5	2.0	2.0
罐内防腐剂/g	0.5	0.5	0.5	1.0	0.5	0.5
漆膜防霉剂/g	1.0	1.0	1.0	1.0	1.0	1.0
成膜助剂/g	35.0	32.0	30.0	25.0	40.0	40.0
防冻剂/g	3.0	3.0	3.0	3.0	3.0	3.0
增稠剂/g	12.0	15.0	25.0	25.0	12.0	12.0
合计	1000.0	1000.0	1000.0	1000.0	1000.0	1000.0

① A-145乳液（水性自乳化丙烯酸酯分散体）的固含量为（45±2）%，—OH含量约为3.3%。

表7-10 固化剂组成物及其配方

原料名称	配方1	配方2	配方3	配方4	配方5	配方6
304/g	203.0	176.0	152.0	138.0	203.0	185.0
十二酯醇/g	26.0	22.0	19.0	17.5	26.0	23.2
丙二醇甲醚醋酸酯/g	26.0	22.0	19.0	17.5	26.0	23.1
合计/g	255.0	220.0	190.0	173.0	255.0	231.3

表7-11 水性双组分聚氨酯防腐涂料的性能

检验项目		配方1	配方2	配方3	配方4	配方5	配方6
漆膜外观		浅灰色、正常	浅灰色、正常	浅灰色、正常	浅灰色、正常	浅灰色、正常	浅灰色、正常
表干时间/h		≤0.5	≤0.5	≤0.5	≤0.5	≤0.5	≤0.5
实干时间/h		24	24	24	24	24	24
附着力（划圈法）		1	1	1	1	1	1
柔韧性/mm		1	1	1	1	1	1
耐冲击性/cm		50	50	50	50	50	50
耐水性(144h)		无异常	无异常	无异常	无异常	无异常	无异常
耐5% H_2SO_4 溶液(144h)		无异常	无异常	无异常	无异常	无异常	无异常
耐5% NaOH 溶液(144h)		无异常	无异常	无异常	无异常	无异常	无异常
耐90#汽油		无异常	无异常	无异常	无异常	无异常	无异常
耐120#汽油		无异常	无异常	无异常	无异常	无异常	无异常
耐0#汽油		无异常	无异常	无异常	无异常	无异常	无异常
低温稳定性		不变质	不变质	不变质	不变质	不变质	不变质
耐沾污性（白色和浅色）/%		2	2	3	2	2	3
人工加速老化(1000h)		通过	通过	通过	通过	通过	通过
天然暴晒12个月（江苏常州地区）	变色/级	1	1	1	2	1	2
	粉化/级	0	0	0	0	0	0
	沾污/级	1	1	1	1	1	1

从表7-11可以看出，此水性双组分聚氨酯防腐涂料的人工加速老化指标达到1000h以上，超过行业标准 HG/T 3656—1999《钢结构桥梁》中规定长效面漆人工加速800h的指标要求，涂料漆膜常规性能指标也同样达到溶剂型聚氨酯涂料的技术要求，而且其防腐性能能够满足一般要求。

李幕英等[23]以进口水性聚氨酯树脂和异氰酸酯固化剂为主要原料，制备了一种水性双组分聚氨酯防锈涂料。其主要配方如表7-12所示。

表7-12　水性双组分聚氨酯防锈涂料配方

组分	序号	原材料	质量分数/%
A组分	1	水	10~15
	2	消泡剂	0.2~0.4
	3	脱泡剂	0.1~0.4
	4	pH值调节剂	0.2~0.4
	5	分散剂	0.3~1.0
	6	润湿剂	0.2~0.5
	7	炭黑	0.5~1.0
	8	铁黑	5~10
B组分	9	防锈颜料	10~15
	10	水性聚氨酯分散体	65~75
	11	成膜助剂	2~3
	12	基材润湿剂	0.1~0.5
	13	防闪锈剂	0.5~1.0
	14	增稠剂	0.3~0.8
	15	异氰酸酯固化剂	5~7

按以上配方称取相应的原料1~8，中速搅拌15min，然后研磨至细度≤25μm；再加入乳液、成膜助剂等，搅拌10min；最后用增稠剂增稠，用200目滤布过滤，便制得水性双组分聚氨酯防锈涂料A组分。由此A组分和计量的B组分进行喷涂制得防锈涂层，该涂层性能测试结果见表7-13。

表7-13　水性双组分聚氨酯防锈涂料性能测试结果

检测项目		企业标准	检测结果
细度/μm		≤30	25
干燥时间	表干/min	≤30	30
	实干/h	≤24	24
铅笔硬度		≥B	2H
附着力/级		≤1	1
柔韧性/mm		≤2	1
耐冲击性/cm		≥50	50
耐水性/h		48h无异常	120
耐盐水(3%NaCl)/h		48h无异常	120
耐盐雾性/h		120不起泡、不生锈	无异常

7.2.4　水性聚氨酯防腐涂料中各种组分的选择

多元醇、固化剂以及填料和助剂等对双组分水性聚氨酯防腐涂料的性能均有较大程度的影响[24]。

7.2.4.1 多元醇树脂的选择

涂料的性能主要取决于树脂，双组分水性聚氨酯涂料 A 组分的水性多元醇树脂的选择对涂料的附着力、干燥性能、光泽、硬度、施工性能等都有很大的影响。水性多元醇的种类及制备方法较多，可分为乳液型和分散体型，分散体型多元醇又可分为聚酯、聚醚、聚氨酯、聚丙烯酸酯以及它们的杂合体等[25]。

含羟基聚丙烯酸酯乳液具有高的相对分子质量，本身可以成膜，在室温下表干速度比较快。但是高含量亲水单体在水中的易聚合性导致羟基聚丙烯酸酯乳液难以获得高羟基含量，而且乳液型聚丙烯酸酯多元醇粒径较大，较难乳化多异氰酸酯固化剂，其配制涂料的涂膜外观和性能较难满足要求。日本专利[26]报道了一种水性含羟基聚丙烯酸酯乳液，与异氰酸酯交联剂配制了一种室温固化，涂料活化期长的双组分聚氨酯涂料，其涂膜具有良好的耐候性、附着力、耐沾污性和光泽。对于羟基聚丙烯酸酯乳液型双组分水性聚氨酯涂料的研究很多，但是合成的涂料仍难以获得高性能涂膜，乳液聚合稳定性较差、成膜性不好等系列问题仍然存在。

双组分水性聚氨酯涂料中常用分散体型多元醇，因为分散体型多元醇对固化剂具有较好的分散性。该类多元醇是选一种分子结构中含有亲水离子或非离子链段的聚合物，通常有聚酯多元醇、聚丙烯酸酯多元醇、聚氨酯多元醇和杂合多元醇等。

聚丙烯酸酯多元醇分散体较聚丙烯酸酯多元醇乳液具有流变性好、涂膜光泽高的特点，但干燥速率慢、价格高。刘成楼等[27]选择水性丙烯酸多元醇二级分散体作为 A 组分，该水性树脂的相对分子质量较小，固含量较高（45%），—OH 含量高，透明度高，对基材润湿性好，与水性多异氰酸酯固化剂配制的涂料，在混合使用期、干燥时间、一次施工最高成膜厚度、双组分易混合性、柔韧性、耐磨性等方面综合性能较好，且性价比较高。

由多元醇与多异氰酸酯以及含羧基二元醇单体反应，将羧基成盐后分散于水中得到含羟基聚氨酯水分散体。聚氨酯水分散体分子量相对较小，其配制的双组分聚氨酯涂料外观良好，颜料润湿性好且具有优异的力学性能。用于聚氨酯合成的多元醇如聚醚多元醇、聚酯多元醇等种类比较多，一般聚酯多元醇合成的聚氨酯涂料的硬度比聚醚多元醇要好，而耐化学品性能不如聚醚多元醇，常用多元醇中聚四氢呋喃醚多元醇和聚碳酸酯多元醇的综合性能较优。王冬梅等[28]用聚碳酸酯二元醇、六亚甲基二异氰酸酯和二羟甲基丙酸合成水性聚氨酯乳液作为 A 组分，用 HDI 作为固化剂制备了性能较优的双组分水性聚氨酯。王国有等[29]研究了不同聚酯多元醇的配合使用对双组分水性聚氨酯性能的影响，发现聚酯多元醇的分子链越长，分子量越大，它们与硬段间的相容性就越差，制取的乳液越不稳定。天然植物油也被应用于双组分水性聚氨酯涂料中。Chang 等[30]用甘油改性蓖麻油，并将该改性物与 IPDI、DMPA 等合成了水性聚氨酯多元醇，配合 HDI 固化剂使用得到了高硬度、高弹性和优良耐水性的涂膜。

随着多元醇分散体中羟基含量的增加，涂膜性能得到不断改善。羟基含量越高，则成膜时与固化剂的交联度越高，必然会使最终涂膜的性能变好[31]。多元醇的中和程度亦对涂膜有一定的影响[32]，因为中和度的不同导致分散体的粒径不同，而小粒径有益于—NCO 与—OH 之间的反应，增大了交联密度，涂膜性能提高，但是中和度过高，分散体的黏度较大，且会加快副反应的进行而使涂膜的性能下降。对于双组分水性聚氨酯涂料，羟基组分的玻璃化温度（T_g）对涂膜的外观和性能影响不可忽视，余喜红等[33]发现羟基组分的 T_g 对涂膜的交联密度有较大影响，当羟基丙烯酸分散体的玻璃化温度为 22℃时，涂膜的交联密度及其他力学性能最佳。羟基组分 T_g 的高低决定了其聚集状态，当其 T_g 低于或接近室温的时候，聚合物的链相对比较柔顺，分散体的黏度比较小，有利于与固化剂之间进行交联反应。随着羟基组分 T_g 的升高，同等外界温度下聚合物的黏度增大，分散体的自由体积容易被冻结，原来的远程协同分子作用逐渐被分子的振动和短程旋转运动所代替，整体表现为链段运动受阻，反应程度下降。

7.2.4.2　固化剂的选择

双组分水性聚氨酯涂料用固化剂大多是低黏度多异氰酸酯，异氰酸酯单体的选择对双组分聚氨酯涂膜性能的影响较大。异氰酸酯可分为脂肪族和芳香族，脂肪族异氰酸酯较芳香族耐黄变性好、涂膜外观好，干燥速率和活化期具有良好的平衡等。选用 HDI 作为固化剂制备的涂膜易流平，外观好，具有较好的柔韧性和耐刮性，而 IPDI 制备的涂膜干燥速率快、硬度高，具有较好的耐化学品性和耐磨性。异氰酸酯的二聚体和三聚体也是聚氨酯涂料常用的固化剂。为了提高固化剂的水分散性，对异氰酸酯有多种改性：非离子亲水改性，阴离子改性，阳离子改性和多重改性等。非离子改性一般是通过引入聚乙二醇单醚，如聚乙二醇单甲醚、聚乙二醇单丁醚等，或聚（乙二醇-丙二醇）共聚物单醚中的亚乙氧基单元来提高亲水性，也有人用聚乙烯吡咯烷酮来改性异氰酸酯。但是由于非离子亲水单体的引入，涂膜的交联度降低，涂膜的耐水性会有一定程度的下降。Bayer 公司[34]用亲水的单羟基聚醚与环状的 HDI 三聚体反应，使多异氰酸酯三聚体水性化，再对多异氰酸酯组分进行改进，使其亲水基团含量降低，—NCO 官能团数目增加，与固化剂交联成膜后，涂膜性能基本达到了溶剂型双组分的水平。同样，利用 DMPA 或者 N-羟乙基甲基吗啉与异氰酸酯反应后再用相关中和剂中和即可得到阴离子或阳离子改性的异氰酸酯固化剂。离子改性固化剂比聚乙二醇类亲水改性固化剂获得的涂膜具有较好的耐水性。此外，Bayer[35]公司利用磺酸盐改性 HDI 三聚体得到第三代水性固化剂 Bayhydur XP 2547，该固化剂黏度低，易于在低剪切力下分散均匀而无需溶剂稀释，NCO 含量高，快干，具有较低的亲水性，在易混合的基础上，避免了耐水性能等方面的损失，可以有效提高耐化学品性。

固化剂的用量是涂膜的性能至关重要的一个因素。通常固化剂的用量是由 A 组分的羟基含量和所需涂料的性能要求决定的。固化剂少，反应程度低，导致涂膜交联度低，涂膜硬度下降，耐水、耐溶剂、耐热等性能均会下降；若固化剂过多，固化剂与水反应生成脲基甲酸酯，增加了涂膜的交联密度，提高了涂膜的强度，但是其耐冲击性能下降。所以固化剂存在最佳用量。

7.2.4.3 颜、填料体系的选择[20,23,27]

颜、填料是水性聚氨酯防腐涂料中重要的成分之一，可以根据涂料的应用要求来恰当选择颜、填料。对耐酸碱介质的场合，可采用氧化铁红和沉淀硫酸钡等惰性颜、填料；对于有耐光和耐热要求的场合，可采用绢云母和云母氧化铁等颜、填料；若要增加涂膜的耐化学药品性和提高其力学性能，则应选择云母和滑石粉类的填料；云母和石墨都是片状结构，在涂层中平行重叠排列，起封闭覆盖作用，可有效屏蔽水、气、离子的渗透，能提高涂膜的防水防腐蚀性能；云母和石墨还具有弹性和润滑作用，能提高涂层的阻尼性；三聚磷酸铝和改性磷酸锌为主体的防锈颜料，其特点在于它们能在金属表面形成附着牢固的络合物，同时与漆料的羟基、羧基络合，使颜料、漆料、底材之间形成化学结合，提高涂层的附着力和抗渗性。颜基比是影响涂料性能的重要因素。颜基比过低时，涂料的遮盖力不足；颜基比过高时涂膜的致密性降低，综合性能不好。

7.2.4.4 各种助剂的选择

(1) 消泡剂的选择[36] 水性双组分聚氨酯涂料在施工过程产生的气泡将造成缩孔、针孔、疵点等毛病，严重降低涂层的保护和装饰性能，因此要降低气泡的发生。除了选择合适的原料、选择合适施工方法、控制好涂料施工的环境条件外，消泡剂的使用是减少涂膜气泡的比较好的方法。选择的消泡剂要能够破坏泡沫稳定机理，与体系有一定的不相容性，还应有高展布能力、低表面张力和再涂覆性能。选用合适的消泡剂，可以抑制水性双组分聚氨酯涂料中微泡的形成，促使混入的气体迅速排出。Tego 公司和 BYK 公司的几种消泡剂对水性双组分聚氨酯涂料施工中产生的泡沫均有明显消泡效果。

(2) 成膜助剂 水性聚氨酯涂料的成膜主要包含物理成膜和化学成膜两个过程，物理成膜表现为水分的挥发，粒子的聚结；化学成膜过程相对比较复杂，该过程涉及固化剂—NCO 与—OH、水和—COOH 等基团间的反应。物理成膜和化学成膜过程几乎同时进行，但是相对于水分挥发速率，异氰酸酯的反应相对要慢很多[37]。在双组分聚氨酯体系中，加入某种成膜助剂是非常必要的，应尽量避免选用醚醇类成膜助剂，而应选用醚酯类溶剂如乙二醇丁醚醋酸酯（EB acetate）、二乙二醇丁醚醋酸酯（DB acetate）、碳酸丙酯（PC）等。但成膜助剂一般也是高沸点挥发物，加入太多会导致喷涂流挂、漆膜干燥慢。一般成膜助剂加入 5%～20%时，具有较好的涂膜性能和涂料施工性能[21]。

(3) 防闪锈助剂[20] 水性涂料涂覆在金属表面时易造成涂层表面有闪锈，特别在用于喷砂处理和含碳量较高的金属表面时必须加入防闪锈助剂。目前国内常用的有亚硝酸钠、苯甲酸钠等，虽然可以解决闪锈问题，但有水溶性强，残留在漆膜中极大地影响漆膜的耐盐水性和亚硝酸钠对 NCO 基团的催化作用，加速固化剂与水的反应，缩短了涂料体系的活化期等缺点。因此一般选用其他类型的防闪锈助剂，如有机锌络合物、烷基磷酸盐等。

(4) 其他助剂的选择　在水性双组分聚氨酯防腐涂料中，还应注意增稠剂、润湿剂、分散剂等助剂的使用，助剂的选择有一定的相容性，若配合不当，可能对漆膜有负面的影响。水性聚氨酯一般使用聚氨酯类增稠剂，其具有较好的流动性，对光泽、体系的 pH 值影响较小，但是增稠效率低，易流挂。假塑性聚氨酯增稠剂增稠效率高，并且流平性好，不易流挂。

7.2.4.5　施工环境的选择

双组分水性聚氨酯涂料对施工环境非常敏感，不同的温度、湿度均会对涂膜的玻璃化温度（T_g）、表面形态、力学性能等造成较大程度的影响。Daniel B. Otts[38]研究了不同湿度对双组分水性聚氨酯性能的影响。在相同湿度条件下，随着 NCO/OH 比值的增大，涂膜的交联密度的增大，从而涂膜的 T_g 增大；而在同一 NCO/OH 比值下，环境湿度越低，涂膜的 T_g 越高，因为空气中的水汽会与异氰酸酯作用，导致涂膜的交联密度下降。在较低的空气湿度下，涂膜比较平整，具有较好的外观。

7.2.5　改性水性聚氨酯防腐涂料

水性聚氨酯涂料虽符合涂料行业发展环保型涂料的趋势，但因其分子中引入了亲水基团，造成涂膜的耐化学品性和耐溶剂性较差，硬度较低，表面光泽度不高，在防腐领域中的使用受到了限制。因此，人们常利用一些性能优异的材料对其进行改性。

7.2.5.1　环氧改性水性聚氨酯防腐涂料

环氧树脂具有高模量、高强度、优良的附着力和低收缩率，对水、中等酸、碱和其他溶剂有良好的耐腐蚀性和耐化学品性[39]，并可直接参与水性聚氨酯的合成反应，提高水性聚氨酯涂膜的综合性能。目前单组分水性聚氨酯防腐蚀涂料主要以环氧树脂为改性剂。通过环氧树脂改性的水性聚氨酯涂料具有附着力强，极好的耐油、耐酸、耐碱、耐水、耐溶剂等优异性能，已被广泛用于防腐领域。

文秀芳[40]等以甲苯二异氰酸酯、聚醚多元醇、1,4-丁二醇、二羟甲基丙酸和环氧树脂等为主要原料制备了环氧改性水性聚氨酯树脂，具有固含量高、快干、储存稳定性好、涂膜硬度高、耐化学品性能优异等特点，其综合性能已达到甚至超过国外防腐涂料用水性聚氨酯树脂的综合性能，其比较详见表 7-14。

随着环氧树脂用量的增加，涂膜的拉伸强度也增加；当环氧树脂的含量超过一定数值后增加的幅度越来越小。环氧树脂的加入也能明显提高涂膜的耐水性能。

表 7-14　本样品与国内外产品的性能比较

树脂性能	PU(A-1)	进口 PU 样品	国产 PU 样品
外观	乳白色半透明	褐色半透明	乳白色透明
固含量/%	34	30	27
稳定性(80℃)/h	72	72	96
冻融稳定性(循环)	>7	>7	>7
摆杆硬度	0.73	0.65	0.63
光泽(60℃)	98	100	100
柔韧性/mm	1	1	1
耐冲击性/cm	50	50	50
表干时间/h	1	1.5	1.5
实干时间/h	16	24	16
附着力/级	1	1	1
吸水率/%	<6	<7	<7
耐盐水	无变化	无变化	轻微失色
耐酸碱性	无变化	无变化	轻微变白
耐溶剂性	无变化	无变化	轻微变白

从图 7-1 还可以看出，随着环氧树脂用量的增加，刚开始吸水率降低不是很明显，当达到一定程度后吸水率的降低才比较显著；再继续增加环氧树脂的用量，这种降低却又变得平缓。实验中还发现，环氧树脂用量增加，可以明显增加涂膜硬度。但环氧树脂用量超过 9% 时体系很容易凝胶，因此，环氧树脂用量应在 8%～9%。

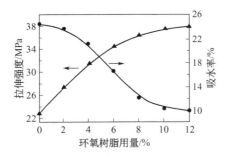

图 7-1　环氧树脂用量对水性聚氨酯膜
拉伸强度和吸水率的影响

胡剑青等[41]则在水性聚氨酯的合成过程中引入环氧树脂，制备得到水性聚氨酯/环氧树脂乳液。并以此水性聚氨酯-环氧树脂乳液作为基料，研究制备了高性能水性防锈涂料。水性防锈涂料基本配方见表 7-15。

王春艳等[42]以异佛尔酮二异氰酸酯和聚酯二元醇为主要原料合成了脂肪族水性聚氨酯，并用环氧树脂对其进行了改性。以水性聚氨酯-环氧为基料制备富锌涂料，具体涂料配方如表 7-16 所示。通过对其腐蚀电位和电化学阻抗谱（EIS）的测试分析，研究了添加不同含量锌粉的富锌涂层在 3% NaCl 溶液中的电化学腐蚀行

表7-15　水性防锈涂料基本配方

原料名称	质量分数/%	原料名称	质量分数/%
水性聚氨酯/环氧树脂乳液	40~50	润湿剂	0.8~1
复合铁钛防锈颜料	20~25	消泡剂	0.5
铁红	8~10	闪蚀抑制剂	0.5
滑石粉	10~15	成膜助剂	3~5
复合膨润土	0.8~1	硅烷偶联剂	0.5
分散剂	1~1.5		

为，并与添加少量铝粉的富锌涂料及传统富锌涂料进行了对比，其详细比较见表7-17。比较结果表明，水性环氧聚氨酯富锌涂料的防腐蚀能力比传统环氧富锌底漆强。水性聚氨酯-环氧富锌涂料防腐蚀性能优异，涂层机械强度高，环境污染小，施工方便，在钢铁重防腐方面具有广阔的应用前景。

表7-16　水性聚氨酯制备原料质量分数

原料	质量分数/%	原料	质量分数/%
异佛尔酮二异氰酸酯	8.6	三乙胺	1.3
聚酯二元醇	17.4	丙酮	5.8
二羟甲基丙酸	1.7	去离子水	53.9
环氧树脂	2.2	乙二胺	0.4
N-甲基吡咯烷酮	8.7		

表7-17　水性环氧聚氨酯富锌涂料与传统环氧富锌底漆比较

项目	性能指标	
	传统环氧富锌底漆	水性环氧聚氨酯富锌涂料
漆膜外观	青灰色,平整无光	银灰,平整,具有金属光泽
干燥时间(25℃)/h	表干≤1,实干≤24	表干≤1,实干≤24
适用期/h	≥5	≥8
附着力(划圈法)/级	≥2	≥1
柔韧性/mm	≤2	≤1
耐冲击性/cm	≥50	≥100
漆膜耐3%盐水(室温)	7d无锈蚀	75d无锈蚀
耐盐雾性(3%NaCl)	72h无变化	1000h无变化

施铭德[43]等报道了一种导静电防腐涂料，他们采用20%~50%的丁腈环氧树脂改性水性聚氨酯得到了水性聚氨酯-丁腈环氧复合树脂乳液。将分散剂、润湿剂、钛白粉和铁钛粉混合，研磨分散至细度小于$60\mu m$，再加入水性聚氨酯-丁腈环氧复合树脂乳液、消泡剂、流平剂、缓蚀剂和成膜助剂搅拌均匀，得到了具有优异的抗化学品性和耐腐蚀性的导静电防腐涂料，而且导静电性能良好持久，其详细配方如表7-18所示。

7.2.5.2　丙烯酸改性水性聚氨酯防腐涂料

聚丙烯酸酯乳液具有优异的耐水性、耐溶剂性、物理机械性能和耐候性。用

表 7-18　导静电防腐涂料配方

原料名称	质量分数/%	原料名称	质量分数/%
水性聚氨酯-丁腈环氧复合树脂乳液	45～66	润湿剂（W203）	0.4～0.8
复合导电填料	15～20	消泡剂（W4002）	0.2～0.5
缓蚀剂（SER-ADFA179）	1～5	流平剂（W3018）	0.3～0.6
铁钛粉	5～18	成膜助剂（Texonol）	2～6
分散剂（W6038）	0.3～0.6	颜填料	2～14

丙烯酸树脂对水性聚氨酯进行改性，可以使聚氨酯的高耐磨性和良好的力学性能与丙烯酸良好的耐候性和耐水性两者有机地结合起来，从而使聚氨酯乳液涂膜的性能得到明显改善[44]。丙烯酸酯类化合物对水性聚氨酯的改性可以分为物理共混改性和合成共聚乳液改性两种方法。其中物理共混法是通过机械搅拌将聚氨酯乳液和聚丙烯酸乳液进行简单的物理混合，所得涂料的涂膜性能差。因此常用合成共聚乳液的改性方法。此法又可分为：外加交联剂法、种子乳液聚合法、互穿网络法以及乳液共聚法。Air products 公司[45]推出的 Hybridur 870 乳液，即丙烯酸-聚氨酯杂混乳液，具有优异的润湿性、附着力和屏蔽性能，通过添加合适的防腐蚀颜料，如Heucophos ZBZ、ZPO、ZPA、ZMP 和 ZPZ 等，制备的涂膜在 37℃、湿度 100% 的条件下，1000h 不鼓泡。另外，吴校彬等[46]以甲苯二异氰酸酯（TDI-80）、聚醚二元醇（N-220）、环氧树脂（E-20）和甲基丙烯酸甲酯（MMA）等为原料，通过原位聚合，制备了水性聚氨酯-环氧树脂-丙烯酸（WPUEA）复合分散液。当NCO/OH 总摩尔比为 1.2～1.5，TMP 用量为 2%～3%，E-20 用量为 4%～6%，DMPA 用量为 6%～9%，MMA 用量为 20%～30% 时，分散液储存期超过 10 个月，冻融循环大于 5，其涂膜硬度大于 0.70，拉伸强度大于 10MPa，耐水性、耐酸碱性、耐溶剂性等较水性聚氨酯有明显改善。Guy Clamen 等[47]利用不同种类的丙烯酸改性脂肪族聚酯型水性聚氨酯得到了自交联的水性聚氨酯，其防腐性能优越。

7.2.5.3　有机硅改性水性聚氨酯防腐涂料

将有机硅结构中 Si—O 键或 Si—C 键引入水性聚氨酯涂料中，可以综合有机硅优良的耐水性、耐化学品性、耐温变性、耐候性和低表面张力与聚氨酯耐磨、耐油等性能而得到性能更优的材料[48]，并且有机硅是聚氨酯材料的一种优秀的交联剂，可以增大聚氨酯涂膜的交联密度，从而提高涂膜的综合性能[49]。S. S. Pathak 等[50]采用溶胶-凝胶技术合成了对铝及其合金有保护作用的有机硅改性水性聚氨酯涂料。通过在 3.5%NaCl 溶液中的动电位极化测量得出，有机硅的加入改善了聚氨酯的耐腐蚀性能。涂层耐腐蚀性能的提高可能是由涂料中 Si—O—Si 网络所造成的致密微结构所带来的。此外，由硅羟基（—Si—OH）和铝基材［Al(OH)$_x$］之间的羟化反应所形成的铝-氧-硅（Al-O-Si）界面作为阻挡层对氯离子和水起到了屏蔽作用。聚氨酯涂层和有机硅改性聚氨酯涂层的腐蚀电位也有效地抑制了阴极反应。因此，有机硅改性大幅提高了水性聚氨酯的抗腐蚀性。傅晓平等[51]用烷氧基硅烷聚合物和甲基/苯基硅烷聚合物与水性聚氨酯树脂进行聚合，制成了金属构件使用的常温固化型水性工业面漆。通过与溶剂型聚氨酯涂料经 480h 耐湿热和 1000h 老化对比检测，结果表明：用这种方法制成的涂料具有优秀的防腐和耐湿热性，不变色、不粉化、不起泡、不生锈和不脱落。

7.2.5.4　纳米粒子改性水性聚氨酯防腐涂料

纳米粒子具有与宏观颗粒所不同的特殊的体积效应、表面（或界面）效应和宏观量子隧道效应等，将其用于制备聚合物基纳米复合材料可以赋予材料一些特殊性能，因此，引起了科学工作者的广泛兴趣。同样，它在改性聚氨酯防腐蚀涂料方面也产生了良好的效果。M. C. Saha[52]等将球状的纳米 TiO_2、片状的纳米黏土以及棒状的纳米纤维用来改性聚氨酯泡沫。实验结果显示，在所有实验中，仅仅加入 1%（质量分数）的纳米粒子就可以使聚合物的热力学性能和力学性能大大提高。纳米粒子还可以用来提高聚氨酯的防腐性能[53,54]。Jui-Ming Yeh 等[55]以 PCL、DMPA 和 H_{12}MDI 等为主要原料合成了水性聚氨酯乳液，再通过水溶液分散技术将纳米蒙脱土（Na^+-MMT）分散于水性聚氨酯分散液中，制备了一系列 WPU/Na^+-MMT 复合乳液。通过气体渗透仪（GPA）、热重分析仪（TG）、差示扫描量热法（DSC）和紫外可见透射光谱分析等测试可知，添加 Na^+-MMT 的水性聚氨酯与未添加的相比，涂膜的透气性降低，耐热性增强，光学透明度有所降低；研究了涂层在 5%NaCl 溶液中的腐蚀电化学行为，结果表明，与未加 Na^+-MMT 的 WPU 涂层相比，含有 3%Na^+-MMT 的水性聚氨酯涂层具有优越的防腐蚀保护作用。

M. Rashvand 等[56]用 3%（质量分数，下同）纳米 ZnO 纳米复合改性水性聚氨酯，将胶膜浸入 3.5% NaCl 溶液中 2880h，并用电化学阻抗光谱技术来考察复合材料的耐腐蚀性能。研究表明改性后的胶膜的耐腐蚀性能明显优于未改性的。

7.2.5.5　其他改性

Bayer 公司[4]研发的一种水性脂肪酸改性的聚酯-聚氨酯的分散体 Bayhdrol VP LS2917，具有良好的耐腐蚀性，可作自干和烘干的各种类型面漆、单层漆和底漆。通过盐雾试验表明，其所制得的单组分自干型防腐蚀水性聚氨酯底漆较双组分水性环氧树脂和水溶性聚氨酯改性醇酸树脂涂料具有更好的防腐蚀性能。

聚苯胺（PAn）以其良好的热稳定性和化学稳定性而被广泛用于隐形材料、防腐材料、抗静电材料等，并且聚苯胺的易得性使其成为最具前景防腐涂料之一，目前国内外对其进行了广泛的研究[57,58]，也常用其对有机涂料进行改性从而提高涂料的耐腐蚀性能[59]。Huang 等[60]用过硫酸铵为氧化剂对苯胺和 1,4-苯二胺进行氧化偶联合成了胺封端的苯胺三聚体（ACAT：$H_2N\!-\!\!\bigcirc\!\!-\!N\!=\!\!\bigcirc\!\!=\!N\!-\!\!\bigcirc\!\!-\!NH_2$），并用 ACAT、4,4-二环己基甲烷二异氰酸酯、聚碳酸酯二醇（$M_n=2000$）和 DS-250

$[(HOH_2CH_2C)_2NCH_2CH_2SO_3Na]$ 合成了导电性水性聚氨酯。通过在 3.5% NaCl 溶液中的一系列电化学腐蚀测试以及对腐蚀表面的 SEM 和 XPS 测试表明利用 ACAT 改性的水性聚氨酯对冷轧钢表现出了优秀的防腐蚀性能。T. Gurunathan 等[61]用 IPDI、PPG1000、PPG2000 和 N-甲基二乙醇胺等原料合成了不同种类的阳离子水性聚氨酯，并加入不同量的聚苯胺进行对聚氨酯的改性。通过盐雾腐蚀试验发现聚苯胺能够很好地提高聚氨酯的耐腐蚀性，其中聚苯胺加入量为 6% 时为最优，加入过多时会导致聚氨酯乳液的不稳定。通过对 PPG 分子量为 400、1000、2000 进行比较，发现 PPG 分子量为 2000 时具有最小的电化学腐蚀速率，达到 0.0159mm/年。

参 考 文 献

[1] 《涂料技术与文摘》编辑部. 防腐蚀涂料行业发展现状综述 [J]. 涂料技术与文摘, 2008, 29 (3): 3-13.

[2] 伶喜国. 环氧改性水性聚氨酯防腐涂料的制备与性能研究 [D]. 吉林: 长春理工大学. 2011.

[3] 孙炜. 基于聚氨酯改性的防腐涂料的制备及对材料耐腐性能的研究 [D]. 安徽: 合肥工业大学, 2010.

[4] 张伟丽, 陈月珍, 潘叙怡, 等. 水性聚氨酯涂料应用于金属防腐的技术进展 [J]. 涂料技术与文摘, 2010, (12): 9-12.

[5] 李芝华, 李珍, 王亚, 等. 水性聚氨酯防腐涂料的研究进展 [J]. 腐蚀科学与防护技术, 2013, 25 (1): 67-70.

[6] 王焕, 徐恒志, 许戈文, 等. 水性聚氨酯防腐涂料的研究现状与最新进展 [J]. 聚氨酯, 2010, (06): 70-73.

[7] 宋娜. 聚硅氧烷/聚氨酯预聚体改性醇酸树脂涂料的研究 [D]. 陕西: 长安大学, 2012.

[8] 南博华, 郑水蓉, 孙曼灵. 单组分水性聚氨酯涂料的研究进展 [J]. 中国涂料, 2005, 20 (11): 29-31.

[9] 瞿金清, 黄玉科, 黎永津. 单组分水性聚氨酯涂料的进展 [J]. 合成材料老化与应用, 2002, (01): 20-22.

[10] 刘杰, 王月菊, 杨建军, 等. 单组分水性聚氨酯分散体常温交联改性体系及机理 [J]. 聚氨酯工业, 2009, (03): 1-4.

[11] Richard G C. Post-crosslinking of waterborne urethanes [J]. Progress in Organic Coatings, 1997 (32): 51- 63.

[12] 杨清峰, 瞿金清, 陈焕钦. 水性聚氨酯涂料技术进展综述 [J]. 化工科技市场, 2004, (10): 17-22.

[13] Chen Y B, Zhang X Y, Dai J B, et al. Water resistance of the membranes for UV curable waterborne polyurethane dispersions [J]. Progress in Organic Coatings, 2007, 59: 331-336.

[14] 凌芳. 单组分自交联水性聚氨酯分散体涂料 [J]. 应用化工, 2001, 30 (02): 29-31.

[15] 万婷, 朱传方, 王春艳, 等. P/B 对水性聚氨酯防腐蚀涂料性能影响研究 [J]. 腐蚀与防护, 2006, (9): 447-449.

[16] 朱德勇, 张之涵. 水性单组分聚氨酯防腐蚀涂料的研制 [J]. 上海涂料, 2012, 1: 6-9.

[17] Karl L N. Waterborne polyurethanes [J]. Progress in Organic Coatings, 1997, 32: 131-136.

[18] 吴胜华, 姚伯龙, 陈明清, 等. 双组分水性聚氨酯涂料的研究进展 [J]. 化工进展, 2004, 23 (9): 979-983.

[19] Hawkins C A, Sheppard A C, Wood T G. Recent advances inaqueous two-component systems for heavy duty metalprotection [J]. Progress in Organic Coatings, 1997, 32: 253-261.

[20] 朱德勇，何帆. 水性双组分聚氨酯防腐涂料配方 [J]. 中国涂料，2004，(10)：36-38＋3.

[21] 王从国，黄昭可. 水性双组分聚氨酯金属涂料及其在线施工工艺的研究 [J]. 现代涂料与涂装，2009，(3)：21-23.

[22] 陈建国，胡志英，陈亚娟，等. 水性双组分聚氨酯防腐涂料及其制备方法 [P]：CN，101701128A. 2010.

[23] 李幕英，程璐. 水性双组分聚氨酯防锈涂料的研究 [J]. 中国涂料，2013，28 (2)：57-60.

[24] 孔霞. 新型羟基聚丙烯酸酯及双组分水性聚氨酯涂料 [D]. 广州：华南理工大学，2010.

[25] Daniel B O，Kevin J P，William L J，et al. Dynamic colloidal processes in waterborne two-component polyurethanes and their effects on solution and film morphology [J]. Polymer，2005 (46)：4776-4788.

[26] Sawada N，Hamamura T，Nomura M，et al. Two-Component Type WaterBorne Coating Composition with Visible Pot Life [P]：JP，2000256b15. 2000.

[27] 刘成楼，隗功祥. 风电叶片用双组分水性聚氨酯涂料的研制 [J]. 上海涂料，2011，49 (11)：13-16.

[28] 王冬梅，张志英，单建林，等. 双组分水性聚氨酯的合成及其力学性能 [J]. 天津工业大学学报，2010，29 (6)：5-8.

[29] 王国有，夏正斌，宁蕾，等. 高固含量双组分混合聚酯型水性聚氨酯的合成 [J]. 中国胶黏剂，2010，19 (3)：21-23.

[30] Chang C W，Lu K T. Natural castor oil based 2-package waterborne polyurethane wood coatings [J]. Progress in Organic Coatings，2012，75：435-443.

[31] 罗春晖，瞿金清，陈焕钦. 水性双组分涂料用丙烯酸酯乳液的羟值因素 [J]. 涂料工业，2009，29 (10)：36-40.

[32] 孟伟康，张志英，单建林，等. 中和剂用量和种类对双组分水性聚氨酯性能的影响 [J]. 天津工业大学学报，2012，31 (2)：1-5.

[33] 余喜红，任娜娜，李红星，等. 双组分水性聚氨酯涂膜交联密度的研究 [J]. 涂料工业，2010，40 (1)：38-43.

[34] Huckestein B，Renz H，Kothrade S，et al. Water-emulsifiable polyisocyanates [P]. US，5780542，1998.

[35] 张之涵，朱德勇，沈剑平，等. 双组分水性聚氨酯建筑涂料 [J]. 涂料技术与文摘，2011 (6)：36-41.

[36] 王宏心. 水性双组分聚氨酯涂料的消泡 [J]. 聚氨酯工业，2008，23 (4)：28-31.

[37] 巫辉，夏亚敏，明三军. 双组分水性聚氨酯的成膜过程 [J]. 聚氨酯工业，2005，20 (1)：10-12.

[38] Daniel B O，Marek W U. Heterogeneous crosslinking of waterborne two-component polyurethanes (WB 2K-PUR)：stratification processes and the role of water [J]. Polymer 2005，46：2699-2709.

[39] 李广宇. 环氧胶黏剂与应用技术 [M]. 北京：化学工业出版社，2007.

[40] 文秀芳，皮丕辉，程江，等. 防腐涂料用环氧改性水性聚氨酯树脂的合成 [J]. 腐蚀科学与防护技术，2005，(3)：205-208.

[41] 胡剑青，涂伟萍，沈良军. 水性聚氨酯环氧树脂及其防锈涂料的研制 [J]. 涂料工业，2005.9 (35)：1-5.

[42] 王春艳. 环氧改性的水性丙烯酸树脂-水性聚氨酯的合成及性能研究 [D]. 武汉：华中师范大学，2006.

[43] 施铭德，曾福生，周春爱. 一种导静电防腐涂料及其制备方法 [P]：CN，101508870A. 2009.

[44] Zhang T，Wu W J，Wang X J，et al. Effect of average functionality on properties of UV-curablewaterborne polyurethane-acrylate [J]. Progress in OrganicCoatings，2010，68：201-207.

[45] 刘娅莉，徐龙贵. 聚氨酯树脂防腐蚀涂料及应用 [M]. 北京：化学工业出版社，2006.

[46] 吴校彬，傅和青，黄洪，等. 防腐涂料用水性聚氨酯-环氧树脂-丙烯酸酯复合分散液的合成与性能 [J]. 腐蚀科学与防护技术，2007，(04)：296-299.

[47] Clamena G，Ferraria T，Fu Z W，etal. Protection of metal with a novel waterborne acrylic/urethane hybrid technology [J]. Progress in Organic Coatings，2011，72：144-151.

[48] 杨清峰，瞿金清，陈焕钦. 有机硅改性水性聚氨酯的研究进展 [J]. 涂料技术与文摘，2004 (6)：1-5.

[49] Yana X X，Xu G Y. Infiuence of silane coupling agent on corrosion-resistant property in low infrared emissivity Cu/polyurethane coating [J]. Progress in Organic Coatings，2012 (73)：232-238.

[50] Pathak S S，Sharma A，Khanna A S. Value addition towaterborne polyurethane resin by silicone modification for developing high performance coating on aluminum alloy [J]. Progress in Organic Coatings，2009 (65)：203-216.

[51] 傅晓平，龙兰，柏涛，等. 两种硅烷聚合物制造的常温固化防腐耐候水性工业面涂 [J]. 表面技术，2009 (3)：90-94.

[52] Saha M C，Kabir M D E，Jeelani S. Enhancement inthermal and mechanical properties of polyurethane foam infusedwith nanoparticles [J]. Materials Science and Engineering A，2008，479 (2)：213-222.

[53] Krzysztof K，Kingat，Barbara G，et al. Anticorrosive 2K polyurethane paints based on nano- and microphosphates with high dispersing additive content [J]. Progress in Organic Coatings，2013 (76)：1088- 1094.

[54] Arianpouya N，Shishesaz M，Arianpouya M，et al. Evaluation of synergistic effect of nanozinc/nanoclay additives on the corrosion performance of zinc-rich polyurethane nanocomposite coatings using electrochemical properties and salt spray testing [J]. Surface&Coatings Technology，2013 (216)：199-206.

[55] Yeh J M，Yao C T，Hsieh C F，et al. Preparation，characterization and electrochemical corrosion studies on environmentally friendly waterborne polyurethane/Na^+-MMT clay nanocomposite coatings [J]. European Polymer Journal，2008，44：3046-3056.

[56] Rashvanda M，Ranjbar Z. Effect of nano-ZnO particles on the corrosion resistance of polyurethane-based waterborne coatings immersed in sodium chloride solution via EIS technique [J]. Progress in Organic Coatings，2013，13：1-5.

[57] 饶喜梅. 功能性聚氨酯涂料的制备与性能研究 [D]. 合肥：安徽大学. 2007.

[58] Kwon J Y，Kim E Y，Kim H D. Preparation and Properties of Waterborne-Polyurethane Coating Materials Containing Conductive Polyaniline [J]. Macromolecular Research，2004，12 (3)：303-310.

[59] Diniza F B，Andrade G F，Martins C R，et al. A comparative study of epoxy and polyurethane based coatings containing polyaniline-DBSA pigments for corrosion protection on mild steel [J]. Progress in Organic Coatings，2013，(76)：912-916.

[60] Huang H Y，Huang T C，J Lin J C，et al. Advanced environmentally friendly coatings prepared from amine-capped aniline trimer-based waterborne electroactive polyurethane [J]. Materials Chemistry and Physics，2013，(137)：772-780.

[61] Gurunathan T，Chepuri R K，Rao，Ramanuj N，et al. Synthesis，characterization and corrosion evaluation on new cationomeric polyurethane water dispersions and their polyaniline composites [J]. Progress in Organic Coatings，2013，(76)：639-647.

第8章

水性聚氨酯皮革涂料

皮革因其高强度、良好的耐用性、透湿性、穿着舒适性、弹性等性能被广泛地应用于织物、箱包、鞋革等日常生活。从原革到成品革必须要经过多重处理，皮革涂饰剂也是在制革过程中必不可少的原料之一[1]。皮革涂饰剂是指用于皮革表面涂饰美化的皮革助剂，它是由成膜物质、着色材料、稀释剂及其他辅助材料构成的，能通过揩、刷、喷、淋等方式在皮革表面形成一层薄膜的各种色浆液。成膜物质是皮革涂饰剂中的主要成分，能够在皮革表面形成均匀透明的薄膜，一般为天然或合成高分子物质，比如酪素、丙烯酸、硝化纤维和聚氨酯等。随着制革工业的发展，皮革制品越来越广泛地应用于人们的日常生活中，如沙发革、鞋面革、服装革等。涂饰是皮革制造过程中的一个重要环节，涂饰后的皮革光滑、有光泽、色泽均匀一致，增加了皮革美观；涂层在革上形成保护层，提高了皮革的耐热、耐寒、耐水、耐溶剂、耐干湿擦等性能；涂饰剂可以修正皮革表面的缺陷，提高了皮革档次；并且通过涂饰工艺可以增加皮革花色品种和扩大使用范围。涂饰要求形成的膜薄而不脆，黏结牢固、延伸性和曲挠性好，弹性接近于皮革，并有防水、耐磨等性能[2]。

8.1　成膜物质应具有的特性

皮革涂饰剂要达到提高皮革品质、改善皮革性能、扩大皮革使用范围等目的，成膜物质必须具备以下特性。

（1）附着力强，应牢固黏合在皮革表面上，涂膜附着力越好，对皮革的保护性就越好。

（2）柔软、延伸、弹性应与皮革一致，否则易破裂。

（3）涂层应具有良好的耐干湿擦性能。

（4）成膜物应具有耐水、耐溶剂、耐酸碱性能。因为革在使用过程中经常遇到各种环境。

（5）涂层应具有良好的透气性和透水汽性，皮革的透气性可以采用 H.C 费多罗夫仪器进行测定。

8.2　皮革涂饰方法及涂饰工艺

皮革涂饰包括涂饰剂的配制、涂饰以及涂饰后整理等。由于所用涂饰剂、涂饰皮革、涂饰方法和涂饰设备的不同，涂饰工艺不尽相同。涂饰包括底层涂饰、中层涂饰和顶层涂饰，常用的涂饰方法有刷涂、揩涂、喷涂、淋涂等。

8.2.1　皮革涂饰方法

(1) 刷涂　刷涂又称皮革刷浆。轻革涂饰的一种方法，是指人工用毛刷蘸取涂饰色浆涂刷于革面的操作。因刷涂具有一定的机械作用，能促进革面的润湿和涂饰剂在革面的渗透，增强机械黏附，形成的涂层较厚，但是此法劳动强度大、工效低，现已有刷辊式涂饰机可选用。刷涂法适用于革的底层涂饰及树脂填充等。

(2) 揩涂　揩涂又称皮革揩浆，轻革涂饰的一种方法，是指用纱布包裹泡沫塑料块（或棉花球）蘸取涂饰色浆用手工揩于革的粒面的操作。也可用带式涂饰机代替手工揩浆。揩涂法适用于革的底层涂饰。

(3) 喷涂　喷涂又称喷浆，是目前最为普遍的涂饰方法。喷涂是利用喷枪，借助空气压缩机将浆液喷涂于革面上形成涂层。雾化不好，易产生粗点或流丝。喷量要适中，防止喷花或起点，手工喷涂要注意革面均匀性。喷涂时机械化操作，具有涂饰均匀，省工省料等特点。

(4) 淋涂　淋涂是将涂饰剂储存于高位槽中，通过喷嘴或窄缝从上方淋下，呈帘幕状淋在由传送装置带动的被涂物上，形成均匀涂膜，多余的涂饰剂流回容器，通过泵送到高位槽循环使用。可以通过喷嘴的大小或窄缝的宽度来控制产品上的涂膜的厚度。如涂膜较厚，从传送带经烘干箱出来的产品的涂膜就会出现气泡。如太薄则产品就会出现露底，淋涂不均匀。

8.2.2　皮革涂饰工艺

(1) 底层涂饰　对底层涂饰总的要求是：涂层柔软，黏结力强，适当渗入革内，与革面牢固结合，具有与革面一致的延伸性和耐弯折强度；色调浓厚、均匀一致，可遮挡细微伤残的底色，熨烫后仍可保持浓厚均匀的与革一致的颜色；具有阻止中、顶层涂饰剂中的增塑剂及其他成分往革面渗透的能力。底层涂层要求较好的耐弯折性和延伸性，配方中应尽量使用柔性树脂，为了增加底层黏结牢固度，可以允许树脂适当渗入皮革中，加强机械黏附力，使涂层不易脱落。底涂操作可采用刷涂、喷涂等。

(2) 中层涂饰　中层涂饰要求较硬，耐熨烫，耐摩擦，手感好，色泽浓厚、鲜艳、均匀、光亮。因此中层涂饰多用软性涂饰剂。中层涂饰通常采用喷涂的方法。需要注意的是中层涂饰中的颜料用量应比底层涂饰少。因为染料易渗入顶层，降低涂层的耐干湿擦性能。还应注意成膜时间不要因为气候的变化而变化。

(3) 顶层涂饰 顶层是涂层最外面的一层，又叫喷光亮剂或喷清光。顶层要求光亮、爽滑、手感好，具有抗水性、耐干湿擦、耐溶剂等性能。

顶层涂饰干燥后还需最后一次熨烫，以增加固色效果和皮革的平整度。熨烫温度要稍低一点，压力要小一点，以利于顶层皮革光泽度。

8.3　皮革涂饰剂的分类

常用的皮革涂饰剂有酪素涂饰剂、丙烯酸涂饰剂、硝化纤维涂饰剂和聚氨酯涂饰剂。

8.3.1　酪素涂饰剂[3~5]

酪素又称酪蛋白、干酪素、乳酪素，是一种从动植物中提取的含磷蛋白质。其分子式为 $C_{170}H_{268}N_{42}SPO_{51}$，酪素的平均分子量一般为 7.5 万～35 万。因其良好的成膜性、耐熨烫、黏结力强、能与革面牢固结合、耐打光性能、能突出皮革的天然粒纹、手感好、皮革的透气及透水汽性能好，同时又能保持皮革特有的天然卫生性能，成为皮革涂饰中应用广泛的材料之一。但酪素涂膜的延伸性小，薄膜脆硬，耐曲挠性差；酪素含有氨基、亚氨基、羟基、羧基等多种亲水基团，其涂膜耐水性差，不耐湿擦；而且酪素涂饰剂成膜后不能长期容纳增塑剂。

8.3.2　硝化纤维涂饰剂[6,7]

硝化纤维涂饰的皮革具有外观光亮、美观、耐磨、耐酸、耐油、耐水及耐干湿擦等特点，可作为天然皮革及人造革的顶层光亮剂、涂层剂及补伤剂。我国自 20 世纪 70 年代开始开发水性硝化纤维皮革涂饰剂，以阴离子聚醚型为主。在长期使用过程中，发展了高光、暗光、丝绸感、蜡感、无色、透明等硝化纤维涂饰剂种类。但硝化纤维涂层脆，不耐老化、耐寒性差及成膜后透气性差。常采用大量的溶剂型增塑剂如邻苯二甲酸二丁酯、邻苯二甲酸二辛酯及己二酸酯等和非溶剂型增塑剂如蓖麻油和硬脂酸丁酯等改善其成膜性能。这些增塑剂成膜后，易走失，使涂层老化，变脆和泛黄。

8.3.3　丙烯酸乳液涂饰剂

早在 1933 年，德国就率先将丙烯酸乳液用于皮革涂饰，由于其成膜性能好、黏着力强，不仅对大多数皮革表面有非常好的黏着力，涂膜平整、光亮、耐曲挠，延伸性大，结构稳定且耐老化，乳液的稳定性好，储存期长，制造工艺简单，原料来源丰富，生产成本较低，很快得到推广应用。我国丙烯酸树脂乳液的研究始于 20 世纪 50 年代，70 年代正式生产，上海的 A 系列树脂、成都的 RA-CS 树脂、BT

系列树脂、天津的 R 系列树脂、丹东的 CFS 树脂等都是优异性能的皮革用改性丙烯酸树脂产品[8,9]。但丙烯酸树脂的结构一般为链状线型结构，属于热塑性材料，对温度极为敏感。温度上升，就逐渐变软、变黏，温度降到一定程度就逐渐变脆，即涂膜存在着"热黏、冷脆"、不耐溶剂的缺点，限制了它的使用[10]。而经改性后的丙烯酸树脂能够在线型分子之间形成网状交联，可以克服上述一系列的性能缺陷，改善其应用性能。丙烯酸树脂皮革涂饰剂的改性主要是使用有机硅、有机氟、聚氨酯、纳米材料、酪素、纤维素衍生物等高分子材料对丙烯酸树脂改性或是采用新型的聚合方法如核壳乳液聚合、互穿网络聚合技术、微乳液共聚技术、无皂乳液聚合技术等来改善丙烯酸树脂的性能[11]。

8.3.4　聚氨酯涂饰剂[6,12,13]

因为聚氨酯具有重复的氨基甲酸酯（—NHCOO—）结构单元，与天然皮革纤维中所含的氨基酸结构相似，使整理的皮革既柔软又富有身骨，获得优良的柔性和韧性的平衡，具有酷似天然皮革的手感。聚氨酯皮革涂饰剂主要是水乳型的，其特点有成膜性能好，遮盖力强，黏结牢固，涂层光亮、平滑、耐水、耐磨、耐热、耐寒、耐曲折、富有弹性、易于清洁保养，涂饰的产品革手感丰满、舒适，能大大提高成品革的等级。水性聚氨酯皮革涂饰剂是以水为溶剂，使用时无毒、无污染、不燃烧、价廉，具有一般溶剂型 PU 的性能，是一种应用广泛的绿色材料。20 世纪 60 年代水性聚氨酯开始作为皮革涂饰剂使用，1972 年 Bayer 公司率先开发了水性聚氨酯皮革涂饰剂，初期的产品是依靠强力搅拌和大量的乳化剂将聚氨酯强制乳化，分散于水中，其乳液的粒径大，物性低，不能满足应用要求。1975 年研究者们向聚氨酯分子链中引入亲水分子，使之乳化，得到高性能的水性聚氨酯乳液，其应用范围也随之拓宽。经过多年的研究，现在许多公司都有聚氨酯皮革涂饰产品，如 BASF 公司的 Astacin Finish PUD 系列，其中 PUM 成膜软、耐低温、遮盖率强，ACR 适用于对涂层及其坚牢度要求很高的皮革涂饰。德国 Bayer 公司的 Bayderm 系列产品，荷兰 Stahl 公司的 RU3904、7920 系列，意大利 Fenice 公司的 UW 系列水性聚氨酯涂饰剂，渗透性好，固着力强，涂膜手感舒适，其中绝大多数都是内乳化阴离子水性聚氨酯涂饰剂。

我国从 20 世纪 70 年代开始研究 PU 涂饰剂在皮革中的应用。较早的涂饰剂有沈阳市皮革研究所的 PU-2、天津市皮革研究所的 PU-1 等产品。20 世纪 80 年代，安徽大学、成都科大、武汉市化工研究所、晨光化工研究院先后研制成功聚氨酯乳液皮革涂饰剂。

8.4　水性聚氨酯皮革涂饰剂的分类

水性聚氨酯皮革涂饰剂是以水为溶剂的聚氨酯乳液，其分类方法较多。根据所用原料，按聚合物多元醇可分为聚酯型和聚醚型；按多异氰酸酯类型可分为芳香族和脂肪族水性聚氨酯；按制备方法可分为自乳化型和外乳化型，自乳化型中按引入的亲水基团可分为阴离子型、阳离子型、非离子型及两性离子型等。

8.4.1　外乳化型水性聚氨酯皮革涂饰剂

通常将含有乳化剂的 PU 水分散体称为乳液型 PU，或称之为外乳化型 PU。它是利用外加乳化剂的方法，在高剪切力的作用下，将 PU 树脂分散于水中制得，根据所选用的乳化剂的不同类型，乳液型 PU 又可分为阴离子型、阳离子型和非离子型 PU。乳液型 PU 有很好的成膜能力。在成膜过程中，水分被排除后，PU 分子链之间及其离子基团之间呈现很有规律的排布，不但存在氢键，还产生静电作用。结果便形成极其牢固的、有弹性的、对水的作用稳定的薄膜，对革面有强的黏结力。

其常规制备方法就是：首先制得溶解在溶剂中的相对分子量较低的含 2%～5% 游离—NCO 基的聚合物，然后通过很强的机械搅拌作用，将此聚合物乳化在含有乳化剂的水溶液中，再加入扩链剂进行扩链，得到含有乳化剂的 PU 乳液。但是，乳液型 PU 属于热力学不稳定体系，乳液的稳定性差，储存时间短。且制得的 PU 乳液粒径较大，又由于在制品中加入了亲水性的乳化剂，在使用过程中这些乳化剂残留于制品中，使树脂表面的色泽以及耐水性和力学性能破坏，这些都影响乳液型 PU 的广泛应用和使用性能。因此，乳液型 PU 逐渐被后来发展起来的由内乳化法制得的水溶液型 PU 所取代。

8.4.2　内乳化型水性聚氨酯皮革涂饰剂

通常将不含乳化剂的聚氨酯水分散体称为水溶型 PU，水溶型 PU 可通过"内乳化法"而制得，所以又称之为自乳化型 PU。它是在疏水链的 PU 主链上引入亲水基，使其在没有外加乳化剂和高剪切力的作用下能够自发地分散于水中。根据引入亲水基团所带的电荷，又可将自乳化型 PU 分为阳离子型、阴离子型、非离子性型以及两性型。其中阴离子型如磺酸型、羧酸型，侧链含离子基团的居多。

8.5　水性聚氨酯皮革涂饰剂实施举例

聚氨酯是可裁剪性高分子材料，通过分子设计，可用来制备从硬、软到黏等特点的产品。在化学结构上聚氨酯含有大量的酯键、脲键、氨基甲酸酯键和脲基甲酸酯键等，氢键作用使得聚氨酯材料具有非常高的内聚力，不需形成较高的分子量就能获得强韧性涂膜[14]。

8.5.1　阴离子水性聚氨酯皮革涂饰剂

阴离子水性聚氨酯主要是通过含羧基扩链剂或含磺酸盐扩链剂引入羧基离子或

磺酸离子，常用的有二羟甲基丙酸、二羟基半酯、乙二氨基乙磺酸钠等[15~17]。阴离子水性聚氨酯靠分子内极性基团产生内聚力和黏附力进行固化。含有羧基、羟基等基团，适宜条件下可参与反应，产生交联。阴离子水性聚氨酯皮革涂饰剂因为施工简单、易加工、性能良好而得到广泛应用。

范福庭[18]以异佛尔酮二异氰酸酯（IPDI）和聚四氢呋喃醚（PTMG）、二羟甲基丙酸等为主要原料，采用内乳化法合成了成膜性好、稳定性佳、涂层弹性佳、耐黄变、耐磨、耐水、耐低温性能突出的脂肪族水性聚氨酯皮革涂饰剂。

专利 CN 1068343A[19]提供了一种制革用阴离子型水性聚氨酯的制备方法，该发明用植物油改性异氰酸酯封端多元醇与过量的多异氰酸酯反应，生成的聚氨酯预聚体，再用多乙烯多胺、卤醇环状无水酸酐扩链，然后用碱的水溶液中和，乳化得到阴离子水性聚氨酯。本发明获得的阴离子水性聚氨酯皮革涂饰剂适用于皮革复鞣填充、匀染、固色、涂饰，可解决牛、羊、猪皮的松面问题。特别适合于全粒面革的填充，具有渗透速度快，粘接能力强，匀染、固色作用，使填充过的皮革提高 0.5~1.0 个等级。

CN 101307130A[20]涉及了一种用于皮革涂饰的阴离子水性聚氨酯分散体，主要配方如下：100 质量份聚醚多元醇；30~80 质量份的二苯基甲烷二异氰酸酯异构体组合物；6~15 质量份的含羧基二醇；0.5~6 质量份的小分子交联剂和 0.2~4 质量份的胺类扩链剂和 0.001~1 质量份的催化剂。该发明的水性聚氨酯分散体具有优良的耐溶剂性、耐水性，涂膜强度高、力学性能好、成膜固化快。

举例 1：将 130.78gMDI-50 和 197.3g 聚环氧丙烷醚二醇 DL1000P 加入四口烧瓶中，滴加两滴辛酸亚锡（约 0.05g），通入干燥氮气，搅拌并逐渐升温至 70℃，2h 后将反应物降温至 50℃，加入 21.43gDMPA 与 100g 丙酮，保持反应温度 60℃，反应 1.5h 后，再次加入 95g 丙酮降低温度至 50℃，加入 6.77g 1,4-丁二醇，反应 1.5h 后扩链反应完成。将预聚物温度降至 40℃以下，加入 16.15g 三乙胺，继续降温到 30℃以下，快速搅拌下加入去离子水进行分散乳化，随即加入 0.82g 乙二胺。最后减压蒸馏除去丙酮得到稳定的水性聚氨酯分散体。

举例 2：将 40.44gMDI-50 和 100.86g 聚环氧丙烷醚二醇 DL2000P 加入四口烧瓶中，通入干燥氮气，搅拌并逐渐升温至 70℃，2h 后将反应物降温至 50℃，加入 6.48gDMPA、2.33g 1,4-丁二醇与 63g 丙酮，保持反应温度 60℃，反应 1.5h 后扩链反应完成。将预聚物温度降至 40℃以下，加入 4.88g 三乙胺，继续降温到 30℃以下，快速搅拌下加入去离子水进行分散乳化，随即加入 1.36g 乙二胺。最后减压蒸馏除去丙酮得到稳定的水性聚氨酯分散体。

举例 3：将 174.91g 聚环氧丙烷醚二醇 DL2000B、15.62gDMPA 与 50g 丙酮分散均匀后加入四口烧瓶中，加入 89.27gMDI-50，通入干燥氮气，搅拌并逐渐升温至 70℃，2h 后将反应物降温至 50℃，加入 68g 丙酮与 4.56g 1,4-丁二醇，反应 1.5h 后扩链反应完成。将预聚物温度降至 40℃以下，加入 11.77g 三乙胺，继续降温到30℃以下，快速搅拌下加入去离子水进行分散乳化，随即加入1.31g乙二胺。最后减压蒸馏除去丙酮得到稳定的水性聚氨酯分散体。

上述实施情况得到的材料性能见表8-1。

表8-1　材料的性能

项目 \ 性能	预聚物黏度 /mPa·s	粒径/nm	拉伸强度 /MPa	断裂伸长率 /%
举例1	1000	95.40	34.1	535.3
举例2	1500	210.3	7.77	876.5
举例3	1000	70.89	39.5	605.5

8.5.2　阳离子水性聚氨酯皮革涂饰剂

阴离子水乳型聚氨酯以其优异的耐磨、耐曲挠、耐溶剂及耐低温性能在制革行业作为涂饰材料被广泛应用。然而，阴离子涂饰剂也有一些不足之处：在涂饰前，坯革通常是由阴离子复鞣剂处理，表面积累了大量的负电荷，阴离子涂饰剂容易渗入皮革纤维层使坯革变硬失去弹性，影响成品革手感和丰满程度，此外，阴离子涂饰剂含有羧基等亲水基团会使成品革的耐湿擦性能下降。阳离子水乳型聚氨酯可在保持阴离子聚氨酯优点的同时，显示出正电荷的优势，由于它与坯革电荷相反，对于铬鞣、植物鞣和合成鞣的皮革都有较好的键合力，在坯革上吸收缓慢，并能在浅表面胶原纤维中形成一层薄薄的膜，起到封底的用，阻止后期涂饰剂的过量渗透，既防止坯革因吸浆过多而失去弹性，又减少涂饰剂用量，涂层也具有较好的耐湿擦性能；所有阳离子产品都具有自然、微粒细的特性，也比阴离子型的同类产品要柔软，因而具有良好的渗透性及附着性，它的作用是使皮革柔软细致，且表面成膜极薄而自然；阳离子涂饰系统可以改进纤维强度和压力，同时又能填充皮革并使它柔软，并且阳离子水性聚氨酯具有独特的抗菌性能。阳离子水性聚氨酯用于皮革涂饰剂可赋予皮革柔软、自然和丰满的外观，提升皮革的品级，在皮革涂饰领域具有广泛的应用前景[21,22]。

国外于20世纪80年代末着手研究阳离子型皮革涂饰剂，90年代系列阳离子型聚氨酯皮革涂饰剂及配套的阳离子型涂饰助剂投放市场，如荷兰Stahl公司，德国BASF和德国Bayer公司等都各自研制生产了性能优越的阳离子型聚氨酯皮革涂饰剂。国内对阳离子型聚氨酯高档涂饰剂的研究虽有一定进展，如研制了改性聚氨酯防水光亮剂NS-01、阳离子封底剂FD-01、阳离子聚氨酯鞣剂等，但仍处于起步阶段。丹东轻化工研究院报道了以TDI、HDI、聚己内酯、聚醚、丁二醇和N-乙胺基丙酸盐为原料合成了阳离子水性聚氨酯皮革涂饰剂[21,23]。曾俊[24]等以多元醇、多异氰酸酯、叔胺为主要原料合成性能优异的阳离子水乳型聚氨酯皮革涂饰剂。

尽管国外各大著名公司都已生产阳离子水性聚氨酯革涂饰剂并配有其配套助剂，但其合成技术仍处于保密状态。Bayer公司以"Baybond"为商品名出售的阳离子水性聚氨酯皮革涂饰剂的合成方法如下[25]。

将由对苯二甲酸、乙二酸和乙二醇（摩尔比 1：1：2.3）制备的聚酯二醇（100g）和 N-甲基二乙醇胺（40g）及尿素（56g），在 80℃下与 1,6-HDI（228g）混合。当温度升至 135℃时，尿素溶化参与反应，在 130~140℃下约 30min 后，红外光谱中 2250cm^{-1} 处的—NCO 峰消失，加入 16g 氯代乙酰胺后，在 130℃下继续搅拌 30min（季胺化），然后加入含 14g 冰醋酸的水溶液 240mL，5min 之内加入 160mL 30％的甲醛溶液。形成的浑浊液继续搅拌 30min（甲氧基化）。然后在 90~95℃下将 1000mL 水在 20min 内加完（当加入 820mL 时，发生相转变），再加入 50mL 30％的酒石酸，调节胶乳 pH 值为 4。在 110℃下继续搅拌 1h（缩聚反应），得到 1.28kg 48％的聚氨酯水乳胶。

目前，单一的阳离子水性聚氨酯皮革涂饰剂已难以满足人们的要求，对阳离子水性聚氨酯皮革涂饰剂的改性成为研究和产品开发的重点和热点。Li 等[26]用含 2-全氟乙基辛醇改性阳离子水性聚氨酯，研究结果表明：经过 2-全氟乙基辛醇改性的水性聚氨酯，具有抗水性、抗油性，有天然明亮的光泽，柔软性还有所提高，从而提高了皮革的整体质量。Shen 等[27]用羟基封端的聚二甲基硅氧烷改性阳离子型水性聚氨酯，同样也具有较好的柔软性、表面光滑性等性能，使皮革的表面性能得到提高。朱春凤[28]等用羟基硅油对水基阳离子型聚氨酯（RK-915）耐溶剂性能进行了改性，可制得粒径分布在 0.261~1.390μm 之间，中位粒径为 0.724μm，固体分为 20％的浅黄色不透明的稳定乳液 GRK。经 FTIR、^{1}HNMR 确认，GRK 分子结构中含有聚二甲基硅氧烷甲苯氨基甲酸酯结构单元，乳液最低成膜温度为 3.8℃，所得胶膜呈米黄色、不透明，耐水和耐甲苯性能明显优于 RK-915，乳液表面张力降低，适宜于鞋面革的封底涂饰。

G. Radhakrishnan 等[29]利用聚四氢呋喃醚（PTMG，M_n＝2000）、甲苯二异氰酸酯（TDI）、乙烯基吡啶、四苯基乙二醇（TPED）和正丁基溴合成了一系列氨酯-乙烯基吡啶嵌段共聚物水分散体，并将该分散体应用于皮革涂饰剂，其配方设计见表 8-2。随着共聚物中离子含量的增加以及乙烯基吡啶基团含量的增加均可提高胶膜的热稳定性。由于主链上正电荷的存在，其表现出对皮革良好的黏合性，作为底层涂饰材料有很好的遮盖能力，该分散体作为皮革涂饰剂使用比现有市场上皮革涂饰剂的成本低。其作为皮革涂饰剂的相关测试结果如表 8-3 所示。

专利 CN 1068342A[30]提供了一种制革用阳离子水性聚氨酯制备方法，该发明用植物油改性多元醇与过量的多异氰酸酯反应，生成异氰酸酯封端的聚氨酯预聚体，再用多乙烯多胺、卤醇扩链，然后用酸的水溶液中和，乳化得到阳离子水性聚氨酯。本发明获得的阳离子水性聚氨酯皮革涂饰剂适用于皮革复鞣填充、匀染、固色、涂饰、可解决牛、羊、猪皮的松面问题。特别适合于全粒面革的填充，具有渗透速度快，粘接能力强，匀染、固色作用，赋予成革天然皮革手感，富有弹性，明显提高强度，使填充过的皮革提高 0.5~1.0 个等级。

表 8-2 配方设计表

组别	PTMG/g	PVPy/g	亲水含量/g	离子化程度/%	分子量 $M_n/\times 10^4$	粒径/μm	黏度/Pa·s
BV 8/2	8	2	1.56	60	5.85	2.8	1.72
BV 6/4	6	4	3.12	60	6.91	3.9	1.36
BV 4/6	4	6	4.69	60	7.76	4.8	1.16
BV 2/8	2	8	6.26	60	8.82	6.6	1.10
IV20	6	4	1.04	20	6.91	—	
IV60	6	4	3.12	60	6.91	—	
IV100	6	4	5.21	100	6.91	—	

表 8-3 皮革涂饰剂测试结果

性能	涂饰剂组别					
	BV 8/2	BV 6/4	BV 4/6	BV 2/8	IV20	IV100
拉伸强度/MPa	31.5	32.4	32.9	33.6	32.0	33.0
断裂伸长率/%	52	48	49	47	49	49
透湿性/[mg/(cm²·h)]	2.5	1.6	1.3	1.6	2.6	1.4
弯曲性能						
干燥 100000 次 弯曲	好	好	好	好	好	好
潮湿 50000 次 弯曲	好	好	好	好	好	好
耐寒冻裂性/℃	−25	−25	−20	−15	−20	−20
耐磨性(51200 次摩擦)	未破坏	未破坏	未破坏	未破坏	未破坏	未破坏
涂饰粘接强度/(N/cm)	6.4	7.2	7.6	4.2	5.3	8.2
耐磨程度(湿)	4	5	5	4	5	3
单位灰色转移率(干燥)	5	5	5	5	5	4

现有技术一般采用 N-甲基二乙醇胺作为亲水单体合成阳离子水性聚氨酯，N-甲基二乙醇胺分子中含有一个叔氨基团，与异氰酸酯发生聚合反应后分布于得到的聚氨酯主链上；使用此种水性聚氨酯作为皮革涂饰剂时，为了达到粒径较小的要求，需要使用较多量的 N-甲基二乙醇胺，而大量使用 N-甲基二乙醇胺会使得皮革手感变差、发黏程度提高、耐水性变差，不能达到产品的性能要求。

CN 102701999 A[31]以具有以下结构的化合物为亲水化合物制备阳离子水性聚氨酯皮革涂饰剂，具有下列结构的化合物分子结构中含有双羟基和双叔氨基团。

其中，R^1 为氢或烷基。作为亲水单体参与反应后能够在聚氨酯分子结构中引入两个季铵盐类亲水基团，这两个季铵盐类亲水基团分别分布在聚氨酯分子主链和侧链上，从而使得该聚氨酯分子具有更好的水分散性能，在相同用量的条件下能够得到乳液粒径更小、通透度更高、渗透性更强、储存稳定性更好的阳离子水性聚氨酯皮革涂饰剂。实验结果表明，采用本方法制备的阳离子水性聚氨酯皮革涂饰剂的粒径为 70nm 以下，以 3000r/min 的转速离心分离 15min 后无沉淀产生，在常温下静置一年以上不会发生分层现象；制成膜后，其拉伸性能较好；涂饰于皮革底层后，得到的皮革手感细腻绵软，耐水性较好。

目前的皮革涂饰剂主要有单组分阳离子型水性聚氨酯与溶剂型聚氨酯。单组分阳离子型水性聚氨酯由于存在亲水性基团，因此传统的单组分阳离子型水性聚氨酯涂饰剂的硬度、耐水性和耐溶剂性达不到溶剂型聚氨酯的水平，而溶剂型聚氨酯由于存在环保问题已逐渐面临淘汰。为了解决上述的溶剂型聚氨酯的污染环境，传统的单组分阳离子型水性聚氨酯的硬度、耐水性和耐溶剂差等技术问题，CN 103012741 A 提供一种性能优于单组分阳离子型水性聚氨酯，接近溶剂型聚氨酯但比溶剂型聚氨酯更加环保的聚酯型阳离子型水性含氟聚氨酯。

CN 103012741 A[32] 将聚己二酸乙二醇酯、1,6-己二异氰酸酯三聚体-氟醇加成物、扩链剂及催化剂等为原料制得聚酯型阳离子型水性含氟聚氨酯用于皮革涂饰剂，可赋予皮革柔软、自然和丰满的外观，提升皮革的品级。该聚酯型阳离子水性含氟聚氨酯处于分子链侧链的 C—F 基团在自身表面张力的驱动下成膜时，易于向表面迁移和富集，因此用于皮革涂饰剂具有良好的耐磨性、耐溶剂性和耐水性，从而对皮革表面进行有效保护。C—F 键的存在改变了水性聚氨酯的微相分离结构，使之具有较高的拉伸强度和断裂伸长率。经该聚酯型阳离子型水性含氟聚氨酯处理过的皮革，采用国家标准 GB/T 19089—2012（橡胶或塑料涂覆织物耐磨性的测定），摩擦 8 万次，处理后的皮革无变化，由此说明本发明的聚酯型阳离子型水性含氟聚氨酯具有较好的耐磨性；其拉伸强度达 21.3～23.6MPa，断裂伸长率为 80%～93%，分别高于原皮的拉伸强度 6.72MPa 和 65% 的断裂伸长率，说明本发明的聚酯型阳离子型水性含氟聚氨酯具有较好的力学性能；采用悬滴法测定接触角，其对水的接触角达 97°～101°，高于原皮的 80°，说明本发明的聚酯型阳离子型水性含氟聚氨酯具有较好的疏水性；采用行业标准 HGT 3856—2006 绝缘漆漆膜吸水率测定法进行测试，吸收率为 3%，优于原皮的 35%，说明本发明的聚酯型阳离子型水性含氟聚氨酯具有较好的耐水性。

8.5.3 非离子水性聚氨酯皮革涂饰剂

聚氨酯在水中的分散是通过使用外乳化或者内乳化来实现的，使用外乳化制备的水性聚氨酯，其工艺实现过程较难，需要严格控制，而且外乳化制备的水性聚氨酯稳定性较差。使用亲水性离子基团获得的水性聚氨酯胶膜具有高弹性、高拉伸强度、较好的耐水性和耐候性。但是它们作为聚电解质，对电解质和低温环境很敏感，而往往水性聚氨酯在使用时需要加入不同酸性或碱性的电解质溶液作为助剂。此外离子型水性聚氨酯多采用三乙胺或乙酸为中和剂使得乳液的 VOC 含量升高。

非离子水性聚氨酯通过在聚氨酯链上引入重复的氧化乙烯作为亲水基团，从而使聚氨酯分散在水中[33,34]。

专利 CN 101638472A[35]以多异氰酸酯、大分子聚醚多元醇，大分子聚酯多元醇以及小分子扩链剂和非离子型亲水扩链剂三羟甲基丙烷聚乙氧基单丁醚合成了侧链非离子型水性聚氨酯。乳液具有高固含量、低黏度和较好的稳定性，具有耐酸、耐碱和耐电解质特性，可作皮革涂饰剂使用。

举例：在干燥氮气保护下，将真空脱水后的数均分子量为 1000，羟值为 1.96mmol/g 的聚氧化丙烯二醇（N210）50g，异佛尔酮二异氰酸酯（IPDI）44.4g 加入反应器中，在机械搅拌下控制温度在 85℃反应 2h；降低体系温度至 40℃，同时加入一缩二乙二醇（DEG）8.2g，三羟甲基丙烷聚乙氧基单醚 12g，三羟甲基丙烷（TMP）1.5g；并加入 10mL 丙酮及二月桂酸二丁基锡（T-12）、辛酸亚锡（T-9）各 0.1g，在机械搅拌下控制温度在 60℃反应 3h。待反应生成的预聚体中异氰酸酯基团含量不再变化时，降温至室温，再在高剪切力下加入 142mL 水，进行乳化，5min 后得到透明的水性聚氨酯乳液。将所得的水性聚氨酯乳液在 50～60℃通过减压蒸馏 20min 脱去溶剂，即得固含量为 45%的侧链非离子型水性聚氨酯乳液产品。

8.5.4　两性离子水性聚氨酯皮革涂饰剂

丹东轻化工研究院[36]利用甲苯二异氰酸酯、聚醚多元醇和聚酯多元醇，以及丁二醇和自制异氰酸酯交联剂合成了聚氨酯水乳液系列产品 DPU9156-9159，该系列产品是阴离子和非离子混合型并经交联的水乳液。乳液稳定，成膜强度高，成膜光滑、平整、耐热、耐寒，适用于各种皮革的涂饰，赋予了成革优美的外观和良好的手感。其系列产品的性能如表 8-4 所示。研究发现，随着交联剂用量的增加，成膜的耐热性和耐水性都明显提高，交联剂用量为 10%时，耐热性达到 180℃，耐水性达到 35%，分别相比于未加交联剂提高了近 100℃和降低了 85%。在预聚物中引入非离子基团，明显提高了乳液的外观性能，但成膜的耐水性明显降低，一般非离子用量部超过树脂量的 15%。

表 8-4　DPU9156-9159 系列产品的性能

名称	拉伸强度 /(N/mm²)	断裂伸长率/%	撕裂强度 /(N/mm)	脆裂温度 /℃	耐水性 /%	耐溶剂性 /%
DPU9156	0.75	387	16.98	−40	49.8	溶胀
DPU9157	11.06	482	30.35	−40	14.9	10.0
DPU9158	22.05	440	55.88	−40	14.4	16.4
DPU9159	34.15	315	72.18	−40	5.6	13.0
DEKTANE1427①	21.2	250	48.6	−40	76.2	19.8
WU-2518②	14.6	230	61.49	−35	72.7	14.7

① DEKTANE1427 为硬性树脂（进口样品）。

② WU-2518 为硬性树脂（进口样品）。

该系列产品经金州制革厂、丹东制革厂、天津市第二制革厂用于绵羊服装、猪服装、牛修软面革的涂饰，具有黏着牢固、遮盖力强、耐寒耐热性能好的特点。实际配方和操作例见表8-5、表8-6。

表8-5　黄牛轻修软面革

项目	颜料膏/kg	DPU9157/kg	水/kg
底层浆	1	2	2
中层浆	1	2	2
上层浆	2	1	0.5

具体操作：喷底浆3枪，熨平，温度80～90℃，压力14Pa。喷底浆1枪，喷中浆2枪，喷光1枪，熨平，温度80～90℃，压力10Pa，出成品。

表8-6　猪正面服装革

项目	颜料膏/kg	DPU9156/kg	水/kg
配方	1	2	2

具体操作：揩一次，喷一枪硝化棉乳液。摔软30s即可。

8.6　改性水性聚氨酯皮革涂饰剂

8.6.1　丙烯酸酯改性水性聚氨酯皮革涂饰剂

水性聚氨酯皮革涂饰剂在使用过程中无毒、无污染、成膜能力强、黏结性好，具有良好的物理机械性能、优异的耐寒性、弹性以及光泽，但因水性聚氨酯分子结构中含有一定量的亲水基团，形成的涂膜耐水性不好，尤其作为涂饰剂使用时，不耐湿擦，而且机械强度也不及丙烯酸树脂[37,38]。近几年来，国内外许多学者对丙烯酸酯改性水性聚氨酯进行了大量的改进研究，被誉为第3代水性聚氨酯。目前用在皮革涂饰剂中的丙烯酸改性水性聚氨酯技术方法主要有共混交联法、溶液聚合法、种子乳液聚合法、互穿网络聚合法等。

8.6.1.1　共混交联法

共混交联法是最早用于制备PUA复合乳液的方法。它是将稳定的水性PU乳液和PA乳液混合均匀，得到共混型水性PUA复合乳液。其中聚氨酯软段与丙烯酸树脂的分子链有较好的相容性，共同构成非晶区，使得丙烯酸树脂较均匀地分散在材料中，可以在一定程度上改善整个材料的耐热性能。但是这种乳液只是两种乳液的简单共混，PU组分和PA组分的相容性不理想，乳液涂膜不透明、易开裂、外观较差。曾小君等[39]用聚酯型阴离子水性聚氨酯（PU）与聚丙烯酸酯（PA）乳液进行机械共混，制得水性PU和PA的共混乳液PU/PA，其力学性能比较见表8-7。由于PUA共混物中存在着PU与PA的相分离，经过共混改性后的PU/

PA 膜的拉伸强度、硬度增大，断裂伸长率降低。

表 8-7　PU、PA 及 PU/PA 胶膜的力学性能

项目	PU	PA	PU/PA
拉伸强度/MPa	7.80	11.34	13.12
伸长率/%	610.3	32.5	74.0
邵尔 A 硬度	38.0	64.8	66.0

　　Yoshihiro O 等[40]以水合肼或其衍生物为聚氨酯扩链剂，在丙烯酸中引入功能酮基或醛基，PU 和 PA 混合后，水合肼与功能酮基或醛基发生酮肼交联。采用该方法改性可以得到兼有水性聚氨酯和丙烯酸乳液性能的共混物，涂膜硬度、光泽和耐水性等性能都有明显的改善。

8.6.1.2　溶液聚合法

　　溶液聚合法制备水性 PUA 乳液的工艺：首先合成丙烯酸多元醇，然后在有机溶剂中由异氰酸酯与丙烯酸多元醇发生缩合反应得到聚氨酯树脂。减压除去有机溶剂，利用体系中加入的助溶剂、聚合物中的亲水基团制备丙烯酸酯改性水性聚氨酯（PUA）乳液。熊远钦等[41]首先将丙烯酸羟乙酯、甲基丙烯酸缩水甘油醇对树枝状多元醇（DPAM-OH）进行改性，获得丙烯酸多元醇，然后与 TDI 反应制备丙烯酸酯改性水性聚氨酯（PUA）乳液。该乳液涂膜具有理想的硬度和柔韧性，良好的附着力。左常江等[42]将丙烯酸、丙烯酸羟丙酯、苯乙烯等通过乳液共聚制得丙烯酸多元醇，再和甲苯二异氰酸酯（TDI）通过内乳化法制得预聚体，然后用二羟甲基丙酸进行扩链，制得丙烯酸酯-水性聚氨酯（PUA）乳液涂料树脂。该涂料树脂制得的涂膜的强度、丰满度、光泽、硬度等综合性能均优于传统的同类树脂，其中拉伸强度和伸长率分别为 20MPa 和 540%，可作为皮革涂饰剂使用。陈建兵等[43]用含氟丙烯酸酯通过乳液聚合的方法对水性聚氨酯进行改性，制备皮革顶层涂饰剂。结果表明：当氟在整个分子链段中的质量分数达到 8% 以上，亲水基团（—COOH）质量分数达到 1.8% 左右，采用可挥发性有机碱中和，可以获得具有较低膜吸水率与较低表面能的皮革顶层涂饰剂。

8.6.1.3　种子乳液聚合法

　　先制备含亲水基团的聚氨酯预聚体，然后降温加入丙烯酸酯类单体稀释，中和搅拌均匀后加去离子水乳化，然后加入引发剂和丙烯酸酯单体，在 PU 水乳液中进行自由基聚合制备 PUA 复合乳液。WPU 乳胶粒内部憎水链段相对集中，胶粒外表面分布亲水性离子基团，从而形成稳定的胶体体系。丙烯酸酯类单体在 PU 胶粒内部聚合，形成核/壳结构的核，聚氨酯包裹着 PA，作为核/壳结构的壳，形成了具有核/壳结构的 PUA 乳液。

　　陈向荣等[44]发明了一种丙烯酸酯改性水性聚氨酯纳米复合水分散体，用丙烯酸羟烷基酯类单体部分封端的非离子型、阴离子型或阳离子型聚氨酯类大分子单体

水分散体，通过常规的乳液聚合方法使该 PU 大分子单体与丙烯酸酯类单体共聚，形成具有核/壳结构的复合纳米水分散体；水分散体系以 PU 为壳，PA 为核，且核壳之间通过共价键连接并具有微相分离结构，涂膜致密、平整、光亮，具有优异的附着力、硬度、耐水性、耐溶剂性，可用于皮革涂饰。郭平胜等[45]采用无皂乳液聚合的方法，制备出了具有核壳结构的水性聚氨酯-丙烯酸酯复合乳液（PUA）。通过对乳液的黏度、粒径、涂膜的耐水性、力学性能和热性能等的测定，讨论了阴离子水性聚氨酯的用量对 PUA 乳液和涂膜性能的影响。结果显示：在水性聚氨酯用量为 50% 时，随着水性聚氨酯用量的增加，乳液的粒径逐渐减小、表观黏度增大；PUA 乳液涂膜的耐水性、力学性能和热稳定性以及附着力、冲击强度、硬度和柔韧性较好。李树材等[46]以水性聚氨酯为高分子乳化剂进行丙烯酸酯乳液聚合，制备了聚氨酯-丙烯酸酯复合乳胶，探讨了影响乳胶粒径、黏度、稳定性、涂膜附着力和光泽度等性能的因素。此外，还将乳胶和由小分子乳化剂制备的聚丙烯酸酯乳胶的稳定性和涂膜附着力进行了比较。结果表明，以高分子乳化剂制备的乳胶稳定性和涂膜附着力优于用小分子乳化剂制得的乳胶。CN 102558460 A[47]公开了一种丙烯酸酯接枝的水性聚氨酯乳液及其制备方法。将聚醚多元醇、二羟甲基丙酸和异佛尔酮二异氰酸酯进行预聚反应，再加入乙二胺和丙烯酸羟乙酯，进行扩链反应；通过加入丙烯酸酯混合单体，降低体系黏度并加入三乙胺中和，在高速剪切下加入去离子水乳化、分散，得到乳液；再滴加丙烯酸酯混合单体及引发剂反应后得到 PUA 乳液。本方法制备的乳液粒径小，分布窄，各种力学性能优良，可应用于皮革涂饰。

8.6.1.4　互穿网络聚合法

互穿聚合物网络法是指两种或两种以上聚合物分子链相互贯穿、强迫互容的复合体系，体系中至少有一组分是交联结构，这种网络结构一般是在一种聚合物存在下，另一种单体溶胀在该种聚合物内进行聚合、交联而得到的互穿网络结构，可以在分子水平上发生相互作用。互穿聚合物网络是一种多相、多组分的聚合物，其组成至少有一类为交联结构，比核/壳聚合物的相容性更好。

耿耀宗[48]发明了一种新型聚氨酯/聚丙烯酸酯胶乳互穿网络聚合物乳液材料及其合成工艺，该乳液胶粒的粒径为 30～100nm，核为聚氨酯-聚丙烯酸酯接枝共聚物、核次外层为聚丙烯酸酯互穿网络聚合物、最外层为聚氨酯亲水聚合物。其合成工艺是：用分步法合成具有聚氨酯/聚丙烯酸酯胶乳互穿网络聚合物预聚体，再合成聚氨酯羧基溶液并进行离子化；在高速搅拌下，将预聚体加入到离子化的聚氨酯溶液中，进一步将稀释剂蒸出并回收，随后在 70～90℃ 反应 2h，降温得到具有多层结构的乳液材料，该乳液适于作皮革涂饰剂。

接枝 IPN 法有两种，一种是通过含不饱和双键、活泼氢的双官能团单体与多异氰酸酯反应，制得含不饱和双键的预聚体，然后分散在水中形成乳液，再将丙烯酸酯单体加入其中，加入引发剂进行自由基聚合，从而获得性能优异的 PUA 产品。另一种是先分别制得带有官能团的 PU 和 PA 乳液并混合，经缩聚和交联，得到互穿网络聚合物 PUA。

文献[49]也报道了一种接枝互穿网络结构的丙烯酸-水性聚氨酯乳液皮革涂饰剂。丙烯酸水分散体是由甲基丙烯酸甲酯/丙烯酸丁酯/丙烯酸-2-乙基己酯/羟甲基丙烯酰胺单体按摩尔比 30∶30∶30∶2 的比例混合，经核/壳乳液聚合，获得具有核/壳结构的丙烯酸酯乳液，然后将质量分数 20% 的上述核/壳结构（甲基）丙烯酸酯乳液、渗透剂和水，配制成皮革底漆；然后在该底漆涂膜表面涂覆由质量分数 40% 的聚氨酯水分散体、质量分数 20% 的上述核/壳结构（甲基）丙烯酸酯乳液、色浆和水配成的面漆，能获得具有耐寒、耐热性能优异的皮革涂饰剂。

8.6.2 环氧树脂改性水性聚氨酯皮革涂饰剂

环氧树脂是含有环氧基团的高分子，具有化学稳定性好、黏结力强、收缩率低、机械强度高、模量高等优点，利用其改性水性聚氨酯可以提高其力学性能、耐溶剂性能、耐热性等，目前主要的改性方法有机械共混、接枝共聚、环氧开环三种。

8.6.2.1 机械共混

环氧树脂共混改性水性聚氨酯是将适量的环氧树脂分散于预先合成的聚氨酯预聚体中，利用聚氨酯链中的亲水基团乳化得到改性的聚氨酯乳液。在乳化中，环氧树脂应无亲水性，被包覆于聚氨酯链中形成核/壳结构。

辛中印等[50]选用环氧树脂 E-51 和自制的水性聚氨酯乳液，采用机械共混的方法制备了一系列不同环氧含量改性水性聚氨酯涂饰剂，分别将 0、2%、4%、6%、8% E-51 含量的样品标记为 EPU-0、EPU-2、EPU-4、EPU-6、EPU-8。随着 E-51 加入量的增大，乳液黏度和表面张力增大，乳液的平均粒径变大；涂膜的拉伸强度随着环氧树脂用量的增加而提高，而涂膜断裂伸长率和回弹性随着环氧树脂用量的增加而下降。EPU 的拉伸强度和断裂伸长率详见图 8-1 和图 8-2，在不同溶液中的溶胀性能如表 8-8 所示。

表 8-8 EPU 在不同溶液中的溶胀率

样品	丙酮/%	去离子水/%	5% NaOH/%	5% H$_2$SO$_4$/%	5% NaCl/%
EPU-0	28.39	10.92	16.78	18.14	11.42
EPU-2	24.91	8.68	13.14	16.34	9.25
EPU-4	18.93	6.60	10.19	13.02	6.89
EPU-6	16.37	5.75	7.11	9.08	4.73
EPU-8	15.16	3.39	5.10	5.40	3.69

注：EPU-0、EPU-2、EPU-4、EPU-6、EPU-8 分别为 E-51 含量 0、2%、4%、6%、8% 的样品。

8.6.2.2 接枝共聚

共聚法主要是利用环氧树脂链两端的环氧基优先与聚氨酯预聚体进行共聚反

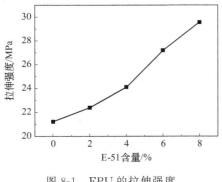

图 8-1 EPU 的拉伸强度

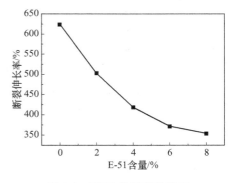

图 8-2 EPU 的断裂伸长率

应，其次是环氧树脂分子上的羟基参与其反应制成预聚体，另外氨基甲酸酯基与环氧基发生开环反应。

王焕等[51]选用环氧树脂（E-51）为改性剂，以异佛尔酮二异氰酸酯（IPDI）、聚醚多元醇（N220，$M_n = 2000$）、聚酯多元醇（POL-220，$M_n = 2000$）、二羟甲基丙酸（DMPA）等为主要原料合成了水性聚氨酯乳液。研究发现 E-51 加入量在 7% 以下均可得到稳定的乳液，随着 E-51 含量的增加，胶膜的硬度和拉伸强度逐渐增大，7% 时达到最大值，而吸水率则呈相反的趋势。周海峰[52,53]等也采用共聚的方法将 E-51 引入聚氨酯分子链中得到水性聚氨酯，得到了类似的结果。戴震等[54]采用先将 E-51 与异氰酸酯反应，再加入大分子多元醇进行预聚反应，最后加入小分子扩链剂进行扩链反应的方式也合成了一系列环氧树脂改性水性聚氨酯产品，其性能也得到了较大程度的提高。

环氧树脂的加入工艺不同对乳液的外观和性能影响较大。高双之等[55]分别比较了 E-44 三种加入工艺：（方式一）E-44 与大分子多元醇反应初期同时加入；（方式二）E-44 与二羟甲基丙酸反应中期同时加入；（方式三）E-44 与三羟甲基丙烷反应后期同时加入。其结果见表 8-9。

表 8-9　环氧树脂加入方式的影响

加入方式	改性前	方式一	方式二	方式三
乳液外观	蓝色透明	乳白色,不透明	浅蓝色,不透明	浅蓝色,不透明
黏度/s	14.1	22.1	19.8	18.6
硬度	0.45	0.78	0.73	0.71
吸水率/%	31.24	6.75	7.52	8.33
拉伸强度/MPa	7.81	13.60	12.35	11.90
断裂伸长率/%	379.35	198.23	247.02	288.30

注：E-44 加入量为 4.5%。

8.6.2.3　环氧开环

由于环氧树脂分子结构中存在碳氧原子组成的三元环，具有很强的开环能力和特殊的电子云分布，致使环氧基反应活性很高。通过引入其他分子开环接入水性聚氨酯中，可以得到功能性三元体系的水性聚氨酯材料。

黎兵等[56]采用硅烷偶联剂 KH-550 开环环氧树脂 E-51 得到了多羟基的组分，并利用该组分合成了稳定的水性聚氨酯产品。通过接触角测试表明，经过 KH-550 开环的水性聚氨酯胶膜的接触角明显得到提高，最大接触角达到了 78°，较未改性的提高了 26°，提高了水性聚氨酯的耐水性，拓展了其应用领域。杨伟平等[57]利用乳酸在 110～120℃对 E-51 进行开环，然后与异佛尔酮二异氰酸酯和扩链剂反应合成了稳定了水性聚氨酯材料。该研究中最大环氧树脂的加入量增加到了 10%，并且合成乳液稳定，无沉淀，而 12%时只有少许沉淀。随着改性环氧树脂加入量的增大，耐乙醇和耐水性能变好。可能因为加入量的增大，交联网络的数目不断增大，阻碍了小分子的渗透。王继印等[58]用二乙醇胺开环 E-44，并利用该产物作为扩链剂合成水性聚氨酯，但是加入量较少，含量在 3%～4.5%可以获得稳定的乳液。

8.6.3　有机硅改性水性聚氨酯皮革涂饰剂

有机硅改性的水性聚氨酯具有良好的低温柔顺性和介电性，且有机硅的表面富集性和憎水性可以提高聚氨酯材料的耐水、耐候等性能。用于改性聚氨酯的有机硅主要是氨基硅氧烷低聚物和羟基硅油。制备的有机硅改性的水性聚氨酯皮革涂饰剂成品，分子结构中既有聚氨酯链段，又有聚硅氧烷链段；既有足够的亲水基，又有适量的交联点。产品既有聚氨酯的力学性能，又有有机硅的防水、防污、耐磨性能。

8.6.3.1　胺类硅烷偶联剂改性

专利 CN 1854165A[59]采用胺类硅烷偶联剂与异氰酸酯的反应将有机硅引入聚氨酯分子链中。胺类硅烷偶联剂不仅与残留的异氰酸酯基反应使得预聚物扩链，而且可水解基团的水解缩聚也可以使预聚物扩链和交联，使得有机硅改性聚氨酯材料耐水性大大提高。有机硅的存在，赋予了材料较低的表面能和良好的手感，使得其使用温度范围更广，可作皮革涂饰剂使用。

CN 102827340 A[60]将梯形聚倍半硅氧烷：氨基硅烷偶联剂：催化剂：有机溶剂的质量比为 100：10～100：0.05～5：300～500 的上述材料混合后，在温度为 45～60℃下进行搅拌反应；蒸去有机溶剂和催化剂，得到含氨基的梯形聚倍半硅氧烷，再与端基为—NCO 的亲水性聚氨酯预聚体反应，乳化获得了储存性能良好，硬度和耐水性得到改善，耐热性也显示出优异性能的有机硅改性水性聚氨酯复合材料。

王军兰等[61]制备了性能优良的具有核壳结构的水性聚氨酯乳液，然后以此乳液作为种子乳液进一步与丙烯酸酯及有机硅反应制成无皂共聚乳液，将其用作皮革表面涂饰剂，光泽度好、手感丰满、柔软并有明显的防水性能，能持久保持光泽。

8.6.3.2　羟基硅油改性

冯林林等[62]以 2,4-甲苯二异氰酸酯、二端羟丁基聚二甲基硅氧烷（DHPDMS）、聚四氢呋喃醚二醇、1,4-丁二醇为主要原料合成了系列的有机硅改性聚氨酯（Si-PU）。红外光谱测试表明 DHPDMS 已被化学键入聚氨酯分子链中。随 DHPDMS 含量的提高，Si-PU 接触角增大，表面张力减小；当 DHPDMS 含量超过 5％时，两者渐趋于恒定。随温度升高，Si-PU 接触角增大；超过 50℃后，接触角渐趋于恒定。DHPDMS 含量越高，接触角趋于恒定时的温度越低。研究表明，DHPDMS 含量为 5％时，Si-PU 具有较好的表面与力学性能。

蔡福泉[63]等首先将甲苯二异氰酸酯与聚醚多元醇反应得到异氰酸酯封端的预聚体，然后在氮气的保护下采用二羟基丙酸和聚硅氧烷低聚物扩链改性，再引入有机硅交联剂进行交联反应制备了环保型有机硅改性聚氨酯高档真皮涂饰剂。有机硅氧烷具有非极性、表面能低、不结晶，由此决定了聚硅氧烷具有低玻璃化温度和表面张力，优良的耐高低温、耐水、防黏、耐氧化、耐候、耐辐射等优点。把聚硅氧烷链段引入聚氨酯树脂结构中，提高其柔顺性、耐水性，改善手感，用于皮革涂饰，可提高皮革表面的滑爽度。

尹力力等[64]用端羟烷基改性聚硅氧烷、聚丁二烯二醇、甘油三醇、二羟甲基丙酸、异佛尔酮二异氰酸酯等原料合成高粘接性的水性聚氨酯树脂皮革涂饰剂 DPU-01。测试表明：DPU-01 比用普通聚酯、聚醚合成的聚氨酯树脂具有更强的结合力，耐干摩擦牢度可以达到 4 级以上，并且在皮革上成膜用不干胶带撕不掉，达到了皮革涂饰高牢度的要求。

樊小景等[65]采用两步法合成了一系列以羟基硅油（HPMS）/聚醚二醇（PT-MG）为软段，异佛尔酮二异氰酸酯为硬段的自乳化双软段水性聚氨酯微乳液，该乳液用作皮革涂饰剂可使革的光泽、手感以及机械强度都有所提高，涂层耐干湿擦性能良好，憎水性得到改善，适宜作顶层涂饰剂。

宋海香等[66]用羟基硅油对阴离子水性聚氨酯进行改性，改性产物增加了聚氨酯软、硬段的相容性；当聚醚硅氧烷二醇与聚丙二醇的质量比为 20％时，改性的 WPU 乳液抗冻性和流平性较好，涂饰皮革时显示出良好的黏结力、革样的手感光滑，防水性能也得到了显著的提高。

CN 102093538 A[67]公开了一种有机硅改性的单组分水性聚氨酯皮革涂饰剂的合成工艺。以聚醚二元醇、甲苯二异氰酸酯、双羟基丙酸、1,4-丁二醇、八甲基环四硅氧烷、聚氮丙啶等为主要原料，经预聚、扩链、季胺化、乳化等过程制备稳定的自交联、自乳化型单组分水性聚氨酯皮革涂饰剂。水性聚氨酯胶膜耐水、耐热性好，涂层耐磨、耐干、湿擦牢度好，能满足沙发革等高档皮革涂饰要求。在乳液状态，根据"相似相溶原则"，含亲水基的聚氨酯链段朝向水相，疏水的聚硅氧烷链段包裹在粒子内部，形成稳定乳液；成膜时，分子结构中的软段、硬段微观相分离，重新取向、迁移；因有机硅表面能低，有机硅从涂层内侧迁移至表面，提高了涂膜的防水、防污、耐磨性能。

8.6.4　纳米材料改性水性聚氨酯皮革涂饰剂

纳米材料是指三维空间中至少有一维处于纳米尺度范围（1～100nm）的材料。近年来，随着纳米技术的不断进步，纳米材料的种类日益增多，纳米技术和纳米材料已成为科学研究和材料开发的热点，渗透到材料科学研究的各个领域。由于无机材料具有高强度、高刚性、高硬度等特点，而且性能长期稳定、使用寿命长，因此可以通过无机纳米粒子来改性聚氨酯从而提高其性能和拓展使用范围。纳米材料的主要特点有：①纳米微粒表面的原子或分子单元在整个粒子中占有很大的比重，由于外层与内部粒子的性质不同，因此表面原子或分子单元的高含量就为纳米杂化材料在某些光学材料中的应用提供了广阔的前景。②纳米材料中晶体内缺陷出现的概率小，晶体的规整性强，这为杂化材料提供了较好的强度性能。③纳米粒子尺寸小，因而同样体积的本体，由纳米微粒组成的方式要比较大尺寸粒子的组成方式多得多，这就为制备多样化材料提供了条件。④纳米材料具有特有的表面效应、量子尺寸效应和体积效应等，使纳米/聚合物杂化材料表现出传统固体材料不具有的化学性能、力学性能、电学性能、磁学性能和光学性能等。

8.6.4.1　有机蒙脱土改性

专利CN 101544820A[68]首先使用季铵盐如十六烷基三甲基氯化铵、十八烷基二羟乙基甲基溴化铵等，有机胺如乙二胺、十八胺、硅烷偶联剂和多异氰酸酯等对蒙脱土进行有机化改性制备了有机蒙脱土，然后使用聚氨酯树脂涂饰剂乳液与有机蒙脱土进行插层反应，得到有机蒙脱土/水性聚氨酯复合皮革涂饰剂。使用季铵盐、有机胺、硅烷偶联剂和多异氰酸酯等对蒙脱土进行有机化改性，增大了蒙脱土的层间距，改善了片间的微环境，增加了蒙脱土与有机相的相容性，有利于乳液的稳定。通过有机蒙脱土对聚氨酯树脂涂饰剂的插层复合，提高了涂饰材料的力学性能，与单纯的聚氨酯相比，拉伸强度提高了1～3倍，断裂伸长率在不影响使用性能的条件下略有下降；有机蒙脱土以纳米尺寸分散在聚氨酯的基质中，其纳米效应和小尺寸效应使材料的耐热稳定性有了很大程度的提高，与单纯的聚氨酯相比，热分解温度提高了10～30℃，耐水性及透水汽性能有所提高。作为皮革涂饰材料用于皮革涂饰，可以显著提高涂饰的机械强度、耐热稳定性，对涂层的耐水性、卫生性能等有积极的作用。

专利CN 101565588A[69]使用季铵盐、有机胺、硅烷偶联剂和多异氰酸酯或者氨基酸等对凹凸棒土进行有机化改性，然后通过乳液共混或者原位聚合的方法将有机凹凸棒土在纳米水平上分散于水性聚氨酯的基质中，得到了有机凹凸棒土-水性聚氨酯纳米复合皮革涂饰剂。同有机蒙脱土改性水性聚氨酯一样，有机凹凸棒土-水性聚氨酯纳米复合皮革涂饰剂提高了涂饰材料的力学性能、耐热稳定性和耐摩擦强度，对涂层的耐水性、卫生性能等有积极的作用。

CN 101597461A[70]涉及了一种可多重固化水性超支化聚氨酯无机纳米材料杂化涂饰剂及其制备方法。此发明采用 UV 固化、红外固化和热固化结合起来的多种固化体系，利用光固化使体系快速定型或达到表干，然后利用红外固化或者热固化使得固化完全。利用该固化方式拓展了光固化体系的应用范围。该涂饰剂涂饰后所得涂膜具有平整、光滑、耐温、耐油等特点，同时具有极佳的低温柔韧性能。皮革采用该涂饰剂涂饰后，具有光泽高、手感好、耐磨耗、不易断裂、弹性好、耐水和耐曲挠性能优良等性能。此外，本专利通过季戊四醇、超支化多元醇或其他多官能团多元醇来合成超支化聚氨酯涂饰剂，由于其分子内含有超支化结构，明显改善了聚氨酯的力学性能，并提高水分散液的固含量。

专利 CN 102251400 A[71]首先通过对锂皂土进行有机化改性，改善了锂皂土的层链间片层的表面微环境和与聚合物的润湿作用，提高了其在聚氨酯基质中的分散和与聚氨酯分子链的相容性，更有利于纳米黏土的特殊效应的发挥，从而提高了复合乳液的稳定性和复合材料的综合性能。然后通过乳液共混或者原位聚合的方法制备了有机锂皂土-水性聚氨酯皮革涂饰剂。有机锂皂土以二维纳米结构分散在聚氨酯基质中，提高了材料的力学性能、耐热稳定性、透水汽性和耐摩擦性能等。有机锂皂土特殊的层状结构和较高的耐热性能显著地提高了复合材料的耐热稳定性，与单纯的聚氨酯相比，热分解温度提高了 $40 \sim 50℃$；聚氨酯有机高分链子与有机锂皂土强烈的界面相互作用，提高了聚氨酯皮革涂饰材料的力学性能；有机锂皂土作为二维纳米粒子，在材料中的高流动性改善了材料的加工性能，使材料表面光滑，摩擦系数变小，耐磨性增强；同时，由于有机锂皂土独特的纳米效应对高分子链有一定的支撑作用，且含有一定的亲水基团，在很大程度上提高了材料的透水汽性能，透水汽速率与单纯的聚氨酯相比，提高了 $1 \sim 2$ 倍。另外，纳米粒子二维纳米结构分散在聚氨酯基质中，在聚合物中的尺寸小于可见光的波长，不会阻碍光的通过，不会影响聚氨酯胶膜的透明度。所以作为皮革涂饰剂材料用于皮革涂饰工艺，在保持涂层的较高透明度的同时，可以显著提高涂层的机械强度、耐热稳定性、耐磨性能和涂层的卫生性能。

8.6.4.2 纳米 SiO_2 改性

张帆等[72]用共混法及原位聚合法合成出水性聚氨酯/纳米二氧化硅（SiO_2）皮革涂饰剂，并对比研究了制备方法对涂饰剂性能的影响。结果显示：原位聚合法获得的涂料中，纳米粒子的分散性更好；加入纳米 SiO_2 对紫外线有屏蔽效应，涂膜耐老化性能提高。

CN 102261000 A[73]首次在无催化剂条件下，采用溶胶-凝胶法在水性聚氨酯体系中引入可水解、缩合的四烷氧基硅烷、三烷氧基硅烷和/或二烷氧基硅烷制备出水性聚氨酯/SiO_2 纳米杂化皮革涂饰剂。得到的水性聚氨酯/SiO_2 纳米杂化皮革涂饰剂稳定性好且呈纳米级分散，成膜光亮，透光性、耐水性、耐磨性、耐刮伤性较好，尤其适合于服装革、沙发革、鞋面革、汽车坐垫革的涂饰。

CN 102796447 A[74]通过嵌段高分子自组装成高分子球型模板，加入正硅酸乙酯在模板上缩合成以高分子为核、二氧化硅为壳的核壳结构，之后溶解内部的高分子，收集直径为 50～80nm 二氧化硅空心微球；再通过加入氨基硅烷偶联剂对二氧化硅空心微球进行表面修饰，得到带有氨基的二氧化硅空心微球，将修饰过的二氧化硅空心微球配成质量分数 1%～3%的水溶液，即获得含有 NH$_2$-SiO$_2$ 的去离子水溶液。将碱中和并调整 pH 值后的聚氨酯在高速搅拌下分散到含有 NH$_2$-SiO$_2$ 微球的去离子水溶液中，待分散均匀后加入胺扩链剂进行扩链，得到固含量为 30%的新型水性聚氨酯的涂饰剂。通过在水性聚氨酯中引入球壁为二氧化硅的空心纳米微球解决目前水性聚氨酯涂饰剂的耐热性与透明性的问题，制得的水性聚氨酯涂饰剂成膜性好、透明，且耐热、耐磨、耐折弯，具有良好的手感与光学性能。

8.6.4.3 纳米 CaCO$_3$ 改性

陈建兵等[75]探讨了用纳米 CaCO$_3$ 改性水性聚氨酯。纳米 CaCO$_3$ 由于粒径在纳米尺寸，表现出优异的性能，广泛应用于塑料、涂料、造纸、油墨等行业。涂料中使用纳米 CaCO$_3$ 能使涂层具有细腻、均匀、快干、光学性能好等优点。主要从纳米 CaCO$_3$ 改性水性聚氨酯材料应用的角度来介绍纳米 CaCO$_3$ 改性水性聚氨酯的电泳涂料、皮革涂饰材料的应用可行性与部分预期性能。

8.6.4.4 纳米 TiO$_2$ 改性

李树材等[76]根据溶胶-凝胶原理，采用聚酯二元醇、异佛尔酮二异氰酸酯（IPDI）、二羟甲基丙酸（DMPA）、钛酸四丁酯（TET）制备了水性聚氨酯-纳米 TiO$_2$ 复合乳液。FT-IR 分析表明，TiO$_2$ 的吸收峰出现蓝移现象；复合乳液的平均粒径为 100nm，电解质稳定性有一定的改善。赵鹏翔等[77]将分散均匀的纳米二氧化钛（TiO$_2$）按不同比例混入工业用聚氨酯乳液中，得到纳米 TiO$_2$/聚氨酯复合膜。当纳米 TiO$_2$ 质量分数为 4%时，复合膜的防水性能、透气性能、物理机械性能和抗菌防霉性能均达到最优，耐候性也有所提高；同时纳米 TiO$_2$ 具有水油双疏性、杀菌作用及阻隔紫外线功能，将其均匀分布在皮革表面，可提高皮革的抗菌和自洁能力、涂层的韧性和强度、耐老化性能、耐水性和耐溶剂性等。

8.6.5 蛋白类改性水性聚氨酯皮革涂饰剂

蛋白类涂饰剂与皮革的相容性好，有着自然的光泽和手感，能突出皮革的天然粒纹，还可以保持皮革本身良好的透气性、透水汽性能和其固有的优越卫生性能。

李伟[78]将一定量的明胶溶液在定量过硫酸铵引发剂存在下加热到 45℃，保温 1h 后加入丙烯酸羟乙酯封端的聚氨酯乳液反应 2h，制得明胶改性聚氨酯皮革涂饰剂。透水汽性能达到聚氨酯涂饰剂的 1.5～2.0 倍；光泽度可以达到纯聚氨酯涂饰剂的 2～3 倍。

刘堃[79]选用甲苯二异氰酸酯（TDI）、聚环氧丙烷二醇（PPG）、1,4-丁二醇

（BDO）、酒石酸（ATC）、三乙醇胺（TEA）等为原料合成聚氨酯水乳液，并在合成过程中添加胶原蛋白和甘油进行改性，得到了稳定的改性产物，其在耐高温性、耐低温性和耐干擦性能上具有可比性，但在光亮度、耐湿擦方面与国外产品相比略有不足。研究发现，随着胶原蛋白加入量的增加，产物的稳定性下降，膜的吸水率增加，透湿性能增加；随着小分子量胶原蛋白加入量的增加，膜的拉伸强度先增大后减小，断裂伸长率增大，硬度减小；大分子量胶原蛋白的增加可适当提高聚氨酯膜的拉伸强度和硬度，但减小了断裂伸长率。

酪素除具有生物质无毒、无污染、降解性和生物相容性等共性之外，还具有成膜光亮度高、耐熨烫、耐摩擦、透气性好，黏附力强等特点，但酪素本身成膜发脆、耐湿擦性不好，通过与其他高分子、单体或交联剂进行接枝或共混，可以极大地提高其力学性能、耐水性、防护性能等[80]。

Ma 等[5]首先采用己内酰胺来改性酪素，并将该改性物以不同比例加入到水性聚氨酯中制备出己内酰胺-酪素-聚氨酯复合改性材料。改性后的材料粒径小，应用于皮革涂饰的涂膜断裂伸长率和耐湿擦性能得到明显提升，但是机械强度和透气性下降。Wang 等[81]分别研究了酪素对水性聚氨酯接枝改性和共混改性的效果。测试可以表明，共混改性材料在力学性能方面的改性效果优于接枝共聚改性材料，酪素的质量分数达到 4％时共混改性的力学性能达到最大值。这是因为共混改性形成的是一个微球，其尺度达到纳米级别，粒径比接枝共聚物的粒径尺度小得多，使粒子具有更好的分散效果。纳米级的微粒具有很大的表面效应和小尺度效应使得共混物的各方面性能得以增强。他们[82]还对水性聚氨酯与酪素复合材料进行交联改性。水性聚氨酯与酪素以质量比 1∶1 混合后，加入乙二醛进行交联（质量分数在小于10％以内），制备出一系列交联改性酪素/水性聚氨酯薄膜。经过交联改性后，酪素/水性聚氨酯体系的相容性得到提升；断裂强度和憎水性也比纯水性聚氨酯、酪素和未经交联改性复合材料有所提高。当交联剂乙二醛的质量分数在 2％时力学性能达到最佳。孙大庆等[83]通过设定合适的反应条件以确保酪素的氨基在水中优先与异氰酸酯发生反应。经该法改性的产品不仅保留了酪素涂饰剂的特点，而且耐干湿擦可达 5 级，明显提高涂饰效果。该改性涂饰剂经多家制革厂分别用于抛光革、压花革、服装革和全粒面苯胺革的顶层涂饰试验，涂层光亮、滑爽、真皮感强、耐高温，是理想的皮革面层罩光用材料。樊丽辉等[84]采用 NaHSO$_3$ 封闭法，用NaHSO$_3$ 封闭—NCO 的聚氨酯改性酪素，在加热过程中，热解闭聚氨酯释放出—NCO 与酪素中的活泼氢反应，显著提高了酪素的耐水性、耐曲挠性；该聚氨酯改性酪素皮革涂饰剂可以用于多种革的底涂、顶涂或面涂，有效改善涂层的塑性、光泽度、手感柔软性。

8.6.6　蓖麻油改性水性聚氨酯皮革涂饰剂

蓖麻油是一种天然可再生植物油，被作为一种经济、高效的交联剂而被广泛使用。结构中含有酯基、双键、羟基等活性基团，以其合成的水性聚氨酯的交联度高、乳液性能好，成膜耐热性好、模量低、柔软且具有潜在的生物降解性。蓖麻油基水性聚氨酯用于皮革涂饰时，显示有良好的增塑作用，涂膜紧实而柔软，耐低温性优良，适合作高档服装革的涂饰。单纯蓖麻油合成的聚氨酯满足不了特定皮革品种的涂饰，因此使用蓖麻油改性多元醇作为合成的原料已逐渐成为改性水性聚氨酯的发展趋势。蓖麻油改性多元醇主要有聚己二酸蓖麻油酯多元醇、聚氧化丙烯-蓖麻油多元醇等。赵凤艳等[85]以聚己二酸改性蓖麻油二元醇、异佛尔酮二异氰酸酯（IPDI）、二环己基甲烷二异氰酸酯（HMDI）、甲苯二异氰酸酯（TDI）、二苯基甲烷-4,4-二异氰酸酯（MDI）四种异氰酸酯以及二羟甲基丁酸（DMBA）为基本原料，用自乳化法合成了蓖麻油基水性聚氨酯乳液。蓖麻油基水性聚氨酯相比普通聚酯基水性聚氨酯而言，具有较好的力学性能，良好的热稳定性和低结晶性等，可作为一种新型皮革涂饰剂使用。

8.6.7　硝化纤维素改性水性聚氨酯皮革涂饰剂

目前，硝化纤维素在皮革涂饰方面应用日趋广泛，它是一种非热塑性材料，常用作光亮剂，具有良好的成膜性能，可以提高皮革涂层的光亮度，且手感丰满、表面滑爽，同时也能够提高皮革的硬度和拉伸强度等物理性能[86]。但其低温易脆，需用增塑剂，但增塑剂的迁移会出现变脆、变黄。为提高硝化纤维素涂饰剂的性能，各种成膜材料被用于对硝化纤维素的改性[87,88]。

将纤维素特别是纳米纤维素晶须引入水性聚氨酯体系中可以改善涂膜的机械强度和变形性[89~91]。CN 102504167 A[92]在丙酮法制备水性聚氨酯的基础上，加入硝化纤维素的丙酮溶液，搅拌均匀，再依次加入中和剂、水和二胺类扩链剂，在高速搅拌的剪切力作用下进行乳化形成乳液，然后蒸馏除去丙酮，制得硝化纤维素改性水性聚氨酯树脂。该树脂的物理性能好、耐水解、耐溶剂，作为涂饰剂，增加皮革的美观和手感，提高皮革的档次。

8.7　水性聚氨酯皮革涂饰剂的应用

8.7.1　光亮型水性聚氨酯皮革涂饰剂

CN 102493198 A[93]以水乳型阴离子聚氨酯树脂和水性树脂用消泡剂、有机硅类流平剂、有机硅手感剂、水性聚氨酯用增稠剂等助剂调节得到了光亮型水性聚氨酯皮革涂饰剂。此发明解决了中低模量水性聚氨酯树脂防黏性能较差的问题，产品的光泽度、透明性、防黏性能和低温储存稳定性都优于现有的溶剂型聚氨酯皮革处理剂。

CN 102733198 A[94]以聚碳酸酯二醇、二异氰酸酯、含羧基二元醇、小分子二元醇、胺扩链剂等合成了水性聚氨酯，再将所得到的水性聚氨酯在搅拌下添加丙二醇碳酸酯或双端羟基聚醚改性硅油后得到用于皮革表面涂饰的水性聚氨酯光油。该水性环保型聚氨酯光油不仅具有良好的环保性，还具有储存稳定性好、成膜光亮、耐光耐黄变、耐溶剂、耐干湿擦、能保持皮革的真皮手感的优点。

水性聚氨酯皮革光亮剂可使成革表面光亮平滑、耐水、耐摩擦、耐寒、耐曲折、耐有机溶剂，是目前国内使用较多的一种高档光亮剂[95,96]。

唐邓等[97]以聚氧化丙烯二醇、聚己二酸己二醇酯、异佛尔酮二异氰酸酯等合成水性聚氨酯皮革光亮剂。研究结果表明，当聚酯和聚醚的质量比为 2：1，交联剂三羟甲基丙烷用量为 1.5％时，制得性能优异的水性聚氨酯皮革光亮剂。

8.7.2　消光型水性聚氨酯皮革涂饰剂

由于水的表面张力较大，水对消光粉的润湿能力不如溶剂型聚氨酯体系。CN 102533079 A[98]选用了合适的润湿分散剂提高消光粉在聚氨酯树脂中的分散性。在加入润湿分散剂后，体系的表面张力大大降低，消光粉更容易通过搅拌分散，使涂抹透明度有了明显的提高，而且由于丙烯酸树脂和聚氨酯树脂相容性并不是很好，涂膜烘干后会形成轻微的相分离，增加涂膜表面的粗糙度，提高了表观的消光度。

8.7.3　防污自清洁水性聚氨酯皮革涂饰剂

"自清洁"概念自 20 世纪 90 年代提出以来，相关方面的研究和商品化进程发展迅速。防污自清洁涂料以其环保和节省清洗费用等优点，越来越受到市场的青睐，也受到学术界的广泛关注。聚氨酯材料及其制品在长期使用过程中极易被污染，造成生物污损，因此开发具有防污自清洁性能的水性聚氨酯涂料具有很重要的应用价值。具有防污自清洁性能的涂饰剂可以赋予皮革及其制品抗蛋白和微生物吸附、防污、杀菌等性能，从而达到自清洁的目的。这不仅有助于提高皮革及其制品的档次，增加涂料本身的附加值和皮革的使用寿命，而且在环保、节能方面具有显著的社会效益和经济效益。

CN 102643598 A[99]首先利用大分子引发技术，合成了以聚氨酯为主链，聚乙二醇为侧链的新型共聚物，然后通过溶胶-凝胶的方法将纳米 TiO_2 引入到聚乙二醇接枝的聚氨酯共聚物基体中，制备出新型聚乙二醇接枝的聚氨酯纳米复合皮革涂饰材料。结合聚乙二醇优良的抗蛋白吸附性能和 TiO_2 的光催化活性以及纳米粒子特有的纳米效应，在不影响涂饰材料的透明度和成膜性能的同时，可以显著提高涂层的光催化自清洁性、抗蛋白和微生物吸附性能、杀菌防霉性，以及涂层的机械强度、耐热稳定性、耐磨性、抗紫外老化性能和卫生性能。

CN 102977757 A[100]首先将含有巯基的二元醇与含有 C═C 双键的单体采用紫外线照射引发技术制备含有防污性能的双羟基小分子扩链剂单体，利用缩聚反应将其引入到含有亲水基团的聚氨酯基体中，得到具有防污性能的水性聚氨酯皮革涂饰剂。具有防污性能的小分子扩链剂具有良好的抗蛋白吸附性能，赋予聚氨酯优异的抗蛋白和微生物吸附的性能。在保持涂层的较高透明度和成膜性能的同时，可以显著提高抗蛋白吸附、杀菌防霉等性能。

8.7.4 紫外线固化水性聚氨酯皮革涂饰剂

传统的皮革涂饰用水性聚氨酯，均采用热固化方式，虽然操作简单，对设备要求不高，但成膜固化速率慢，涂层较厚时可能产生倒挂现象，这些缺点对现代流水线生产工艺产生了一定影响。紫外线固化涂料在汽车、建筑行业已经得到广泛应用，技术成熟，将该技术引入皮革行业是皮革涂料发展的趋势。

专利 CN 101514275A[101]公开了一种枝型分子结构可光/热固化水性聚氨酯涂饰剂及其制备方法。首先由二异氰酸酯与二元醇制得含有可电离基团的聚氨酯预聚体，再通过加入二异氰酸酯（摩尔分数 4%～13%，分子量不大于 400），羟基官能团数不小于 4 的多元醇制备枝型结构的聚氨酯，然后加入含羟基的丙烯酸酯进行反应得到含有双键的聚氨酯，最后中和乳化得到枝型分子结构可光/热固化水性聚氨酯涂饰剂。该水性聚氨酯涂饰剂所得的胶膜具有平整、光滑、耐温、耐油等特点，同时具有极佳的低温柔韧性能。皮革采用本发明的涂饰剂后，具有光泽高、手感好、耐磨耗、不易断裂、弹性好，耐水性能和耐曲挠性能优良等特点，能显著提高所涂皮革的表观质量，此外涂饰剂由于分子内具有枝型结构，可明显改善聚氨酯的力学性能，该水性聚氨酯涂饰剂可应用于鞋面革、服装革、沙发革等领域。

参 考 文 献

[1] Kyung H H，Gang S. Photoactive Antimicrobial Agents/Polyurethane Finished Leather [J]. Journal of Applied Polymer Science，2010，115：1138-1144.

[2] 祝阳，吕满庚，孔中平，等. 丙烯酸酯改性水性聚氨酯皮革涂饰剂研究进展 [J]. 聚氨酯工业，2008，1（23）：9-12.

[3] 杨秦欢. 酪素的改性 [J]. 西部皮革，2013，35（8）：17-21.

[4] 乔滢寰，马建中，徐群娜. 无皂法制备有机硅/丙烯酸酯共改性酪素皮革涂饰剂 [J]. 中国皮革，2013，42（3）：30-34.

[5] Ma J Z，Xu Q N，Gao D G. Blend composites of caprolacton-modified casein and waterborne polyurethane for film-forming binder：Miscibility，morphology and properties [J]. Polymer Degradation and Stability，2012，97：1545-1552.

[6] 瞿金清，陈伟，涂伟萍. 皮革涂饰剂的研究进展 [J]. 精细化工，2000，17（4）：232-236.

[7] 蒋吉磊，苏秀霞，马素德. 硝化纤维乳液的制备方法及其研究进展 [J]. 化工新型材料，2012，40（1）：28-30.

[8] 王丽娜. 水性聚氨酯丙烯酸酯的合成及在 UV 皮革涂饰剂中的应用 [D]. 北京：北京化工大学，2007.

[9] 樊丽辉，王冠中，唐丽. 丙烯酸酯微乳液的合成以及在皮革中的应用 [J]. 皮革与化工，2012，29（2）：5-9.

[10] 胡静，马建中. 丙烯酸树脂涂饰剂的研究进展 [J]. 西部皮革，2006，29（2）：29-33.

[11] 管建军，强西怀，钱亦萍，等．改性丙烯酸树脂皮革涂饰剂的研究进展［J］．中国皮革，2007，36（7）：56-60.

[12] 王全杰，牟宗波，赵凤艳．水性聚氨酯皮革涂饰剂的发展现状及前景［J］．皮革与化工，2011，28（4）：16-21.

[13] 朱先义，王全杰，蒋艳云．水性聚氨酯涂饰材料的研究进展［J］．皮革与化工，2010，27（4）：11-15.

[14] 汤伟伟，鲍俊杰．水性聚氨酯皮革涂饰剂应用进展［J］．化工文摘，2009，（5）：42-43＋47.

[15] Suzana M C，Milena S，Ivan S R，et al. The waterborne polyurethane dispersions based on polycarbonate diol：Effect of ionic content［J］. Materials Chemistry and Physics，2013，38：277-285.

[16] 卢秀萍，王文杰．交联水性聚氨酯的制备及性能研究［J］．聚氨酯工业，2006，21（4）：18-21.

[17] 宁蕾，夏正斌，彭文奇，等．磺酸盐型水性聚氨酯的研究进展［J］．涂料工业，2010，40（11）：71-75.

[18] 范福庭．水性聚氨酯皮革涂饰剂的合成［J］．上海化工，2003，10：24-26.

[19] 付荣兴，乔世琛，李坚，等．制革用阴离子型水性聚氨酯的制备方法［P］：CN 1068343A. 1993-01-27.

[20] 黄岐善，魏艳飞，齐莹，等．一种皮革涂饰用阴离子水性聚氨酯分散体及其制备方法［P］：CN 101307130A. 2008-11-19.

[21] 张琦，赵凤艳，王全杰．阳离子水性聚氨酯涂饰剂的研究进展［J］．皮革与化工，2011，28（6）：27-30.

[22] 李莉，刘好，李智华，等．阳离子水性聚氨酯综述［J］．中国胶黏剂，2007，16（11）：45-48.

[23] 方舟，董擎之．阳离子水性聚氨酯的研究进展［J］．石油化工技术与经济，2011，27（6）：6-11.

[24] 曾俊，王武生，阮德礼，等．阳离子水乳型聚氨酯皮革涂饰剂的研究［J］．中国皮革，1999，28（17）：8-10.

[25] 崔永奎．革用水性聚氨酯的合成及其应用研究［D］．山东：山东大学，2008.

[26] Li P Z，Shen Y D，Yang X W. Preparation of cationic fluorinated polyurethane micro-emulsion and its application in leather finishing［J］. Journal of the society of Leather Technologists and Chemists，2010，94（6）：240-247.

[27] Shen Y D，Wang H H，Fei G Q. Leather finishing：Preparation and application of cationic organosilicone/polyurethane micro-emulsion［J］. Journal of the society of Leather Technologists and Chemists，2007，91（3）：108-115.

[28] 朱春凤，陈钢进．羟基硅油改性水基聚氨酯的合成及性能［J］．精细化工，2004（8）：608-611.

[29] Saimani S，Narasiman V，Sanjeev G，et al. Aqueous dispersions of polyurethane－polyvinyl pyridine cationomers and their application as binder in base coat for leather finishing［J］. Progress in Organic Coatings，2006，7（56）：178-184.

[30] 付荣兴，乔世琛，李坚，等．制革用阳离子型水性聚氨酯制备方法［P］：CN 1068342A. 1993-1-27.

[31] 赵旭忠，李丹丹，姜玉臣．阳离子水性聚氨酯皮革涂饰剂及其制备方法［P］：CN 102701999 A. 2012-10-03.

[32] 张英强，李烨，吴蓁，等．一种聚酯型阳离子型水性含氟聚氨酯及其制备方法与应用［P］：CN 103012741 A. 2013-04-03.

[33] Li B，Peng D，Zhao N，et al. The physical properties of nonionic waterborne polyurethane with a polyether as side chain［J］. J. APPl. POTYM. SCI. 2013：1848-1852. DOI：10. 1002/APP. 37915.

[34] S. M. SM，M. B，A. A. E，The effect of grafted poly（ethylene glycol monomethyl ether）on particle size and viscosity of aqueous polyurethane dispersions［J］. Colloids and Surfaces A：Physico chem Eng

Aspects 2006，276：95-99.

[35] 许戈文，张海龙，熊潜生，等．侧链非离子型水性聚氨酯乳液的制备方法 ［P］：CN 101638472A. 2010-02-03.

[36] 周炳才，崔健，霍满媛，等．DPU-91系列聚氨酯乳液皮革涂饰剂 ［J］．皮革化工，1993，4：5-10.

[37] Zhang T，Wu W J，Wang X J. Effect of average functionality on properties of UV-curable waterborne polyurethane-acrylate ［J］. Progress in Organic Coatings，2010，68：201-207.

[38] Shin M S，Lee Y H，Rahman M M. Synthesis and properties of waterborne fluorinated polyurethane-acrylate using a solvent-/emulsi? er-free method ［J］. Polymer，2013，54：4873-4882.

[39] 曾小君，宁春花，周弟．聚丙烯酸酯共混改性水性聚氨酯乳液的性能研究 ［J］．合成材料老化与应用，2006，35（4）：9-12.

[40] Yoshihiro O，Yoshiki H，Fumio Y. Urethane/acrylic composite polymer emulsions ［J］. Progess in Organic Coatings，1996，29：175-182.

[41] 熊远钦，卢伟红，夏新年，等．树枝状聚氨酯丙烯酸酯的合成及性能研究 ［J］．湖南大学学报，2006，33（4）：81～84.

[42] 左常江，张德震，尤秀韦，等．丙烯酸酯聚氨酯乳液涂料的研制 ［J］．涂料工业，2004，34（4）：18-21.

[43] 陈建兵，汪江节，王武生，等．含氟丙烯酸酯改性水性聚氨酯涂饰剂的制备 ［J］．中国皮革，2007，36（9）：52-57.

[44] 陈向荣，丁小斌，郑朝晖，等．一种聚氨酯-聚丙烯酸酯复合纳米水分散体及其制备方法 ［P］：CN 1407014 A. 2003-04-02.

[45] 郭平胜，卢秀萍．阴离子型水性聚氨酯-丙烯酸酯复合乳液的合成与性能研究 ［J］．中国皮革，2007，36（3）：53～56.

[46] 李树材，方平艳．以水性聚氨酯为乳化剂的丙烯酸酯乳胶的制备与性能研究 ［J］．天津科技大学学报，2007，22（1）：13～16.

[47] 陆林森．一种丙烯酸酯接枝的水性聚氨酯乳液及其制备方法 ［P］：CN 102558460 A. 2012-07-11.

[48] 耿耀宗，肖继君，唐二军．一种新型聚氨酯/聚丙烯酸酯胶乳互穿网络聚合物乳液材料及其合成工艺 ［P］：CN 1597739. 2005.

[49] 涂伟萍．水性涂料 ［M］．北京：化学工业出版社，2005. 259.

[50] 董伟，陈政，辛中印，等．环氧树脂改性水性聚氨酯皮革涂饰剂的性能研究 ［J］．皮革科学与工程，2011，21（4）：45-49.

[51] 王焕，王萃萃，张海龙，等．环氧改性水性聚氨酯的性能研究 ［J］．胶体与聚合物，2011，29（3）：99-101.

[52] 谢伟，许戈文，周海峰，等．环氧树脂改性水性聚氨酯胶黏剂的合成与性能 ［J］．中国胶黏剂，2007，16（6）：5-7.

[53] 周海峰，饶喜梅，瞿启云，等．环氧树脂改性阳离子型水性聚氨酯的合成 ［J］．粘接，2006，27（6）：4-6.

[54] 戴震，刘浏，黎兵，等．环氧树脂改性水性聚氨酯合成与表征 ［J］．PU技术，2010，92：56-58.

[55] 高双之，贾梦秋，毛永吉，等．水性聚氨酯的环氧共聚改性研究 ［J］．现代化工，2007，26：258-261.

[56] 黎兵，王焕，许戈文．环氧树脂用KH550开环改性水性聚氨酯涂料的合成及性能研究 ［J］．涂料工业，2010，40（3）：1-5.

[57] 杨伟平，黎兵，卢敏，等．乳酸开环环氧树脂改性水性聚氨酯的合成及性能研究 ［J］．涂料工业，2011，41（4）：22-26.

[58] 王继印，李磊，黄毅萍，等．二乙醇胺开环环氧树脂改性水性聚氨酯的合成及性能研究 [C]．第十一届水性涂料研讨会，2013，6：78-81．

[59] 孙启龙，黄少婵，李建宗，等．有机硅改性水性聚氨酯 [P]：CN 1854165A.2006-11-01．

[60] 马永梅，安晶晶，成惠民．有机硅改性水性聚氨酯复合材料及其应用 [P]：CN 102827340 A.2012-12-19．

[61] 王军兰，龚金南，虞卫星．聚氨酯/有机硅改性丙烯酸酯乳液的合成及应用 [J]．印染助剂，2002，19 (5)：39～40．

[62] 冯林林，张兴元，戴家兵，等．有机硅改性聚氨酯的合成及其表面性能 [J]．高分子材料科学与工程，2007，23 (3)：47～50．

[63] 蔡福泉，周书光，田志胜，等．新型有机硅水性聚氨酯皮革涂饰剂的研究与开发 [J]．2011，8，15 (40)：7-9．

[64] 尹力力，杨文堂，樊丽辉，等．有机硅改性聚氨酯树脂皮革涂饰剂 DPU-01 [J]．皮革与化工，2010，27 (4)：29-31．

[65] 樊小景，李小瑞，王海花．HPMS-PU 的制备与应用研究 [J]．皮革科学与工程，2006，16 (5)：53-57．

[66] 宋海香，罗运军，罗巨涛．羟基硅油共聚改性水性聚氨酯的制备、表征与性能 [J]．化工学报，2006，57 (10)：2486-2490．

[67] 蔡福泉，田志胜．有机硅改性的单组分水性聚氨酯涂饰剂的合成工艺 [P]：CN 102093538 A.2011-06-15．

[68] 林炜，刘倩，穆畅道．一种有机蒙脱土-水性聚氨酯复合皮革涂饰剂及制备方法 [P]：CN 101544820A.2009-09-30．

[69] 林炜，刘倩，穆畅道．一种有机凹凸棒土-水性聚氨酯纳米复合皮革涂饰剂及其制备方法 [P]：CN 101565588A.2009-10-28．

[70] 张帆，辛中印，周向东．一种可多重固化水性超支化聚氨酯无机纳米材料杂化涂饰剂及其制备方法 [P]：CN 101597461A.2009-12-09．

[71] 林炜，王春华，穆畅道，等．一种有机锂皂土-水性聚氨酯皮革涂饰剂及其制备方法 [P]：CN 102251400 A.2011-11-23．

[72] 张帆，韩向洪，葛靖，等．聚氨酯/SiO₂ 涂料结构的表征 [J]．中国皮革，2006，35 (15)：6-9．

[73] 李正军，樊武厚，但卫华．一种溶胶-凝胶法制备水性聚氨酯/SiO₂ 纳米杂化皮革涂饰剂的方法 [P]：CN 102261000 A.2011-11-30．

[74] 李钢东，严健强，燕雯访．新型水性聚氨酯皮革涂饰剂及其制备方法 [P]：CN 102796447 A.2012-11-28．

[75] 陈建兵．纳米 CaCO₃ 改性水性聚氨酯涂料的研究探讨 [J]．池州师专学报，2006，20 (5)：65～65．

[76] 李树材，王春会．水性聚氨酯-纳米 TiO₂ 复合乳液的制备 [J]．涂料工业，2006，36 (8)：4～7．

[77] 赵鹏翔，陈武勇，夏燕．纳米/TiO₂ 聚氨酯皮革涂饰剂的应用性能 [J]．中国皮革，2008，37 (13)：17-21．

[78] 李伟．蛋白改性聚氨酯皮革涂饰剂的研究 [D]．郑州：郑州大学，2007．

[79] 刘堃．胶原蛋白改性聚氨酯皮革涂饰剂的研制 [D]．郑州：郑州大学．2006．

[80] Ma J Z, Xu Q N, Zhou J H. Nano-scale core-shell structural casein based coating latex: Synthesis, characterization and its biodegradability [J]. Progress in Organic Coatings, 2013, 76: 1346-1355.

[81] Wang N, Zhang L, Lu Y. Effect of the particle size in dispersions on the properties of waterborne polyurethane/casein composites [J]. Industrial & engineering chemistry research, 2004, 43 (13): 3336-3342.

[82] Wang N，Zhang L，Lu Y，et al. Properties of crosslinked casein/waterborne polyurethane composites [J]. Journal of applied polymer science，2004，91 (1)：332-338.

[83] 孙大庆. 聚氨酯改性酪素皮革涂饰剂的研究 [J]. 皮革化工，1996 (4)：14-16.

[84] 樊丽辉，刘杰，周明，等. 聚氨酯改性酪素皮革涂饰剂的制备与应用 [J]. 皮革化工，2006 (2)：30-33.

[85] 赵凤艳，王全杰，张双双. 蓖麻油酯基水性聚氨酯皮革涂饰剂的研究 [J]. 皮革科学与工程，2012，6 (22)：49-53.

[86] 菩敏莉，孙国海，韩嘉祥. 聚氨酯改性硝化纤维素涂料的制备及应用 [J]. 中国皮革，2000，29 (1)：26-30.

[87] Misbah S，Haq N B，Mohammad Z. Improvement of performance behavior of cellulosic fiber with polyurethane acrylate copolymers [J]. Carbohydrate Polymers，2011，86：928-935.

[88] Mirta I A，Norma E M，Walter S. Effect of the nano-cellulose content on the properties of reinforced polyurethanes. A study using mechanical tests and positron annihilation spectroscopy [J]. Polymer Testing，2013，32：115-122.

[89] Zhao Q，Sun G，Yan K，et al. Novel bio-antifelting agent based on waterborne polyurethane and cellulose nanocrystals [J]. Carbohydrate Polymers，2013，91：169-174.

[90] Patricia S O P，Iaci M P，Natália C F S. Tailoring the morphology and properties of waterborne polyurethanes by the procedure of cellulose nanocrystal incorporation [J]. European Polymer Journal，2013，8：19.

[91] Gao Z Z，Peng J，Zhong T H，et al. Biocompatible elastomer of waterborne polyurethane based on castor oil an polyethylene glycol with cellulose nanocrystals [J]. Carbohydrate Polymers，2012，87：2068-2075.

[92] 牛瑞媛，石磊，沈连根，等. 硝化纤维素改性水性聚氨酯树脂的制备方法 [P]：CN 102504167 A. 2012-06-20.

[93] 郦向宇，朱建琴，毛增华，等. 一种合成革用光亮型水性聚氨酯表面涂饰剂及其制备方法 [P]：CN 102493198 A. 2012-06-13.

[94] 刘杰华，刘文峰，闫克辉，等. 水性聚氨酯光油及制备方法 [P]：CN 102733198 A. 2012-10-17.

[95] 丁海燕. 国内外皮革光亮剂的发展及现状 [J]. 皮革化工，1999，16 (4)：20-22.

[96] 吴雄虎，杨承杰，丁绍兰. 阴离子水性聚氨酯皮革光亮剂的研制 [J]. 中国皮革，2005，34 (12)：21-26＋28.

[97] 唐邓，黎兵，刘都宝，等. 水性聚氨酯皮革涂饰剂的研制 [J]. PU 技术，2008，7 (74)：76-78.

[98] 戴文琪，金朝锋，郦向宇. 消光型合成革用水性聚氨酯涂饰剂 [P]：CN 102533079 A. 2012-07-04.

[99] 穆畅道，王春华，林炜. 一种防污自清洁水性聚氨酯皮革涂饰剂及其制备方法 [P]：CN 102643598 A. 2012-08-22.

[100] 穆畅道，王春华，张广照. 一种含有防污因子的水性聚氨酯皮革涂饰剂及其制备方法 [P]：CN 102977757 A. 2013-03-20.

[101] 辛中印，张帆. 枝型分子结构可光/热固化水性聚氨酯涂饰剂及其制备方法 [P]：CN 101514275A.

第9章

水性聚氨酯织物涂层

9.1 织物涂层整理的特点和方法

涂层整理就是将一层或者多层能形成薄膜的高分子化合物均匀地涂覆在纺织物的表面，以达到织物的两面能有不同功能的织物表面整理技术[1]。涂层既能改变织物的外观风格，也能增加织物的功能性，提高织物的附加值[2]。涂层整理的特点如下。

(1) 节省原料 与以往传统浸轧的后整理方式不同，新的工艺只是在织物表面涂覆，涂层整理剂不渗入到织物的内部。

(2) 绿色环保 采用的是轧光-涂布-烘干-烘焙等一系列的工艺，可不水洗，节约了大量的水和能源，从而就减少污水的排放，减小了对环境的污染。

(3) 涂层在织物表面既可以单面涂又可以两面都涂，因而能获得两边功能不同的功能型织物。

(4) 涂层剂种类繁多，加之涂层剂所需的添加剂的品种也很多，且其可调控性很强，不同的种类组合或是不同的配比量都可使得织物的表面具有不同的风格和功能。

(5) 对涂覆基布的要求低，只要纺织品能达到一定数量的经纬密度，无论是天然纤维、合成纤维还是他们混纺的纺织品都能进行涂覆，很多粗糙廉价的纺织品经涂覆后可以制得高档高价产品，附加值得到很大的提高。

9.2 水性聚氨酯织物涂层种类

水性聚氨酯乳液在织物的表面成膜性较好，与纺织品的黏结强度高，可改善织物的抗皱性、耐磨性、通透性、耐水性、耐热性以及回弹性等，并能赋予织物丰满柔软的手感。将其用于纺织品的后整理时，可明显提高饰品或者服装的华丽庄重感以及穿着的舒适感，因此聚氨酯涂层织物受到广大消费者的青睐。水性聚氨酯以其良好的功能性和环保特点，是备受推荐的高档织物涂层剂，具有很好的发展前景[1]。

9.2.1 印花和染色助剂

水性聚氨酯作为印花和染色助剂，可作为无纺布黏合剂、织物上浆剂、印花用低温黏合剂、层压黏合剂等。水性聚氨酯作为涂料染色黏合剂时，如果是热反应型的产品，可以在其中加入少量的催化剂和适量的交联剂；作为染色牢度剂使用时可与多种染料和纤维反应，明显提高染色的牢度；除此之外，作为染前处理剂的阳离子型的水性聚氨酯可以改进织物的可染性。

当水性聚氨酯作为印花涂层剂使用时，对织物具有良好的黏附性，可得到耐磨且柔软的印花涂层；还可作为特种印花用黏合剂，如消光印花涂层剂、透明印花涂层剂等，对于后者我们应采用渗透性能优良且不泛黄的水性聚氨酯树脂。

9.2.2 织物后整理剂

由于聚氨酯树脂的多功能性，因此被大量用作织物的后整理剂，如带有特殊基团的阻燃型水性聚氨酯整理剂、羊毛织物防缩剂、耐化学整理剂、防腐剂、防霉变剂等。许多学者的大量研究显示，聚氨酯可以改善和调节天然及合成纤维织物的多项性能，像织物的抗起球性、抗皱性以及手感丰满度均可得到不同程度的改善。

(1) 织物表面涂层剂　织物涂层指的是在织物（如尼丝纺、涤纶、无纺布、针织布等）的表面涂覆一层附着力较高的聚合物，成膜后经过加工处理得到具有所需功能的涂层织物。经水性聚氨酯涂覆的织物表面会形成一层柔软坚韧、透气透湿的薄膜，赋予织物耐洗耐用、挺括、富有弹性、防水透湿、抗皱、手感柔软、丰满厚实等优良的性能。水性聚氨酯以其良好的成膜性、高黏附性、高强度等优点可对玻纤织物进行涂饰，用于可带电作业的均压服的制作；用水性聚氨酯涂覆过的尼丝纺，其排水性以及透湿性均有很大程度的提高；用水性聚氨酯乳液涂覆的织物还可以用于高级无纺布、地毯、宇航服以及防辐射服等具有特殊功能需求的纺织制品的制造。

(2) 羊毛织物防缩整理剂　目前，国内外常用的羊毛防缩的方法是树脂整理，此方法处理比较均匀，对羊毛基本没有损伤且操作方便易于控制。在众多的羊毛放缩整理剂用的树脂中，聚氨酯和聚酰胺表氯醇缩合物这两种树脂使用得最多，而后者在使用时需预先对羊毛进行氯化处理，工艺烦琐，操作难控；前者在对羊毛纤维进行处理时可一步到位，省去了后者的预处理工艺，操作更加简单。聚氨酯类防缩剂的分子链中有活性基团，在对羊毛织物进行整理时不仅能在织物表面形成网状结构的薄膜，还能与纤维表面发生化学键合，因而防缩耐久性更好，防缩效果更佳。使得羊毛制品可以实现水洗、机洗，满足了消费者的需求。

(3) 抗静电整理剂　抗静电剂是重要的织物整理剂之一。大多数的天然以及化纤织物经摩擦后均会产生电荷，为确保安全和穿着的舒适性，对织物进行防静电处理是很有必要的。对于合成纤维来讲，阳离子型的表面活性剂具有较好的抗静电效果，但是在实际的工业应用中，这类抗静电剂存在不少的缺点：耐摩擦牢度低、已染色织物易变色、耐洗牢度较差等。而水性聚氨酯尤其是阳离子型的水性聚氨酯，与织物的黏附性好、耐洗耐磨且抗静电效果良好，因此，国内外学者用阳离子表面活性剂和水性封端聚氨酯两者结合制备了新型的抗静电剂。它不仅改善了织物的染色牢度、耐洗耐磨性，还具有优良的渗透性和持久的抗静电性能[3,4]。

（4）防皱整理剂 水性聚氨酯乳液在合成过程中以及后期调配浆料时都不添加甲醛等有害物质，其成膜性和弹性均较为优良，可替代或者部分替代常规的氨基树脂作为织物的柔软剂或者防皱整理剂。以异氰酸根封端的水性聚氨酯在使用时其末端的—NCO 可与纤维中的—NH$_2$ 或者—OH 发生化学交联反应，使得织物的褶皱恢复性得到进一步提高。

（5）保健型涂层剂 随着人们对环保健康的日益重视，涂层剂既达到环保要求，又能提高人体免疫力以促进人体健康成为目前一个发展方向。研制、生产高档次的环保、保健型涂层剂，是一项适应市场竞争迫在眉睫的任务。而负离子涂层剂正是由此而产生的一种全新的健康环保型涂层剂，其健康环保性表现为：①能够持续释放大量有益于人体健康的负离子，提高空气中负离子浓度；②能够高效去除游离在室内空气中的甲醛、氨、苯等有害污染物质，净化空气，使新装修的居室在五天内就能够安全入住；③具有抗菌抑菌功能，有效抑制细菌分裂滋生，使之失去增生与繁殖的条件；④辐射与人体吸收波长相匹配的远红外线。负离子涂层剂集多项功能于一体，通过对空气的净化，改善空气质量，达到增强人体免疫力、预防多种疾病的辅助作用[5]。

9.3 水性聚氨酯织物涂层配方设计

由于水性聚氨酯织物涂层主要应用在服装以及日常用品的处理上，所以水性聚氨酯织物涂层有它自己的特殊要求，总结如下。

（1）手感柔软舒适，丰满度好 由于织物要经常与人类皮肤接触，所以柔软、丰满度好是水性聚氨酯织物涂层的首要要求。这就要求设计配方时考虑较佳的硬段和软段比例。

另外，软段和硬段种类的选择对水性聚氨酯涂层的软硬度也有较大的影响。一般 HMDI、IPDI 和 TDI 较硬，HDI 较软。另外，大分子量的多元醇偏软，小分子量的多元醇相对较硬。

涂层对异氰酸酯的加入量要有所控制，一般来说异氰酸酯在配方物料中的质量比在 10～30 为宜。另外，小分子扩链剂对水性聚氨酯涂层的硬度也有较大的影响。一般来说一缩二乙二醇含有醚键，制得的聚氨酯相对较软，新戊二醇、乙二醇等扩链剂制得的聚氨酯在同等条件下相对较硬；乙二胺、异佛尔酮二胺等扩链后会形成极性和刚性都比较大的脲键，用这些扩链剂得到的聚氨酯在同等条件下相对偏硬。

(2) 一定的耐热性能，软而不黏 水性聚氨酯织物涂层在将织物做成各种面料或者衣服以后，有可能面临长途打包运输和高温环境。据笔者的实地测试，在我国的八月份，一辆装载货物的小型货车在烈日下长时间暴晒之后，货车车厢温度有可能达到 60～70℃。另外，根据有关人士介绍，在远洋运输过程中，集装箱温度也有可能达到 60～80℃。这就要求涂层在这种高温和密实挤压的环境下不粘连、不变形。

解决软而不黏主要从聚氨酯原料和助剂方面入手。从聚氨酯原料方面解决该问题可以选用对称性高，硬段含量高的异氰酸酯和多元醇以及有机硅类多元醇。比如：MDI、HMDI、聚己二酸 1,4-丁二醇酯二醇、聚己二酸-1,6-己二醇酯二醇、环氧树脂、羟基硅油等。从助剂方面解决该问题可以选用有机硅助剂、水性石蜡乳液、纳米材料改性等改善涂层返黏问题。

(3) 涂层与基材织物附着力强 水性聚氨酯织物涂层在与基材配合使用过程中既是胶黏剂，又是具有一定功能的涂层。这就要求水性聚氨酯织物涂层一定要牢牢附着在基材上才能发挥它的功用。

较早的粘接理论是机械理论，这些理论被认为是建立在微孔抛锚效应和表面黏着的不规则性上。因此，胶黏剂的表面性质和基材的表面性质决定了两者之间的粘接力。后来的吸附理论将粘接作为一种特殊界面的性质。聚氨酯分子链中的极性基团由氨基甲酸酯键、羟基、醚氧键、氰基、卤素原子基团等组成。这些极性基团容易形成色散力，这些色散力是胶黏剂内聚力的重要组成部分。粘接的扩散理论认为粘接依赖胶黏剂和粘接对象的相互渗透性。"爬虫"模型可以形象地解释聚合物的黏性。理论表明梳状高支化聚合物和线型聚合物相比有着更好的黏结性[6]。

通过这些经典理论模型可以得出这样的初步结论：表面处理，增加润湿性，增加分子极性，增加分子支化度是提高涂层与织物附着力的关键所在。

(4) 涂层耐溶剂性能 织物涂层在人们的使用过程中不可避免水洗，酒精或其他溶剂的侵蚀。如果水性聚氨酯涂层水洗之后发白脱落，或者在沾上酒精之后很快发白崩溃溶解，则水性聚氨酯涂层就不能直接应用在织物涂层方面。

水性聚氨酯的亲水基团和分子量偏小是制约其耐水性能和耐溶剂性能的主要因素。所以目前提高涂层耐水性能和耐溶剂性能的主要思路是封闭亲水基团，并引入固化剂交联。

(5) 涂层固色性能 水性聚氨酯织物涂层会被应用在彩色基材上，或者水性聚氨酯织物涂层本身也会与色浆混合并带上相应的颜色，这就要求水性聚氨酯织物涂层具有较好的固色性能，能够较好地发挥色浆的色彩。目前固色剂的理论研究还比较欠缺，现有的思路是包覆固色和接枝固色。不论是包覆固色还是接枝固色都要求水性聚氨酯树脂有较好的耐水、耐溶剂性能和手感[7]。

(6) 涂层的阻燃性能[8] 水性聚氨酯涂层做成面料以后有可能用在家具和家

庭装潢领域。所以某些水性聚氨酯涂层要具备一定的阻燃性能。根据阻燃剂在水性聚氨酯中的存在方式，可以将阻燃水性聚氨酯分为共混复配型和反应型两大类。目前阻燃水性聚氨酯的研究主要集中在反应型阻燃上，其中又以研究含磷反应型阻燃的居多，其次为卤系，硅阻燃水性聚氨酯的研究并不多见。主要原因可能是由于卤素的毒性和不环保，与水性聚氨酯的环保无毒要求不符，但是由于卤系阻燃剂巨大的市场占有率和优异的阻燃效果，开发卤系阻燃水性聚氨酯仍有很大的实际意义；硅作为单纯的阻燃元素其阻燃效果并不佳，需要与其他阻燃剂或化合物如二碱式亚磷酸铅、三碱式硫酸铅、碳酸钙、氢氧化铝（或氢氧化镁）、硼酸锌等协同使用，才能达到理想的阻燃效果。当其与有机铅化合物混合使用时，阻燃材料燃烧时会产生有毒气体，因而研究亦不多。目前硅改性水性聚氨酯的研究主要都集中在提高水性聚氨酯固色、柔软、手感、耐溶剂性及抗静电性等方面。水性聚氨酯作为目前聚氨酯行业的研究热点，研究其阻燃化具有巨大的市场价值。

从目前的发展趋势看，环保型无毒阻燃水性聚氨酯是科研工作者的研究热点，卤系阻燃水性聚氨酯仍然吸引着部分研究者的目光。

(7) 涂层的防水透湿性能[9] 织物经涂层整理后，其透湿透气性受到一定程度的影响。对于防水透湿织物而言，透湿性能是其最重要的衡量指标，但是用水性聚氨酯直接涂层要想获得较好的透湿性能比较困难，在水性聚氨酯涂层胶中引入亲水性基团来改善透湿性能很有必要。羧甲基纤维素（CMC）和海藻酸钠（ALG）具有较强的吸水性，形成的水溶胶有很高黏稠度和混溶性，在织物涂层中可用作增稠剂、分散剂和吸湿透气剂。聚乙二醇（PEG）具有特殊的透湿和热调节双重性能，分子中的醚键是典型的非离子亲水性基团，与水分子形成氢键具有很好的导湿性。因此，在水性聚氨酯涂层胶中加入 CMC、ALG 和 PEG 能提高涂层织物的透湿透气性能。

(8) 涂层的超疏水性能 随着显微技术的不断发展，人类已经看到了荷叶超疏水的秘密——多级粗糙和生物蜡质的复合。

如图 9-1 所示，荷叶表面具有二级甚至二级以上的突起，这些突起配合生物蜡质的疏水作用使得水与荷叶表面的接触面积很小，水在荷叶表面的接触角很大（大于 150°）。

如图 9-2 所示，由于荷叶表面有大量的突起，这些突起使得污染物与荷叶表面的作用力比较小，所以当水珠在荷叶表面滚动时，水对污染物的作用力比荷叶对污染物的作用力要大，于是污染物就被水带走了。如果水性聚氨酯涂层模拟荷叶表面的结构就可以得到超疏水涂层。目前常用作超疏水涂层的方法有模板法、有机硅改性、有机氟改性等。

(9) 涂层的防皱性能[10] 对于织物抗折皱性能的改善，目前大都采用甲醛类树脂。然而，此类产品的最大缺陷是在生产和使用时都会有大量的游离甲醛释放，造成环境污染，危害消费者身体健康。用环氧树脂、双羟乙基砜、有机硅类、乙烯

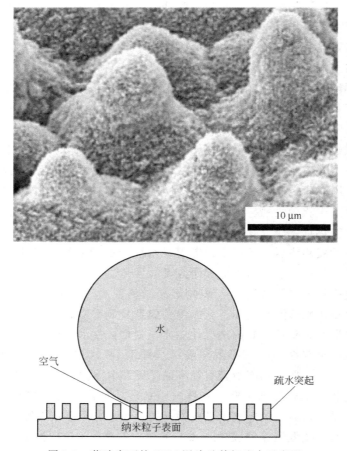

图 9-1　荷叶表面的 SEM 图片及其超疏水示意图

类单体接枝剂等对织物处理，虽可解决甲醛释放的问题，但它们都是对织物的简单包覆，在日常穿着或应用时其特有的形状记忆性不能持续很久，特别是经多次水洗后抗折皱能力丧失很大。研究发现以改性后的水性聚氨酯为涂层剂，进行织物的防皱处理可以起到很好的效果，涂层形状记忆性能优良。而且，水性聚氨酯以水作为分散介质，对环境无污染、成本低，因此有望成为取代甲醛树脂而用于织物整形的新型涂层剂。

（10）**高固含涂层的制备**　高固含低黏度水性聚氨酯涂层具有成膜速度快、易增稠等优点。这些优点可以减少应用时的烘烤时间，从而达到节能减排的目的。50%～60%固含量的乳液在烘道中的干燥速率可以接近油溶性30%固含量乳液的干燥速率。所以，制备高固含量低黏度的乳液在水性聚氨酯涂层应用方面具有重要的意义。高固含量乳液可以用钢球模型（图 9-3）来进行模拟。

由图 9-3 中钢球模型可以看到：制备高固含量低黏度的乳液体系，可以通过提高空间的利用率来实现。使乳胶粒具有二元（或二元以上）的分散或宽粒径分布是

图 9-2　荷叶表面超疏水示意图

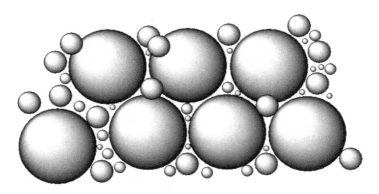

图 9-3　高固含量乳液钢球模型

一条符合理论假设和实际情况的路径[11~13]。据 Krieger-Dougherty 公式，在其他条件一定的前提下，假设乳胶粒是大小均匀的刚性球体，而且在乳液中，乳胶粒的堆砌方式主要以无规则堆砌和立方堆砌为主，理论上认为：这两种方式的最密堆砌体积分数分别为 0.64 和 0.68[14,15]。研究发现，对于乳胶粒尺寸均一的乳液聚合物，当固含量高于 55% 时，继续提高固含量，体系的黏度就会快速提高，甚至凝胶[11]。因此，能否获得较宽的粒度分布，是制备高固含量 WPUA 乳液的关键所在。

　　为了验证这个理论，国内学者张发兴采用 DPSA（磺酸型低聚醚二元醇）和 BDSA（1,4-丁烯二醇-2-磺酸钠）作为混合亲水扩链剂，其中磺酸型低聚酯二醇亲水扩链剂不同于常规离子型亲水扩链剂，其结构中既含有非离子的（—CH₂—CH₂—O—）亲水基团，又含有磺酸型（—SO₃Na）基团，非离子（—CH₂—

CH₂—O—）基团赋予聚氨酯乳液优异的耐酸碱和电解质稳定性，磺酸型基团赋予聚氨酯乳胶粒子优异的亲水性和自乳化稳定性，但由于非离子—CH₂—CH₂—O—基团的亲水性远不及—SO₃Na 基团的亲水性，而且在 DPSA 分子链段上（—CH₂—CH₂—O—）单元链接占据整个分子链段的大部分空间，—SO₃Na 基团体积较小，占据的空间也小，因此，受大分子链（—CH₂—CH₂—O—）$_n$ 位阻效应，在乳化过程中，部分—SO₃Na 基团很有可能被非离子（—CH₂—CH₂—O—）$_n$ 包裹在链段内侧，而不能和水分子接触，因此，起到乳化作用的主要是亲水性弱的非离子基团，从而使得乳化得到水性聚氨酯乳胶粒子粒径较大。相反，1,4-丁烯二醇-2-磺酸钠不仅具有小分子的化学结构，而且分子式两端的伯羟基具有对称性，具有相同的反应活性，能够和预聚体中的端—NCO 的 PU 线型链段很快发生亲水扩链反应，并引入强亲水基团—SO₃Na，因此由 BDSA 制备的聚氨酯乳胶粒子粒径较小。也就是说，相同物质的量的两种亲水扩链剂 DPSA 和 BDSA，前者的亲水性弱，用它扩链后得到的 PU 链段分子量较大，乳化得到的粒子较大，而后者的亲水性强，用它扩链剂后得到的 PU 链段分子量较小，乳化得到的粒子较小。多元分布体系中必须保证大粒子的体积分数占 75%～85%，且大小粒子的直径比为 6～8。就 WPUA 乳液的制备而言，从理论上讲，当 DPSA/BDSA 太大时，含有—SO₃Na 侧基的 PU 链段所占比例较小，乳液中大乳胶粒子所占的体积分数就会增大（大于 90%），而且由于链段总体亲水性弱使得分散不均匀，造成大小胶粒之间直径比也很大；随着 DPSA/BDSA 的减小，含有—SO₃Na 侧基的 PU 链段所占比例也增大，乳胶粒平均粒径减小，乳液中大乳胶粒子的体积分数也在逐渐减小，大小粒子的直径比也随之减小，当 DPSA/BDSA 恰好达到某个值时，乳液中小粒子的体积正好达到了 80%左右，大小粒子直径比也正好在 6～8 之间，这时乳液具有较高的固含量。这里，将两种亲水扩链剂按照一定摩尔比混合组成复合亲水扩链剂来制备水性聚氨酯，势必能够得到较宽的粒度分布的高固含量低黏度水性聚氨酯乳液。实验结果显示：在 DPSA/BDSA 摩尔比为 5/10 时，固含量达到最大，为 54%，大粒径的体积分数基本在 75%～85%之间，大小粒子的直径比也为 6～8，正好能够满足高固含量低黏度的要求，实验结果和理论分析一致[16]。

9.4　水性聚氨酯织物涂层改性方法

9.4.1　环氧改性水性聚氨酯织物涂层

（1）**环氧树脂改性水性聚氨酯织物涂层**　环氧树脂是一个分子中含有两个以上环氧基并在适当的化学试剂存在下能形成三维交联网络状固化物的化合物总称。环氧树脂具有良好粘接、耐腐蚀、绝缘、高强度等性能。环氧树脂的种类比较多，在水性聚氨酯改性方面应用比较多的是 E 系列双酚 A 型环氧树脂（图 9-4）。环氧树脂改性主要是提高水性聚氨酯的耐水性能、附着力以及力学性能。

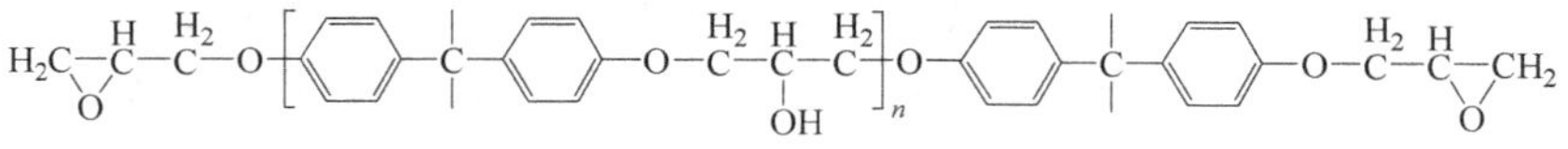

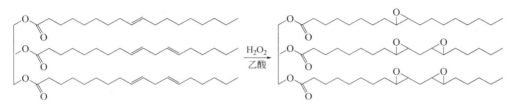

图 9-4　双酚 A 型环氧树脂结构式

由图 9-4 可以看出双酚 A 型环氧树脂分子中含有仲羟基，这个仲羟基可以和聚氨酯预聚体中的异氰酸酯反应并把环氧树脂接到水性聚氨酯分子链上使水性聚氨酯形成部分网络结构。另外，环氧树脂的环氧基团在成膜过程中会与阴离子型水性聚氨酯分子链上的羧基反应。这个反应会进一步增加水性聚氨酯的分子量并且达到封闭羧基的目的。从这个反应机理以及目前的文献看，环氧树脂加入量过多会导致水性聚氨酯分子交联度过大，乳液粒径变粗，乳液不稳定。环氧树脂的较佳用量在 4%～7%，可以制得比较稳定的乳液[17,18]。

（2）环氧大豆油改性改性水性聚氨酯织物涂层　环氧大豆油（ESO）是一种资源丰富、价廉无毒、环境友好、热稳定性好、耐溶剂性好的可再生原料。大豆油主要成分为亚油酸（51%～57%，质量分数，后同），油酸（32%～36%），棕榈酸（2.4%～2.8%），硬脂酸（4.4%～4.6%）。在催化剂存在下，用环氧化剂与大豆油作用即可制得环氧大豆油。工业用环氧大豆油一般为部分环氧化大豆油，每个分子中含有 3～4 个环氧基，用环氧大豆油改性水性聚氨酯，可提高水性聚氨酯的交联度[19]。环氧大豆油具有良好的热稳定性、耐油性且耐水性极佳，可赋予其产品良好的耐候性、机械强度及电性能，且产品本身无毒无害，是国际上认可的可用于食品包装材料的化工助剂之一[20]。

李俊梅采用二乙醇胺开环环氧大豆油并合成水性聚氨酯，如图 9-5 所示。实验发现随着环氧大豆油加入量的增加，胶膜的玻璃化温度稍有提高，热分解温度也相应地提高了，这些均可满足后期涂层热处理时的温度要求。胶膜的吸水率随着环氧大豆油加入量的增加出现一个下降的趋势，断裂伸长率不断下降，拉伸强度不断上升。环氧大豆油改性的水性聚氨酯价格低廉，工艺简单，耐热性能较好，强度也比较大，较适宜用于户外恶劣环境条件下使用的织物[1]。

图 9-5　大豆油环氧化示意图[21]

（3）环氧蓖麻油改性水性聚氨酯织物涂层　蓖麻油中含 90% 蓖麻酸（9-烯基-12-羟基十八酸），羟值为 163mgKOH/g，羟基平均官能度为 2.7。用蓖麻油为原料制造的聚氨酯胶黏剂具有较好的低温性能、耐水解性以及优良的电绝缘性。以蓖麻油为原料，对其进行环氧改性制备的环氧蓖麻油分子结构中存在环氧基团，将环氧基团引入水性聚氨酯结构中，可以明显提高产品的耐水性；而环氧蓖麻油又为多羟基化合物，在与聚氨酯反应中可以将支化点引入聚氨酯主链中，形成部分网状结构使性能更为优异[22]。

国内学者赵栋[23]详细研究了蓖麻油的环氧化工艺。该工艺以 H_3PO_4 作为催化剂，30％ H_2O_2 作为氧源，在无溶剂条件下合成环氧蓖麻油。通过正交实验的方法对蓖麻油环氧化反应的合成条件进行了优化，得出了最佳反应条件：$n(H_2O_2)$：$n($蓖麻油双键$)$＝1.4：1，$n($甲酸$)$：$n($蓖麻油双键$)$＝0.5：1，催化剂 H_3PO_4 用量为蓖麻油用量的 0.3％，反应时间 6h，所得产品的环氧基含量为 3.23％。另外他还详细研究了在无羧酸条件下，以 CH_2Cl_2 为溶剂，$[(CH_3)_3NC_{16}H_{33}]_3PO_4(WO_3)_4]$ 为相转移催化剂，用 30％ H_2O_2 来环氧化蓖麻油，通过正交实验得到合成环氧蓖麻油的最优化工艺条件：$n(H_2O_2)$：$n($蓖麻油双键$)$＝1.2：1，$m(CH_2Cl_2)$：$m($蓖麻油$)$＝2.5：1，反应温度为 50℃，反应时间 5h，合成的环氧蓖麻油的环氧基含量可达 4.37％。他用自制的环氧蓖麻油合成水性聚氨酯并做了一系列的研究和测试，研究发现用环氧蓖麻油改性制得的水性聚氨酯乳液，随着环氧蓖麻油添加量的增加，乳液的粒径及 Zeta 电位均呈现先降低再升高的趋势，胶膜的耐水、耐酸碱性能提高，力学性能增强，但环氧蓖麻油添加量过多会对 WPU 乳液的稳定性有影响，环氧蓖麻油在多元醇中的质量分数以小于 6％为宜。通过 TG 测试分析，与未改性的 WPU 胶膜相比，环氧蓖麻油改性的 WPU 胶膜具有更好的热稳定性。

9.4.2　有机硅改性水性聚氨酯织物涂层[24]

有机硅是含有硅元素的众多高分子化合物的总称。有机硅种类较多，有大分子聚硅氧烷结构胶，也有较小分子量的羟基硅油、氨基硅油、硅烷偶联剂、有机硅助剂等。用于水性聚氨酯改性的有机硅通常是羟基硅油、氨基硅油和硅烷偶联剂。有机硅材料具有很多优异的性能特点，其中较为突出的性能是低表面张力、优良的耐高低温特性、耐候性和生理惰性等。

有机硅的主链由 Si—O—Si 骨架组成，十分柔顺。在聚二甲基硅氧烷中，围绕 Si—O 键旋转所需的能量几乎是零。这表明聚二甲基硅氧烷围绕 Si—O 键的旋转几乎是自由的。有机硅优异的柔顺性是其几何分子结构决定的。聚二甲基硅氧烷是一种易挠曲的螺旋形直链结构，由硅原子和氧原子交替组成，每一个硅原子上有两个甲基（—CH_3），这两个甲基处在垂直于两个相近的氧原子连接线的平面上。疏水性的—CH_3 有规则地排列在分子链表面，因此有机硅表面能低，具有较好的拒水性。硅原子上的每个甲基都可以绕 Si—C 键轴旋转、振动，而每个甲基上的三个氢原子就像向外撑开的雨伞。这些氢原子因为甲基的旋转要占据较大的空间，从而增加了相邻分子间的距离。由于分子间的距离的六次方和分子间的引力成反比，所以聚二甲基硅氧烷分子间的作用力比碳氢化合物要弱得多。

一般的高分子材料大多是以碳-碳（C—C）键为主链结构，而有机硅材料是以硅-氧（Si—O）键为主链结构，Si—O 键的键能远比 C—C 键的键能高，所以有机硅材料的热稳定性好，高温下分子化学键不容易断裂和分解。硅油的使用温度可超过 2000℃，硅橡胶和硅树脂的使用温度也能够达到 2500℃以上。有机硅材料的热稳定性还表现在燃烧时会产生不燃的二氧化硅灰烬而自熄，而且在燃烧时放出气体的毒性属于低毒范围。有机硅不但耐高温，而且也耐低温，可以在一个很宽的温度范围内使用。

有机硅无双键存在，因此不易被臭氧和紫外线分解。有机硅产品中，Si—O 键的键长大约为 C—C 键键长的 1.5 倍。较长的键长使有机硅材料具有比其他高分子材料具有更好的耐日照和耐候能力。有机硅材料十分耐生物老化，与动物机体无排异反应，并具有较好的生物相容性。有机硅化合物按最其终产品的应用分类，可分为：硅油、硅橡胶、硅树脂和硅烷偶联剂。其中，硅油一般是指链状的具有有机基团的聚硅氧烷，根据侧链基团的不同可分为线型硅油和改性硅油两大类。线型硅油可分为非官能性硅油和官能性硅油；改性硅油通常又分为共聚硅油、碳官能性硅油、主链改性硅油。目前主链改性硅油常用的有两种：一种是端羟基改性硅油，另一种是端氨基改性硅油。

目前有机硅改性水性聚氨酯涂层的方法主要有物理共混法和化学接枝法两种。物理共混法将有机硅乳液和水性聚氨酯混合在一起，操作成本低，因两者“协同作用”而能获得比单独使用更好的效果，使用时即配即用，用量比例等可根据需要随时调节，操作经济方便。物理共混法制备工艺简单方便，但存在一定的不足：①物理共混需用乳化剂，这对膜的性能有负面影响；②共混改性只是简单的机械混合，没有化学键的生成，有机硅易迁移[25]。多数情况下，只有通过化学改性，才能获得较好的改性效果。

化学共聚法共聚改性是利用聚氨酯上的活性官能团—NCO 与有机硅分子上的活性基团（如羟基、氨基等）反应形成共价键而将有机硅接入聚氨酯分子中。其改性效果比共混改性好很多，是目前研究最多的改性方法，一般可分为硅醇改性法、羟烃基有机硅改性法、氨烃基有机硅改性法及烷氧基硅烷交联改性法[26~28]。①硅醇改性法通过—OH 直接连在硅原子上的硅醇与异氰酸酯进行共聚可制备有机硅-聚氨酯共聚物，此方法为硅醇改性法[29]。在聚氨酯材料中引入硅醇，虽然可以获得硅含量较高的聚氨酯材料，但因端羟基聚二甲基硅氧烷的—OH 与—NCO 反应，形成的 Si—O—C 键极易水解，得到的化合物在水中极不稳定，故此改性方法在应用时受到一定限制。②羟烃基有机硅改性法是制备有机硅改性聚氨酯共聚物最常用的方法。③氨烃基有机硅改性法是氨烃基连接在有机硅氧烷链段上，可与聚氨酯上的—NCO 反应。氨基的活泼性要比羟基强。利用—NH₂ 的反应活泼性，可将有机硅引入聚氨酯链段中，从而达到改性聚氨酯的目的。④烷氧基硅烷交联改性聚氨酯通常采用两步法合成，分为聚氨酯预聚体的合成和硅烷封端的聚氨酯的合成两个步骤，具体为：a. 聚醚与一定量的二异氰酸酯反应，得到聚氨酯，通过选择 NCO/OH＞1 或≪1 分别制成端基为—NCO 或—OH 的聚氨酯预聚体；b. 加入功能性的有机硅氧烷进行反应，端基为—NCO 的预聚体可加入具有氢活性的有机功能硅烷，端基为—OH 的预聚体则加入具有异氰酸活性的有机功能硅烷进行反应，使聚氨酯预聚体端基接上可水解性硅烷[30]。

(1) 羟基硅油 采用聚氧化丙烯二醇和聚醚聚硅氧烷二元醇为混合软段，异佛尔酮二异氰酸酯为硬段合成了有机硅改性水性聚氨酯（Si-WPU）乳液，聚醚聚硅氧烷二元醇用量为 2％～8％，改性聚氨酯乳液具有良好的乳液稳定性和较小的粒径，胶膜能保持聚氨酯原有的拉伸强度，且具有较好的耐水性和滑爽的手感；采用聚醚聚硅氧烷二元醇改性聚氨酯，可以明显提高涂层织物的耐水性和透湿性[31]。

(2) 硅烷偶联剂 硅烷偶联剂是目前品种最多，用量最大的偶联剂，其通式为 Y-R-SiX$_3$。其中，R 是脂肪族碳链，Y 是和有机基质发生反应的有机基团（如乙烯基、环氧基、氨基、甲基丙烯酰氧基、巯基等）。X 是在硅原子上结合的特性基团，通过水解作用使 Si—X 转换为 Si—OH，将硅烷与无机基质连接起来。硅烷偶联剂广泛应用于玻璃纤维的表面处理、无机填料填充塑料及用作密封剂、粘接剂和涂料的增黏剂，可大大提升材料性能。与硅橡胶、硅树脂、硅油并列成为四大类有机硅产品[32]。同样的一种硅烷偶联剂有很多商品名，如 γ-（甲基丙烯酰氧）丙基三甲氧基硅烷、国外商品名有 KH570（中科院化学所）、A174（美国联碳公司）、KBM503（日本信越公司）、Z6030（美国道康宁公司）等。在水性聚氨酯中经常用到的偶联剂是氨烃基类偶联剂和环氧烃基类偶联剂。本节将一些常用偶联剂的化学名和商品名列于表 9-1 中介绍，供读者参考。

氨烃基类硅烷偶联剂含有反应活性比较高的氨基，可以在合成过程中加入聚氨酯预聚体用来封端。环氧基类硅烷偶联剂的环氧基团可以与羧酸盐型水性聚氨酯的羧基反应，从而提高水性聚氨酯的耐水性及与无机物的附着力。有机硅在侧甲基电子云的作用下表面能较低，具有耐高温、耐水性、耐候性及透气性好等优点。水性聚氨酯涂层领域比较常用的硅烷偶联剂是 KH550，文献显示 KH550 可以提高水性聚氨酯涂层的耐水性和耐热性[33]。KH560 为交联剂，在室温与端酰肼基聚氨酯进行固化。该固化反应包括两步：①酰肼基与 KH560 中环氧基的反应；②硅氧烷之间的水解缩合。单独聚氨酯可长期储存，加入 KH560 后，体系稳定性随 KH560 用量增加而缩短；固化漆膜的耐水性得到大幅度改善，表明在漆膜中引进了—Si—O 键，有利于改善涂层的憎水性。漆膜硬度先随 KH560 用量增加而增加，但加入过量 KH560 后反而使硬度降低，表明过量的 KH560 起到增塑作用[34]。

表 9-1　水性聚氨酯常用硅烷偶联剂名称和类型

类型	分子式	偶联剂名称	商品牌号
氨烃基类		γ-氨丙基三乙氧基硅烷	KH550,WD-50(武大有机硅公司)
		N-β-(氨乙基)-γ-氨丙基甲基二甲氧基硅烷	KH602,A2120;KBM602
		γ-(甲基丙烯酰氧)丙基三甲氧基硅烷	KH570,A174,KBM503,Z6030
环氧基类		γ-(2,3-环氧丙氧)丙基三甲氧基硅烷	KH560,A187,Z6040,KBM403 WD-60
		γ-(2,3-环氧丙氧)丙基三乙氧基硅烷	WD-62
		γ-(2,3-环氧丙氧)丙基甲基二乙氧基硅烷	KH578
		β-(3,4-环氧环己基)乙基三甲氧基硅烷	KH566,A186,KBM303,Y4086
		β-(3,4-环氧环己基)乙基三乙氧基硅烷	KH567

虽然硅烷偶联剂可以在胶黏剂领域大显身手，但是由于硅烷偶联剂在水中易水解产生沉淀，所以在水性体系里硅烷偶联剂的选择和添加工艺很重要。为了指导大家选择和应用硅烷偶联剂，有必要将硅烷偶联剂的水解和缩合原理介绍一下。

硅烷偶联剂的水解反应为逐级离解的化学平衡体系[35]，其水解平衡反应式可以表示如下：

$$R—Si—(OR)_3 + H_2O \rightleftharpoons R—Si—(OR)_2(OH) + ROH$$

$$R—Si—(OR)_2 + H_2O \rightleftharpoons R—Si—(OR)(OH)_2 + ROH$$

$$R—Si—(OR) + H_2O \rightleftharpoons R—Si—(OR)_3 + ROH$$

酸和碱是以上反应的催化剂。在中性介质中，硅烷偶联剂水解速率较慢。一般来说，酸催化水解反应比较容易实现。

此外，体系中同时还存在着烷氧基硅烷与醇、硅醇与硅氧烷的交换反应。在中性介质中，水解速率一般都比较慢。酸和碱都可促进水解反应，水解反应过程复杂。一般来说酸催化水解过程更容易实现。在中性条件催化下水解，水中的氧原子对硅烷中的硅原子进行亲核进攻。

$$\equiv Si—OR + HOH \rightleftharpoons \underset{\underset{H—\ddot{O}—H}{|}}{Si—OR} \longrightarrow \equiv Si—OH + HOR \tag{9-1}$$

在酸（HB）条件催化下水解，反应机理如下：

$$\equiv Si—OR + H_2O + HB \longrightarrow \underset{\overset{|}{HB}}{H_2O{:}SiOR} \longrightarrow \equiv Si—OH + HOR + HB \tag{9-2}$$

氢离子进攻体系中烷氧基的氧进行亲电反应。当第一个基团水解后，第二个基团的水解速率降低，依此类推，即反应是逐步减速的。

在碱性条件催化下水解，反应机理如下：

$$\equiv Si—OR + OH^- \longrightarrow \underset{(-)}{HO}\overset{|}{\underset{}{:}}SiOR^{(+)} \longrightarrow HO\overset{|}{Si} + OR^- \tag{9-3}$$

体系中的氢氧根离子对硅烷中的硅原子进行亲核进攻。所以，碱催化的烷氧基（或芳氧基）硅烷的水解速率，主要取决于硅原子上的有机基的空间位阻和取代基的电子影响。水解速率依如下次序提高：$R_3SiOR < R_2Si(OR)_2 < RSi(OR)_3 < Si(OR)_4$。

$$\tag{9-4}$$

　　水解生成的硅醇具有较强的极性，突出特点是易形成氢键、脱水缩合生成硅氧烷或聚硅氧烷[36]。

　　硅烷偶联剂提高附着力的原理如图 9-6 所示。

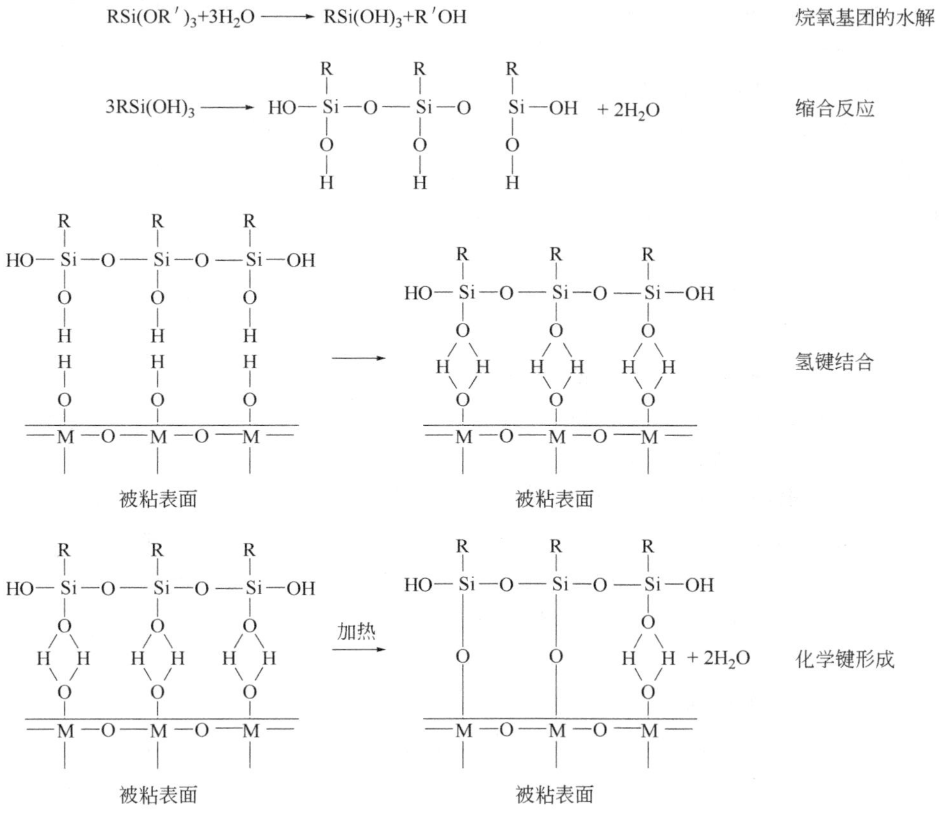

图 9-6　硅烷偶联剂提高附着力原理示意图[37]

　　传统的 KH550、KH560 在水性树脂中易水解沉淀，所以近些年人们又开发出专门用于水性体系的硅烷偶联剂。水性硅烷偶联剂可以提高丙烯酸酯乳液、环氧树脂乳液、聚氨酯水分散体、丁苯胶乳、氯丁胶乳等水性胶黏剂对金属、玻璃等的粘接性、耐水性和耐久性。国产牌号有 KH450，无色至淡黄色透明液体，密度 $0.98g/cm^3$，闪点 121℃。使用 KH450 可达到以单组分取代双组分水性胶黏剂之目的。KH566 是水性氨基硅烷类偶联剂，无色至淡黄色透明液体，密度 $1.05g/cm^3$，黏度（25℃）4mPa•s。水解稳定性优异，克服了传统硅烷偶联剂在水性体系中不稳定的缺点。德国 Wacker 公司开发的有机硅烷偶联剂 Addid 906，与传统的硅烷偶联剂不同，省去了一个操作步骤，即无需活化或水解，可谓有直接效果的偶联剂，可在水性或完全无水条件下使用，适用于聚氨酯、环氧树脂、聚酯、聚酰亚胺、聚乙烯醇缩丁醛等体系，直接加入或用作底胶均可。另外还有国内产品

KH578，它具有较好的水解稳定性，适用于水性聚丙烯酸酯、聚氨酯分散体、水性环氧树脂、水性聚醋酸乙烯酯、PVA、丁苯胶乳等[37]。

硅烷偶联剂的加入工艺如下[37]。

① 表面处理法。表面处理法又称底涂法，先将硅烷偶联剂配成质量分数0.5%～2%的水溶液或醇、酮、酯等溶液，采用浸泡、喷涂或刷涂法处理被粘物或填料，晾干一段时间后，烘干几小时或室温干燥24h。

② 直接添加法。直接添加法又称整体掺混法，即是将质量分数1%～5%的硅烷偶联剂原液加入到胶黏剂或密封剂中，充分搅拌均匀，共同混合使用。由于硅烷偶联剂分子必须在施胶后迁移到被粘物表面，因此应当放置适当时间，待完成迁移过程再进行固化，方能获得良好效果。从偶联剂迁移速度较慢来看，直接添加法的效果不如表面处理法，但只要硅烷偶联剂选用得当，操作方法正确，效果也不会太差于表面处理法。

③ 兼用法。兼用法则是被粘物表面用偶联剂稀溶液处理（按①），胶黏剂中也要加入适量的硅烷偶联剂。虽然有些麻烦，效果却是最佳的。至于采用何种方法，应视应用对象和实际情况而定。

(3) 钛酸酯偶联剂　钛酸酯偶联剂是以钛为中心衍生的偶联剂，能在两类基材（无极材料与聚合物）界面之间搭起"分子桥"。钛酸酯偶联剂是20世纪70年代后期由美国肯利奇石油化学公司开发的一种偶联剂。对于热塑性聚合物和干燥的填料，有良好的偶联效果；这类偶联剂可用通式：$ROO_{(4-n)}Ti(OX\text{-}R'Y)_n$ $(n=2,3)$表示。其中 RO— 是可水解的短链烷氧基，能与无机物表面羟基起反应，从而达到化学偶联的目的；OX— 可以是羧基、烷氧基、磺酸基、磷基等，这些基团很重要，决定钛酸酯所具有的特殊功能，如磺酸基赋予有机物一定的触变性；焦磷酰氧基有阻燃、防锈和增强粘接的性能；亚磷酰氧基可提供抗氧、耐燃性能等。因此通过 OX— 的选择，可以使钛酸酯兼具偶联和其他特殊性能；R'— 是长碳键烷烃基，它比较柔软，能和有机聚合物进行弯曲缠结，使有机物和无机物的相容性得到改善，提高材料的抗冲击强度；Y 是羟基、氨基、环氧基或含双键的基团等，这些基团连接在钛酸酯分子的末端，可以与有机物进行化学反应而结合在一起。应用在塑料行业，可使填料得到活化处理，从而提高填充量，减少树脂用量，降低制品成本，同时改善加工性能，增加了制品光泽，提高了质量。

应用在涂料行业，可增大颜料填料量，提高分散性能，具有防沉、防发花、漆膜强度得到提高、增加水性聚氨酯对塑料的粘接力、色泽鲜艳，还具有催干特性，对烘漆还可以降低烘烤温度和缩短烘烤时间。应用在颜料行业，可使颜料分散性得到显著改善。可缩短研磨分散时间，使制品色泽鲜艳。

可以应用在水性聚氨酯体系内的偶联剂是季铵盐型偶联剂。钛酸酯偶联剂的使用方法与硅烷偶联剂一样，可以采用表面处理法，直接添加法和两者兼用法。硅烷偶联剂和钛酸酯偶联剂比较见表 9-2。

表 9-2　硅烷偶联剂和钛酸酯偶联剂的比较

项目	硅烷偶联剂	钛酸酯偶联剂
作用机理	以形成化学键为主,键能大,结合牢固,不易断裂	以物理缠绕、范德华力、氢键吸附为主,作用力小
适用树脂	特别适合热固性树脂,对塑料也有一定效果	特别适合热塑性树脂,对热固性树脂也有一定效果
适用填料	硅质材料(如二氧化硅、硅酸盐)和其他表面有羟基的填料,如氢氧化铝、氢氧化镁、金属粉末等,对碳酸钙、硫酸钡、炭黑、石墨等没有效果	碳酸钙、硫酸钡、炭黑、石墨和硅质填料,适用性广
对制品机械强度的影响	作用明显	有一定作用
对制品韧性和刚性的影响	提高刚性	提高柔韧性
对制品加工流变性能的影响	有一定作用	作用明显

9.4.3　水性丙烯酸酯改性水性聚氨酯涂层

按照传统的方法制备出合适的 PU 与 PA 乳液,将两者机械共混,可得到呈较强荧光的机械共混物。这种改性方法,当两者胶粒聚结在一起时,分子链之间能够形成氢键或其他化学键,提高两者的相混性,促使两者乳胶粒分子链之间有一定的相互贯穿与缠结。体系具有较好的混合稳定性,乳胶粒径很小且分布较窄,能够在一定程度上改善水性聚氨酯的性能,但要求严格,不容易得到稳定的混合体系。接枝和嵌段共聚是较好的改性方法,它可以在采用不饱和聚酯多羟基化合物合成水性聚氨酯后,乙烯基单体在其中进行自由基聚合即可使聚氨酯与丙烯酸酯间形成接枝,端基为—NCO 的聚氨酯预聚物以(甲基)丙烯酸羟烷酯封端,分散后与其他乙烯基单体自由基共聚即能得到聚氨酯/丙烯酸酯嵌段共聚物[38]。

为了增加丙烯酸和聚氨酯的相容性和最终强度,Okamoto 等采用过量酰肼扩链制备了带酰肼基团的水性聚氨酯,以乳液聚合法合成了丙烯酸酯乳液,其中利用双丙酮丙烯酰胺引入酮基,两者混合成膜时酮基与酰肼基团间形成交联,提高了聚氨酯与丙烯酸酯间的相容性[39]。王金平利用水性聚氨酯中肼基与丙烯酸乳液中酮羰基之间的脱水缩合反应来实现两种聚合物的交联,交联反应时 PU 中肼基与 PA 中酮羰基摩尔比对苯丙改性水性聚氨酯乳液成膜后力学性能有非常大的影响。实验研究表明当将 PU 含有的肼基与 PA 含有的酮羰基以 1∶1 的摩尔比值配比交联时,乳液的综合性能最好。将该 PU-PA 改性乳液作为水性双组分聚氨酯涂料的甲组分,该乳液与固化剂交联后其性能接近于溶剂型双组分 PU 涂料,而且相对降低了综合成本,性价比非常好,可广泛用于木器涂层、建筑行业和皮革涂饰等领域[38]。

9.5 水性聚氨酯织物涂层常用助剂

9.5.1 增稠剂

增稠剂是水性聚氨酯应用过程中最常用的一种助剂。增稠剂分为阴离子型增稠剂、阳离子型增稠剂和非离子型增稠剂。目前最常用的是非离子型增稠剂，即水性聚氨酯缔合型增稠剂。

9.5.2 流平剂/润湿剂

流平剂也是水性聚氨酯应用方面的常用助剂，有机硅类流平剂因光泽度好而占领了流平剂很大的市场。

9.5.3 附着力促进剂

使用附着力促进剂是在涂料行业为改善材料的涂装性能，增强涂膜在基体上附着牢固度最常用的方法之一，具有使用方便、效果显著等特点。目前常用的附着力促进剂按照分子类型分为硅烷类、钛酸盐类、锆酸盐类、锆铝酸类、金属有机物类、酚醛树脂类等。但无论哪种附着力促进剂，对基体与漆膜都有明显的选择性，且发挥作用的效果不一。这为工业实际应用带来了诸多不便。

9.5.4 交联助剂

交联剂对于水性聚氨酯涂层的改性起很大作用，它可以提高粘接强度、耐热性、耐水性、耐化学药品性、抗蠕变性、耐老化性。但是，使用交联剂一定要注意适度的交联才有益于性能，过度交联则会适得其反。

水性聚氨酯涂层类交联助剂一般分为环氧型交联助剂、异氰酸酯型交联助剂、氮丙啶类交联剂。

环氧型交联剂在硅烷偶联剂小节里已经有了较介绍，这里不再赘述。

异氰酸酯交联剂是水性聚氨酯领域内最常用的交联剂。它的种类比较多，为了简要地区分它们的个性特征，可以将它们分为小分子异氰酸酯固化剂、大分子类异氰酸酯固化剂、亲水改性异氰酸酯固化剂。

小分子异氰酸酯固化剂具有异氰酸酯含量高、反应活性高的优点。常见的有三聚 HDI 固化剂、TMP-TDI 固化剂、JQ-4 多异氰酸酯、JQ-1 多异氰酸酯等。

大分子异氰酸酯固化剂包括多亚甲基多苯基多异氰酸酯（PAPI）、JQ-6 多异氰酸酯。

异氰酸酯固化剂固化速率快，性能好。但是，由于异氰酸酯固化剂本身具有疏水性，所以固化剂加入水性聚氨酯乳液中以后分散粒子内保持无水状态，粒子表面异氰酸酯接触水后反应形成致密的聚脲壳层更加阻止了水与粒子内部的异氰酸酯反应。

为了改善这个缺点，亲水改性异氰酸酯固化剂应运而生。亲水改性有两种方案：乳化剂改性和亲水离子改性。乳化剂改性是将异氰酸酯固化剂在高沸点溶剂的稀释下加入无水乳化剂制成的，高沸点溶剂可以促进固化剂在乳液中的分散。它具有乳化速度快、分散性好的特点，但是缺点是异氰酸根含量较低、固化剂用量较大。亲水离子改性可以分为阴离子改性、阳离子改性和非离子改性这三种。降低了乳化改性异氰酸酯固化剂中高沸点溶剂的使用量，提高了异氰酸酯的含量。但是阴离子型固化剂和阳离子型固化剂必须用在与它们离子类型相同的乳液中，否则会造成破乳凝胶。非离子改性固化剂具有较广泛的适应能力，但是非离子亲水改性固化剂的亲水能力比离子改性固化剂要弱。

不论是环氧类交联剂还是异氰酸酯交联剂都需要在一定温度下烘烤几分钟才能完全体现出它们交联的优势，氮丙啶类交联剂则是一种常温交联剂。氮丙啶在水性聚氨酯乳液中只与羧基反应交联，具有较强的选择性。羧酸盐型水性聚氨酯中加入少量的氮丙啶可以显著提高水性聚氨酯的耐水性和耐溶剂性能。但是氮丙啶类交联剂具有高毒性，为了降低氮丙啶的毒性，改性氮丙啶成为人们研究的一个热点。

邱义鹏等[40]以甲苯-2,4-二异氰酸酯（TDI）、2,2-二羟甲基丙酸（DMPA）、聚乙二醇（PEG）、乙醇酸（GA）和1-氮丙啶基乙醇（AEO）为主要原料，合成了带有羧基的阴离子型水性聚氨酯和以氮丙啶基封端的聚氨酯交联剂，两者在室温下发生固化反应，所得涂层相容性好、耐水性优异。过程如图 9-7 所示。

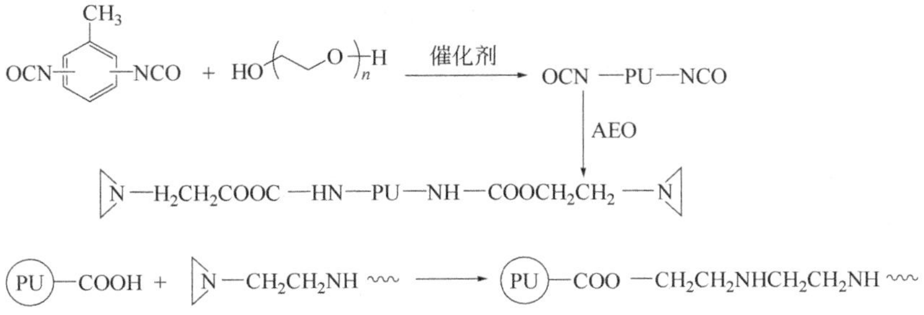

图 9-7　羧基和氮丙啶基反应的示意图

9.6　水性聚氨酯织物涂层配方应用实例

水性聚氨酯织物涂层的一般工艺流程为：前拒水整理→涂层整理→后拒水整理。

为了获得防水透湿这类高档服装面料涂层，涂层胶中常加入添加剂 CMC 和

PEG 。CMC 和 PEG 虽然有较好的透湿性能，但是它们的耐水和拒水性能也比较差。为了平衡透湿和防水这两个矛盾，拒水整理被重视起来。前拒水的目的是防止聚氨酯涂层胶渗入织物内部，使织物手感变差，因此选择前拒水时拒水剂质量浓度 5g /L，后拒水时拒水剂质量浓度 20g /L。

王志佳等[9] 在含有 0.25％ CMC 涂层胶中加入 PEG 能显著改善织物的透湿性能与手感。当CMC 添加量为 0.25％、PEG 添加量为 10％ 时，涂层织物的透湿量达到 6 721.5 g /（m² · 24 h），淋雨性能为 5 级，织物弯曲长度为 5.51cm，如图 9-8 所示。

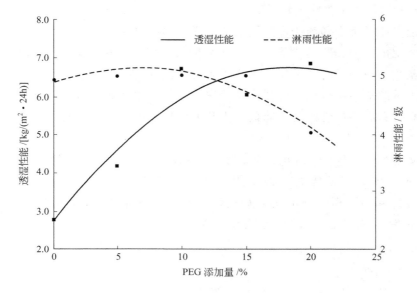

图 9-8　PEG 添加量对防水透湿性能的影响

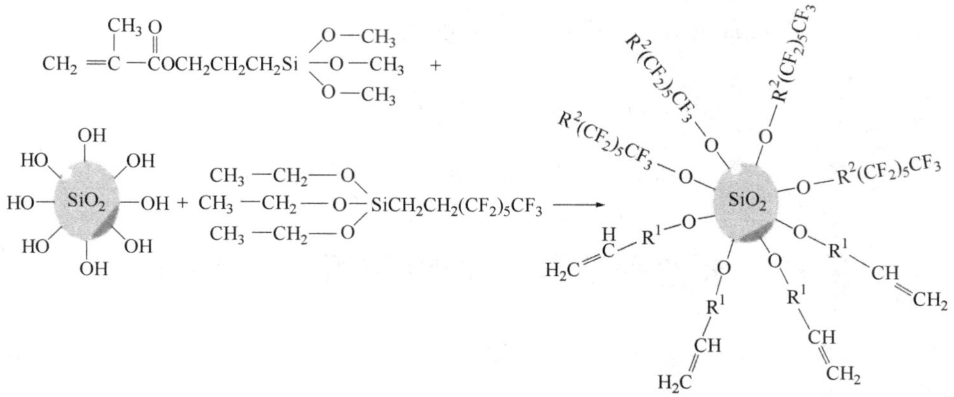

图 9-9　偶联剂改性纳米二氧化硅

拒水整理方面，文献报道[16]用超临界 CO_2 快速膨胀法制备了 SiO_2/聚氨酯超疏水涂层，首先用十三氟辛基三乙氧基硅烷（F-硅烷）和 γ-甲基丙烯酰氧基丙基三甲氧基硅烷（KH-570）改性纳米二氧化硅（图 9-9），制备出含双键的纳米二氧化硅粒子，将其分散在超临界 CO_2 中，再利用超临界 CO_2 快速膨胀法将其喷射到双键封端的且已添加了引发剂的聚氨酯涂层（图 9-10）表面，通过加热，使纳米二氧化硅粒子接枝在聚氨酯涂层（图 9-11）表面，形成稳固粗糙结构，获得了超疏水性质。研究了喷嘴温度、反应釜温度和压力、偶联剂配比、表面粗糙度对涂层疏水性的影响。结果表明：涂层的静态水接触角可达到 $169.1° \pm 0.6°$；在喷嘴和釜内温度都为 $900℃$，釜内压力为 $16MPa$，F-硅烷和 KH-570 配比为 $1:1$，表面粗糙度为 $7.3pm$ 时，所制得涂层具有较好的超疏水性，且具有优良的耐刮伤性。该法高效环保，涂层性能优良，适于大面积制备。具体工艺流程见图 9-12。

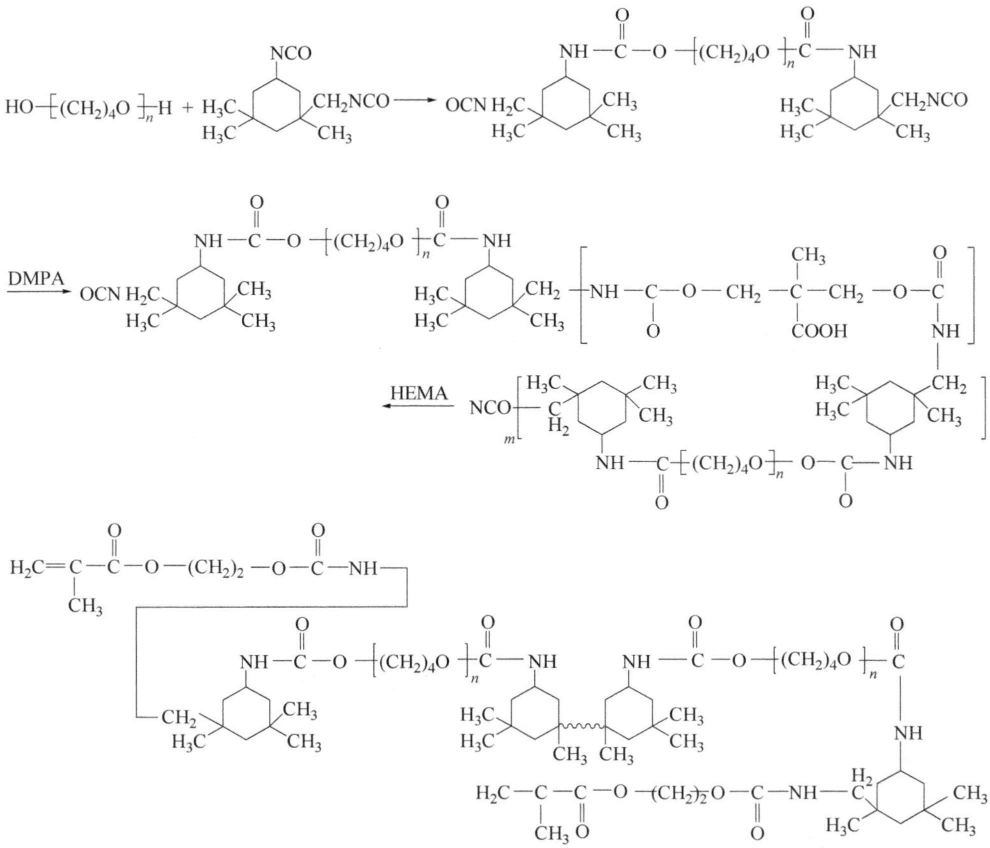

图 9-10　双键封端的水性聚氨酯乳液的制备

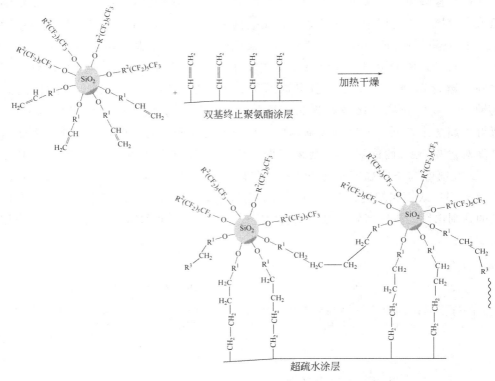

图 9-11　超疏水涂层的制备

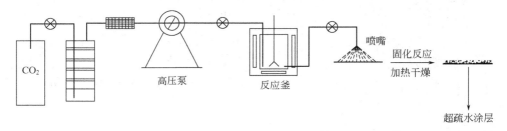

图 9-12　超临界 CO_2 快速膨胀法制备超疏水涂层工艺流程

9.7　水性聚氨酯合成革[41]

合成革的制造可分为贝斯的制造和贝斯的后整理两个阶段，与真皮蓝革的制造及其后整理相似。贝斯是将聚氨酯树脂混合液浸渍或涂覆于基布上，聚氨酯树脂逐渐凝固或干燥并在基布上形成多孔性的皮膜，这种复合物简称贝斯。传统的合成革制造工艺主要有干法制造工艺和湿法制造工艺。

合成革干法制造工艺要点为：以离型纸为载体，将溶剂型聚氨酯（PU 树脂）

浆料涂刮在离型纸上，干燥，溶剂挥发后形成连续的、均匀的膜，然后再在皮膜上涂刮黏合剂，利用基布发送贴合装置将基布与上述皮膜贴合，再经干燥、冷却，利用剥离装置将其与离型纸剥离，分别成卷，经表面处理后得到干法合成革。干法生产工艺效率高，其贝斯强度优异、粘接牢固，但透气性能相对较差。

贝斯湿法生产工艺要点：湿法工艺是继干法之后发展起来的新方法，特点是以无纺布或毛布为基材，将溶剂型聚氨酯树脂（其中加入 DMF 溶剂）、填料、助剂等制成混合液，真空脱泡后，浸渍或涂覆于基布上，然后放入水中含浸（溶剂与水置换），聚氨酯树脂逐渐凝固，从而形成微孔聚氨酯层，再通过水洗、辊压、烘干定型、冷却，得到半成品——贝斯。该方法生产的合成革贝斯具有良好的透湿、透气性能，手感柔软、丰满、轻盈，更富天然皮革的风格和外观，溶剂回收率高，但生产效率偏低。

目前合成革行业溶剂型树脂年需求量约 250 万吨/年，稀释剂（各种有机溶剂）按 1∶1 稀释，也需要 250 万吨。在湿法贝斯制备过程中，溶剂单一（为 DMF）可以回收处理，但回收率也只在 90% 左右，尚有 10% 左右的溶剂被无序排放。在干法工艺中，浆料中溶剂 50% 是可回收的 DMF，另 50% 是不可回收的甲苯、丁酮、甲缩醛和乙酸酯类。其中，甲苯、丁酮、甲缩醛是有一定毒性的溶剂，其无序排放一方面造成环境的严重污染和资源浪费，另一方面威胁就业者的身心健康。使用水性聚氨酯材料是一种从源头上消除污染的合成革制造新技术。但从合成革的制造原理看，水性聚氨酯只适合干法工艺，而不适合湿法生产工艺。

直接采用水性聚氨酯成膜制得的涂层偏薄，无法达到与真皮相似的触感和丰满度。发泡是解决涂层偏薄，丰满性、透气性差等的有效途径。但是，在合成革干法的制造过程中，发泡技术一直是制约行业发展的关键技术之一。

目前，发泡技术可分为化学发泡和物理发泡。化学发泡法是利用发泡剂以化学分解的方式释放一种或多种气体，进而促使聚合物基体发泡。在我国，化学发泡剂主要有以下几种：①偶氮类发泡剂；②亚硝基类发泡剂；③酰肼类发泡剂；④碳酸盐类。其中偶氮二甲酰胺（AC）是偶氮类最常用的发泡剂，亚硝基类发泡剂主要品种有二亚硝基五亚甲基四胺（DPT，俗称发泡剂 H），酰肼类发泡剂以 4,4'-氧代双苯磺酰肼（OBSH）为代表，碳酸氢钠是最常用的碳酸盐类发泡剂。有时为了帮助发泡剂分散，或提高其发气量，或用以降低发泡剂的分解温度，还要加入发泡助剂。发泡促进剂指可以降低发泡剂分解温度的一类物质，主要有锌化合物、铅化合物、有机酸等。另外，热稳定剂也可以作为发泡助剂。

化学发泡剂在反应时会产生副产物，影响制品质量。如 AC 发泡剂在发泡时会产生有毒气体，对环境造成破坏；物理发泡剂成本较低，发泡无残余体，但发泡过程所用设备较化学发泡投资大，且 CO_2 发泡会引起温室效应；低沸点发泡剂大都有毒且易燃，有些对大气中的臭氧层有破坏作用。随着社会的进步及人们观念的更新，人们对发泡剂的要求也越来越高，对人体无害、便宜、环保的发泡剂才被人们所接受。

　　而常见的物理发泡有机械搅拌发泡、中空微球成泡等。机械搅拌发泡所产生的气泡大小均匀性及生产效率近年有了较大的改善，但是在使用中所添加的一些低沸点发泡剂例如 CFC（氟里昂）等，对臭氧层造成很大破坏（近年逐渐被环戊烷所取代）。而且，此发泡技术所需要的核心技术——搅拌发泡机被国外公司（如拜耳公司）所掌握，设备昂贵，增加了合成革生产过程中的经济成本。

　　中空微球是一种微球发泡剂，见图 9-13。微球发泡剂一般具有核壳结构，外

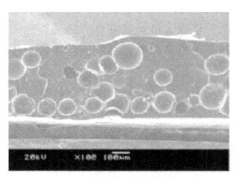
(a) 微球发泡剂 A(140℃)

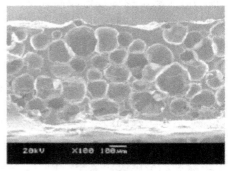
(b) 微球发泡剂 A(150℃)

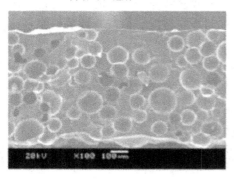
(c) 微球发泡剂 B(140℃)

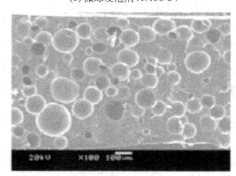
(d) 微球发泡剂 B(150℃)

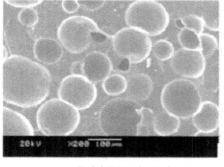
(e) 微球发泡剂 C(140℃)

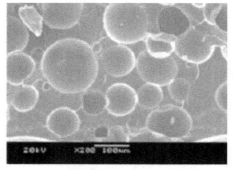
(f) 微球发泡剂 C(150℃)

图 9-13　微球发泡剂在不同温度下的 SEM 截面形貌图

壳为热塑性高分子聚合物，内核为烷烃类气体组成的空心球状微颗粒，依靠微球体的膨胀获得发泡效果。该类发泡剂由多由日本进口，我国在此类产品的开发上尚处于试验阶段。

还有一种发泡剂是一种核壳结构体，外壳为热塑性丙烯酸树脂类聚合物，内核为烷烃类气体组成的球状塑料颗粒。直径一般 $10\sim45\mu m$，加热后体积可迅速膨胀到自身的几十倍，从而达到发泡的效果。加热后，高分子壳体软化，其中的液状烃类化合物变成气体，胶囊体因产生的压力而膨胀。这种状态就好像乒乓球膨胀成为排球那样。从体积上来看，可以扩大为原来的 $50\sim100$ 倍。

称取定量水性聚氨酯（WPU），加入质量分数为 6%（相对 WPU）的轻质碳酸钙（异丙醇润湿）。将混合液在磁力搅拌器上搅拌均匀，然后加入 $5‰\sim10‰$ 的含氟表面活性剂。并添加适量有机硅流平剂、有机硅消泡剂，最后用增稠剂调节到所需黏度，搅拌均匀配成 WPU 浆料。

将 WPU 浆料涂刮在离型纸上，然后调节烘箱温度低于发泡温度，将离型纸放入烘箱中使聚氨酯混合液中的水分挥发掉而成膜，冷却。在第二、三层涂刮台上涂刮第二、三层浆料，然后在半干态下与基布贴合发泡 $8\sim10min$，最后将离型纸与合成革分别卷取，得到合成革半成品。

参 考 文 献

[1] 李俊梅. 织物涂层用水性聚氨酯的研究 [D]. 安徽大学硕士论文，2012.

[2] 泉直考，森岛冈刚，大木育，池本满成. 水性单组分涂布剂用聚氨酯乳液的制造方法 [P].

[3] 鄢琴. 亲水性非离子型抗静电剂在涤纶织物上的应用工艺研究 [J]. 印染助剂，2008 (05)：37-39.

[4] Spitalsky Z，Dimitrios T，Konstantinos P，et al. Carbon nanotube－polymer composites：Chemistry，processing，mechanical and electrical properties [J]. Progress in Polymer Science，2010，35（3）：357-401.

[5] 邓胜吉. 丙烯酸酯改性端乙烯基水性聚氨酯及应用于可释放负离子的涂层剂研究 [D]. 中北大学硕士论文，2010.

[6] Warson H. Finch. C A Applications of synthetic resin latices，fundamental chemistry of latices & applications in adhesives [M]：Wiley. com，2001.

[7] 王大保. 水性聚氨酯固色剂的制备及应用 [D]. 华东理工大学硕士论文，2012.

[8] 陈鹤，罗运军，柴春鹏，等. 阻燃水性聚氨酯研究进展 [J]. 高分子材料科学与工程，2009 (06)：171-174.

[9] 王志佳，陈英. 不同添加剂对防水透湿涂层整理的影响 [J]. 纺织学报，2012 (06)：66-70.

[10] 熊阳，张定军，吴有智，等. 改性型水性聚氨酯涂层的形状记忆性能 [J]. 材料科学与工程学报，2009 (01)：99-103.

[11] 储富祥，唐传兵，Alain G. 高固含量多分散粒径分布乳液的研究 2. 二元种子法制备二元分散粒径分布乳液 [J]. 粘接，2000 (02)：1-3＋9.

[12] 唐广粮，郝广杰，宋谋道，等. 离子型共聚单体用于高固含量无皂乳液聚合的研究-甲基丙烯酸异丁酯/甲基丙烯酸甲酯/丙烯酸丁酯无皂乳液聚合体系 [J]. 高分子学报，2000 (03)：267-270.

[13] Guyot A，Chu F，Schneider M，et al. High solid content latexes [J]. Progress in Polymer Science，

2002，27（8）：1573-1615.

[14] Schneider M，Graillat C，Guyot A，et al. High solids content emulsions. Iv. Improved strategies for producing concentrated latices [J]. Journal of Applied Polymer Science, 2002，84（10）：1935-1948.

[15] Schneider M，Graillat C，Guyot A，et al. High solids content emulsions. Iii. Synthesis of concentrated latices by classic emulsion polymerization [J]. Journal of Applied Polymer Science, 2002，84（10）：1916-1934.

[16] 张发兴. 超临界 CO_2 快速膨胀法制备 SiO_2/聚氨酯超疏水涂层的研究 [D]. 中北大学博士论文，2013.

[17] 王焕，王萃萃，张海龙，等. 环氧改性水性聚氨酯的性能研究 [J]. 胶体与聚合物，2011（03）：99-101.

[18] 黎兵，杨伟平，戴震，等. 环氧树脂嵌段改性水性聚氨酯的研究进展 [J]. 涂料技术与文摘，2009（04）：6-10.

[19] 郭文杰，傅和青，司徒粤，等. 环氧大豆油改性水性聚氨酯胶黏剂 [J]. 包装工程，2008（08）：1-3+9.

[20] 王春利，曹安堂，东玉武. 环氧大豆油的用途及其生产方法 [J]. 山东化工，2006（05）：49-51.

[21] 胡国文，沈慧芳，司徒粤，等. 羟基化环氧大豆油改性水性聚氨酯-丙烯酸酯涂料的研制 [J]. 涂料工业，2008（11）：33-36.

[22] 顾德溪. 环氧改性水性聚氨酯研究 [D]. 南京林业大学硕士论文，2012.

[23] 赵栋. 环氧改性蓖麻油在聚氨酯中的应用 [D]. 南京林业大学硕士论文，2011.

[24] 沈玲. 有机硅改性聚氨酯乳液合成及织物整理应用 [D]. 苏州大学硕士论文，2013.

[25] 宋海香，罗运军，赵辉，张文栓. 聚氨酯-有机硅水分散体系的研究进展 [J]. 化工进展，2004（11）：1199-1203.

[26] Lohmann D，Jens H，Angelika D，Polyurethanes made from polysiloxane/polyol macromers. Google Patents，2001.

[27] 姜伟峰，赵士贵，戚云霞. 浅谈有机硅-聚氨酯共聚物的研究与应用 [J]. 聚氨酯工业，2006（02）：4-7.

[28] 樊小景，李小瑞. 水性聚氨酯的化学改性及应用 [J]. 中国皮革，2006（11）：45-48.

[29] Sakurai S，Satoshi N，Masato M，et al. Changes in structure and properties due to mechanical fatigue for polyurethanes containing poly（dimethyl siloxane）[J]. Polymer，1994，35（3）：532-539.

[30] 张志国，姜绪宝，朱晓丽，等. 聚氨酯改性用有机硅的种类及其改性机理 [J]. 济南大学学报（自然科学版），2007（03）：200-204.

[31] 董青青，吴明华，刘爱莲，等. 聚醚聚硅氧烷二元醇改性水性聚氨酯涂层剂的研制 [J]. 浙江理工大学学报，2011（05）：658-662.

[32] 殷榕灿，张文保. 硅烷偶联剂的研究进展 [J]. 中国科技信息，2010（10）：44-46.

[33] 马小龙，魏丽乔. Kh-550 改性水性聚氨酯丙烯酸酯及其表征 [J]. 山西化工，2013（02）：11-16.

[34] 王浩，唐黎明，陈久军，等. 硅烷偶联剂改性水性聚氨酯涂层 [J]. 化学建材，2006（04）：1-2+7.

[35] 王雪明. 硅烷偶联剂在金属预处理及有机涂层中的应用研究 [D]. 山东大学硕士论文，2005.

[36] 王斌，霍瑞亭. 硅烷偶联剂水解工艺的研究 [J]. 济南纺织化纤科技，2008（02）：25-28.

[37] 李子东，李春惠，李广宇，任瑞睿. 如何受益硅烷偶联剂的奇妙功效 [J]. 粘接，2009（07）：30-36.

[38] 王金平. 丙烯酸树脂交联改性水性双组分聚氨酯体系的研究 [D]. 北京化工大学硕士论文，2004.

[39] Okamoto Y，Yoshiki H，Fumio Y. Urethane/acrylic composite polymer emulsions [J]. Progress in Organic Coatings，1996，29（1-4）：175-182.

[40] 邱义鹏，唐黎明，王浩. 基于羧基和氮丙啶基的室温固化水性聚氨酯涂料 [J]. 清华大学学报（自然科学版），2008（09）：1490-1493.

[41] 王姗姗，杨文杰，范浩军. 基于水性聚氨酯涂层的微球发泡技术 [J]. 皮革科学与工程，2012（02）：32-38.

第10章

水性聚氨酯油墨

10.1　概　　述

　　油墨是由有色体（如颜料、染料等）、连接料、填充料、附加物等物质组成的均匀混合物；能进行印刷，并在被印刷物体上干燥；是有颜色、具有一定流动度的浆状胶黏体。其中，连接料的作用是将粉状的颜料等物质混合连接起来，使之在研磨分散后形成具有一定流动度的浆状胶黏体，印刷后在被印物体表面干燥固定下来。油墨的流变性、黏度、干性以及印刷性能等主要取决于连接料的质量，可以说连接料是油墨的"心脏"，而树脂是连接料的关键。聚氨酯材料具有极好的耐磨性、耐擦伤性、良好的低温性能、黏结性能、高光泽、保光性和广泛的可调节性，在油墨行业占据越来越多的份额。目前已有氨基甲酸酯油墨、双组分反应型聚氨酯油墨、单组分溶剂挥发型聚氨酯油墨、光固化聚氨酯油墨和水性聚氨酯油墨等[1]。

　　随着环境保护问题越来越严峻，绿色高分子、水基高分子的研究越来越多，水性油墨的使用也越来越广泛。水性油墨，简称水墨，是由水溶性或水分散性高分子树脂连接料、颜料、溶剂（水）和相关助剂组成的。水墨以水为溶剂，基本上不含或只含少量有机溶剂，大大减少了环境负担，改善了操作人员的环境，同时具有不可燃、无毒性、无异味等特点，特别适用于食品卫生工业、儿童玩具等卫生条件要求严格的包装印刷产品[2]。在欧美和日本等发达国家，水墨已逐渐取代油墨，成为除胶印外的其他印刷方式的专用墨。以美国为例，95％的柔版印刷和80％的凹版印刷品都采用水墨[3]。目前，水性油墨连接料用得较多的是聚氨酯树脂、聚丙烯酸树脂及改性丙烯酸乳液，而水性聚氨酯凭借其好的耐磨性、耐擦伤性、耐溶剂性、粘接性能以及良好的低温性能、高光泽、保光性等优势，已用作牛奶、洗涤剂等包装盒的印刷油墨、黏合型层压品油墨等。由于水性聚氨酯的环保特性，在水性油墨领域的应用日趋活跃，成为印刷行业发展的方向[4]。

163

10.2 水性聚氨酯油墨

10.2.1 水性聚氨酯油墨的组成

水性聚氨酯油墨的主剂是由作为分散相的颜料和作为连续相的水性聚氨酯连接料组成。颜料给予了油墨颜色,水性聚氨酯连接料提供了油墨必须的转移性能。水性聚氨酯油墨的组成如图 10-1 所示[5]。

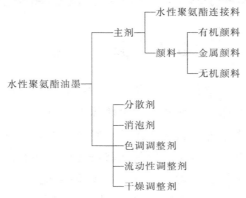

图 10-1 水性聚氨酯油墨组成示意图

10.2.2 水性聚氨酯油墨的配制

水性聚氨酯油墨的制备过程大体可以分成 3 部分。

(1) 水性聚氨酯树脂+胺化剂→研磨树脂

(2) 制备研磨色浆

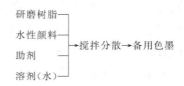

(3) 配制油墨

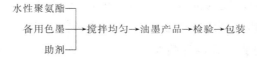

10.2.3 油墨用水性聚氨酯的制备和原料选择

油墨行业所使用的水性聚氨酯要求光泽度好、对材料的粘接强度大、在一定温度下抗粘连性好等。根据这些性能要求,对聚氨酯的结构特征、功能性和合成配方、工艺等有以下要求：选择具有耐温性能的聚酯多元醇；引入对材质具有较强粘接力的极性基团；选择合适的原料，改善聚氨酯的结晶性；使用偶联剂和其他助剂来改善油墨用水性聚氨酯胶黏剂的耐湿热性能。

(1) 原料的选择

① 大分子多元醇。聚酯型聚氨酯含有强极性的酯基，软硬段之间的氢键作用力远大于聚醚型聚氨酯，分子链的柔顺性低于聚醚型链的柔顺性，链段运动能力较差，不利于软段和硬段之间的各自聚集成相，因而其微相分离程度较低。由于酯基的极性大、内聚能高，分子间作用力较大，因而聚酯型聚氨酯的拉伸强度高于聚醚型；致使其印刷涂膜与尼龙纤维的分子间作用力较大，附着性和黏结力较好。

② 多异氰酸酯。芳香族主要有甲苯二异氰酸酯（TDI）、二苯基甲烷二异氰酸酯（MDI）；脂肪族主要有六亚甲基二异氰酸酯（HDI）、异佛尔酮二异氰酸酯（IPDI）、二环己基甲烷二异氰酸酯（H_{12} MDI）。选择脂肪族或脂环族异氰酸酯制成的聚氨酯，耐水性比芳香族的好，水性聚氨酯产品的储存稳定性好。芳香族聚氨酯中的硬段含有较为刚性的苯环链节，其硬段微区对软段相的补强作用较为明显，从而具有较高的拉伸强度。其中 MDI 树脂的分子链较为规整，印刷涂布时，其与尼龙纤维分子间的距离较小，易于形成氢键，改善了印刷涂膜对尼龙布的附着性；而 IPDI 和 TDI 分子中均含有侧基，结构对称性较差，不利于形成氢键，附着性较差。

③ 小分子扩链剂。油墨用水性聚氨酯小分子扩链剂有小分子多元醇和多元胺等，常用小分子扩链剂有小分子二元醇、二元胺。胺类扩链剂能形成脲键，脲键的极性比氨酯键强，因而二元胺扩链的水性聚氨酯具有较高的机械强度、模量、黏附性和耐热性。扩链剂的加入，可以提高内聚强度、软化点和粘接强度等。

水性聚氨酯还需在分子中引入亲水性扩链剂，在水性聚氨酯大分子主链上引入亲水基团同时起扩链剂和乳化剂的作用，扩链剂中常含有羧基、磺酸基及仲氨基等。2,2-二羟甲基丙酸（DMPA）是常用的亲水扩链剂，其相对分子质量较小（$M_n=134$），较少的用量就能提供足够的羧基量；其亲水基（即羧基）位于分子链段中，用叔胺作为中和剂可以制成稳定性好，膜耐水、耐溶剂性能极佳的水性聚氨酯。

④ 交联剂。水性聚氨酯中由于亲水基团的存在，胶膜的耐水性、耐热性及粘接力会降低，为了提高其耐水性能，目前较为有效的方法是添加交联剂，使之与分子结构中的基团反应，形成交联网状结构。交联可分为内交联和外交联，内交联主要用于单组分交联型水性聚氨酯，外交联则主要用于双组分水性聚氨酯的制备。油墨的聚氨酯黏合剂以单组分居多，所以适宜采用内交联。

⑤ 成盐剂。水性聚氨酯在硬段链上引入亲水性基团如羧基后，必须用碱中和成离子型盐后才具有良好的亲水性。常用的成盐剂有三乙胺（TEA）、氢氧化钠和氨水等，氢氧化钠或氨水成盐的乳液通常颗粒粒径大，外观不好，因此常选用 TEA 作为成盐剂。

(2) 油墨用水性聚氨酯的制备 油墨用水性聚氨酯的制备一般采用自乳化法，

是目前常用的一种制备方法，这里就不再过多叙述。

(3) **提高油墨用水性聚氨酯性能的途径**　提高油墨用水性聚氨酯性能，主要是提高其耐水性、耐热性及内聚强度，可以通过选择制备预聚体的原料以及制备工艺，达到其内在性能的优化。

① 耐水性。采用耐水性聚酯多元醇，可以提高其耐水性能；也可添加水解稳定剂（如碳化二亚胺、环氧化合物等）进行改性，为了提高聚酯本身的耐水性能，可采用长链二元酸及二元醇为原料。

② 耐高温性。通常提高耐高温的方法有：采用含苯环的聚醚、聚酯和采用耐高温的异氰酸酯原料，提高异氰酸酯及扩链剂的含量；用较耐温的其他树脂对其改性。

③ 内聚强度。通过适当的热处理，可提高其强度和耐水性，热处理使分子链段排列紧密，冷却后形成更多的氢键，从而提高内聚强度和粘接强度。

10.2.4　油墨用水性聚氨酯的改性及应用概况

(1) **油墨用水性聚氨酯的改性**　水性聚氨酯在耐水性、热稳定性方面有待提高，并且对非极性聚合物薄膜，如彩印行业广泛使用的聚丙烯（PP）、聚乙烯（PE）等的附着力较差，为了克服这些缺点，需要对其进一步改性。目前研究者主要集中在应用丙烯酸单体或树脂对水性聚氨酯油墨进行改性，并取得了一定成效。周文欣等在聚氨酯中引入含有羟基的氯乙烯-丙烯酸羟乙酯共聚物，明显改善了油墨对于 PE、PP 等非极性基材的附着性。李芝华等采用丙烯酸树脂对水性聚氨酯进行改性，得到了共混改性、共聚改性、接枝改性 3 种丙烯酸改性水性聚氨酯聚合物（PUA），改性后的水性聚氨酯各性能均有不同程度的提高。

为改善水性油墨中聚氨酯成本较高、固含量较低、耐酸性及耐碱性不好的缺点，用聚丙烯酸酯对水性聚氨酯进行改性，凭借其机械强度高、耐老化、抗黄变、耐水性好等优点，可持久保持原有的色泽和光泽，且有较好的耐腐蚀性和颜料分散性，可制备高固含量、低成本以及达到使用要求的水性聚氨酯，显著提高水性聚氨酯耐水、耐溶剂、耐候等方面的性能，对水性油墨的改善以及聚氨酯成本的降低大有好处，作为水性油墨的连接料具有一定的应用价值。

(2) **水性聚氨酯在油墨中应用概况**　目前，水性聚氨酯油墨已经商品化，可以满足多种性能要求，并越来越受到人们的重视。水性聚氨酯油墨应用主要以柔性版印刷和凹版印刷为主，在国外广泛应用的水性聚氨酯油墨环保性好、墨性稳定、黏度高、着色力强、附着牢度高，干燥速率能够适应印刷速度的需要。大日本油墨公司研制了聚丙烯膜水稀释型聚氨酯油墨。例如，将质量分数为 30% TiO_2、50%水分散性聚氨酯、10%氯化聚丙烯分散体和 10%水混合，并印刷在 Pylen2161 上，制得的试验样板附着强度高，印刷的薄膜适用于叠层工艺，用于制备包装材料。大日本油墨公司报道，先将水性交联型聚氨酯-聚脲与颜料混合，再与其他成分混合即制成油墨。例如，将 1869 份（质量份，下同）聚酯和 1000 份异佛尔酮二异氰酸酯于 110℃加热，加 201 份二羟甲基丙酸，在有机锡化合物存在下于乙酸乙酯中保温 2h，与 162 份己二异氰酸酯缩二脲和甲乙酮混合，用水乳化，制得交联型聚氨酯-聚脲溶液。国内塑料薄膜印刷油墨普遍采用聚酰胺油墨，但若对印刷面进行后序复合加工，发现与未印刷的薄膜相比，复合牢度大大降低，因此这种反面印刷场合，多使用专用的反印刷油墨——水性聚氨酯油墨，但由于其成本较其他品种高，在国内发展速度较慢。总之，水性聚氨酯的各种性能决定了印刷油墨的各种使用性能，原料的选择以及制备方法对其性能有不同程度的影响。水性聚氨酯油墨结合了水性油墨和聚氨酯油墨的优点，解决了水性油墨干燥缓慢、不适于非吸收性材料的印刷的问题，降低了聚氨酯油墨昂贵的成本，完善了四色印刷的质量，使其应用逐渐扩展到胶印、凹印、柔印和丝网版印刷各个领域。

水性聚氨酯凭借其使用简便、性能稳定、附着力强、光泽度优、耐热性好以及与其他树脂良好的相容性等优势，使得以水性聚氨酯作连接料的油墨使用性能优良，是水性油墨的未来发展趋势之一。

10.3 油墨用水性聚氨酯树脂的制备实例

10.3.1 丝网印染用水性聚氨酯油墨

10.3.1.1 丝网印染的水性聚氨酯油墨制造方法[6]

干性植物油（亚麻油、桐油）与丙三醇（甘油）通过醇解反应生成以甘油一酸酯为主的二元醇中间体，此中间体和多功能单体 DMPA 为复合羟基（—OH）组分与 TDI（甲苯二异氰酸酯）/HDI（己二异氰酸酯）的二异氰酸酯基（—NCO）复合组分通过逐步加成聚合，然后通过中和剂成盐得到常温交联的水性聚氨酯树脂溶液体系；以此水性树脂与优质颜料、填料和助剂复配可制得适合织物丝网印染的单组分聚氨酯水性油墨。

(1) 主要原料

① 多元醇：亚麻油、桐油、丙三醇，其中亚麻油、桐油、丙三醇摩尔比为 2:1:2.5。

② 异氰酸酯：甲苯二异氰酸酯（TDI）与己二异氰酸酯（HDI）。

③ 催化剂：二月桂酸二丁基锡。

④ 溶剂：甲醇、丙酮、低碳醇醚复合溶剂（由乙醇、异丙醇、乙二醇乙醚、水组成的混合溶剂，其体积比例为 3:3:1:3）。

⑤ 催干剂：为钴、锰、铅的复配催干剂。

⑥ 中和剂：一乙醇胺。

⑦ 其他：氢氧化锂，蒸馏水。

（2）工艺步骤　首先向反应容器中投入亚麻油、桐油、丙三醇、氢氧化锂，开动搅拌并升温，通 N_2 保护液面，混合物加热到 220～240℃ 保温醇解，待甲醇完全溶解即为醇解终点；降温至40～50℃加入丙酮，搅拌均匀，降温至 20～30℃，将 TDI 与 HDI 分 3 次加入，每隔 15min 加入 1 次，并加入催化剂，控制反应温度在 70～80℃，保温 2h；加入低碳醇醚复合溶剂，搅拌均匀，分批加入一乙醇胺使其中和成盐，控制温度 70℃ 以下，加入催干剂搅匀；加入蒸馏水，待体系黏度稳定并合格后，过滤出料，得到氧化交联聚氨酯树脂连接料。

制备流程见图 10-2。

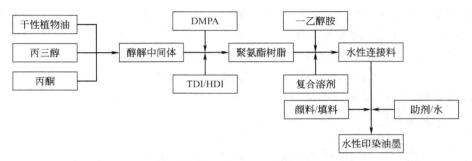

图 10-2　水性聚氨酯油墨制备流程

（3）主要用途　此法制备的水性聚氨酯树脂可用于丝网印染水性油墨，具有抗碱、抗乙醇、抗水、干燥速率快、光泽度高、附着力强的特点。

（4）举例　向反应容器中投入亚麻油 290.7g、桐油 22.9g、氢氧化锂 1.6g、86.4g 丙三醇、亚麻油、桐油、丙三醇的摩尔比为 2：1：2.5，氢氧化锂用量为总量的 0.4%，开动搅拌并升温，通 N_2 保护液面，混合物加热到 220～240℃ 保温醇解，每 10min 测甲醇容忍度一次，待 1：3 甲醇完全溶解即为醇解终点；降温至 40～50℃ 加入丙酮 300g，搅拌均匀，体系溶解，降温至 20～30℃，将 TDI 51.2g 与 HDI 49.4g 分 3 次加入，每隔 15min 加入 1 次，并加入 2.5g 二月桂酸二丁基锡，其用量为总量的 0.5%，控制反应温度在 70～80℃，保温 2min；加入低碳醇醚复合溶剂 200g，搅拌均匀，分批加入 135g 一乙醇胺使其中和成盐，控制温度 70℃ 以下，待体系稳定后，即 pH=8.5～9.5，加入 3g 复配催干剂搅匀；加入蒸馏水，待体系黏度稳定并合格后，过滤出料，得到常温交联水性聚氨酯树脂连接料。

丝网印染水性聚氨酯油墨制法：取上述水性聚氨酯树脂连接料 400g，所需颜料为立索尔大红、金光红、大红粉、酞菁蓝、酞菁绿、联苯胺黄、永固黄，白色选用钛白粉，黑色选用高色素炭黑等，共 50g，胶质碳酸钙 50g，投入预分散容器中，搅拌使颜填料粉体润湿并使体系初步分散。将预分散的物料送入砂磨机中进行研磨，保持研磨料温度低于 30℃，加入 100g 蒸馏水和 50g 低碳醇复合溶剂调整黏度，测黏度和细度合格，即可出料制样检测各项性能。

按举例制得的水性油墨可达到的技术指标：

颜色与外观	各色与样色相符
黏度（25℃NDJ-1 黏度计）/mPa·s	≥3500
pH 值	8.5～9.5
细度/μm	≤15
附着力/级	≤2
表干时间（25℃±1℃）/min	≤30
耐水性/h	10
储存期/月	12

10.3.1.2 一种用于丝网印刷水性油墨的水性聚氨酯的制备[7]

(1) 主要原料 该水性聚氨酯所含各组分及其质量分数（%）。

① 多元醇（20.0%～24.0%）：聚酯多元醇、聚醚多元醇以及 R（OH）$_n$（$n=$1，2，3）型低分子多元醇。

② 二异氰酸酯（8.7%～12.5%）：甲苯二异氰酸酯（TDI）、4,4'-二苯基甲烷二异氰酸酯（MDI）、异佛尔酮二异氰酸酯（IPDI）。

③ 亲水性单体（1.5%～3.5%）。

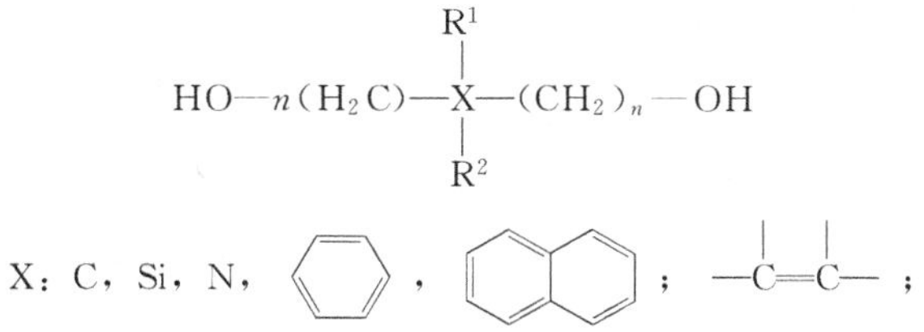

$$HO-n(H_2C)-X-(CH_2)_n-OH$$

（结构式中 X 上为 R^1，下为 R^2）

X：C，Si，N，苯环，萘环；$-\overset{|}{C}-\overset{|}{C}-$ ；

m，n：1，2，3，…；

R^1：脂肪链；

R^2：$(CH_2)_p COOH$（$p=1,2,…$）

④ 中和剂（0.8%～1.6%）：$NH_3 H_2O$、三乙胺、HCl、CH_3COOH。

⑤ 扩链剂（0.3%～0.6%）：乙二胺、二乙烯三胺、三乙烯四胺，肼、肼类衍生物及 RNH_2（R 为脂肪链）。

⑥ 水（57.8%～68.7%）。

⑦ 溶剂：丙酮、丁酮、醋酸乙酯、醋酸丁酯、N-甲基吡咯烷酮。

(2) 工艺步骤 原料预先要经过干燥处理。

① 在装有电动搅拌器、回流冷凝器、温度计、氮气进口的反应釜中加入 20.0%～24.0% 的多元醇，8.7%～12.5% 的二异氰酸酯，1.5%～5% 的亲水性单体，在 70～90℃ 下进行反应生成预聚物。

② 将上述预聚物中加入溶剂适当稀释后，于 40～55℃ 下加入 0.8%～1.6% 的中和剂成盐。

③ 降温至 $10 \sim 45℃$，在一定速度搅拌下加水分散。

④ 加入 $0.3\% \sim 0.6\%$ 的扩链剂在 $60 \sim 75℃$ 下进行 $0.5 \sim 1.5h$ 的扩链反应。

⑤ 真空脱除溶剂，得到水性聚氨酯。

(3) 主要用途　用作水性油墨的基料，适用于油墨、涂料、胶黏剂领域。该水性油墨附着力好、颜色鲜艳、剥离强度高、印刷适性强，适于用作制卡（磁卡、银行卡、购物卡等）行业的水性油墨。

(4) 举例　在装有搅拌器、回流冷凝器、温度计、氮气进口的反应釜中加入 23% 聚酯二醇、异佛尔酮二异氰酸酯、2.8% 二羟甲基丙酸在 $80℃$ 下反应至—NCO 含量达到理论值，得到预聚体。于 $50℃$ 下加入适量丙酮降低黏度，加入 1.4% 三乙胺中和剂成盐，然后冷却至 $35℃$ 加水乳化。加入 0.45% 乙二胺扩链剂，$70℃$ 反应 $1h$，减压蒸出溶剂后制得水性聚氨酯。

10.3.1.3　用于丝网油墨连接料的水性聚氨酯及其制法[8]

(1) 主要原料

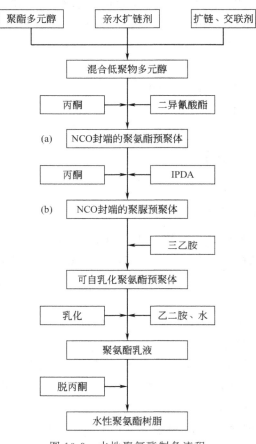

图 10-3　水性聚氨酯制备流程

① 大分子多元醇：为己二酸系聚酯多元醇或含苯酐的己二酸系聚酯多元醇中的一种或一种以上组合，分子量 $1000 \sim 3000$，反应前需减压脱水，条件为 $100 \sim 120℃$，减 压 至 $50mmHg$（$1mmHg = 133.322Pa$）以下，脱水 $2h$。

② 异氰酸酯：甲苯二异氰酸酯（TDI）、异佛尔酮二异氰酸酯（IPDI）、二苯基二异氰酸酯（MDI）中的一种或两种混合。

③ 亲水扩链剂：二羟甲基丙酸（DMPA）或二羟甲基丁酸（DMBA），在（a）步反应中（如图 10-3 所示），当 DMPA 加入时，聚酯多元醇的温度达到 $120℃$，搅拌 $30min$，DMPA 即可溶解于聚酯，无需加入助溶剂 N-甲基吡咯烷酮（NMP）；如果 DMPA 加入时聚酯多元醇温度低于 $100℃$，则需加入适当的 NMP 增强对 DMPA 的溶解；当亲水扩链剂为二羟甲基丁酸时，可常温加入，不用加入助

溶剂。

④ 小分子扩链剂：新戊二醇（NPG）、甲基丙二醇（MPD），胺类扩链剂为异佛尔酮二胺（IPDA）、3,3'-二氯-4,4'-二氨基二苯基甲烷（MOCA）或两者的混合物。

⑤ 交联剂：三羟甲基丙烷（TMP）。

⑥ 中和剂。

⑦ 其他。

(2) 工艺步骤 由亲水扩链剂、聚酯多元醇、小分子扩链剂和过量的异氰酸酯反应，生成 NCO 封端的预聚体，再和小分子二胺扩链剂反应，生成含脲键的 NCO 封端的预聚体，反应过程中用丙酮调节黏度，二正丁胺滴定终点；降温至 50℃以下，加入亲水扩链剂物质量 80%～95%的三乙胺中和成盐，然后将预聚体倒入含计量好的乙二胺的水中乳化、脱除丙酮，得到水性聚氨酯。

① 聚酯多元醇在 100～120℃减压脱水，将亲水扩链剂和小分子扩链剂、交联剂同时加入反应釜，亲水扩链剂的加入量为总反应物的质量 [（a）+（b）部分] 的 3%～6%；搅拌，降温至 50～65℃，加入过量的异氰酸酯，过量的异氰酸酯基（—NCO）含量为第一步反应物的质量 [（a）部分] 的 2%～5%，在 65～75℃反应，反应过程中用丙酮调节黏度，二正丁胺滴定反应终点。

② 第一步反应到达终点后，降温至 45～60℃，加入胺类扩链剂，此时过量的异氰酸酯基含量为总反应物的质量 [（a）+（b）部分] 的 1%～3%，在 55～65℃反应至终点，降温至 50℃以下，加入亲水扩链剂质量 80%～95%的三乙胺中和成盐，然后将预聚体倒入含计量好的乙二胺 [物质量为（b）步反应结束过量异氰酸酯 NCO 物质量的 0～50%] 的水中乳化、脱除丙酮，得到水性聚氨酯。

注：①（a）部分：指参加第一步反应的所有反应物的质量总和，即聚酯多元醇的质量、亲水扩链剂的质量、小分子扩链剂、交联剂的质量和异氰酸酯质量的总和。

②（a）+（b）部分：参加反应的所有反应物的质量的总和，即（a）部分的质量总和加上胺类扩链剂的质量。

(3) 用途 这种聚氨酯树脂具有黏附性好、成膜后胶膜透明性高、光泽好、抗反黏优、耐水性好、力学性能优异的特性，可用于丝网油墨连接料。

(4) 举例

举例 1：将 600kg 分子量 M_n=2300 的 PEBA 投入反应釜，升温至 100℃，真空脱水 120min，加入 40kg DMPA、5kg NPG、2kg TMP，搅拌，升温至 120℃，保温直到 DMPA 完全溶解，然后降温至 60℃，加入 IPDI 205kg，待反应温度恒定后，升温至 75℃，保温 3h，降温至 50℃，加入用丙酮稀释过的 MOCA 22kg，反应过程中用丙酮调节黏度；二正丁胺滴定终点，达到预定的 NCO 含量后，降温至 50℃以下，加入三乙胺 29kg，充分混合 10min，将混合物倾入含 5kg 乙二胺的

1340kg 的去离子水中，乳化机乳化 20min，然后将乳液在 20～50℃下，真空脱除丙酮，得到水性聚氨酯树脂乳液。这种聚氨酯树脂黏附性好，成膜后胶膜透明性高、光泽好、抗反黏优、耐水性好，可用于丝网油墨连接料。

举例 2：将 500kg 分子量 M_n =2000 的 PHA 投入反应釜，升温至 100℃，真空脱水 120min，加入 35kgDMBA、4kg NPG、1.5kg TMP，搅拌，升温至 120℃，保温直到 DMPA 完全溶解，然后降温至 60℃，加入 IPDI 188kg，待反应温度恒定后，升温至 75℃，保温 3h，降温至 50℃，加入用丙酮稀释过的 IPDA 29kg，反应过程中用丙酮调节黏度；二正丁胺滴定终点，达到预定的 NCO 含量后，降温至 50℃以下，加入三乙胺 20.4kg，充分混合 10min，将混合物倾入含 3.2kg 乙二胺的 1141kg 的去离子水中，乳化机乳化 20min，然后将乳液在 20～50℃下，真空脱除丙酮，得到水性聚氨酯树脂乳液。这种聚氨酯树脂黏附性好，成膜后胶膜透明性高、光泽好、抗反黏优、耐水性好，可用于丝网油墨连接料。

举例 3：将 900kg 分子量 M_n =1000 的 PCL 投入反应釜，升温至 100℃，真空脱水 120min，加入 90kg DMPA、8kg NPG，搅拌，升温至 120℃，保温直到 DM-PA 完全溶解，然后降温至 60℃，加入 300kg IPDI、170kg TDI，待反应温度恒定后，升温至 75℃，保温 3h，降温至 50℃，加入用丙酮稀释过的 IPDA 28kg 和 MOCA 27kg，反应过程中用丙酮调节黏度；二正丁胺滴定终点，达到预定的 NCO 含量后，降温至 50℃以下，加入三乙胺 60kg，充分混合 10min，将混合物倾入含 6.5kg 乙二胺的 2437kg 的去离子水中，乳化机乳化 20min，然后将乳液在 20～50℃下，真空脱除丙酮，得到水性聚氨酯树脂乳液。这种聚氨酯树脂黏附性好，成膜后胶膜透明性高、光泽好、抗反黏优、耐水性好，可用于丝网油墨连接料。

10.3.1.4　丝网印刷水性油墨[9]

(1) 主要原料（质量分数）

① 多元醇（40%～70%）：聚酯多元醇、聚醚多元醇、三羟甲基丙烷。

② 二异氰酸酯（15%～45%）：甲苯二异氰酸酯（TDI）、4,4′二苯基甲烷二异氰酸酯（MDI）、异佛尔酮二异氰酸酯（IPDI）。

③ 亲水性单体（5%～15%）：二羟甲基丙酸、二羟甲基丁酸、N-甲基二乙醇胺。

④ 中和剂（3%～6%）：三乙胺、NH_3H_2O、HCl、CH_3COOH。

⑤ 扩链剂（0.5%～3%）：乙二胺、二乙烯三胺、三乙烯四胺。

⑥ 溶剂：丙酮。

(2) 工艺步骤　原料预先要经过干燥处理。

① 在装有电动搅拌器、回流冷凝管、温度计、氮气进口的反应釜中加入多元醇、二异氰酸酯、亲水单体等，在 60～90℃下反应至—NCO 含量达到理论值，得到预聚物。

② 将上述预聚物中加入溶剂适当稀释后，再加入中和剂成盐并于 0～20℃下加水分散乳化。

③ 加入扩链剂在 30～80℃下进行扩链反应。

④ 真空脱除溶剂，得到水性聚氨酯。

(3) 用途 采用此法制备的水性聚氨酯制备的水性油墨附着力强、颜色鲜艳，印刷适性优良，适合于 PVC 基材的表面印刷及粘接，可用于磁卡、银行卡、信用卡等卡类的制作。

(4) 举例 在装有电动搅拌器、回流冷凝器、温度计、氮气进口的反应釜中加入 61.4％聚酯二醇、25.1％异佛尔酮二异氰酸酯、7.0％二羟甲基丙酸在 80℃下反应至—NCO 含量达到理论值，得到预聚体。加入适量丙酮降低黏度，加入 5.3％三乙胺中和剂成盐，然后冷却加水乳化。加入 1.2％乙二胺扩链剂，得到水性聚氨酯分散液，最后减压蒸出溶剂。

将 80％水性聚氨酯、19％颜料、0.3％分散剂、0.4％消泡剂投入配料釜中，室温下预搅拌 1h，然后加入 0.3％增稠剂搅拌棍合 20～30min，最后经研磨机充分混合后出料。

10.3.2　用于柔性版印刷的水性聚氨酯油墨

柔性版印刷也常简称为柔版印刷，是包装常用的一种印刷方式。根据我国印刷技术标准术语 GB 9851.4—1990 的定义，柔性版印刷是使用柔性版，通过网纹辊传递油墨的印刷方式。在国外，柔性版印刷多采用水性油墨，其产品不仅仅局限于纸箱、信封，在食品包装、烟酒包装、医药包装和儿童玩具包装等领域均被广泛使用。在美国市场上，水性柔性油墨的销量是溶剂型油墨的两倍以上，由于它对环境无污染，对人体无危害，是唯一经过美国食品药品监督管理局（FDA）认可的油墨，符合环保、绿色的印刷理念，因此柔性版印刷业被称为"绿色印刷"。

10.3.2.1　聚氨酯纯水油墨连接料及其纯水油墨[10]

(1) 原料组成 聚醚系多元醇和聚酯系多元醇。

异氰酸酯类：可以是甲苯二异氰酸酯、二苯基甲烷二异氰酸酯、纯二苯基甲烷二异氰酸酯、异佛尔酮二异氰酸酯、己二异氰酸酯、二环己基甲烷二异氰酸酯等。

三羟甲基乙烷：可以是三羟甲基氨基甲烷、三羟甲基硝基甲烷、三羟甲基丙烷、三羟甲基苯酚等。

丙烯酸羟乙酯：可以是丙烯酸甲酯、丙烯酸酯丙烯酸异辛酯、丙烯酸丁酯、丙烯酸乙酯、丙烯酸异辛酯、乙酰乙酸乙酯、乙酰乙酸甲酯、乙二醇乙醚醋酸酯、乙二醇丁醚醋酸酯、丙二醇甲醚丙酸酯、丙二醇甲醚醋酸酯、间苯二甲酸二乙酯。

纯净水。

颜料：有机颜料、无机颜料、染料。

助剂：增稠剂、润湿剂、消泡剂、氨水、水性蜡粉。

胺类：乙二胺、乙醇胺、二乙醇胺、三乙胺、三乙醇胺。

(2) 制备步骤 先用聚醚多元醇和聚酯多元醇混合脱水后加入异氰酸酯和二羟甲基丙酸、三羟甲基乙烷在负压条件下控温85℃反应12h后用乙二胺和乳化剂中和，再加入纯净水生成复合乳液，继续反应1h生成纯水油墨连接料。连接料按比例再加入纯净水、有机颜料和助剂经分散研磨后成纯水油墨。

(3) 用途 可用于印刷在食品包装、烟酒包装、儿童玩具包装等纸箱、纸张方面，还能印刷在以PET、PE为主的塑料薄膜上。

(4) 举例（质量分数）

聚醚系多元醇5%～15%　　　　　连接料30%～60%
聚酯系多元醇5%～15%　　　　　纯净水20%～50%
异氰酸酯5%～20%　　　　　　　有机颜料8%～15%
乙二胺0.5%～1.5%　　　　　　　助剂2%～15%
乳化剂1%～7%　　　　　　　　　二羟甲基丙酸1%～10%
三羟甲基乙烷0.5%～9.5%　　　　丙烯酸羟乙酯1%～21%

纯水油墨连接料配方（质量分数）：

聚醚多元醇12%　　　　　　　　聚酯多元醇3.5%
异氰酸酯8.6%　　　　　　　　　二羟甲基丙酸1.8%
三羟甲基乙烷0.5%　　　　　　　丙烯酸羟乙酯2.2%
纯净水68.5%　　　　　　　　　乙二胺1.1%
乳化剂1.8%

白色纯水油墨配方（质量分数）：

纯水油墨连接料45%　　　　　　纯净水20%
钛白粉30%　　　　　　　　　　水性蜡0.5%
消泡剂0.5%　　　　　　　　　　润湿剂1.0%
增稠剂1.0%　　　　　　　　　　氨水2.0%

黄色纯水油墨配方（质量分数）：

纯水油墨连接料50%　　　　　　纯净水32%
联苯胺黄13%　　　　　　　　　水性蜡0.5%
消泡剂0.5%　　　　　　　　　　润湿剂1.0%
增稠剂1.0%　　　　　　　　　　氨水2.0%

10.3.2.2　一种环保型水性聚氨酯油墨及其制备方法[11]

(1) 主要原料

① 二元或多元有机酸：包括对苯二甲酸、邻苯二甲酸、偏三苯甲酸、均苯四甲酸，丁二酸、癸二酸、己二酸、丙二酸的一种或几种的组合物。

② 二元或多元醇：包括乙二醇、丙二醇、丁二醇、己二醇、新戊二醇、三羟甲基

丙烷、丙三醇、一缩二乙二醇、二缩三乙二醇、丙三醇的一种或几种的组合物。

③ 催化剂：制备聚酯多元醇的催化剂为强的有机酸，包括甲基苯磺酸、苯磺酸、氯代羧酸；制备水性聚氨酯预聚物催化剂为二月桂酸二丁基锡，三亚乙基二胺的一种或其组合物。

④ 多元异氰酸酯：采用甲苯-2，4-二异氰酸酯、异佛尔酮二异氰酸酯、二苯甲烷二异氰酸酯、己二异氰酸酯等。

⑤ 扩链剂：一次扩链剂是分子量 400～800、最好是 400～600 之间的含羟基的缩聚物；二次扩链剂采用较活泼的小分子扩链剂，包括异佛尔酮二胺、乙二胺、含活泼羟基的小分子扩链剂。

⑥ 亲水性组分：采用二羟甲基丙酸。

⑦ 中和剂：采用三乙胺，二正丁基胺、三乙醇胺的一种或几种的组合物，加入量由反应完成后的 pH 值确定，其 pH 值为 8～10。

(2) 工艺步骤　聚酯二元醇或聚酯多元醇的制备。采用多元共缩聚的方法，在三个不同的温度段进行分段缩聚反应，制备聚酯多元醇；其温度段分别为 80～130℃，150～190℃，200～240℃；原料采用二元或多元有机酸和二元或多元醇；制得树脂的数均分子量在 1000～2500，最好在 1200～2200；二元或多元有机酸、二元或多元醇配比以羧基与醇羟基的摩尔比表示，其值在 1：1.05～1.8，催化剂用量按质量分数计为 0.1%～0.6%。

制备过程如下。

第一步，将配比量的原料加入到真空玻璃反应釜中，加热到 120～130℃，搅拌，待反应混合物清亮透明后，加入配比量的催化剂，保持此温度，反应 2h，然后升温至 160～170℃，继续反应 3～4h，升温到 200～230℃并通氮气保护，反应 2～3h，关停氮气，抽真空，反应 0.5～1h，冷却出料，并密封保存。

上述步骤所制备的聚酯二元醇为白色或浅色固体或黏稠的液体，数均分子量在 1000～2500（依原料配比和反应程度而变化），羟基含量为 1.1～1.5mmol/g。其分子量由原料的组成、配比及反应程度确定，可由式(10-1)进行理论计算，其中，$\overline{X}_n$ 表示聚合度，q 表示原料的摩尔过量分率，p 表示反应程度。本发明的原料配比按羧基与羟基的摩尔比为 1：1.05～1.8。

$$\overline{X}_n = \frac{q+2}{q+2(1-p)} \tag{10-1}$$

第二步，一次扩链反应。以第一步制得的聚酯二元醇或聚酯多元醇为主体原料，配合适量的一次扩链剂及亲水性组分，以丙酮为溶剂，通过滴加多元异氰酸酯的方法，制备含亲水基团的聚合物或缩聚物；主体原料中聚酯二元醇或聚酯多元醇与多异氰酸酯配比以醇羟基与异氰酸酯基的摩尔比表示，其值在 1：1.05～1.5；一次扩链剂在整个固体组分中的质量分数为 20%～30%；亲水性组分采用二羟甲基丙酸，在整个固体组分中的质量分数为 3.5%～15.5%，丙酮的含量在 50%～

65%；催化剂用量为固体组分总量的 0.1%～1.0%。

制备过程如下：按原料配比将聚酯二元醇或聚酯多元醇、一次扩链剂、亲水性组分及丙酮依次加入到反应器中，并加入催化剂，于 45～50℃滴加多异氰酸酯，滴加完后，反应 1～2h，然后升温至 55℃，反应 3～5h，亲水性组分被消耗无浑浊出现时，将体系冷至 30～50℃待用。

第三步，二次扩链反应。在上述一次扩链反应完成后，在温度为 30～50℃之间时，逐渐滴加二次扩链剂于上述一次扩链完成后的体系中，滴加完后，继续反应 1～1.5h，然后保持温度 35℃待用；二次扩链剂采用含活泼羟基的小分子化合物，其活泼羟基含量在 1.0～4.0mmol/g 之间；原料配比按第一次扩链后剩余异氰酸酯基与活泼羟基的摩尔比为 1∶1～2.0。

第四步，聚氨酯的水性化。将第三步所得二次扩链反应物，在不断搅拌下，用有机胺中和至 pH 值为 8～10，然后在高速剪切作用下，以去离子水水性化，并蒸馏回收溶剂，所得到的聚氨酯水性分散体的固含量为 30%～60%。

(3) 用途 该水性聚氨酯配制的水性聚氨酯油墨附着力强、颜色可调、剥离强度高，可应用于纸张、塑料及制卡等方面，无毒、环保。

(4) 举例

聚酯多元醇的制备：

己二酸 292.28g；

乙二醇 94.7g；

新戊二醇 68g；

甲基苯磺酸 0.30g。

制备过程如下：将配比量的原料加入到真空玻璃反应釜中，加热到 120～130℃，搅拌，待反应混合物清亮透明后，加入甲基苯磺酸，保持此温度，反应 2h，然后升温至 160～170℃，继续反应 3～4h，升温到 200～230℃并通氮气保护，反应 2～3h，关停氮气，抽真空，反应 0.5～1h，冷却出料，并密封保存。所得产物为白色或浅色固体，羟基含量为 1.0～1.4mmol/g。

利用上述的原料组成与配比，通过上述的工艺制备了聚酯多元醇。

扩链反应原料配比：

聚酯二元醇 160g；

小分子扩链剂 40g；

二次扩链剂 30g；

二羟甲基丙酸（DMP）15g；

甲苯-2,4-二异氰酸酯（TDI）64.8g；

二月桂酸二丁基锡 0.3g。

按原料配比将聚酯二元醇、小分子扩链剂、二羟甲基丙酸、二月桂酸二丁基锡及适量的丙酮依次加入到反应器中，于 45～50℃滴加 TDI，滴加完后，反应 1～2

h，然后升温至 55℃，反应 3～5h（随着反应的进行，DMPA 被消耗，即无浑浊出现），将体系冷却至 40～45℃，逐渐滴加二次扩链剂，滴加完后，继续反应 1～2h，然后冷至 35℃（如果溶解性能下降，可补加丙酮），滴加三乙胺的丙酮溶液至 pH＝8～10，反应完后，在高速剪切下滴加去离子水进行水性化，随后蒸馏回收溶剂丙酮，蒸馏完后，补加适量的偶联溶剂并高速搅拌均匀，出料密封保存。

10.3.2.3　一种聚氨酯醇水树脂以及醇水油墨的生产方法[12]

（1）**原料**　聚酯多元醇和聚醚多元醇、多异氰酸酯、三羟甲基丙烷、二羟甲基丙酸、乙醇、碳酸二甲酯（或正丙酯、正丁酯、正丙醇、正丁醇）和水。

（2）**合成方法**　将聚酯多元醇和聚醚多元醇脱水后与多异氰酸酯、三羟甲基丙烷、二羟甲基丙酸反应，固含量设为 30％。所用的溶剂为乙醇、碳酸二甲酯和水。将合成的聚氨酯醇水树脂按比例将乙醇、碳酸二甲酯和水、有机颜料配比后分散、研磨、包装成醇水油墨。

（3）**用途**　生产出的油墨黏结性、润湿分散性、附着力等性能佳，色泽鲜艳，干燥速率快，印刷品无残留，节能、环保。使用范围广，可用于 PET、PVC、BOPP、OPP 等塑料薄膜上。

（4）**举例**　聚酯多元醇 10～50 份（质量份）和聚醚多元醇 30～80 份脱水后与多异氰酸酯 20～60 份、三羟甲基丙烷 1～20 份、二羟甲基丙酸 20～60 份反应聚合而成，反应后加入乙醇 40～60 份，碳酸二甲酯 10～30 份生成固含量为 30％的聚氨酯醇水树脂。再用聚氨酯醇水树脂 20～50 份加入乙醇 20～40 份、碳酸二甲酯 5～10 份、纯净水 5～10 份，再加入有机颜料 5～30 份分散后，研磨包装而成醇水油墨。

参 考 文 献

[1]　刘凯. 聚氨酯材料在油墨工业中的应用 [J]. 聚氨酯工业，1994（2）：3-7.

[2]　方长青，张茂荣，任鹏刚，等. 聚氨酯基水性油墨的研究 [J]. 包装工程，2009（4）：45-47.

[3]　马丽平. 丙烯酸酯改性水性聚氨酯的合成及其在水性油墨上的应用 [D]. 中北大学，2011.

[4]　梁飞，吴晓青，周彩元，等. 印刷油墨用水性聚氨酯的研究进展 [J]. 聚氨酯工业，2009（4）：1-4.

[5]　冉岚. 软包装印刷油墨用新型水性聚氨酯的合成及印刷适性研究 [D]. 湖南工业大学，2011.

[6]　崔锦峰，张应鹏，杨保平，等. 丝网印染的水性聚氨酯油墨制造方法 [P]：中国，CN200410073257.6. 2005-10-19.

[7]　李树材，曾威. 一种用于丝网印刷水性油墨的水性聚氨酯的制备 [P]：中国，CN200710056484.1 2008-7-23.

[8]　吴明江，王雪琴. 用于丝网油墨连接料的水性聚氨酯及其制法 [P]：中国，CN200910273122.7 2011-6-8.

[9]　李树材. 丝网印刷水性油墨 [P]：中国，CN200410018809.3 2005-10-5.

[10]　张伟公. 聚氨酯纯水油墨链接料及其纯水油墨 [P]：中国，CN200910208778.0 2010-8-18.

[11]　王正祥，李玉华，谢安全. 一种环保型水性聚氨酯油墨及其制备方法 [P]：中国，CN200910044561.0 2010-4-14.

[12]　张伟公. 一种聚氨酯醇水树脂以及醇水油墨的生产方法 [P]：中国，CN201010248653.3 2010-12-1.

第11章

水性聚氨酯在化妆品上的应用

11.1 应用现状

化妆品制造商对于头发和肌肤护理产品原料的纯度和质量要求非常严格。作为聚氨酯化学品领域的领头羊，拜耳材料科技正利用其在生产经验和专业技能上积累的优势来进军化妆品领域。在 2012 年中国国际化妆品、个人及家庭护理用品原料展览会（PCHI）期间，拜耳材料科技展示了其水性聚氨酯分散体——Baycusan® 系列产品在护肤、防晒、头发定型和彩妆等方面的应用。

近年来，化妆品行业对环保和产品性能的要求日益严格，Baycusan® 系列产品应运而生。新一代 Baycusan® 系列产品采用水性聚氨酯分散剂作为多功能成膜剂，聚氨酯微粒作为功能性助感成分。与化妆品行业中用作成膜剂与感官添加剂的传统聚合物不同的是，Baycusan® 产品不含任何溶剂和防腐剂成分。并且其独特的制造与灌装流程能够确保生产出高纯度的聚氨酯。水性 Baycusan® 成膜剂由于其挥发性有机物含量低，可用于低或零挥发性有机化合物皮肤和头发护理产品的配方生产。Baycusan® 系列成膜剂是一种低黏度液体，可采用冷加工技术生产，这给化妆品供应商的生产提供了很大的灵活性，可让生产出的化妆品具有优异的防水隔离功能，良好的透气性，并且用后易于清洗。Baycusan® 系列聚合物成分形成清晰的弹性薄膜，可直接渗透脸部肌肤，柔软不黏腻。在用作头发护理产品成分时，Baycusan® 系列聚合物拥有的卓越特性让发质更加轻盈柔顺，并具有高度保湿功能，使头发易于梳理。新一代成膜剂还用作水洗面膜和其他面部护理产品的配方生产。而作为彩妆成分时，新型的聚氨酯成分又可使睫毛膏和眼线膏产品防脱防水，将其添加于扑粉内，又可让肌肤拥有丝般轻软光滑触感，同时吸收多余油脂，使得脸部妆容更加精致[1]。以下将从几个专利出发具体介绍水性聚氨酯在化妆品中的应用。

11.2 用于肤用化妆品的聚氨酯树脂水性液

衰老是人类不得不面对的一个问题，虽然我们无法阻挡衰老给皮肤带来的改变，但是可以通过有效的方法延缓衰老，弥补皮肤衰老带来的变化。

伴随皮肤的老化产生的皮肤皱纹、松弛问题，出现了一些化妆品技术，例如，将含有二丙二醇、甘油、1,3-丁二醇等保湿剂的薄片涂布到皮肤上，对皮肤有一定的滋润效果，还能改善皱纹[2]；通过包含作为水溶性被膜剂的羟乙基纤维素、聚乙烯醇，作为油溶性被膜剂的特定的有机聚硅氧烷的皮肤外用剂，对皮肤赋予良好的拉伸感，松弛得到改善[3]；此外，专利[4]还报道了一种通过组合使用收缩率小的、柔软的聚氨酯的水分散物与丙烯酸乳胶来改善皱纹的化妆品。该化妆品具有改善皱纹的优异效果，在使用感受上，能够减轻黏腻感、油光等，但关于该化妆品对松弛的改善、使用感持久性等问题没有特别进行研究。

这些现有的化妆品技术中，虽然对皮肤的皱纹、松弛现象有了一定的改善效果，但随着人们对抗衰老的关注越来越多，产品对皱纹和松弛的改善效果和使用感的要求也比以往更高，需要开发能够充分应对这些要求的产品，以满足人们不断提升的要求。

日本一专利[5]涉及含有使阴离子性或两性的聚氨酯树脂溶解或分散于水中而成的聚氨酯树脂水性液的皮肤化妆品。此发明专利中的肤用化妆品不仅能良好改善皮肤的皱纹问题，松弛现象也得到改善，同时还具有如下优异效果：在使用时不会黏腻，不存在化妆品在皮肤上的移动，表现出优异的密合性，没有发涩感等不舒服的使用感。以下对该专利给予详细介绍。

11.2.1　主要原料

使异氰酸酯化合物（a）与包含 b1～b3 成分或 b1～b4 成分、并且（b1）成分/（b2）成分＝0.15～3.0（质量比，加入量）的多元醇化合物反应而制造阴离子性或两性聚氨酯树脂。将该阴离子性或两性聚氨酯树脂溶解或分散于水中形成阴离子性或两性聚氨酯树脂水性液，将由此制得的聚氨酯树脂水性液作为被膜剂用组合物配合到皮肤化妆品中，从而制成皮肤化妆品（b1 为环己烷二甲醇，b2 为分子量 1000～3000 的聚丙二醇，b3 为一分子中具有活性氢和羧基的化合物，b4 为一分子中具有活性氢和叔氨基的化合物）。

11.2.2　举例

11.2.2.1　聚氨酯树脂水分散液的制造

制造例 1：向具有搅拌装置、温度计、氮气导入管以及回流冷凝器的玻璃制四口烧瓶中，加入异佛尔酮二异氰酸酯（IPDI）100g、聚丙二醇（PPG1000）66g、1,4-环己烷二甲醇（CHDM）10g 以及二羟甲基丁酸（DMBA）38g，并加入作为溶剂的醋酸乙酯 60g，在油浴中加热到 80℃，使其反应 4h，得到残留有 NCO 基的聚氨酯预聚物的溶液。使该残留有 NCO 基的聚氨酯聚合物在包含氢氧化钾 16g 的 750g 水中分散，在 50℃ 下进行 3h 链增长反应，使其高分子量化。在减压下由所得到的水分散液回收醋酸乙酯，得到实质上不含溶剂的阴离子性聚氨酯树脂的 25％（质量分数）水分散液。

CHDM/PPG1000 约 0.15（质量比，加入量）。

制造例 2：向具有搅拌装置、温度计、氮气导入管以及回流冷凝器的玻璃制四口烧瓶中，加入异佛尔酮二异氰酸酯（IPDI）100g、聚丙二醇（PPG1000）66g、环己烷二甲醇（CHDM）100g、聚乙二醇（PEG1000）20g 以及二羟甲基丁酸（DMBA）36g，加入作为溶剂的醋酸乙酯 60g，在油浴中加热到 80℃，使其反应 4h。然后，追加添加 N-甲基二乙醇胺 2g 以及醋酸乙酯 30g，进一步使其反应 3h。向其中进一步加入单末端具有 1 个氨基的聚丙二醇（"JEFFAMINEM1000"；HUNTSMAN 公司制）30g 以及醋酸乙酯 50g，进一步使其反应 1h，得到残留有 NCO 基的聚氨酯预聚物的溶液。使该残留有 NCO 基的聚氨酯聚合物在包含氢氧化钾 15g 的 750g 水中分散，在 50℃下进行 3h 链增长反应，使其高分子量化。在减压下由所得到的水分散液回收醋酸乙酯，得到实质上不含溶剂、在结构中具有氧化乙烯链的两性聚氨酯树脂的 30％（质量分数）的水分散液。

CHDM/PPG1000 约 1.5（质量比，加入量）。

制造例 3：向具有搅拌装置、温度计、氮气导入管以及回流冷凝器的玻璃制四口烧瓶中，加入异佛尔酮二异氰酸酯（IPDI）100g、聚丙二醇（PPG1000）60g、1,4-环己烷二甲醇（CHDM）30g 以及二羟甲基丁酸（DMBA）38g，并加入作为溶剂的醋酸乙酯 60g，在油浴中加热到 80℃，使其反应 4h，或得残留有 NCO 基的聚氨酯预聚物的溶液。使该残留有 NCO 基的聚氨酯聚合物在包含氢氧化钾 16g 的 750g 水中分散，在 50℃下使其进行 3h 链增长反应，使其高分子量化。在减压下由所得到的水分散液回收醋酸乙酯，得到实质上不含溶剂的阴离子性聚氨酯树脂的 26％（质量分数）的水分散液。

CHDM/PPG1000＝0.5（质量比，加入量）。

制造例 4：向具有搅拌装置、温度计、氮气导入管以及回流冷凝器的玻璃制四口烧瓶中，加入异佛尔酮二异氰酸酯（IPDI）100g 以及单末端具有 2 个羟基的聚二甲基硅氧烷二醇（分子量 1000）3g，在油浴中加热到 80℃，使其反应 2h。然后，加入聚丙二醇（PPG3000）20g、1,4-环己烷二甲醇（CHDM）60g、加氢双酚 A 5g 以及二羟甲基丁酸（DMBA）36g，加入作为溶剂的醋酸乙酯 60g，在油浴中加热到 80℃，使其反应 4h。然后，追加添加 N-甲基二乙醇胺 2g 以及醋酸乙酯 30g，进一步使其反应 3h。向其中进一步加入单末端具有 1 个氨基的聚丙二醇（"JEFFAMINEM1000"；HUNTSMAN 公司制）30g 以及醋酸乙酯 50g，进一步使其反应 1h，得到残留有 NCO 基的聚氨酯预聚物的溶液。使该残留有 NCO 基的聚氨酯聚合物在包含氢氧化钾 15g 的 750g 水中分散，在 50℃下进行 3h 链增长反应，使其高分子量化。在减压下由所得到的水分散液回收醋酸乙酯，得到实质上不含溶剂、在结构中具有二甲基硅氧烷链的两性聚氨酯树脂的 27％（质量分数）的水分散液。

CHDM/PPG1000＝3.0（质量比，加入量）。

11.2.2.2 具体举例

举例1：可溶化型化妆水

配方：

配合成分	质量分数/%
（1）去离子水	剩余
（2）甘油	3.0
（3）1，3-丁二醇	3.0
（4）乙醇	5.0
（5）POE（加成 60mol）氢化蓖麻油	0.3
（6）制造例1中得到的阴离子性聚氨酯树脂分散液	2.0（有效成分0.5）
（7）苯氧基乙醇	0.5
（8）问荆提取物	0.1
（9）定向提取物	0.1
（10）铁线莲提取物	0.1
（11）蜀葵根提取物	0.1
（12）蜂花提取物	0.1
（13）黄芩提取物	0.1
（14）乙烯基吡咯烷酮/AMPS 共聚物	0.05
（15）聚二甲基硅氧烷（5mPa·s）	0.01
（16）香料	0.1

制造方法：向（4）、（5）的混合物中加入（15）、（16），将其添加到（1）中进行溶解（主水相），接着，向之前的主水相中添加（2）、（3）、（7）～（14），最后添加（6），获得可溶化型化妆水。

举例2：水包油型乳化型乳霜

配方：

配合成分	质量分数/%
（1）去离子水	剩余
（2）羧基乙烯基聚合物	0.3
（3）乙醇	3.0
（4）甘油	1.0
（5）二丙二醇	5.0
（6）制造例1中的阴离子性聚氨酯树脂分散液	4.0（有效成分1.0）
（7）硬脂醇	3.0
（8）鲸蜡醇	5.0

（9） 单椰子油脂肪酸 POE（20） 失水山梨醇酯	1.0
（10） POE（20） 氢化蓖麻油	0.5
（11） 氢氧化钠	0.1
（12） 儿茶提取物	0.01
（13） L-精氨酸	0.01
（14） 山毛榉芽提取物	0.01
（15） 姜黄提取物	0.01
（16） 对羟基苯甲酸酯	0.1
（17） 香料	0.1
（18） 液体石蜡	3.0
（19） 二甲基硅氧烷（6mPa·s）	3.0

制造方法：向（1）中加入（2）～（5）以及（11）～（15），均匀溶解（水相）。接着，80℃下在另一釜中均匀混合溶解（7）～（10）以及（16）～（19）（油相）。用均质搅拌器搅拌加热到70℃的水相，向其中缓慢加入80℃的油相并进行乳化。乳化结束后，添加（6），均匀搅拌。接着，脱气、过滤，获得水包油型乳化型乳霜。

举例3：水包油型乳化型乳液

配方：

配合成分	质量分数/％
（1） 纯化水	剩余
（2） 聚丙烯酸钠/AMPS 共聚物	1.0
（3） 1，3-丁二醇	5.0
（4） 制造例2中得到的两性聚氨酯树脂水分散液	5.0（有效成分1.5）
（5） 凡士林	1.0
（6） 辛酸鲸蜡醇酯	1.0
（7） 三异辛酸甘油酯	0.1
（8） 山萮醇	2.0
（9） 硬脂醇	2.0
（10） 正二十烷醇	1.0
（11） POE（20） 山萮醇	3.0
（12） 鲸蜡硬脂基葡萄糖苷	0.1
（13） 甘草酸二钾	0.05
（14） 维生素 E 醋酸酯	0.1
（15） 大豆提取物	0.01
（16） 对羟基苯甲酸酯	0.15
（17） 香料	0.1

制造方法：向（1）中加入（2）（3）以及（13）～（15），均匀溶解（水相）。接着，70℃下在另一釜中均匀混合溶解（5）～（12）以及（16）（17）（油相）。用均质搅拌器搅拌加热到70℃的水相，向其中缓慢加入70℃的油相并进行乳化。乳化结束后，添加（4），均匀搅拌。接着，脱气、过滤，获得水包油型乳化型乳液。

举例4：水包油型乳化型乳霜

配方：

配合成分	质量分数/%
（1）纯化水	剩余
（2）聚丙烯酸钠	1.5
（3）乙醇	3.0
（4）甘油	1.0
（5）二丙二醇	5.0
（6）制造例3中的阴离子性聚氨酯树脂分散液	0.38（有效成分0.1）
（7）硬脂醇	1.0
（8）鲸蜡醇	1.0
（9）单椰子油脂肪酸 POE（20）失水山梨醇酯	0.3
（10）POE（20）氢化蓖麻油	0.2
（11）氢氧化钠	0.1
（12）儿茶提取物	0.01
（13）L-精氨酸	0.01
（14）山毛榉芽提取物	0.01
（15）姜黄提取物	0.01
（16）对羟基苯甲酸酯	0.1
（17）香料	0.1
（18）液体石蜡	3.0
（19）二甲基硅氧烷（6mPa·s）	3.0

制造方法：向（1）中加入（2）～（5）以及（11）～（15），均匀溶解（水相）。接着，70℃下在另一釜中均匀混合溶解（7）～（10）以及（16）～（19）（油相）。用均质搅拌器搅拌加热到70℃的水相，向其中缓慢加入70℃的油相并进行乳化。乳化结束后，添加（6），均匀搅拌。接着，脱气、过滤，获得水包油型乳化型乳霜。

举例5：水包油型乳化型美容液

配方：

配合成分	质量分数/%
（1）纯化水	剩余
（2）丙烯酸/丙烯酸烷基酯（C$_{10\sim30}$）共聚物	0.3

（3）1,3-丁二醇	5.0
（4）制造例 4 中得到的两性聚氨酯树脂水分散液	11.1（有效成分 3.0）
（5）凡士林	1.0
（6）辛酸鲸蜡醇酯	1.0
（7）三异辛酸甘油酯	0.1
（8）山嵛醇	1.0
（9）硬脂醇	5.0
（10）正二十烷醇	0.5
（11）POE（20）山嵛醇	0.5
（12）鲸蜡硬脂基葡萄糖苷	0.1
（13）甘草酸二钾	0.05
（14）维生素 E 醋酸酯	0.1
（15）大豆提取物	0.01
（16）对羟基苯甲酸酯	0.15
（17）香料	0.1
（18）氢氧化钾	0.1

制造方法：向（1）中加入（2）、（3）以及（13）～（15），均匀溶解（水相）。接着，在 70℃下在另一釜中均匀混合溶解（5）～（12）以及（16）、（17）（油相）。用均质搅拌器搅拌加热到 70℃的水相，向其中缓慢加入 70℃的油相并进行乳化。乳化结束后，添加（4）以及（18），均匀搅拌。接着，脱气、过滤，获得水包油型乳化型美容液。

11.3 用于化妆品的甲硅烷基化水性聚氨酯-脲组合物[6]

通常的实践是在化妆品和皮肤病学组合物中使用含水聚氨酯-脲分散体作为成膜树脂，一般认为相对于低分子量的聚氨酯-脲聚合物而言，更高分子量聚氨酯-脲聚合物能向化妆品配制剂提供某些更好的性能，更高分子量的材料具有增强的耐用性、耐磨性和防潮性。然而，更高分子量的聚合物也存在一些缺点，由于更高分子量的聚合物通常具有更高的黏度，随之在制备含水聚氨酯-脲分散体中带来可能的困难。而且在化妆品应用中，由高分子量聚合物引起的更高黏度可在使用中和干燥期间导致拖拉或油腻的触感[7]。在化妆品配制剂中，如何最大程度发挥高分子量含水聚氨酯-脲分散体的益处并最小化它的缺点，一些专利提供了一些解决方案。Thomas[8]先制备出较低分子量的含水聚氨酯-脲分散体，将分散体干燥，然后使用紫外线固化以获得高分子量涂层。Rubino[9]通过加入 1%～10%硬化剂，如环氧树脂或脲烷聚合物，以与聚氨酯-脲分散体交联以达到高分子量。Ellingson 公开了各种水性聚合物。包括聚氨酯、聚丙烯酸类物和苯乙烯-丙烯酸类物共聚物。可以交联成膜聚合物以提供性能如耐碎性和优异的硬度。专利公开了在组合物自身中或在涂覆和成膜之后，使用多价金属阳离子，如 Zn^{2+}，以离子交联带负电的部分，如磺酸根和羧酸根。但这些方法都存在弊端。

美国一项专利提供了包含末端和/或侧链可水解和/或水解的甲硅烷基的含水聚氨酯-脲分散体。此发明不依赖 UV 光源的使用或硬化剂的使用，它们可导致诸如有限的储存期和潜在的毒性等加工和处理问题。也不依赖于多价金属阳离子的使用，以离子交联带负电的部分，如磺酸根和羧酸根，这样的阳离子可使分散体不稳定，可产生不希望的颜色。此发明的组合物用于化妆品应用，提供改进的耐磨性、耐转移性、防水性、防汗性和防潮性，同时具有优异的光泽、触感和黏合性。

11.3.1　主要原料

此专利提供形式为含水分散体的组合物，组合物包括至少一种聚氨酯-脲聚合物，该聚合物由至少一种水解的或可水解的甲硅烷基官能化。用于制备聚氨酯-脲的合适组分包括多异氰酸酯（优选二异氰酸酯），高分子量组分（优选多元醇），包含羟基、酰肼或氨基团的低分子量扩链剂，包含离子或非离子亲水性基团的化合物和包含甲硅烷基的化合物。可以非必要地包括链终止剂以控制分子量和降低最终膜中的交联密度。一种制备聚氨酯-脲的合适方法包括多异氰酸酯与多元醇反应以形成预聚物。预聚物可以通过与包含甲硅烷基的化合物的反应而扩链，以形成聚氨酯-脲聚合物。获得的聚合物可用于配制各种化妆品产品。

11.3.2　举例

11.3.2.1　水性聚氨酯-脲举例

举例 1：在水中硅烷醇封端的聚氨酯-脲的制备。将聚己内酯磺基间苯二甲酸钠（PCPSSIP，349.7g 和 0.47mol，基于混合物 370 的羟基当量）、聚己内酯二醇（39.3g，0.08mol）、乙二醇（69.9g，1.13mol）、二甘醇（23.9g，0.23mol）、异佛尔酮二异氰酸酯（IPDI，450.1g，2.03mol）、二月桂酸二丁基锡（DBTDL，0.90g，1.4mmol）和甲乙酮（MEK，502g）的混合物加入到装配有搅拌器的容器中并加热到 80℃。在 4h 之后，将 3-氨基丙基三乙氧基硅烷（49.9g，0.23mol）在 MEK（473g）中的溶液加入到反应混合物中，将溶液在 80℃下保持 15min。在 15min 内采用剧烈搅拌将水（975g）加入到反应混合物中，随后将 MEK 从混合物在减压下蒸馏，以生产硅烷醇封端的聚氨酯-脲在水中的分散体（50% 固体）。

举例 2：在水中硅烷醇封端的聚氨酯-脲的制备。PCPSSIP（29.21kg，43.0mol，基于混合物 340 的羟基当量）、聚己内酯二醇（10.75g，20.5mol）、乙二醇（5.10g，82.1mol）、IPDI（34.9kg，157.0mol）、DBTDL（127g，0.20mol）和 MEK（43kg）的混合物加入到装配有搅拌器的容器中并加热到 80℃。在 4h 之后，将 3-氨基丙基三乙氧基硅烷（4.75kg，21.5mol）在 MEK（43kg）中的溶液加入到反应混合物中，将溶液在 80℃下保持另外 15min。在 15min 内，采用剧烈搅拌将水（136kg）加入到反应混合物中，随后将 MEK 在减压下蒸馏，以生产硅烷醇封端的聚氨酯-脲在水中的分散体（43％固体）。进行分散体膜进行调制示差扫描量热法（MDSC）和拉伸性能分析，显示聚合物的 T_g 为 30℃，在 236％伸长率下拉伸强度为 4536psi（1psi＝6894.76Pa）。

举例 3：在水中硅烷醇封端的聚氨酯-脲的制备。将 1,2-癸二醇（69.71g，0.40mol）、1,6-二异氰酸根合己烷（102.94g，0.61mol）、DBTDL（0.27g，0.4mmol）和丙酮（161mL）的混合物采用搅拌加热到 55℃。在 2h 之后，加入 PCPSSIP（125.8g，0.17mol，基于混合物 370 的羟基当量），将混合物在 55℃下加热另外 2h。将 3-氨基丙基三乙氧基硅烷（9.79g，0.044mol）的丙酮（144mL）溶液加入到反应混合物中，将溶液在 55℃下保持 15min。在 15min 内，采用剧烈搅拌，将水（500mL）加入到反应混合物中，随后将丙酮在减压下蒸馏，以生产硅烷醇封端的聚氨酯-脲在水中的分散体。对分散体膜进行 MDSC 和拉伸性能分析，显示聚合物的 T_g 为 17℃、在 806％伸长率下拉伸强度为 642psi。

举例 4：在水中硅烷醇封端的聚氨酯-脲的制备。将 1,2-癸二醇（34.86g，0.20mol）、1,6-二异氰酸根合己烷（51.47g，0.31mol）、DBTDL（0.14g，0.2mmol）和丙酮（80mL）的混合物采用搅拌加热到 55℃。在 2h 之后，加入 PCPSSIP（62.9g，0.09mol，基于混合物 370 的羟基当量），将混合物在 55℃下加热 2h。将 3-氨基丙基三乙氧基硅烷（20.6g，9.3mol）和丁胺（0.45g，6.2mmol）的丙酮（69mL）溶液加入到反应混合物中，将溶液在 55℃下保持 15min。在 15min 内，采用剧烈搅拌，将水（240mL）加入到反应混合物中，随后将丙酮在减压下蒸馏，以生产硅烷醇封端的聚氨酯-脲在水中的分散体。

举例 5：在水中硅烷醇封端的聚氨酯-脲的制备。将 1,2-癸二醇（22.05g，0.13mol）、1,6-二异氰酸根合己烷（32.46g，0.19mol）、DBTDL（0.09g，0.1mmol）和丙酮（51mL）的混合物采用搅拌加热到 55℃。在 2h 之后，加入 PCPSSIP（0.05mol，基于混合物 370 的羟基当量），将混合物在 55℃下加热 2h。将 3-氨基丙基三乙氧基硅烷（1.97g，8.9mol）和丁胺（0.22g，3.0mmol）的丙酮（45mL）溶液加入到反应混合物中，将溶液在 55℃下保持另外 15min。在 15min 内，采用剧烈搅拌，将水（160mL）加入到反应混合物中，随后将丙酮在减压下蒸馏，以生产硅烷醇封端的聚氨酯-脲在水中的分散体。

举例 6：在水中硅烷醇封端的聚氨酯-脲的制备。将 1,2-癸二醇（24.28g，0.12mol）、1,6-二异氰酸根合己烷（31.79g，0.19mol）、DBTDL（0.08g，0.1mmol）和丙酮（52mL）的混合物采用搅拌加热到 55℃。在 2h 之后，加入 PCPSSIP（40.9g，0.06mol，基于混合物 370 的羟基当量），将混合物在 55℃下加热 2h。将 3-氨基丙基三乙氧基硅烷（1.12g，5.1mmol）和丁胺（0.37g，5.1mmol）的丙酮（45mL）溶液加入到反应混合物中，将溶液在 55℃下保持 15min。在 15min 内，采用剧烈搅拌，将水（130mL）加入到反应混合物中，随后将丙酮在减压下蒸馏，以生产硅烷醇封端的聚氨酯-脲在水中的分散体。

举例 7：在水中硅烷醇封端的聚氨酯-脲的制备。将 1,2-癸二醇（27.88g，0.16mol）、1,6-二异氰酸根合己烷（41.18g，0.24mol）、DBTDL（0.11g，0.2mmol）和丙酮（64mL）的混合物采用搅拌加热到 55℃。在 2h 之后，加入 PCPSSIP（50.32g，0.07mol，基于混合物 370 的羟基当量），将混合物在 55℃下加热 2h。将 3-氨基丙基三乙氧基硅烷（2.15g，9.7mmol）和丁胺（0.30g，4.2mmol）的丙酮（55mL）溶液加入到反应混合物中，将溶液在 55℃下保持 15min。在 15min 内，采用剧烈搅拌，将水（176mL）加入到反应混合物中，随后将丙酮在减压下蒸馏，以生产硅烷醇封端的聚氨酯-脲在水中的分散体。

举例 8：在水中硅烷醇封端的聚氨酯-脲的制备。将 PCPSSIP（555g，0.75mol，基于混合物 370 的羟基当量）、IPDI（190.1g，0.86mol）、DBTDL（0.36g，0.56mmol）和丙酮（400g）的混合物采用搅拌加热到 55℃。在 8h 之后，将 3-氨基丙基三乙氧基硅烷（45.3g，0.20mol）的丙酮（365g）溶液加入到反应混合物中，将溶液在 55℃下保持 15min。在 15min 内，采用剧烈搅拌将水（1700g）加入到反应混合物中，随后将丙酮在减压下蒸馏，以生产硅烷醇封端的聚氨酯-脲在水中的分散体（33%固体）。对分散体膜进行 MDSC 和拉伸性能分析，显示聚合物的 T_g 为 20℃，在 611%伸长率下拉伸强度为 975psi。

举例 9：使用甲硅烷基化二胺，采用扩链，制备水中甲硅烷基化聚氨酯-脲分散体。将 PCPSSIP（47.3g，0.06mol，基于混合物 370 的羟基当量）、聚己内酯二醇（14.15g，0.03mol）、乙二醇（6.71g，0.11mol）、4,4′-二异氰酸酯合二环己基甲烷（56.67g，0.22mol）、DBTDL（0.09g，1.5mmol）和丙酮（67mL）的混合物采用搅拌器加热到 60℃。在 4h 之后，将 3-氨基丙基三乙氧基硅烷（4.96kg，0.022mol）的丙酮（65mL）溶液加入到反应混合物中，将溶液在 60℃下保持 15min。在 15min 内，采用剧烈搅拌，将水（200mL）加入到反应混合物中，随后将 3-氨基丙基三乙氧基硅烷（4.96g，0.022mol）的丙酮（65mL）溶液加入到反应混合物中，随后加入 N-(3-(三甲氧基甲硅烷基)丙基)乙二胺（2.50g，0.011mol）。随后将丙酮在减压下蒸馏，以生产硅烷醇官能聚氨酯-脲在水中的分散体。对分散体膜进行 MDSC 和拉伸性能分析，显示聚合物的 T_g 为 23℃，在 298%

伸长率下拉伸强度为 3865psi。

举例 10：使用甲硅烷基化二胺，采用扩链，制备水中甲硅烷基化聚氨酯-脲分散体。将 PCPSSIP（43.1g，0.06mol，基于混合物 370 的羟基当量）、聚己内酯二醇（7.86g，0.02mol）、乙二醇（7.45g，0.12mol）、4,4'-二异氰酸酯合二环己基甲烷（54.94g，0.21mol）、DBTDL（0.09g，1.5mmol）和丙酮（61mL）的混合物采用搅拌器加热到 60℃。在 4h 之后，将 3-氨基丙基三乙氧基硅烷（3.67kg，0.017mol）在丙酮（57mL）中的溶液加入到反应混合物中，将溶液在 60℃下保持 15min。在 15min 内，采用剧烈搅拌，将水（178mL）加入到反应混合物中，随后加入 N-[3-（三甲氧基甲硅烷基）丙基]乙二胺（1.85g，0.008mol）。随后将丙酮从混合物在减压下蒸馏，以生产硅烷醇官能聚氨酯-脲在水中的分散体。对分散体膜进行 MDSC 和拉伸性能分析，显示聚合物的 T_g 为 48℃，在 281% 伸长率下拉伸强度为 4775psi。

举例 11：羧基化聚氨酯-脲分散体制备。将 2,2'-双（羟甲基）丙酸（20.1g，1.150mol）、聚己内酯二醇（262g，0.50mol）、IPDI（159g，0.72mol）、MEK（237g）和 DBTDL（0.30g，0.05mmol）在回流下加热 5h，然后在室温下放置 72h。然后将混合物在回流下加热另外 6h。将等分试样取出用于异氰酸酯当量的确定，如在 US 专利 No.5,929,160 举例 29 中所述。基于所发现的 3607 异氰酸酯当量，向反应混合物中加入三乙胺（14.2g，0.141mol）和 3-氨基丙基三乙氧基硅烷（24.9g，0.11mol）的 MEK（232g）溶液。在搅拌 15min 之后，将水（1350g）加入到溶液中，然后将 MEK 在减压下蒸馏，以生产在水中羧基化聚氨酯-脲的 28% 固体分散体。

举例 12：在水中硅烷醇封端的聚氨酯-脲的制备。将 PCPSSIP（31.4g，42.5mol，基于混合物 370 的羟基当量）、聚己内酯二醇（12.74kg，24.3mol）、乙二醇（4.03kg，0.18mol）、IPDI（31.8kg，143.1mol）、DBTDL（116.0g，0.18mol）和 MEK（42kg）的混合物采用搅拌加热到 80℃。在 4h 之后，将 3-氨基丙基三乙氧基硅烷（4.71g，21.3mol）的 MEK（42kg）溶液加入到反应混合物中，将溶液在 80℃下保持 15min。在 15min 内，采用剧烈搅拌将水（138kg）加入到反应混合物中，随后将 MEK 在减压下蒸馏，以生产硅烷醇封端的聚氨酯-脲在水中的分散体（44% 固体）。对分散体膜进行 MDSC 和拉伸性能分析，显示聚合物的 T_g 为 22℃，在 400% 伸长率下拉伸强度为 4479psi。

11.3.2.2 化妆品举例

化妆品举例 1：从举例 1 的聚氨酯-脲分散体聚合物制备水包油防晒洗液。在装配有混合设备的单独容器中，将表 11-1 所列的相 A 和相 B 的组分加热到 75℃。将相 B 加入到相 A 中。在冷却到 45℃之后，加入相 C 和相 D。

表 11-1　水包油防晒洗液

相 A	质量分数/%
去离子水	48.62
Na$_2$EDTA	0.10
丙二醇	2.50
Pemulen TR-1(2%溶液)	10.00
Stepanmild RM-1	1.50
Neutrol TE	0.40
相 B	质量分数/%
十六醇十八醇混合物	1.00
棕榈酸辛酯	5.50
Z-Cote HP-1	6.00
Lipomulse 165	2.00
Uvinul MC80	7.50
Octocrylene	9.00
相 C	质量分数/%
举例1的聚氨酯-脲分散体	4.88
相 D	质量分数/%
Germaben Ⅱ	1.00

化妆品举例2：水包油睫毛油制备如表11-2所示。在装配有混合设备的单独容器中，将表11-2所列的相A和相B的组分加热到87℃。将相B缓慢加入到相A中，同时均化。在搅拌15min之后，将批次物冷却到45℃，加入相C和相D。

表 11-2　水包油睫毛膏

相 A	质量分数/%
去离子水	40.80
PVP K-30	1.00
丙二醇	5.00
Notrosol 250MR,HEC	0.20
氧化铁黑	10.00
三乙醇胺,99%	0.50
相 B	质量分数/%
Emersol 132,硬脂酸	4.50
单硬脂酸甘油酯 SE	4.00
白蜂蜡	6.00
Candelilla1	3.00
Carnauba1	4.00
相 C	质量分数/%
化妆品举例1的聚氨酯-脲分散体	20.00
相 D	质量分数/%
Germaben Ⅱ	1.00

化妆品举例 3：通过如下方式制备水醇指甲油。混合 40％举例 2 的聚氨酯-脲分散体聚合物与 10％举例 8 的聚氨酯-脲分散体聚合物和采用 50％无水乙醇稀释，以得到显示优异耐碎性的快速干燥、有光泽、非黏性指甲油。

化妆品举例 4：具有良好泡沫特性和在清洗之后绷紧皮肤的身体洗液制备如表 11-3 所示。向装配有混合设备的容器中，将表 11-3 所列相 A 的组分加热到 75℃。在搅拌 15min 之后，将批次物冷却到 45℃ 和加入到相 B。

表 11-3　身体洗液

相 A	质量分数/％
去离子水	16.30
Standapol A	35.70
Standapol EA-2	24.00
二硬脂酸乙二醇酯	3.00
Cocamide MEA	1.00
相 B	
举例 11 的聚氨酯-脲分散体	20.00

化妆品举例 5：具有良好泡沫特性和提供快速干燥和身体对头发的香波制备如表 11-4 所示。向装配有混合设备的容器中，将表 11-4 所列相 A 的组分加热到 75℃。在搅拌 15min 之后，将批次物冷却到 45℃ 和加入到相 B。

表 11-4　香波

相 A	质量分数/％
去离子水	28.60
Miranol CS	22.20
Incronam 30	17.10
PEG150 四硬脂酸酯	0.80
鲸蜡醇	0.42
硬脂醇	0.18
Standapol EA-2	8.00
二硬脂酸乙二醇酯	2.00
Cocamide MEA	0.70
相 B	
举例 4 的聚氨酯-脲分散体	20.00

化妆品举例 6：水包油洗液制备如下。向装配有混合设备的单独容器中，将表 11-5 所列的相 A 和相 B 的组分加热到 75℃。在采用转子/定子均化器搅拌相 A 的同时，缓慢加入相 B，在均化 10min 之后，将批次物从热量中移出，采用搅拌缓慢冷却到室温，加入相 C。

表 11-5　水包油洗液

相 A	质量分数/%
去离子水	57.1
举例 10 的聚氨酯-脲分散体	10.3
甘油	5.0
Tween™80	2.1
三乙醇胺	0.7
相 B	质量分数/%
希蒙得木油	14.9
十八甲基环四硅氧烷	5.4
硬脂酸	2.5
Arlacel™ C	1.0
十八醇	1.0
相 C	质量分数/%
对羟基苯甲酸甲酯	0.10
对羟基苯甲酸丙酯	0.02

化妆品举例 7：如在举例 6 中，使用表 11-6 所列的组分制备油包水洗液，区别在于在此举例中没有相 C。

表 11-6　油包水洗液

相 A	质量分数/%
十八甲基环四硅氧烷	29.5
矿物油	17.9
3M 牌硅氧烷"Plus"聚合物 SA 70 于 D5 中	12.0
Abil ™ EM 90	0.6
相 B	质量分数/%
去离子水	35.9
举例 12 的聚氨酯-脲分散体	4.0
对羟基苯甲酸甲酯	0.1

化妆品举例 8：根据化妆品举例 6 中描述的程序，使用表 11-7 中所列的组分制备液体粉底，区别在于在此举例中没有相 C。

表 11-7　液体粉底

相 A	质量分数/%
去离子水	50.8
丙二醇	10.5
Monosil ™ PLN	3.0
Lauriciden ™	2.2
三乙醇胺	1.0
Rhapsody™ 1M	2.0
Veegum	1.1
二氧化钛 70429	1.0

续表

相 A	质量分数/%
氧化铁黄 70422	1.0
氧化铁红 70421	0.9
FD&C 黄 6	0.1
对羟基苯甲酸乙酯	0.05
对羟基苯甲酸丙酯	0.02
举例 9 的聚氨酯-脲分散体	7.0
相 B	质量分数/%
Finsolv™ TN	16.7
硬脂酸	2.1
Brij™ 30	0.1
茶树油	0.2
硅氧烷基 Witch Hazel 提取物	0.2

化妆品举例 9：通过如下方式制备含水指甲油。混合 69.45％举例 12 的聚氨酯-脲分散体聚合物与 28.92％举例 2 的聚氨酯-脲分散体聚合物，加入 0.54％的 FD&C 黄 6 和 1.09％的 Phenonip 以得到光泽的非黏性指甲油，黄染料并不从该指甲油中滤去。

化妆品举例 10：水醇指甲油制备如下。通过在 50％无水乙醇和 5.6％水的混合物中溶 14％VS-80，和加入在 29.6％水中的 0.8％浓氢氧化钠溶液，制备中和 3M 牌硅氧烷"Plus"聚合物 VS-80 的溶液。将 10.3％的此溶液与 63.5％举例 11 的聚氨酯-脲分散体聚合物和 25.4％无水乙醇结合，加入 0.2％FD&C 蓝 6 和 0.5％（质量分数）对羟基苯甲酸甲酯，以得到光泽的非黏性指甲油，蓝染料并不从该指甲油中滤去。

化妆品举例 11：含水指甲油制备如下。中和 3M 牌硅氧烷"Plus"聚合物 VS-80 的溶液如在化妆品举例 10 中那样，将 12.8％的此溶液与 86.4％举例 12 的聚氨酯-脲分散体聚合物结合，加入 0.3％FD&C 蓝 6 和 0.5％对羟基苯甲酸甲酯，以得到光泽的非黏性指甲油，蓝染料并不从该指甲油中滤去。

化妆品举例 12：含水指甲油制备如下。通过 98.8％水中溶解 1.22％和加入浓氢氧化铵以得到 6.9～7.1 的 pH 值。而制备 Carbopol 974 的溶液。将 13.6％的此溶液与 83.2％举例 12 的聚氨酯-脲分散体聚合物结合，加入 1.8％FD&C 蓝 5 和 1.4％对羟基苯甲酸甲酯，以得到光泽的非黏性指甲油，黄染料并不从该指甲油中滤去。

11.4　用于化妆品制剂的水性聚氨酯增稠剂[10]

水性聚氨酯在化妆品中的应用还表现为改善液体流变性能，特别是可以提高液体的黏度，具有增稠剂效果。通常使用的增稠剂为脂肪酸聚乙二醇单酯、脂肪酸聚乙二醇二酯、脂肪酸链烷醇酰胺、乙氧化脂肪醇、乙氧化甘油脂肪酸酯、纤维素醚、藻酸钠、聚丙烯酸（INCI：卡波姆，例如 Carbopol® 级）、酒石酸酯衍生物、多糖和中性盐（如氯化钠）。

根据要增稠的制剂，上述常规增稠剂的使用具有缺点。例如增稠剂的增稠效果和盐稳定性可能不令人满意，且妨碍它结合到要增稠的制剂中。已知增稠剂如中和状态的交联（疏水改性）聚丙烯酸对盐或表面活性剂或其混合物反应非常敏感。因此，盐的加入可导致突然和急剧黏度降低。因此，通常不在洗发剂配制剂中将这种聚合物用作增稠剂。基于存在于其中的盐浓度（表面活性剂、表面活性剂混合物、表面活性剂中作为杂质的 NaCl），通过加入常规增稠剂可能不产生显著的黏度提高。阳离子助剂的存在甚至可能导致络合物形成和沉淀。在化妆品制剂领域中，已证明寻求除在盐的存在下具有良好增稠能力外，还导致在皮肤和/或毛发上具有良好结构和愉悦感觉的制剂的耐盐性（盐稳定性）增稠剂极为困难。

此外，用于化妆品制剂的增稠剂的基本要求为与这些制剂的大量其他成分，特别是与盐和表面活性剂的相容性。甚至经几周至几个月的长期储存、温度和 pH 改变，增稠的制剂必须在流变性、物理和化学质量上基本没有变化。最后，应可划算且无明显环境影响地制备这些增稠剂。

德国一专利提供了一种含有具有提高黏度的水性聚氨酯增稠剂的化妆品制剂，所述制剂的流变性能在低和高聚合物电解质、pH 值或温度波动下经几周时间基本不变。化妆品制剂，特别是乳液和分散体应在它们的化学和物理性能方面稳定。化妆品制剂传递出柔软、不油和不黏的感觉。此外，这种化妆品制剂化妆和皮肤学可接受，特别是它们不含锡。

11.4.1　主要原料

通过使醇烷氧化物和/或聚醚多元醇与异氰酸酯或多异氰酸酯反应形成聚合物，优选多异氰酸酯为脂肪族二异氰酸酯。其中，聚醚二醇与二异氰酸酯之比（摩尔比）可为 1∶1.1～1∶1.9。所用催化剂为可溶于丙酮、甲苯、二甲苯和/或酯族烃中的羧酸锌。

11.4.2　举例

11.4.2.1　聚氨酯合成举例

合成举例 1：制备聚氨酯 PU.1。

在氮气下将 17.75kg 数均分子量为 6000 的线型聚乙二醇（例如来自 BASF SE 的 Pluriol® E6000）溶于 23.50kg 二甲苯中。在将溶液加热至约 140℃ 以后，蒸馏掉二甲苯，使得反应混合物的水含量仅为约 140×10^{-6}。将聚合物溶液冷却至 50℃，并混入溶解在 500mL 二甲苯中的 13.1g 乙酸，以缓冲已预先定量测定的聚乙二醇中乙酸钾的量。通过加入 37.28g 溶于脂族烃与二甲苯混合物中的新癸酸锌和 870.0g 溶于二甲苯中的六亚甲基二异氰酸酯开始聚合，混合物在 50℃下反应直至异氰酸酯含量为 0.27%（质量分数，下同）。然后加入溶于二甲苯中的 1.42kg 由饱和异 C_{13} 醇制备且平均乙氧化度为 10 的非离子乙氧化脂肪醇（例如来自 BASF SE 的 Lutensol® T010）与 1.64kg 由饱和 C_{16}/C_{18} 醇混合物制备且平均乙氧化度为 11 的非离子乙氧化脂肪醇（例如来自 BASF SE 的 Lutensol® AT11）的混合物。将反应混合物在 50℃进一步加热直至异氰酸酯含量为 0。随后通过在升高的温度下真空蒸馏除去溶剂二甲苯至残余含量为 500×10^{-6} 以下。所得产物 PU.1 为具有边缘位置支化或支化片段 T 的线型聚氨酯的混合物。聚氨酯 PU.1 中亲水性片段 S 的分子量与亲水性片段 P 的分子量之比通常为 1:12.4 或 1:13.6。对于由 10 个氧化乙烯基团组成的片段 S 产生后一个比，对于由 11 个氧化乙烯基团组成的那些片段产生前一个比。片段 P 与 D（疏水基片段）的摩尔比为 1:1.75。将产物 PU.1 分散在 86.73kg 水中并冷却至室温（25℃）。聚合物 PU.1（$M_n = 17600$；$M_w = 30500$）的混合物为水分散体的形式，其固含量为 20.5%。10%浓度的聚醚聚氨酯 PU.1 水分散体在 23℃下的黏度为 7700mPa·s（剪切速率 $100s^{-1}$）或 5900mPa·s（剪切速率 $350s^{-1}$），并显示弱结构黏性行为。

合成举例 2：制备聚氨酯 PU.2。

在氮气下将 17.75kg 数均分子量为 6000 的线型聚乙二醇（例如来自 BASF SE 的 Pluriol® E6000）溶于 23.50kg 二甲苯中。在将溶液加热至约 140℃以后，蒸馏掉二甲苯，使得反应混合物的水含量仅为约 250×10^{-6}。将聚合物溶液冷却至 50℃，并混入溶解在 500mL 二甲苯中的 13.1g 乙酸，以缓冲已预先定量测定的聚乙二醇中乙酸钾的量。通过加入 37.28g 溶于脂族烃与二甲苯混合物中的新癸酸锌和 870.0g 溶于二甲苯中的六亚甲基二异氰酸酯开始聚合，混合物在 50℃下反应直至异氰酸酯含量为 0.29%。然后加入溶于二甲苯中的 0.95kg 由饱和异 C_{13} 醇制备且平均乙氧化度为 10 的非离子乙氧化脂肪醇（例如来自 BASF SE 的 Lutensol® T010）与 2.19kg 由饱和 C_{16}/C_{18} 醇混合物制备且平均乙氧化度为 11 的非离子乙氧化脂肪醇（例如来自 BASF SE 的 Lutensol® AT11）的混合物。将反应混合物在 50℃进一步加热直至异氰酸酯含量为 0。随后通过在升高的温度下真空蒸馏除去溶剂二甲苯至残余含量为 500×10^{-6} 以下。所得产物 PU.2 为具有边缘位置支化和/或支化片段 T 的线型聚氨酯的混合物。聚氨酯 PU.2 中亲水性片段 S 的分子量与亲水性片段 P 的分子量之比通常为 1:12.4 或 1:13.6。对于由 10 个氧化乙烯基团组成的片段 S 产生后一个比，对于由 11 个氧化乙烯基团组成的那些片段产生前一个比。片段 P 与 D 的摩尔比为 1:1.75。将产物 PU.2 分散在 87.02kg 水中并冷却至室温（25℃）。聚合物 PU.2（$M_n = 16700$；$M_w = 29500$）的混合物为水分散体的形式，其固含量为 20.0%。10%浓度的聚醚聚氨酯 PU.2 水分散体在 23℃下的黏度为 26200mPa·s（剪切速率 $100s^{-1}$）或 12800mPa·s（剪切速率 $350s^{-1}$），并显示显著的结构黏性行为。

合成举例 3：制备聚氨酯 PU.3。

在氮气下将 120.0g 数均分子量为 6000 的线型聚乙二醇（例如来自 BASF SE 的 Pluriol® E6000）溶于 467.00g 二甲苯中。在将溶液加热至约 140℃ 以后，蒸馏掉二甲苯，使得反应混合物的水含量小于 300×10^{-6}。然后将聚合物溶液冷却至 50℃。通过加入 42mg 溶于脂族烃混合物中的新癸酸锌和 5.88g 溶于二甲苯中的六亚甲基二异氰酸酯开始聚合，混合物在 50℃ 下反应直至异氰酸酯含量为 0.25%。然后加入溶于二甲苯中的 19.20g 由饱和异 C_{13} 醇制备且平均乙氧化度为 10 的非离子乙氧化脂肪醇（例如来自 BASF SE 的 Lutensol® T010），将反应混合物在 50℃ 进一步加热直至异氰酸酯含量为 0。然后通过在升高的温度下真空蒸馏除去溶剂二甲苯至残余含量为 500×10^{-6} 以下。所得产物 PU.3 为具有边缘位置支化片段 T 的线型聚氨酯的混合物。聚氨酯 PU.3 中亲水性片段 S 的分子量与亲水性片段 P 的分子量之比通常为 1:13.6。对于由 10 个氧化乙烯基团组成的片段 S 产生这个比。片段 P 与片段 D 的摩尔比为 1:1.75。将产物 PU.3 分散在 580.3g 水中并冷却至室温（25℃）。聚合物 PU.3（$M_n = 27200$；$M_w = 51900$）的混合物为水分散体的形式，其固含量为 20.0%。10% 浓度的聚醚聚氨酯 PU.3 水分散体在 23℃ 下的黏度为 680mPa·s（剪切速率 $100s^{-1}$）或 640mPa·s（剪切速率 $350s^{-1}$），并显示牛顿增稠行为。

合成举例 4：制备聚氨酯 PU.4。

在氮气下将 17.75kg 数均分子量为 6000 的线型聚乙二醇（例如来自 BASF SE 的 Pluriol® E6000）溶于 23.50kg 二甲苯中。在将溶液加热至约 140℃ 以后，蒸馏掉二甲苯，使得反应混合物的水含量仅为约 120×10^{-6}。现在将聚合物溶液冷却至 50℃，并混入 13.1g 溶于 500mL 二甲苯中的乙酸，以缓冲已预先定量测定的聚乙二醇中乙酸钾的量。通过加入 37.28g 溶于脂族烃与二甲苯混合物中的新癸酸锌和 870.0g 溶于二甲苯中的六亚甲基二异氰酸酯开始聚合，混合物在 50℃ 下反应直至异氰酸酯含量为 0.26%。然后加入溶于二甲苯中的 2.84kg 由饱和异 C_{13} 醇制备且平均乙氧化度为 10 的非离子乙氧化脂肪醇（例如来自 BASF SE 的 Lutensol® T010），将反应混合物在 50℃ 进一步加热直至异氰酸酯含量为 0。然后通过在升高的温度下真空蒸馏除去溶剂二甲苯至残余含量为 500×10^{-6} 以下。所得产物 PU.4 为具有边缘位置支化片段 T 的线型聚氨酯的混合物。聚氨酯 PU.4 中亲水性片段 S 的分子量与亲水性片段 P 的分子量之比通常为 1:13.6。对于由 10 个氧化乙烯基团组成的片段 S 产生这个比。片段 P 与片段 D 的摩尔比为 1:1.75。将产物 PU.4 分散在 85.84kg 水中并冷却至室温（25℃）。聚合物 PU.4（$M_n = 19200$；$M_w = 30800$）的混合物为水分散体的形式，其固含量为 18.1%。10% 浓度的聚醚聚氨酯 PU.4 水分散体在 23℃ 下的黏度为 600mPa·s（剪切速率 $100s^{-1}$）或 570 mPa·s（剪切速率 $350s^{-1}$），并显示牛顿增稠行为。

合成举例 5：制备聚氨酯 PU.5。

在氮气下将 240.00g 分子量为 6000 的线型聚乙二醇（例如来自 BASF SE 的 Pluriol®E6000）溶于 934.00g 二甲苯中。在将溶液加热至约 140℃ 以后，蒸馏掉二甲苯，使得反应混合物的水含量小于 300×10^{-6}。将聚合物溶液冷却至 50℃。通过加入 84g 溶于脂族烃中的新癸酸锌和 11.76kg 溶于二甲苯中的六亚甲基二异氰酸酯开始聚合，混合物在 50℃ 下反应直至异氰酸酯含量为 0.22%。然后加入溶于二甲苯中的 20.70g 由饱和异 C_{13} 醇制备且平均乙氧化度为 3 的非离子乙氧化脂肪醇（例如来自 BASF SE 的 Lutensol®A03），将反应混合物在 50℃ 进一步加热直至异氰酸酯含量为 0。然后通过在升高的温度下真空蒸馏除去溶剂二甲苯至残余含量为 500×10^{-6} 以下，然后将残余物分散在 1089.8g 水中。聚氨酯 PU.5 中亲水性片段 S 的分子量与亲水性片段 P 的分子量之比通常为 1∶45.5。对于由 3 个氧化乙烯基团组成的片段 S 产生这个比。片段 P 与片段 D 的摩尔比为 1∶1.75。在冷却至室温（25℃）以后，聚合物 PU.5（$M_n = 21300$；$M_w = 36300$）为水分散体的形式，其固含量 20.1%。10% 浓度的聚醚聚氨酯 PU.5 水分散体在 23℃ 下的黏度为 10900mPa·s（剪切速率 $100s^{-1}$）或 9200mPa·s（剪切速率 $350s^{-1}$），并显示弱结构黏性行为。

合成举例 6：制备聚氨酯 PU.6。

在氮气下将 180.00g 分子量为 6000 的线型聚乙二醇（例如来自 BASF SE 的 Pluriol®E6000）溶于 180.00g 丙酮中。再将溶液加热至回流（内部温度约 56℃）以后，连续加入另外 1362.4g 丙酮，同时蒸馏掉总计 1362.4g 丙酮，使反应混合物的水含量仅为约 240×10^{-6}。然后将聚合物溶液冷却至 50℃。通过加入 189mg 溶于脂族烃中的新癸酸锌和 8.82g 溶于丙酮中的六亚甲基二异氰酸酯开始聚合，混合物在 50℃ 下反应直至异氰酸酯含量为 0.33%。然后加入溶于丙酮中的 15.53g 由饱和异 C_{13} 醇制备且平均乙氧化度为 3 的非离子乙氧化脂肪醇（例如来自 BASF SE 的 Lutensol®A03），将反应混合物在 50℃ 下进一步加热直至异氰酸酯含量为 0。然后通过真空蒸馏除去溶剂丙酮至残余含量为 500×10^{-6} 以下并将残余物分散在 817.4g 水中。聚氨酯 PU.6 中亲水性片段 S 的分子量与亲水性片段 P 的分子量之比通常为 1∶45.5。对于由 3 个氧化乙烯基团组成的片段 S 产生这个比。片段 P 与片段 D 的摩尔比为 1∶1.75。在冷却至室温（25℃）以后，聚合物 PU.6（$M_n = 24900$；$M_w = 40000$）为水分散体的形式，其固含量为 19.6%。10% 浓度的聚醚聚氨酯 PU.6 水分散体在 23℃ 下的黏度为 8800mPa·s（剪切速率 $100s^{-1}$）或 7800mPa·s（剪切速率 $350s^{-1}$），并显示弱结构黏性行为。

合成举例 7：制备聚氨酯 PU.7。

在氮气下将 120.00g 数均分子量为 6000 的线型聚乙二醇（例如来自 BASF SE 的 Pluriol®E6000）溶于 467.00g 二甲苯中。在将溶液加热至约 140℃ 以后，蒸馏掉二甲苯，使得反应混合物的水含量仅为约 120×10^{-6}。然后将聚合物溶液冷却至 50℃，并混入 107mg 溶于 5mL 二甲苯中的乙酸，以缓冲已预先定量测定的聚乙二醇中乙酸钾的量。通过加入 252mg 溶于脂族烃与二甲苯混合物中的新癸酸锌和 5.88g 溶于二甲苯中的六亚甲基二异氰酸酯开始聚合，混合物在 50℃ 下反应直至异氰酸酯含量为 0.25%。然后加入溶于二甲苯中的 22.20g 由饱和异 C_{16}~C_{18} 醇制备且平均乙氧化度为 11 的非离子乙氧化脂肪醇（例如来自 BASF SE 的 Lutensol® AT11）。将反应混合物在 50℃ 进一步加热直至异氰酸酯含量为 0。然后通过在升高的温度下真空蒸馏除去溶剂二甲苯至残余含量为 500×10^{-6} 以下。所得产物 PU.7 为具有边缘位置非支化片段 T 的线型聚氨酯的混合物。聚氨酯 PU.7 中亲水性片段 S 的分子量与亲水性片段 P 的分子量之比通常为 1:12.4。对于由 11 个氧化乙烯基团组成的片段 S 产生这个比。片段 P 与片段 D 的摩尔比为 1:1.75。将产物 PU.7 分散在 592.3g 水中并冷却至室温（25℃）。聚合物 PU.7（$M_n = 18700$；$M_w = 30900$）的混合物为水分散体的形式，其固含量 20.4%。10% 浓度的聚醚聚氨酯 PU.7 水分散体在 23℃ 下的黏度为 35500mPa·s（剪切速率 $100s^{-1}$）或 14500mPa·s（剪切速率 $350s^{-1}$），并显示强结构黏性行为。

合成举例 8：制备聚氨酯 PU.8。

在氮气下将 180.00g 数均分子量为 9000 的线型聚乙二醇（例如来自 BASF SE 的 Pluriol® E9000）溶于 467.00g 二甲苯中。在将溶液加热至约 140℃ 以后，蒸馏掉二甲苯，使得反应混合物的水含量仅为约 70×10^{-6}。将聚合物溶液冷却至 50℃，并混入 208mg 溶于 5mL 二甲苯中的乙酸，以缓冲已预先定量测定的聚乙二醇中乙酸钾的量。通过加入 378mg 溶于脂族烃与二甲苯混合物中的新癸酸锌和 5.88g 溶于二甲苯中的六亚甲基二异氰酸酯开始聚合，使混合物在 50℃ 下反应直至异氰酸酯含量为 0.27%。然后加入溶于二甲苯中的 10.20g 由饱和异 C_{13} 醇制备且平均乙氧化度为 3 的非离子乙氧化脂肪醇（例如来自 BASF SE 的 Lutensol® T03）。将反应混合物在 50℃ 进一步加热直至异氰酸酯含量为 0。然后通过在升高的温度下真空蒸馏除去溶剂二甲苯至残余含量为 500×10^{-6} 以下。所得产物 PU.8 为具有边缘位置支化片段 T 的线型聚氨酯的混合物。聚氨酯 PU.8 中亲水性片段 S 的分子量与亲水性片段 P 的分子量之比通常为 1:68.2。对于由 3 个氧化乙烯基团组成的片段 S 产生这个比。片段 P 与片段 D 的摩尔比为 1:1.75。将产物 PU.8 分散在 784.3g 水中并冷却至室温（25℃）。聚合物 PU.8（$M_n = 27300$；$M_w = 46500$）的混合物为水分散体的形式，其固含量为 20.2%。10% 浓度的聚醚聚氨酯 PU.8 水分散体在 23℃ 下的黏度为 1060mPa·s（剪切速率 $100s^{-1}$ 和剪切速率 $350s^{-1}$），并显示显著的牛顿行为。

合成举例 9：制备聚氨酯 PU.9。

在氮气下将 180.00g 数均分子量为 9000 的线型聚乙二醇（例如来自 BASF SE 的 Pluriol® E9000）溶于 467.00g 二甲苯中。在将溶液加热至约 140℃ 以后，蒸馏掉二甲苯，使得反应混合物的水含量仅为约 70×10^{-6}。将聚合物溶液冷却至 50℃，并混入 208mg 溶于 5mL 二甲苯中的乙酸，以缓冲已预先定量测定的聚乙二醇中乙酸钾的量。通过加入 378mg 溶于脂族烃与二甲苯混合物中的新癸酸锌和 5.88g 溶于二甲苯中的六亚甲基二异氰酸酯开始聚合，混合物在 50℃ 下反应直至异氰酸酯含量为 0.28%。然后加入溶于二甲苯中的 5.10g 由饱和异 C_{13} 醇制备且平均乙氧化度为 3 的非离子乙氧化脂肪醇（例如来自 BASF SE 的 Lutensol® T03）与 11.10g 由饱和 C_{16}/C_{18} 醇混合物制备且平均乙氧化度为 11 的非离子乙氧化脂肪醇混合物（例如来自 BASF SE 的 Lutensol® AT11）的混合物。将反应混合物在 50℃ 进一步加热直至异氰酸酯含量为 0。然后通过在升高的温度下真空蒸馏除去溶剂二甲苯至残余含量为 500×10^{-6} 以下。所得产物 PU.9 为具有边缘位置支化和/或支化片段 T 的线型聚氨酯的混合物。聚氨酯 PU.9 中亲水性片段 S 的分子量与亲水性片段 P 的分子量之比通常为 1:12.4 或 1:68.2。对于由 3 个氧化乙烯基团组成的片段 S 产生后一个比，对于由 11 个氧化乙烯基团组成的那些片段产生前一个比。片段 P 与片段 D 的摩尔比为 1:1.75。将产物 PU.9 分散在 764.0g 水中并冷却至室温（25℃）。聚合物 PU.9（$M_n = 25000$；$M_w = 45500$）的混合物为水分散体的形式，其固含量为 20.8%。10% 浓度的聚醚聚氨酯 PU.9 水分散体在 23℃ 下的黏度为 7500mPa·s（剪切速率 $100s^{-1}$）或 4500mPa·s（剪切速率 $350s^{-1}$），并显示强结构黏性行为。

合成举例 10：制备聚氨酯 PU.10。

在氮气下将 120.00g 数均分子量为 1500 的线型聚乙二醇（例如来自 BASF SE 的 Pluriol® E1500）溶于 467.00g 二甲苯中。在将溶液加热至约 140℃ 以后，蒸馏掉二甲苯，使得反应混合物的水含量仅为约 110×10^{-6}。将聚合物溶液冷却至 50℃，并混入 90mg 溶于 5mL 二甲苯中的乙酸，以缓冲已预先定量测定的聚乙二醇中乙酸钾的量。通过加入 252mg 溶于脂族烃与二甲苯混合物中的新癸酸锌和 15.72g 溶于二甲苯中的六亚甲基二异氰酸酯开始聚合，混合物在 50℃ 下反应直至异氰酸酯含量为 0.29%。然后加入溶于二甲苯中的 17.41g 由饱和异 C_{13} 醇制备且平均乙氧化度为 10 的非离子乙氧化脂肪醇（例如来自 BASF SE 的 Lutensol® T010）。将反应混合物在 50℃ 进一步加热直至异氰酸酯含量为 0。随后通过在升高的温度下真空蒸馏除去溶剂二甲苯至残余含量为 500×10^{-6} 以下。所得产物 PU.10 为具有边缘位置支化片段 T 的线型聚氨酯的混合物。聚氨酯 PU.10 中亲水性片段 S 的分子量与亲水性片段 P 的分子量之比通常为 1:13.6。对于由 10 个氧化乙烯基团组成的片段 S 产生这个比。片段 P 与 D 的摩尔比为 1:1.17。将产物 PU.10 分散在 612.5g 水中并冷却至室温（25℃）。聚合物 PU.10（$M_n = 18600$；$M_w = 34900$）的混合物为水分散体的形式，其固含量为 20.1%。10% 浓度的聚醚聚氨酯 PU.10 水分散体在 23℃ 下的黏度为 165mPa·s（剪切速率 $100s^{-1}$ 和剪切速率 $350s^{-1}$），并显示显著的牛顿行为。

合成举例 11：制备聚氨酯 PU.11。

在氮气下将 90.00g 数均分子量为 1500 的线型聚乙二醇（例如来自 BASF SE

的 Pluriol® E1500）溶于 467.00g 二甲苯中。在将溶液加热至约 140℃以后，蒸馏掉二甲苯，使得反应混合物的水含量仅为约 $80×10^{-6}$。将聚合物溶液冷却至 50℃，并混入 68mg 溶于 5mL 二甲苯中的乙酸，以缓冲已预先定量测定的聚乙二醇中乙酸钾的量。通过加入 189mg 溶于脂族烃与二甲苯混合物中的新癸酸锌和 17.64g 溶于二甲苯中的六亚甲基二异氰酸酯开始聚合，混合物在 50℃ 下反应直至异氰酸酯含量为 0.97%。然后加入溶于二甲苯中的 99.00g 由饱和异 C_{13} 醇制备且平均乙氧化度为 20 的非离子乙氧化脂肪醇（例如来自 BASF SE 的 Lutensol® T020）。将反应混合物在 50℃ 进一步加热直至异氰酸酯含量为 0。然后通过在升高的温度下真空蒸馏除去溶剂二甲苯至残余含量为 $500×10^{-6}$ 以下。所得产物 PU.11 为具有边缘位置支化片段 T 的线型聚氨酯的混合物。聚氨酯 PU.11 中亲水性片段 S 的分子量与亲水性片段 P 的分子量之比通常为 1：1.7。对于由 20 个氧化乙烯基团组成的片段 S 产生这个比。片段 P 与片段 D 的摩尔比为 1：1.75。将产物 PU.11 分散在 826.6g 水中并冷却至室温（25℃）。聚合物 PU.11（M_n = 4000；M_w = 9000）的混合物为水分散体的形式，其固含量为 20.0%。10% 浓度的聚醚聚氨酯 PU.11 水分散体在 23℃ 下的黏度为 150mPa·s（剪切速率 $100s^{-1}$ 和剪切速率 $350s^{-1}$），并显示显著的结构黏性行为。

11.4.2.2 化妆品制剂制备举例

制备举例 1：使用聚氨酯 PU.1～PU.5 与非离子基料制备化妆品制剂（P.1.1～P.1.5），化妆品制剂通过将水相 B 加入油相 A 中，随后将所得 O/W 乳液与防腐剂（相 C）混合而制备。这得到非离子基制剂 P.1.1～P.1.5（见表 11-8）。

表 11-8 非离子基化妆品制剂 P.1.1～P.1.5 的组成

相	成分	P.1.1	P.1.2	P.1.3	P.1.4	P.1.5
相 A	十六/十八烷基聚氧乙烯(6)醚、硬脂醇	2.0g	2.0g	2.0g	2.0g	2.0g
	十六/十八烷基聚氧乙烯(25)醚	2.0g	2.0g	2.0g	2.0g	2.0g
	鲸蜡/硬脂醇	2.5g	2.5g	2.5g	2.5g	2.5g
	石蜡油	5.0g	5.0g	5.0g	5.0g	5.0g
	鲸蜡/硬脂基乙基己酸酯	5.0g	5.0g	5.0g	5.0g	5.0g
相 B	PU	PU.1 0.5g	PU.2 0.5g	PU.3 2.0g	PU.4 2.0g	PU.5 0.5g
	1,2-丙二醇	5.0g	5.0g	5.0g	5.0g	5.0g
	水	77.5g	77.5g	76.0g	76.0g	77.5g
相 C	防腐剂 Euxyl® K300(苯氧基乙醇、对羟基苯甲酸甲酯、对羟基苯甲酸乙酯、对羟基苯甲酸丁酯、对羟基苯甲酸丙酯、对羟基苯甲酸异丁酯)	0.5g	0.5g	0.5g	0.5g	0.5g

制备举例 2：使用聚氨酯 PU.1～PU.5 与非离子基料制备化妆品制剂（P.2.1～P.2.5），化妆品制剂通过将水相 B 加入油相 A 中，随后将所得 O/W 乳液与防腐剂（相 C）混合而制备。这得到非离子基制剂 P.2.1～P.2.5（见表 11-9）。

表 11-9　非离子基化妆品制剂 P.2.1～P.2.5 的组成

相	成分	P.2.1	P.2.2	P.2.3	P.2.4	P.2.5
相 A	硬脂酸甘油酯	2.0g	2.0g	2.0g	2.0g	2.0g
	硬脂醇	2.0g	2.0g	2.0g	2.0g	2.0g
	环戊硅氧烷、环己硅氧烷	3.0g	3.0g	3.0g	3.0g	3.0g
	二辛基醚	3.0g	3.0g	3.0g	3.0g	3.0g
	聚二甲基硅氧烷	2.0g	2.0g	2.0g	2.0g	2.0g
	淀粉辛烯基琥珀酸铝	1.0g	1.0g	1.0g	1.0g	1.0g
	PEG-40 硬脂酸酯	2.0g	2.0g	2.0g	2.0g	2.0g
相 B	PU	PU.1	PU.2	PU.3	PU.4	PU.5
		0.5g	0.5g	2.0g	2.0g	0.5g
	甘油	5.0g	5.0g	5.0g	5.0g	5.0g
	水	79.0g	79.0g	77.5g	77.5g	79.0g
相 C	防腐剂 Euxyl® K300（苯氧基乙醇、对羟基苯甲酸甲酯、对羟基苯甲酸乙酯、对羟基苯甲酸丁酯、对羟基苯甲酸丙酯、对羟基苯甲酸异丁酯）	0.5g	0.5g	0.5g	0.5g	0.5g

11.4.2.3　化妆品举例

(1) 防晒霜 1

① 配方（质量分数）

	用量/%	成分	INCI（国际命名）
A	58.7	软化水	水
	0.1	Edeta® BD	EDTA 二钠
	1.0	丁二醇	丁二醇
	2.0	Uvinul® MS40	二苯甲基-4
	1.0	TEA	三乙醇胺
	0.5	Panthenol® 75W	泛醇
	2.4	聚氨酯 PU.1	
B	5.0	Neo Helipan® OS	水杨酸辛酯
	3.0	Eusolex® 9020	阿伏苯宗
	5.0	Neo Heliopan® HMS	胡莫柳酯
	8.0	Uvinul® N539 T	奥克立林
	1.0	Cremophor® GS 32	聚甘油基-3 二硬脂酸酯
	1.0	Cremophor® A 6	十六/十八烷基聚氧乙烯（6）醚，硬脂醇
	1.0	Cremophor® A 25	十六/十八烷基聚氧乙烯（25）醚

	2.0	Lanette® E	鲸蜡/硬脂基硫酸钠
	0.5	Span® 60	脱水山梨糖醇硬脂酸酯
	3.0	Luvitol® Lite	氢化聚异丁烯
	2.0	Lanette® O	鲸蜡/硬脂醇
	1.5	Lanette® 16	鲸蜡醇
	1.0	Cetiol® SB 45	Butyrospermum Parkii（牛油树脂）
	0.1	维生素 E 乙酸酯	生育酚乙酸酯
	0.2	红没药醇外消旋体	红没药醇
C	0.5	Glydant® LTD	DMDM 乙内酰脲

② 制备工艺。将相 A 和 B 分别加热至约 80℃，将相 B 搅入相 A 内并简单地均化，随着搅拌冷却至约 40℃，加入相 C，随着搅拌冷却至室温并再次简单地均化。

代替包含聚氨酯 PU.1 的防晒霜，还制备包含聚氨酯 PU.2～PU.10 中一种或多种的防晒霜。

(2) 防晒霜 2

① 配方（质量分数）

	用量/%	成分	INCI
A	2.0	Cremophor® A 6	十六/十八烷基聚氧乙烯（6）醚，硬脂醇
	2.0	Cremophor® A 25	十六/十八烷基聚氧乙烯（25）醚
	5.0	Luvitol® EHO	鲸蜡/硬脂基乙基己酸酯
	5.0	石蜡油，稠液体	矿物油
	2.5	Lanette® O	鲸蜡/硬脂醇
B	5.0	Z-Cote® MAX	氧化锌、二甲氧基二苯基硅烷/三乙氧基辛酰基硅烷交联聚合物
C	2.4	聚氨酯 PU.1	
	5.0	1,2-丙二醇	丙二醇
	70.5	软化水	水
D	0.5	Euxyl® K 300	苯氧基乙醇、对羟基苯甲酸甲酯、对羟基苯甲酸乙酯、对羟基苯甲酸丁酯、对羟基苯甲酸丙酯

② 制备工艺。将相 A 加热至 80℃，将相 B 加入相 A 中，将相（A+B）均化 3min，将相 C 加热至 80℃，搅入相（A+B）中并均化，搅拌下将乳液冷却至 40℃，加入相 D，搅拌下冷却至 RT 并均化。

代替包含聚氨酯 PU.1 的防晒霜，还制备包含聚氨酯 PU.2～PU.10 中一种或多种的防晒霜。

(3) 具有 UV 保护的日霜

① 配方 （质量分数）

用量/%	成分	INCI
A		
3.00	Tego Care® 450	聚甘油基-3 甲基葡萄糖二硬脂酸酯
3.00	Lanette® 18	硬脂醇
2.00	Cutina® GMS	硬脂酸甘油酯
4.00	Estol® 1540	椰油酸乙基乙酯
5.00	Luvitol® EHO	鲸蜡/硬脂基乙基己酸酯
8.00	Uvinul® A Plus B	甲氧基肉桂酸乙基己酯、二乙基氨基羟基苯甲酰苯甲 酸己酯
B		
5.00	D-Panthenol 50 P	泛醇、丙二醇
0.10	Edeta BD	EDTA 二钠
1.0～5.0	聚氨酯 PU.1	
加至 100	软化水	软化水
C		
0.20	天然红没药醇	红没药醇
适量	芳香油	
0.50	芦荟凝胶浓缩物 10/1	水，库拉索芦荟叶汁
0.50	Euxyl® K 300	苯氧基乙醇、对羟基苯甲酸甲酯、对羟基苯甲酸丁酯、对羟基苯甲酸乙酯、对羟基苯甲酸丙酯、对羟基苯甲酸异丁酯

② 制备工艺。将相 A 和相 B 分别加热至约 80℃，将相 B 搅入相 A 内并简单地均化，搅拌下冷却至约 40℃，加入相 C，搅拌下冷却至室温并再次简单地均化。

代替包含聚氨酯 PU.1 的日霜，还制备包含聚氨酯 PU.2～PU.10 中一种或多种的日霜。

(4) 粉底

① 配方 （质量分数）

用量/%	成分	INCI
A		
4.00	Dracorin® 100 SE	硬脂酸甘油酯，PEG-100 硬脂酸酯
1.00	Uvinul® A Plus	二乙基氨基羟基苯甲酰苯甲酸己酯
3.00	Uvinul® MC 80	甲氧基肉桂酸乙基己酯

0.50	Emulmetik® 100	卵磷脂
0.50	Rylo® PG 11	聚甘油基二聚豆油脂肪酸酯
B		
0.35	Sicovit®棕 75 E172	铁氧化物
2.00	Sicovit®红 30 E172	铁氧化物
1.00	Sicovit®黄 10 E172	铁氧化物
2.25	Prisorine® 3630	三羟甲基丙烷三异硬脂酸酯
C		
5.50	Dow Corning®345 Fluid	环戊硅氧烷、环己硅氧烷
4.00	Tegosoft® OP	棕榈酸乙基己酯
1.50	霍霍巴油	Simmondsia Chinensis（霍霍巴）籽油
2.00	Miglyol® 840	丙二醇二辛酸酯/二癸酸酯
1.50	甜杏仁油	甜杏仁（Prunus Amygdalus Dulcis）油
0.50	维生素 E 乙酸酯	生育酚乙酸酯
1.00	Cetiol® SB 45	Butyrospermum Parkii（牛油树脂）
5.00	Uvinul ® TiO2	二氧化钛、三甲氧基辛酰基硅烷
0.50	Dehymuls ® PGPH	聚甘油基-2-二聚羟基硬脂酸酯
D		
5.00	1,2-丙二醇 Care	丙二醇
0.50	Lutrol® F 68	泊洛沙姆 188
0.10	Edeta BD	EDTA 二钠
1.0～5.0	聚氨酯 PU.1	
加至 100	软化水	软化水
E		
1.00	Euxyl® K 300	苯氧基乙醇、对羟基苯甲酸甲酯、对羟基苯甲酸 乙酯、对羟基苯甲酸丁酯、对羟基苯甲酸丙酯、对羟基苯甲酸异丁酯
0.20	红没药醇外消旋体	红没药醇
适量	芳香油	

② 制备工艺。将相 A、相 B、相 C 和相 D 彼此分别加热至 70℃，使用三辊磨将相 B 均化，将相 B 搅入相 A 内，再次将所有物质简单地均化，溶解相 C 并搅入相（A＋B）内，溶解相 D，搅入结合相（A＋B＋C）中并均化，搅拌下冷却至约 40℃，加入相 E 并冷却至室温，简单地均化。

代替包含聚氨酯 PU.1 的粉底，还制备包含聚氨酯 PU.2～PU.10 中一种或多种的粉底。

（5）洗发剂

相 A

质量	成分
15.00g	椰油酰氨基丙基甜菜碱
10.00g	椰油酰两性二乙酸二钠
5.00g	聚山梨酸酯 20
5.00g	癸基葡糖苷
0.50g	聚季铵盐-7、PQ-10、PQ-39、PQ-44、PQ-67、瓜儿胶羟丙基三甲基氯化铵和/或 PQ-87
0.20g	聚氨酯 PU.1
0.10g	芳香油/精油
适量	防腐剂
加至 100g	软化水
适量	柠檬酸

相 B

3.00g	PEG-150 二硬脂酸酯

制备工艺：计量加入相 A 的组分并溶解，将 pH 调整至 6～7。加入相 B 并加热至 50℃。搅拌使其冷却至室温。

代替包含聚氨酯 PU.1 的洗发剂，还制备包含聚氨酯 PU.2～PU.10 中一种或多种的洗发剂。

（6）发膜

质量	成分
3.00g	Kollicoat IR（BASF）
适量	防腐剂
2.00g	定型聚合物
4.00g	丙烯酸酯/山嵛基聚氧乙烯（25）醚甲基丙烯酸酯共聚物
0.70g	聚氨酯 PU.1
0.50g	聚二甲基硅氧烷共聚醇
0.10g	EDTA
0.20g	苯甲酮
加至 100g	软化水

代替包含聚氨酯 PU.1 的发膜，还制备包含聚氨酯 PU.2～PU.10 中一种或多种的发膜。

参 考 文 献

[1]　中国化妆品招商网. 拜耳水性聚合物进军个人护理领域 [J]. 日用化学品科学，2009，(10)：53.

［2］ 一种改善化妆方法及皮肤皱纹的化妆品 ［P］：JP，2000063253A.

［3］ 皮肤外用剂 ［P］：JP，10101520A.

［4］ 用于改善皱纹的皮肤外用剂 ［P］：JP，200580002236.8.

［5］ 皮肤化妆品 ［P］：JP，200880124641.0.

［6］ 用于化妆品应用的甲硅烷基化聚氨酯-脲组合物 ［P］：US，0146382 A1.

［7］ Polyurethane nail polish compositions ［P］：US，6080413A.

［8］ Water-based UV curable nail polish base coat ［P］：US，5637292A.

［9］ Fast drying water-borne nail polish ［P］：US，5965111A.

［10］ 作为化妆品制剂的流变改善手段的聚氨酯 ［P］：EP，2282715A2.

第12章

水性聚氨酯复合胶

12.1 概　　述

随着社会的发展，人们对材料的要求也越来越高，不仅注重外表的美观，施工简便，而且对实用性也提出了更高的要求。像软包装材料，多层复合膜以其优异的阻隔性、耐化学品性、耐高低温性及力学性能等综合优势，同时能起到屏蔽、可印刷和热封等功能，广泛用于食品、烟草、医药、化妆品和办公消费品等包装；作为复合胶中一员的真空吸塑胶目前发展很迅速，应用面已经覆盖了家装行业，如橱柜、音箱、电脑桌等应用场合的中密度板（MDF）与PVC材料的复合，并大量应用于汽车内饰件的加工制造。应用的材料包括PVC、PET、PP、PC等，特别是大量含有增塑剂的PVC。现今，在材料复合加工过程中，主要是采用聚氨酯胶黏剂，聚氨酯胶黏剂分子链中含有氨基甲酸酯（—NHCOO—）等极性键，使得其综合性能优异，目前在复合薄膜的干式复合和镂铣了各种立体图案的板式工件的真空吸塑制造工艺中，几乎都是用的聚氨酯胶黏剂，而用量最大是溶剂型聚氨酯胶黏剂，它存在的问题是大量溶剂挥发不仅造成环境污染，而且还会影响到人类的安全。目前欧美发达国家已经制定了相关的法规，加大对溶剂型黏合剂管理力度，如美国的食品和药品监督管理局（FDA）、欧盟的EU90/128以及我国《包装用塑料复合膜、袋干法复合、挤出复合》（GB/T 10004—2008）和《食品容器、包装材料用添加剂使用卫生标准》（GB9685—2008）等都严格规定，食品包装材料在生产中不得使用苯和甲苯等溶剂，溶剂残留总量小于等于 $5mg/m^2$。随着人们环保意识的不断增强，复合材料绿色化、环保型必将越来越受到重视，水性聚氨酯复合胶必定会有快速的发展。

12.2 水性聚氨酯复合胶特点及使用

(1) 特点　水性聚氨酯复合胶以水为介质，操作方便，具有硬软度调节好、耐高温水洗、柔韧性佳、粘接强度大等特点，与丙烯酸及VAE等同类树脂相比显现出相当优异的低温柔软性、抗水解性、热稳定性、耐溶剂性，对不同基材的附着力明显优于同类树脂。

水性聚氨酯复合胶是指聚氨酯溶于水或分散于水中而形成的胶黏剂。在实际应用中水溶液型很少，主要是聚氨酯水性分散体或乳液，是以水为介质的胶束状体系。水性聚氨酯复合胶具有无毒、不易燃烧、不污染环境、节能、安全可靠、不易损伤被涂饰表面、适用于易被有机溶剂侵蚀的材料、易操作和改性等优点，使得它在复合胶领域得到广泛的应用，正在逐步代替溶剂型聚氨酯。除了上述优点，与溶剂型聚氨酯胶黏剂相比，水性聚氨酯复合胶还具有自身的一些特点。

① 水性聚氨酯胶黏剂中不含—NCO 基团，因而主要靠分子链上的—NCOO—、—COO—、—NHCONH—等极性基团产生氢键等内聚力，从而产生黏附力。水性聚氨酯中还含有羧基、羟基等活性基团，在适当的条件下，它们可参加反应，使胶黏剂产生交联。所以，水性聚氨酯复合胶可以黏结 PVC、PET 等塑料，铝箔等金属材料，木材、混凝土等无机材料，经过处理后，PP、PE 等非极性材料也可以应用水性聚氨酯复合胶来复合，从而满足同时能黏合两种不同被粘物的要求。

② 活化温度低、耐热性好，并且可以根据具体施工对象调整。由于 PVC、PC、PET 等材料对温度的敏感性大，而水性聚氨酯复合胶恰恰活化温度低，基本在 40~65℃，加以固化剂，耐热性能又能提高到 90℃，甚至更高。

③ 抗蠕变性强。由于塑料等材料品种多样，其中助剂的多样性，特别是所含增塑剂的品种和数量千差万别，使塑膜热敏感性变化的同时，蠕变性能也大有差异。水性聚氨酯复合胶胶膜的抗蠕变性大于塑膜的蠕变性，避免了缩边和开胶的现象出现。

④ 高相对分子质量低，黏度、乳液黏度与树脂相对分子量无关，实际应用面广。

⑤ 水性聚氨酯胶黏剂容忍度高，适当处理就可与多种水性树脂混合，以改进性能或降低成本。

⑥ 水性聚氨酯胶黏剂气味小，环保性能好，操作环境安全，操作工艺简单，残胶易于清理。

⑦ 水性聚氨酯复合胶真空复合 PVC 技术，可以使凹凸槽、曲面边、镂空雕刻件等实现装饰性包覆，从平面装饰走向了立体装饰，而且一次成型，不需要再喷涂涂料，大大地降低了工业成本。

水性聚氨酯复合胶最大的问题，也是实际应用中必须引起足够重视的问题是总量 50% 以上水的存在。由于水的挥发性差，故水性聚氨酯胶黏剂干燥较慢；加上水的表面张力大，对表面疏水性的基材的润湿能力差。所以，若当大部分水分还未从黏结层、涂层挥发掉，或者被多孔性基材吸收掉，就骤然加热干燥，则会形成含气孔、裂纹等不连续性的胶层，影响黏结效果[1]。

（2）操作　水性聚氨酯复合胶配制需要按照一定的顺序，这里要考虑到乳液所带的电荷以及电荷强度、乳液的热力学不稳定状态等。实际配制基本步骤是：先选择合适的容器和搅拌形式，加入水性聚氨酯树脂，在转速 200r/min 以内（不可过快，以免破乳），按照需要缓慢匀速地加入 VAE 乳液或丙烯酸乳液，充分搅拌 20～30min（对于 pH 值相差过多的两种乳液需事先调整到 pH 值相近，才能混合），加入流平剂及润湿剂等，搅拌均匀后，根据需要加入增稠剂，调整到需要的黏度，一般在 800～2000mPa·s。注意：有些增稠剂可直接添加，有些需稀释活化后才能添加，以免絮凝等现象发生。推荐选择缔合型聚氨酯增稠剂；不同地区、不同季节，水性聚氨酯复合胶中加入的增稠剂的量是不同的，在配制时，要有预见性，最好发货再调配复合胶。配制完成后，需要搅拌 20～30min，此时要密切关注体系的 pH 值，必要时及时调整。

12.3　水性聚氨酯复合胶配方设计

12.3.1　水性聚氨酯复合胶黏结原理

基于聚酯等结晶的水性聚氨酯复合胶，通常采用干法复合，干法复合是指把水性聚氨酯复合胶涂布在基材薄膜上以后，继而干燥，获得非黏性表面，此时，胶膜的模量高、黏附性差。使用时加热到热活化温度以上，结晶状态的软段熔融（偶有聚合物发生熔融的现象），此时，胶膜的模量低、胶膜流动性好、渗透性强、黏性大而产生黏结。黏结完成后，被粘物降温，熔融的软链段迅速重结晶，树脂的再结晶化立即得到较高的初期粘接强度，胶膜的模量再度提高，完成黏结全过程。因此称干法复合工艺，又叫干法层压。

结晶性聚酯型水性聚氨酯真空吸塑胶胶膜拆除真空后，黏结的演变过程如下。

(1) 热活化后胶膜立即冷却，在数秒内，胶膜模量迅速增加，被粘物即可保持住被粘的状态。

(2) 聚酯软段结晶，此时模量在软段结晶前保持一段模量缓变的过程，在软段开始重结晶后，模量二次迅速增大，黏性迅速下降，被粘物基本被粘住，此过程在数小时内完成。

(3) 水性聚氨酯膜聚集态形成或与多异氰酸酯的交联，这个阶段是个渐变过程，数天才能完成。此时胶膜中分子链之间利用氢键等二级键作用而形成微晶相等相互作用力很强的聚集态结构，或完成与多异氰酸酯的交联，形成网状结构而使得黏结性能和耐温性能达到设计要求。

12.3.2　软段对黏结性能的影响

在水性聚氨酯复合胶中，为获得较好的粘接强度和初黏性，推荐聚酯等结晶性多元醇作为聚氨酯软链段的主要组成部分。

(1) 聚酯型比聚醚型有较高的强度和硬度，这归因于酯基的极性大，内聚能（12.2kJ/mol）远比醚键内聚能（4.22kJ/mol）高，软链段分子间作用力大，内聚强度大，机械强度就高。并且由于酯键的极性作用，与极性基材的黏附力更优，热氧化性能也好。

然而由于醚键较易旋转，具有较好的柔韧性和优越的低温性能，并且耐水解性好，所以，某些特殊情况下也可以选择聚醚作为软链段。

（2）聚酯的结晶性对最终聚氨酯的力学性能和模量等有较大的影响，特别在受到拉伸时，由于应力而产生的结晶化（链段的规整化）程度越大，拉伸强度越大。因结晶化也使得活化温度小于不含结晶链段的聚醚。

聚醚或聚酯中，链段单元的规整性影响着聚氨酯的结晶性。侧基越小，醚键或酯键之间亚甲基越多，结晶性软链段的分子量越高，则聚氨酯的结晶性越高。所以，除聚酯外，表现出结晶性的聚四氢呋喃型聚氨酯比聚氧化丙烯型聚氨酯具有较高的机械强度和低活性。

（3）聚酯品种对胶性能的影响　聚己二酸类聚氨酯胶黏剂体系中，胶黏剂的结晶性、相应的初黏性按乙二醇等偶数碳原子二醇数目增加顺序递增。碳原子数小于 4 的乙二醇酯因初黏强度较差，不适合用作快速黏结用胶黏剂。

如：分别由聚己二酸乙二醇酯（PEA）、聚己二酸丁二醇酯（PBA）、聚己二酸己二醇酯（PHA）和 4,4'-二苯基甲烷二异氰酸酯（MDI）制得的分子量基本相同的三种线型水性聚氨酯胶，由 X 射线衍射得到其结晶度分别为 0、9.2%、12.3%。因为各相差 2 个碳原子，其结构规整性顺序为 PHA＞PBA＞PEA。水性聚氨酯的结晶性与其软段聚酯多元醇等低聚物的结晶性基本一致。结晶性高的初黏性好，最终粘接强度也高。图 12-1 所示为这三种类型胶黏剂剥离强度与时间的关系。

由图 12-1 可以明显看出，PEA 合成的水性聚氨酯复合胶基本没有黏结性，PBA 型和 PHA 型初黏性和粘接强度都有大幅度提高，并随着亚甲基数量的增加，粘接强度等也有较大的提高。所以，在选择聚酯多元醇时，建议选择 PHA。

表 12-1 给出了不同低聚物多元醇与水性聚氨酯真空吸塑胶性能的关系。

表 12-1　低聚物多元醇的种类与所制水性聚氨酯复合胶性能的关系

低聚物	结晶性	耐低温性	耐热性	耐水性	耐油性	机械强度
聚丙二醇（PPG）	×	◎	△	◎	△	△
聚乙二醇（PEG）	○	◎	○	×	△	○
聚四氢呋喃醚二醇（PTMG）	○	◎	○	◎	△	○
聚己二酸乙二醇酯（PEA）	○	△	◎	△	◎	◎
聚己二酸一缩二乙二醇酯（PDEA）	×	△	◎	×	◎	◎
聚己二酸-1,2-丙二醇酯（PPA）	×	△	◎	△	◎	◎
聚己二酸-1,4-丁二醇酯（PBA）	◎	△	◎	○	◎	◎
聚己二酸-1,6-己二醇酯（PHA）	◎	△	◎	◎	◎	△
聚己二酸新戊二醇酯（PNA）	×	△	◎	○	◎	◎
聚 ε-己内酯（PCL）	○	◎	◎	◎	◎	◎
聚-1,6-亚己基-碳酸酯（PC）	◎	△	◎	◎	◎	◎

注：◎优异；○良好；△一般；×较差。

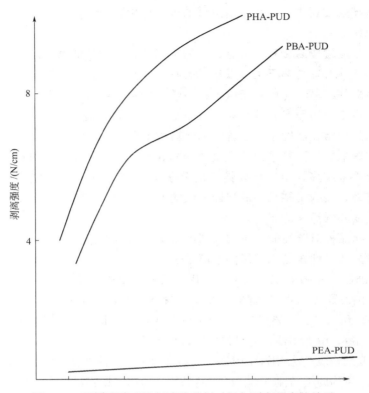

图 12-1　不同聚酯型聚氨酯胶黏剂时间与剥离强度的关系

从表 12-1 可以看出，结晶型聚醚或聚酯表现出良好的结晶性等综合性能。

（4）软段分子量对胶性能的影响　分子量不同的聚酯制成的胶黏剂对粘接性能有很大影响，聚酯分子量越高（聚氨酯分子量基本相同），粘接强度越大，这是因为聚酯本身极性大，分子量大势必结构规整性强，对改善强度有利。但其胶液黏度增大，聚酯分子量过高，体系黏度增大，对胶液的渗透性能及粘接性能不利，选用合适的聚酯分子量对改善粘接强度是十分必要的。一般情况下选用 2000～3000 分子量的聚酯多元醇。

分子量不同的聚醚制成的胶黏剂，聚酯分子量越高（聚氨酯分子量基本相同），黏结强度越低，但伸长率提高。因为聚醚软段极性较弱，若分子量增大，则聚氨酯中硬段的相对含量就减少，强度下降。

12.3.3　硬段对黏结性能的影响

（1）异氰酸酯　对称性的 MDI 比不对称性的 TDI 具有较高的模量和撕裂强度，这是因为产生规整有序的相区结构能促进聚合物链段结晶。

芳香族异氰酸酯制备的聚氨酯胶黏剂由于具有刚性芳环，因而使其硬段内聚强度增大，强度比脂肪族异氰酸酯型大；但抗 UV 降解性差，易泛黄；其抗热氧化性能好，因为芳环上的氢较难被氧化。表12-2给出了异氰酸酯种类与水性聚氨酯复合胶剥离强度的关系。

表12-2 异氰酸酯结构对水性聚氨酯复合胶剥离强度的影响

预聚体结构		剥离强度/(N/cm)		
异氰酸酯	软段	$-196℃$	$25℃$	$70℃$
TDI	PTMG(1000)	—	5.2	2.8
HDI	PTMG(1000)	4.8	4.0	1.2
$H_{12}MDI$	PTMG(1000)	3.6	7.2	2.4
TDI	PPG(2000)	6.4	0.8	0.4
MDI	PPG(2000)	9.6	1.2	0.8

从表12-2可见，分子规整性强的异氰酸酯其硬段结晶性能提高，剥离强度增大，实践中，其活化温度也低于规整性差的异氰酸酯。所以，在水性聚氨酯复合胶中建议使用HDI和MDI作为硬段多异氰酸酯。

（2）扩链剂对胶性能的影响 加入扩链剂可提高氨酯基的含量，从而使硬段含量增大，增加其内聚强度、极性、活性，聚氨酯胶黏剂与被粘材料形成物理吸附和化学结合力增大，聚氨酯胶黏剂的初黏强度和耐热性能也同时提高。表12-3提供了硬段含量与剥离强度之间的关系。

表12-3 水性聚氨酯复合胶中硬段含量对剥离强度的影响

组成(质量比)PPG/TDI/DMPA	硬段质量分数/%	剥离强度/(N/cm)
10.0/2.4/0.2	19	2.0
10.5/4.2/0.25	28	4.0
10.3/6.1/0.27	36	8.2
10.2/10.0/0.35	49	11.2
10.0/15.0/0.42	59	8.8

表12-3可见，硬段含量越大，剥离强度越小。水性聚氨酯中的结晶基本上是由软段引起的。所以随着硬段质量分数的提高，软、硬链段之间的相互作用增强，使得更多的硬链段混入软段的橡胶相区内，破坏了橡胶相的有序性，降低了微相分离程度，造成聚酯软段的结晶性大幅度降低；同时，硬段质量分数增加，使得扩链剂用量增多，氨基甲酸酯基和脲基含量也增大，硬段间的相互作用也增强，致使硬链段更容易有序聚集形成微晶相，但是其结晶性提高的变化幅度大大小于软段的结晶降低幅度（如在50℃左右时，当硬段质量分数由49%增加到59%时，聚酯软段的结晶熔融热焓由62.163J/g明显减到28.326J/g，而同时硬段结晶熔融热焓逐渐增加9.352J/g增加到17.846J/g），所以造成了总体结晶性下降，活化温度增加，粘接强度降低。

含芳环的二元醇与脂肪族二元醇相比，因苯环的存在，表现出较好的粘接强度。二元胺的存在，使得水性聚氨酯真空吸塑胶中形成脲键，而脲键的极性比氨酯键强，因而二元胺表现出较高的机械强度、模量、黏附性和软化点。表 12-4 给出了脲键的形成对于吸塑胶性能的影响。

表 12-4　聚氨基甲酸酯与聚脲吸塑胶性能比较

名称	软化点/℃	剥离强度/(N/cm)	耐热性/℃
聚氨酯	52	4.8	62
聚脲	94	7.6	98

（3）亲水基团的影响　亲水基团中磺酸根和羧酸根表现出的粘接强度和活化温度也不同。国内外研究报道的水性聚氨酯分散液一般都是引入羧基基团和磺酸基团，使用的亲水性化合物有羟基羧酸、氨基羧酸、羟基聚氧乙烯醚以及磺酸盐等，用不同的亲水基化合物制成的水性聚氨酯树脂的质量和稳定性差别很大，因为磺酸基比羧酸基的极性大，容易形成更强的库仑力，使分子间的作用力更强；同时强极性的磺酸基更利于硬链段的聚集，使微相分离程度提高；氨基磺酸盐的引入带进了—NH$_2$，硬段上产生的氢键更多，相分离程度更大，因而软段更容易结晶，晶体致密度更高，因而活化温度更低，耐热性更高，粘接强度也更大。

（4）聚合物分子量的影响　对于热塑性聚氨酯胶黏剂，分子量越大则强度越高，耐热性越好。但对于热固性聚氨酯胶黏剂，分子量对胶黏剂粘接强度的影响主要从固化前的分子扩散能力、官能度及固化产物的韧性、交联密度等综合因素来看。分子量越小则分子活动能力和胶液的润湿能力越强，是形成良好粘接的一个条件，若固化时分子量增长不够，则粘接强度较差。分子量越大则初始粘接强度越高，分子量小的初始粘接强度小。表 12-5 为聚酯型水性聚氨酯乳液分子量与性能的关系。

表 12-5　聚酯型水性聚氨酯乳液的分子量与性能的关系

样品	分子量		剥离强度/(N/cm)	活化温度/℃	耐热性/℃
	数均分子量(M_n)	重均分子量(M_w)			
1	15603	48962	2.0	37	45
2	18732	52346	3.6	47	51
3	22658	56374	4.8	52	62
4	28763	61857	4.4	58	64

（5）聚合物交联度的影响　一定程度的交联可以提高聚氨酯胶黏剂的粘接强度、耐热性、耐水解性、耐溶剂性，要解决水性聚氨酯复合胶的耐温性，最有效的办法就是提高聚合物的交联度。但从聚集态结构角度看，交联度过大则会影响结晶和微观相分离，损害胶层的内聚强度。

目前使用的双组分水性聚氨酯复合胶其耐热性明显增加的同时活化温度没有明显提高，笔者认为有三个原因：一是水性多异氰酸酯固化剂和水进行反应生成网状聚脲的同时，与水性聚氨酯真空吸塑胶的分子相互缠绕，形成类似 IPN 的共混结构，在提高胶体总体交联度的同时，对水性聚氨酯复合胶分子及其聚集态形成的影响不大；二是水性多异氰酸酯固化剂和水性聚氨酯复合胶分子末端的氨基反应，因分子过大，且在分子末端，所以对水性聚氨酯复合胶分子及其聚集态形成的影响不大；三是在高温下，水性多异氰酸酯固化剂中异氰酸酯可以再生成脲基甲酸酯，增加交联度，但此时水性聚氨酯复合胶分子及其聚集态已经形成，所以影响不大。综上三个原因，水性多异氰酸酯固化剂的加入不会明显增加活化温度，但整个体系交联度增大，对胶膜的耐热性却有明显提高。

（6）助剂的选择

① 通常交联可提高水性聚氨酯胶膜的耐溶剂、耐热蠕变以及胶接力学性能等。按反应官能团分，其适用交联体系分为对羧基基团进行交联的，如三聚氰胺/甲醛、多官能度氮杂环丙烷、碳化二亚胺、环氧树脂、锌或锆盐的离子性交联剂；对羟基基团进行交联的，三聚氰胺/甲醛、环氧树脂、屏蔽异氰酸酯交联剂；对氨基基团进行交联的，三聚氰胺/甲醛、环氧树脂屏蔽异氰酸酯交联剂、水分散性多异氰酸酯、氮杂环丙烷交联剂。表 12-6 为常用交联剂比较，表中所列交联温度和交联速率可随交联剂添加量和使用条件不同而异。

表 12-6　水性聚氨酯复合胶常用交联剂比较

种类	交联温度/℃	交联速率
多官能度氮杂环丙烷	室温	非常快
锌或锆盐的离子性交联剂	室温	快
水分散性多异氰酸酯	室温	快
碳化二亚胺	室温～100℃	中等慢
环氧树脂	室温～100℃	慢
三聚氰胺/甲醛	150℃	快

② 水性聚氨酯复合胶的初黏性低也是阻碍它广泛应用的因素之一。除加入增黏剂改善外，可以引入环氧树脂，以显示出良好的初黏性，且其耐水性、耐溶剂、耐热蠕变、密着性能也得到明显改善。

③ 由于水的比热容和蒸发潜热高，水性聚氨酯的干燥性很差。提高水性聚氨酯固含量可改善其干燥性。但提高固含量往往导致制品不稳定，研究者多从反应工艺学和单元操作方面着手解决。如德国 Goldschmidt 公司采用了分子中既含有端羟基又含有磺酸侧基的聚氧化亚烷基二醇和聚酯二醇作为聚氨酯原料制得的固含量为55％的水性聚氨酯，其电解质和冻融稳定性良好。

④ 由于水的挥发性比有机溶剂差，其成膜性较低，也有待提高。在合成乳液时稍加溶剂（一般称为助溶剂或潜溶剂），如丙酮、甲乙酮或 N-乙基-2-吡咯烷酮，可以降低反应物黏度，又可起短效增塑剂的作用，促使干燥过程中胶膜的形成，还能改进乳液流动性和对被粘物的浸润性，在干法复合膜生产中，复合效果良好。另可通过加入高沸点磷酸酯来改善成膜性。若将水性聚氨酯视为微球分散于连续水相

中，微球越硬，越难凝聚成连续性胶膜，越需使用助溶剂。若使微球软些，即合成为软质聚氨酯，则可扭转局面。ICI Resins US 开发出两种不需使用助溶剂的水性聚氨酯复合胶，其软化点一个为 65℃，另一个为 107℃。可用氮丙啶、碳化二亚胺、三聚氰胺或叔胺类固化。专为低表面能塑料薄膜复合或乙烯基塑料与硬质塑料复合而设计的。

⑤ 水的表面张力大，所以对被粘体的润湿性比溶剂聚氨酯差。水的表面张力约为 7.3×10^{-4} N/cm，为通常的有机溶剂的 3 倍。若欲降低水性聚氨酯表面张力，加入含氟的表面活性剂可达此目的。

⑥ 成本较高是阻碍水性聚氨酯复合胶普及推广的关键之一。而共混技术是投资少、见效快，既能降低成本，又能提高产品性能的有效方法。常用于混配的乳液有 VAE 乳液和丙烯酸乳液。这里，稳定性是共混乳液的最重要的性能，而 VAE 乳液等不预先经过中和（至 pH 7～8）是无法制得稳定性共混乳液的，只有先将 VAE 乳液中和到 pH 为 7～8 才能制得大于 6 个月的稳定乳液。因为 VAE 乳液大多数 pH 为 4.5 左右，酸性较大，偏低的酸性会使 VAE 乳液产生微弱的水解，释放出更多的—OH 基团，造成 VAE 乳液本身不稳定。ICI Resins US 将通用型水性聚氨酯胶黏剂与聚丙烯酸酯乳液共混，以降低成本，成功应用于复合薄膜[2]。

12.4　水性聚氨酯复合胶测试方法

水性聚氨酯复合胶的基本测试类似其他水性聚氨酯胶，重点关注固含量、黏度、粘接强度、耐水解性、pH 值、热活化温度和耐热性，而热活化温度、耐热性和多种乳液混合后的相容性是水性聚氨酯复合胶中特别要关注的性能。

(1) 热活化温度的测定　热活化温度是水性聚氨酯复合胶一个很重要的指标，可参照 GB/T 15332—1994 热熔胶黏剂软化点的测定方法测定。其中软化点温度低于 80℃ 的试样的测试：环球法用比估计温度低 10℃ 的蒸馏水装满容器，要浸没试样环，水面应高出试样环 50mm，在恒温的水浴中，这一温度应保持 15min，用夹钳把预先浸在水浴中达到同一温度的钢球放入钢球定位环上。均匀升温，升温速度为 (5 ± 1)℃/min。加热水浴温度，直至钢球穿到试样环进入试料，及时记录温度计所显示出的温度。

活化温度的测定可采用 PVC 网格布，手工涂胶，晾干后，放在已经恒温的烘箱中活化 3min，活化后测其剥离强度，以网格 PVC 布破坏最多为最好。需要说明的是用网格 PVC 布来判断水性 PU 分散体的活化温度，这不完全等同于单一的水性 PU 分散体用差示扫描量热法、核磁共振频谱法所测的活化温度。因为所黏结的材料对活化能的影响较大。但是在真空吸塑胶的生产中，这种对比测试方法还是可行的[3]。

(2) 耐热性测定　黏结好的样板放置 7d 后进行耐热性试验：在温度 80℃（建

议此温度，可以根据具体情况调整）、相对湿度 80%～90% 的烘箱放置 2h 后，观察 PVC 膜边部收缩情况。边部无收缩：一级；边部收缩距离 0～0.2mm：二级；边部收缩距离 0.2～0.5mm：三级；边部收缩距离 0.5～1mm：四级；边部收缩距离 1mm 以上：五级。

二级及以上者为合格。

测试耐热性时，升温速度 5℃/min，测试 3 次，取平均值。

(3) **相容性测定** 液态混合放置一段时间，可以观察混合溶液的外观，如黏度有无变化、有无沉淀析出、有无成胶甚至分层等现象发生来判断其相容性。具体是：在玻璃板上涂覆混合后的复合胶，干燥后，观察涂膜的透明性及表面状态，每周试验一次，直至涂膜出现浑浊或粗粒状物。

12.5 水性聚氨酯复合胶的应用实例

以水性聚氨酯真空吸塑胶为例。

12.5.1 复合薄膜的选择

(1) 不同的复合薄膜对高温有不同的反应，应根据具体薄膜材料预评估操作条件后再大量生产。

(2) 尽可能使用增塑剂含量低的复合薄膜，因为薄膜内的增塑剂在长时间储存及高温环境下，有可能游离出表面，从而影响粘接效果。

(3) 对于硬质复合薄膜：建议使用比较短的吸塑时间，以及相对高的吸塑温度。

(4) 对于软质复合薄膜：建议使用比较长的吸塑时间，以及相对低的吸塑温度。

12.5.2 密度板（MDF）的准备

(1) 检查板材表面的清洁，将密度板表面的木碎、灰尘和纤维吹掉，因为过多的灰尘和纤维将会引起麻点现象。

(2) 将切割好的密度板边角用细砂纸打磨，以防因为纤维粗细不匀而导致吸胶不均。

(3) 一般要求密度板含水率控制在 6%～14%，最好控制在 8%～12%。

12.5.3 黏合剂和固化剂的混配

(1) 通常情况下，单组分水性聚氨酯真空吸塑胶即可满足客户要求。

(2) 如果客户对制成品的耐热要求超过 70℃ 或生产车间温度、湿度过高时，建议加固化剂使用。固化剂用量在 3%～5%。

(3) 主剂和固化剂混合要均匀，建议混合时间不少于 2min。

(4) 主剂和固化剂不用时，桶盖必须盖紧，开盖即用，不建议加水。

12.5.4 喷胶、喷胶量

(1) 喷胶要均匀，对比平面，侧面和凹凸面需要双倍喷胶。

(2) 通常，涂胶量：平面（65±5）g/m² ，边及凹槽部位约（90±10）g/m² （视材料吸附能力及操作略有差异）。

12.5.5 吸塑方式

(1) **干式吸塑** 黏合剂干化合，进机台吸塑称为干式吸塑。一般在室温 25℃ 情况下，胶水干化时间为：10～20min。30～40℃ 环境下，胶的干化时间为 3～10min。建议胶膜完全透明后，即可吸塑。干化时间过长，影响粘接效果。特别是对于加固化剂的黏合剂，应尽量缩短干化时间，喷胶干后 1h 内必须完成吸塑，否则会影响效果。

(2) **湿式吸塑** 黏合剂在湿的状态下，即进机台吸塑称为湿式吸塑。湿式吸塑主要是针对客户设备无法达到黏合剂的最低活化温度或复合薄膜耐温性能很差的情况下使用，由于黏合剂在吸塑过程中水分未完全挥发，因此，吸塑时间要比干式吸塑长。通常情况下，尽可能少用湿式复合，特别是加热时间短的吸塑操作，否则，成品有可能出现"滑胶"的现象。

(3) 吸塑后的板材应确保表皮温度下降至 30℃ 以下才能撤除真空，如环境温度太高，可泼以适量冷水降温，如不能满足以上条件，则有可能出现侧边脱胶或隔夜脱胶现象。

12.5.6 活化温度

活化温度指在吸塑操作过程中，吸塑胶活化产生黏结性能所需的最低温度，相应于胶膜层所能达到的温度，吸塑温度越高，越有利于胶膜对复合薄膜表面的浸润，对粘接效果有利。但要考虑复合薄膜的耐热程度，而降低吸塑温度。在预热、胶枪喷涂、真空和施压时应保证胶层至少在 70～75℃ （保证达到活化度），60～120s 下进行胶合，机器设定温度参数 130℃ 左右（视密度板及 PVC 自己最佳的温度而定）。

12.5.7 真空度

(1) 真空度取决于不同的吸塑设备、不同的复合薄膜厂家、不同复合薄膜的厚薄、吸塑温度、板材表面的轮廓度、板材摆放位置等，客户应根据自己的实际情况作相应的调整。

(2) 通常情况下，根据经验，对于 0.16～0.20mm 厚的 PVC 薄膜，在机台设定温度为 110～140℃条件下，其真空度为 0.07～0.09MPa。

（3）抽真空时间取决于复合薄膜的软硬度、吸塑温度、板材的轮廓度、真空度等，应根据实际情况作相应的调整。

（4）通常情况下，根据经验，在确保吸塑温度达到黏合剂最低活化温度、复合薄膜充分软化条件下，抽真空时间为 5～30s。

12.5.8 压力

（1）对于有胶囊的吸塑设备及部分无胶囊的吸塑设备，在抽真空时，上成型仓会注入热空气形成高压，确保复合薄膜贴紧中纤板，压力的大小取决于吸塑温度、薄膜厚薄、板材轮廓度、真空度等，应根据实际情况作相应的调整。

（2）根据经验，压力通常为 1～1.5MPa。

（3）对于部分无胶囊的吸塑设备，在吸塑时只有抽真空，没有加压，为确保吸塑效果，其真空度应相应调高。

（4）对于湿式吸塑，建议压力时间为 3～5min。

（5）对于干式吸塑，建议压力时间为 2～3min。

12.5.9 喷枪口径

（1）通常情况下，建议喷枪口径为 1～2.5mm，气盖为 2.2～2.5mm，管长约 4m，内径 5～6mm。

（2）喷枪口径小于 1.0mm 操作时易堵喷嘴，影响工作效率。

参 考 文 献

[1] 张淑萍. 复合软包装用水性聚氨酯胶黏剂 [J]. 塑料包装，2010，20（5）：17-19.

[2] 修玉英，李雯静，罗强. 水性聚氨酯胶黏剂在复合薄膜制造上的应用 [J]. 中国胶黏剂，2004，13（3）：55-59.

[3] 史达君. 水性聚氨酯 Dispercoll U54 在真空吸塑胶中的应用 [J]. 2007ChinaPU 第二届水性聚氨酯技术与应用研讨会论文集：162-164.

第13章

水性聚氨酯鞋用胶

13.1 概　　述

随着制鞋工业的发展，相应的胶黏剂工业的技术也得到了进步与发展。现代制鞋工业中，鞋底和鞋帮大多数不再采用线上工艺而采用胶黏剂黏结，以实现鞋制品轻质美观、舒适耐用，而且制作过程简便，可实现自动化和连续化操作。早期，初始黏度性能优异的氯丁橡胶大量用以鞋底和鞋帮黏合剂，但氯丁橡胶对增塑的PVC、充油量大的丁苯橡胶、含油或润滑脂量高的皮革、橡胶等鞋材的胶黏性能不够理想；且分子中所含的氯易水解释放出氯化氢，具有腐蚀和损害人体健康等弊端，因此阻碍了氯丁橡胶在现阶段鞋业中的应用；加之鞋材不断更新，特别是现多采用合成革、橡塑和软质聚氯乙烯材料。为了保证鞋靴质量，降低环境污染和确保人身安全，欧美发达国家从20世纪80～90年代，逐步使其鞋用胶黏剂由氯丁橡胶向聚氨酯转化。20世纪60年代初，拜耳公司发明了聚氨酯胶，解决了氯丁胶无法粘PVC、PU鞋材的问题了。但西欧及美国主要使用聚氨酯胶，基本上都是溶剂型。有机溶剂对橡胶、塑料材质有着十分良好的渗透力，但有毒性，易燃，污染环境，鞋厂不安全事故时有发生。20世纪70年代初至80年代中期曾出现试图研究热熔胶来粘接外底的高潮，但是，由于对材质的适应性，粘接强度和施胶设备等方面存在严重的不足，这一尝试始终未能实现工业化。水性聚氨酯胶的研究始于20世纪50年代，真正受到人们所重视是在60～70年代。70年代中期开始出现用于黏合鞋底的水性聚氨酯胶，因性能欠佳，加上环保法规不严格，到80年代末，基本上仍处于试验阶段。90年代初，欧美各国环保法规日趋严厉，对鞋厂VOC量开始控制，水性聚氨酯分散体合成和应用工艺的研究力度得到了加强，水性聚氨酯胶黏剂的性能基本上可以满足制鞋的要求。例如，拜耳公司生产的Dispercoll U配以Desmodur D在耐克、阿迪达斯等公司品牌运动鞋的使用已达到工业化规模。使用水性聚氨酯胶生产皮鞋仍处于批量试生产中，也在一些皮鞋跨国公司中进行，如Bally公司、Bata公司、Clarks公司等均在批量试用，已取得重大进展。皮鞋用水性聚氨酯胶落后于运动鞋，其原因大致为：运动鞋鞋底基本上都是新材料，材质品质相对均一，且运动鞋厂规模大，人员素质和设备水平在鞋业界均属上乘；而皮鞋底材质复杂，难以保证都用新材料，规模小，皮鞋产品较强调个性化，即使是大厂所生产的产品也不像运动鞋产品的批量那么大。据拜耳公司估计，1998年，全球鞋用水性聚氨酯胶消费量有数百吨；2000年达5000t；2001年已达万吨级，发展较快。长期以来，我国制鞋行业主要使用氯丁胶而不使用聚氯酯大底胶，原因是聚氨酯胶价格太高，在相当长的一段时间，聚氨酯胶的价格为氯丁胶的1～2倍。近几年来，聚氨酯胶的价格在不断降低，目前聚氨酯胶的价格仅比氯丁胶高出20%左右，这就为聚氨酯胶占领氯丁胶市场提供了条件[1]。

鞋类生产属于劳动密集型产业，随着劳动力成本的增加，昔日欧美主要鞋类生产国于20世纪80年代初纷纷把生产基地向亚洲转移。当时，恰遇我国实行改革开放，充裕、价廉的劳动力和政治稳定、经济活跃的环境既吸引了大批外资企业投资建厂，也催生出一大批民营制鞋企业。到80年代末，我国已成为全球最大的鞋类生产国、出口国和消费国。制鞋行业最近的一次统计资料为1997年的数字，当年我国鞋类出口40.72亿双，首次出口创汇突破100亿美元大关，达到了100.96亿美元。近几年鞋类统计途径与以前大不相同，全行业产量一直没有公布。不过，国内外相关鞋业权威机构都认为，目前中国国内鞋类年消费量为25亿双左右。因此，据此推算，我国鞋类产量为每年65亿双左右，占全球鞋类产量的一半。中国是制鞋大国，不是制鞋强国，行业内有识之士早已意识到中国制鞋业的发展，必须从靠数量的增长转移到靠提升质量、档次、创名牌、提高附加值上来，因此，我国制鞋业的产量增幅不会太大。

我国鞋用胶黏剂的发展也经历了上述几个阶段，水性聚氨酯鞋用胶的研发始于20世纪末，有20多个单位从事合成工艺和应用研究工作。当时产品的固含量低，制鞋时水分挥发速度慢，上胶次数多，影响机械化生产工艺的实施；成本高，制约了制鞋业的广泛采用。但业内人士公认，水性聚氨酯鞋用胶将是近年的发展方向。由于多种原因，我国水性聚氨酯技术长期进展缓慢。21世纪，尤其是近几年，随着国际节能减排的呼声日益高涨，对出口鞋的环保指标要求日趋严格，加之国人环保意识逐步增强，国家制定了鞋用胶强制性标准：对苯、甲苯、二甲苯、总卤代烃、游离异氰酸酯、正己烷以及VOC等均有明确限量规定。国家强制性标准在制定过程中，据估计目前我国水性聚氨酯在鞋业用量超过1500万吨/年。但使用较多仍是国外品牌，如：Nike, Adidas, PUMA, Reebok, NB Skecher, Asics, FILA, Payless, Clarks等。国内也有企业进行了水性化改造，如：鸿星尔克，特步，361等，但就水性生产线而言还不是主体。

13.2 水性聚氨酯鞋用胶特点及使用

在所有鞋用胶黏剂中，对鞋底和鞋帮胶黏剂的性能要求最高，因而其应具备以下性能。

① 对异种材质具有足够的粘接强度，以适应新材料的应用。

② 适当的干燥速率、良好的初黏力，以适应高速生产的需要。

③ 达到最终（最大）粘接强度的时间要短。

④ 胶层（膜）有足够的耐弯曲性能、耐热性、耐水性、耐寒性，对于用于浅色鞋的外底胶还要求具备耐黄变性，对于黏合 PVC 材料要求耐增塑剂。

⑤ 较低毒性，以满足相关法律法规的要求。

⑥ 施胶工艺简便，易于操作，使用周期灵活可调。

目前水性化遇到的主要问题是：材质种类变多，贴合变困难。处理剂全水性化难度高；使用水性聚氨酯的脱胶概率变高；需强化处理剂的开发。

水性 PU 胶优势与传统油性 PU 胶相比，具有三大特点：环保，不含或少含 VOC（有机挥发物），对人体和生态环境无危害，不易燃易爆，储藏安全，无消防隐患；高固含量，PU 树脂含量达到 50%，是传统油性产品的 3～4 倍，因此可以达到高于油性产品的后期黏合效果；节省，因不易挥发，明显减少浪费，而且采用一次胶流程，超薄的涂布，可以明显节省用量，一般可以节省 3～4 倍的用量。

(1) 操作 水性 PU 属水溶性，不易干燥，因此要求操作者涂胶均匀而且涂薄。但正是因为如此操作要求可能会带给操作者一个适应时段，并且可能发生影响工作效率等一系列问题。操作的适应性和熟练程度被认为是水性 PU 胶能否得到应用的关键。而且一些细节上的操作失误往往可能带来较坏的影响，例如，擦拭积胶可能发生后段脱胶，因此，对操作者的有效培训是解决问题的所在。

(2) 品质 水性 PU 胶最优秀的表现在后期力，可以比传统油性产品高出 40% 的后期力，只要材料前处理得当，终期黏着效果是非常惊人的，而且还会不断增长，在一些多孔性材料上这种优势更加明显，相比传统油性产品 24h 后的最大拉力值，水性 PU 产品却还可以继续增长。而且鞋类常用测试如耐候、耐水解等性能均可达到甚至超过要求。可以准确地说，水性 PU 和油性 PU，在本身的性质和应用上是等同的，不同的是采用了不一样的溶剂，但并不能影响彼此相同的应用，以及相似的品质。

(3) 工作效率 水性 PU 胶的应用通常采用一次胶流程，可以节省 4～6 个劳动力，而且这部分劳动力还可以帮助下段擦胶，这样一来就可以明显改善工作效率。虽然水性 PU 胶操作要求严格，操作初级阶段不熟练往往造成擦胶较慢，工作效率稍低，但完全可以通过培训熟练的擦胶技术而得到改善。而且，水性 PU 胶的高耐用性更节省大量调胶盛胶时间，一个工作时段每人需要量至多 1kg 左右。可以这样认为，使用水性 PU 胶如果造成工作效率下降，那仅仅是初期不熟练造成的，通过有针对性调整是完全可以改善的。

(4) 成本核算 虽然水性 PU 胶每千克成本相当于油性 PU 胶 3～4 倍，但由于水性 PU 胶单耗非常低，仅相当于油性产品的 1/4～1/3，因此实际成本是相当的，而综合成本上，由于水性产品的使用节省了人力和抽通风及消防设施，因此，总体成本核算会低于传统油性产品。

(5) 使用优势 很显然，水性 PU 胶的应用在保证现有的有效性生产的同时，更可以带来诸如以下几点优势：改善操作车间空气环境污染，降低员工职业病潜在危害；通过人文环境的改善和调整，使产品的附加值更高，更易受到市场好评，而且更容易得到国际外商的认可；实践证明，应用水性产品于鞋类制造业，可以真实地降低综合成本，这是经过 Adidas 与受单工厂共同论证过的。

13.3 水性聚氨酯鞋用胶配方设计

13.3.1 多异氰酸酯的选择

通常使用芳香族多异氰酸酯，如甲苯二异氰酸酯 TDI 作为水性聚氨酯鞋用胶的首选，它成本低、粘接强度高，但易黄变、不适宜制作浅色鞋。脂肪族和脂环族多异氰酸酯，如异佛尔酮二异氰酸酯（IPDI）或 IPDI 与 1,6-六亚甲基二异氰酸酯（HDI）的混合异氰酸酯，它制得的产品不仅耐温、耐黄变，而且活化温度较低，更容易符合制鞋流水线上的要求。

13.3.2 大分子多元醇的选择

初黏性和初黏强度是鞋底和鞋帮用胶黏剂的关键数据。聚氨酯的初黏性较差，要提高初黏性，就要求分子结构具有高结晶性。大分子多元醇中，聚醚的醚键易旋转、柔韧，具有卓越的耐水解和耐低温性能。聚醚分子链柔性相对较大，在分子链中引入适量的聚醚链段，可以适度增加聚酯型水性聚氨酯的柔顺性，降低水性聚氨酯胶黏剂的热活化温度，提高其初期剥离强度；另外，聚酯型水性聚氨酯柔顺性的适度增加也有利于聚酯链段的结晶，从而提高了成品的剥离强度。但当聚醚用量过多时，聚氨酯分子链段极性减小，分子内聚力下降，粘接力降低，表现为初期剥离强度和成品剥离强度均呈下降趋势。不同配方的水性聚氨酯胶膜，其应力应变曲线均经历屈服、细颈化和断裂等过程，呈典型的结晶聚合物拉伸行为。这是由于水性聚氨酯胶膜中存在晶区（由聚酯等结晶链段形成）和非晶区（由其他链段形成），当拉伸应力达到一定值时，结晶区产生屈服并细颈化，进一步冷拉至试样断裂，另随着聚醚用量在一定范围内的增加，水性聚氨酯胶膜的断裂伸长率和断裂强度增大，这是由于聚醚既提高了聚酯型水性聚氨酯的结晶能力，又提高了聚氨酯分子的柔性[2]。

在聚醚中，醚键间亚甲基数越多、侧基越少，其结晶性也越高。因此，聚四氢呋喃聚氨酯比聚氧化丙烯聚氨酯具有更高的粘接强度。为制得柔韧、耐水解的水性聚氨酯鞋用胶，应选用聚四氢呋喃作水性聚氨酯鞋用胶原料，其相对分子质量优选为 2000～2500，所得鞋用胶配以固化剂胶粘 PVC、皮革等鞋材，效果良好。聚酯具有良好的结晶性，但耐水解性能差，柔韧性也差，通常不适用于水性聚氨酯鞋用胶的制备。

13.3.3　亲水性扩链剂的选择

目前国内最常用的亲水剂是二羟甲基丙酸（DMPA），它具有新戊二醇结构，可赋予制品一定的耐热性和耐水解性，其相对分子质量低，使用量少；其中的亲水基团羧基被两个羟甲基遮挡，不易与异氰酸酯反应，保持其亲水功能；而包裹在外的两个活性羟基，可与异氰酸酯反应，借此引入到氨基甲酸酯主链上，起到内乳化剂作用。但它与多元醇等反应物不相溶，熔点较高，一般反应环境中，特别是国内常用的丙酮法中，二羟甲基丙酸的反应是非均相反应，造成反应时间长。现国内一般将其预先溶解在 N-甲基吡咯烷酮（NMP）中，以使得反应在均相中平稳地进行。但 NMP 沸点高，会残留于产品中。近年国外报道，NMP 属有刺激性和毒性物质。欧盟规定，凡 NMP 质量分数高于 5％的配方均归入毒性类。国外一些大公司已在探寻替代品，或改变原料配方，即改用能溶于较高温多元醇中的二羟甲基丁酸（DMBA）作亲水剂，从而可大幅降低 NMP 用量，甚至不用。目前，国内有 DMBA 生产单位，但加入量大，价格较贵，应用受到限制。

目前，国内外水性聚氨酯鞋用胶几乎全为阴离子型。在阴离子型的亲水单体中，与羧酸盐相比，磺酸盐属于强酸强碱性盐，具有更强的亲水性，合成聚氨酯（PU）分散体具有更稳定的"双电层"结构，可形成更强的库仑力，使分子间的作用力更强，较低硬度的水性聚氨酯即具有较高拉伸强度和撕裂强度。水性聚氨酯的磺酸钠盐是强酸和强碱性盐，可促使形成的水性聚氨酯胶粒稳定分散于水中，且具有优良储存稳定性，其耐酸碱性、耐电解质性、机械稳定性、与助剂相容性以及胶膜性能等更加优良。高性能水性聚氨酯现多用磺酸基亲水剂制作，国内学者已将注意力集中于以磺酸型，甚至磺酸、羧酸混合型亲水性扩链剂合成水性聚氨酯的研制，以期获得性能更佳、成本更低的鞋用胶[2]。

13.3.4　助剂的选择

引入无机纳米微粒可提高胶黏剂的玻璃化温度，即提高耐热性；纳米粒子表面的羟基可以氢键或化学键形式与有机高分子链上的极性基团作用，形成内交联，提高粘接强度。微米无机微粒的加入，可改善胶黏剂的流动性和施胶涂刷性，使胶黏剂涂覆均匀，上胶量也得以减少；它还可增大胶黏剂和被粘物表面之间的作用力，使两者紧密结合。两类添加剂在胶黏剂中起协同效应，常用纳米有机蒙脱土和微米二氧化硅、纳米和微米二氧化硅，所得胶黏剂可良好粘接 PU、PVC、EVA、橡胶和皮革等鞋材。

　　水性聚氨酯鞋用胶是以水为介质，具有环保性；但水对疏水性被粘体材质表面的溶解度和润湿能力差，且水的表面张力又大，其胶质较难渗透进入材质细孔。水的挥发度比溶剂低得多，干燥时间长；若采取加温干燥，当粘接时，尤其黏结多孔性鞋材时，基材吸收与干燥不协调，会导致胶层出现不连续和不均匀现象，极大地影响了粘接效果。因此提高胶黏剂本体的胶黏性很重要，但渗透问题不解决，始终影响水性聚氨酯胶的顺利应用。

　　国外近年开发了多种助剂，试图解决这一问题；国内也正在积极探索，已取得初步成效。研究出的多种助剂包括：赋予胶与基材间润湿作用的润湿剂，如聚硅氧烷或羟基聚硅氧烷类；可降低胶黏剂的表面张力，使其在基材表面易于流平，以获得均匀而平整胶膜的流平剂，如聚醚改性硅氧烷类；此外，还有防止聚氨酯热氧降解的抗热氧老化剂、抗光老化剂等。

13.4　水性聚氨酯鞋用胶测试方法

　　(1) 黏度　样品放置在 25℃ 恒温箱内 24h，稳定后用转子黏度计测定其黏度。（测试温度为 25℃）。

　　(2) 粒径　采用电位及激光粒度分析仪进行测定（数均方式，散射光波长为 661nm）。

　　(3) 稳定性　将样品室温静置 180d 后，以样品是否降解、固含量是否下降作为判定依据。

　　(4) 剥离强度　按照 GB/T 2791—1995 标准，采用万能材料试验机进行测定（测试温度为 25℃，拉伸速度为 200mm/min）。

　　(5) 拉伸性能　按照 GB/T 528—2009 标准，采用万能材料试验机进行测定（测试温度为 25℃，拉伸速度为 200mm/min）。

　　(6) 热性能　按照 GB/T 14837—1993 标准，采用热重分析（TGA）法进行表征（N_2 气氛，升温速度为 10℃/min，流量为 100mL/min）。

　　(7) 耐水性　按照 GB/T 1733—1993 标准进行测定，即将 20cm×20cm 的 PUDs 胶膜烘干至恒重（W_d），然后完全浸泡在水中（28~32℃），24h 后取出，擦净表面水分并立即称重（W_s）；则其吸水率 $= (W_s - W_d)/W_d$。

　　(8) 耐水解性测定　试片采用长×宽＝60mm×25mm 规格的帆布，两试片均涂胶后放在 55~60℃ 的干燥箱中，干燥 3~4min 后，将两粘接面互相贴合，然后在 3~4kgf（1kgf＝9.80665N）压力下加压 10s，室温放置一段时间后，存放于 70℃、95% 湿度的耐水解机中，然后每间隔 7d 取出测试其剥离强度。

　　(9) 耐热性测定　试片采用长×宽×厚＝60mm×25mm×3mm 的 PVC 薄片，其表面用丁酮拭净，两试片均涂胶后放在 55~60℃ 的干燥箱中，干燥 3~4min 后，将试片胶接面进行对贴，然后用压力机在 3~4kgf 压力下加压 10s。试件胶接后放置 5min，然后放置在温度为（70±1）℃的恒温干燥箱，并保温 10min 后取出，测取胶接面未开裂的长度，即为耐热值。

(10) 黏性维持时间测定　取长×宽＝60mm×25mm 规格的橡胶条经打粗处理后，进行刷胶、烘干。烘干完全后，立刻从烘箱中取出放置在 25℃ 恒温室中，然后从此时开始计时，每间隔 1min 从橡胶的一端对贴 5mm，贴下一次时必须用剪刀把上次贴合部分剪去，直到贴不上为止，这段时间记录为黏性维持时间。

(11) Potlife 测定　Potlife 即胶水加固化剂调配完成后的正常使用时间。因为水性聚氨酯在添加硬化剂后，开始反应结晶。若结晶完全后即使再烘干、活化，形成的胶膜也不会再有黏性，这种现象称之为"死胶"。死胶是不可逆的。因此，调制好的胶水必须在胶水的 Potlife 内使用完毕。

(12) 黄变性测定　截取长×宽×厚＝10mm×10mm×10mm 规格的白色 EVA 方块，表面清洁后刷胶，刷胶时要尽量薄而均匀，不要产生积胶和缺胶，然后放置在 55～60℃ 的干燥箱中烘干，烘干后放置在黄变机中照射 2h，取出和标准比色卡对照，读出黄变的级别[3]。

13.5　水性聚氨酯鞋用胶的应用实例

鞋用胶的使用工艺为：调胶—上胶—干燥—黏合—加压—整理。

(1) 调胶

① 水性胶的密度通常为 1.1g/cm³ 左右，当储存较长时间后，有可能出现分层，故使用前须摇匀。根据可使用时间 2h 来确定调胶量，以避免浪费。

② 清洁调胶容器及搅拌器，正确称量水性聚氨酯胶黏剂及固化剂的量，并置于容器中，两者比例通常为 100：5～6。

③ 因密度不同，固化剂加入后会浮在表面，所以搅拌初期应将搅拌叶片置于容器底部，再以低速搅拌，以免外溢，影响计量。然后在保证不溢出的前提下，高速搅拌 10min 以上，密闭备用，以免吸潮或受污染，调胶必须确实均匀，有利得到最佳黏结效果。

(2) 上胶

① 被粘物要先行预热，待其表面达到 40～50℃ 后再上胶，这样可以增加黏结面物理特性，提高干燥速率。也可以在上胶前先用处理剂处理材质表面，有利于改善水性聚氨酯胶黏剂与材质间的润湿性，提高初黏效果。

② 上胶时在鞋面部分纺织品处必须加大处理剂及水性聚氨酯胶黏剂的用量，否则，上胶时胶液很容易被纺织品吸干，甚至导致欠胶现象发生。

③ 依鞋型选用合适的涂刷工具，如油漆刷、水彩笔等，上胶时应涂布均匀，不可积胶或太薄，避免干燥不良及欠胶。另外，溢胶造成鞋面污染，应立即用干净布擦拭干净。

④ 补胶一般用溶剂型 PU 胶，自然干燥 10min 后黏合，不可用水性聚氨酯胶黏剂，因为局部补胶不易干燥，影响整体黏结效果。

⑤ 上胶工具使用一段时间后会变硬或外翻，造成使用不方便，此时可以用 MEK 浸泡清洗。

（3）干燥

① 水性聚氨酯胶黏剂的干燥最好是低温、长时间干燥，然后在黏结前以活化灯使温度达到所需要的最佳温度。

② 干燥温度由低到高循序渐进，不可一开始就直接高温干燥，更不可因干燥不足而冷却后再干燥，否则会造成胶层表面结皮，影响内部水分蒸发，最好在输送带上加装保温罩及电加热管保温。

③ 水性聚氨酯胶黏剂涂布后干燥与否，判断方法是看其表面出烘箱时是否完全呈现透明状。

（4）黏合

① 水性聚氨酯胶黏剂出烘箱后黏性维持时间一般为 3min，所以最短时间内要完成黏合以获得最佳黏结效果。否则，随着时间延长，实体温度下降，黏结效果下降。

② 经验得知，水性聚氨酯胶黏剂最佳黏结温度为 48～54℃，低于 45℃，黏性明显降低，高于 65℃，可能造成未黏结完全的胶层失去黏性。同时，压合后涂胶边缘线易产生拉丝，材料间吻合度不好，或因此处张力较大而形成脱胶及假性黏结。

③ 最后一道烘箱出口处最好设置保温罩，以免温度下降太快，影响粘接强度。

（5）加压

① 加压时间长短和压力高低依照鞋型、材质而定。张力大的鞋型和材质，应延长压合时间，一般在 2.5～3.0MPa 压力下压合 10～12s。

② 压合时，使用三合一强式压合机，一次性压合成功。多次压合会产生剪切力破坏，已黏合的粘接面剥离。

（6）整理

① 整理时应避免整理用的溶剂渗入粘接面，从而降低粘接强度。

② 如设置有再加工成型工序，应放置 24h，待水性聚氨酯胶黏剂反应完全后再进行，以免热活化造成脱胶。

水性聚氨酯鞋用胶常见的问题、原因分析及对策见表 13-1。大东产品见表 13-2。

表 13-1　水性聚氨酯鞋用胶常见的问题、原因分析及对策[3]

现象	原因分析	对策
加压后结合部分再张开,空隙中可见胶液牵丝状	胶液未完全干燥; 积胶; 固化剂不够,导致反应过慢; 材料吻合度不好; 水性胶初始黏结性不好	调高炉温及活化灯功率; 延长干燥时间; 调整固化剂的量; 加强补胶工序
压合后再分开,胶层无牵丝状	胶液太稠; 黏合间隔时间太长,胶层表面无黏性; 固化剂太多,导致反应过快; 使用了过期胶液	降低烘箱温度; 缩短干燥时间; 黏合时间缩短; 避免污染黏结面,减少涂胶后在空气中暴露时间; 调整固化剂用量; 注意胶液使用期
经烘箱加热后,黏合面再度脱开	放置时间不足,胶液未反应就加热活化; 整理时溶剂渗入黏合部; 胶液耐热性不好	延长放置时间不少于24h; 用专用清洁剂整理,避免用甲醛、甲乙酮; 调整固化剂用量; 检查胶液耐热性
压合后发现黏合线胶液外溢,有牵丝状	黏合温度太高; 上胶量太大	调低活化灯功率; 调整上胶量

表 13-2　大东产品[4]

品种	编号	适用材质
WB Cleaner 水性清洁整理剂	6201/6202	材质表面清洁整理,以 PU 人造皮为主
WB Primer 水性处理剂	6001LE/6002E	Leather/PVC/PU 6001LE:真皮及部分 PU/PVC 皮需以 MEK 先处理 6002E:适用软皮
	6006EAB 6005 EAB	水性橡胶处理剂,橡胶表面若已氧化需打粗后才有效果,若不打粗则需有水洗步骤
	6006EAB 6330KAB	水性 TPR、TR 处理剂,使用时材质须先打粗
	6262	MD EVA（UV 照射用水性 EVA 处理剂）
Outsole Cleaning 水性大底清洁	6311/6302	TPU 处理剂

高温环境下,聚酯型水性聚氨酯胶黏剂的水解反应较快,当然也不能储存温度再过低,因为水性聚氨酯胶黏剂若多次冻融循环之后,会导致相分离,无法回复到原来状态。因此建议储存在 5～35℃ 范围内。

在水性聚氨酯鞋用胶中,基本使用的是双组分体系,建议按照说明书比例混合均匀后,在规定时间内使用。

使用时,因为水性胶的特殊性,要求如下。

(1) 处理鞋材表面　处理鞋材表面须按照建议的流程使用,如打粗、水洗、加热、UV 光照等。选用正确的处理工具来处理材质表面。

（2）**上胶**　将水性 PU 胶涂在鞋材贴合的部位，须注意到根据鞋型使用正确的工具。上胶要均匀。

（3）**烘干**　温度设定需要根据胶黏剂厂商的建议值。实际操作前须预热 30min。

（4）**贴合**　贴合温度需维持在 45℃ 以上，贴合时不能污染表面，撕开重贴有时会导致黏着失败。贴合需注意下列几点：迅速贴合；戴手套并避免接触胶面；在 2min 之内迅速完成贴合动作，且维持温度在 40℃ 以上。贴合到加压之间最好有加热罩这样可以避免温度下降太多，见图 13-1。

图 13-1　加热保温罩

（5）**加压**　使用适当的模具加压（图 13-2）；压力 3～4.5MPa，时间 8～12s（这取决鞋型和鞋材）；高压通常会让拉力提高，但不能损害鞋子；在完成加压之前，不要堆叠鞋子。

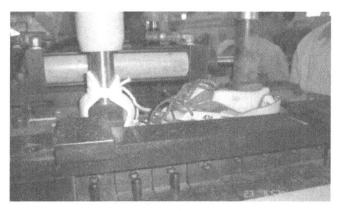

图 13-2　加压机器

参 考 文 献

［1］ 叶青萱．我国水性聚氨酯鞋用胶黏剂技术发展近况［J］．化学推进剂与高分子材料，2009，7（6）：1-5.

［2］ 郭晋晓，孙东成．磺酸盐型水性聚氨酯胶黏剂的研究［J］．中国胶黏剂，2010，19（9）：13-17.

［3］ 陈春添．鞋用水性聚氨酯胶的制备、检验及使用［J］．粘接，2003，24（3）：36-38，49.

［4］ 郭尚鑫．探讨水性聚氨酯胶黏剂的应用及市场［C］．水性聚氨酯上下游产业链发展论坛报告，深圳，2012.

第14章

水性聚氨酯合成革用胶

14.1 概　述

目前国内的聚氨酯合成革行业在生产过程中，绝大多数都是采用溶剂型聚氨酯树脂作为基层、面层和粘接层的基本原料，大量的溶剂进入环境中，对操作人员身体造成严重危害，对安全生产构成严重威胁，对环境造成极大危害[1]。随着我国人造革合成革行业的飞速发展，我国已成为世界第一人造革合成革生产、技术和贸易大国。合成革产业通常被视为重度污染行业，并且对能源和水资源的消耗量极大。水性聚氨酯分散体，可在无需使用任何有害化合物的情况下生产出的聚氨酯合成革的制革生产流程更节能环保，与传统生产工艺相比，能减少50％的能耗并减少使用95％的水，完全符合时尚行业的新环保要求。近年来，人造革合成革生态化与产品生态安全越来越引起国内外的重视。特别是由于国内外的消费者绿色生态消费意识的日益加深，真对合成革及其制品中的一些化学物质提出了限制性要求。这种倾向已成为我国合成革及其制品进入国际市场的技术性贸易壁垒。为此，环境保护部环境发展中心、中国皮革和制鞋工业研究院牵头编制了中华人民共和国环境保护行业标准《环境标志产品技术要求皮革和合成革》已于 2009 年 10 月 30 日正式批准颁布，并于 2010 年 1 月 1 日起实施。按照我国合成革产品的技术发展趋势，革制品只有朝环保型、生态型的方向发展，才能满足未来发展的要求。我国人造革合成革"十二五"发展目标之一是：重点发展环保生态型人造革合成革制品，争取到吨产品能耗平均要比 2010 年降低 10％，DMF 排放量要大大减少，到 2014 年水性聚氨酯应用合成革技术在行业的普及率达到 30％[2]。

聚氨酯合成革产品通常都具有三层结构，由上到下分别是基材、胶黏层和 PU 面层，在合成革的干法贝斯和贴膜工艺生产过程中，需要用胶黏剂来贴合 PU 膜和基布层或 PU 膜和贝斯层，另外在涂布法 PVC 革的制造过程中，同样需要胶黏剂粘接 PVC 膜和基布层，需求量 80～100g/m²，即 0.8～1.0t/10⁴ m²。水性聚氨酯合成革胶黏剂要求与各种基材粘接性好，耐水解、耐溶剂、耐温性好，目前用于合成革的水性聚氨酯胶黏剂大部分是聚酯型，这种胶黏剂具有热熔性，高温下熔融，低温下结晶，具有较好的初黏性、较低的热活化温度和较高的粘接强度。水性聚氨

229

酯的开发应用，给我国合成革行业带来了生态化的发展与进步。采用水性聚氨酯完成合成革的制造，是从源头解决合成革污染的有效途径，对于进一步推进行业节约资源与环境保护、清洁生产，实现循环经济健康发展，无疑将产生积极而又重大的影响。业已证明，水性聚氨酯树脂用于合成革上的制造技术是完全可行的，所制造的合成革透气性、透湿性、低温耐曲折性、耐干湿擦等性能均优于溶剂型，整个工艺过程没有溶剂排放，环境友好[3,4]。合成革用水性聚氨酯经过近几年的技术创新与发展，无论从工艺、设备、产品等方面，均取得了可喜的进步，水性生态合成革作为高端产品，成为合成革行业新的发展趋势。中国塑料加工工业协会廖正品会长指出，目前，水性聚氨酯在合成革上的应用发展表现三个趋势：第一，水性聚氨酯应用推广局面已打开。由观望到行动，由企业示范到政府主导、引导、推动，由孤军奋战到联盟行动。第二，国外先进技术公司顺应形势来华寻找商机、力求合作，将其成熟的经验与产品积极地向国内推广，使水性 PU 在研发、生产、应用上加快了步伐。第三，环保材料的广泛应用已经逐步提升产业的安全生产与发展水平，得到社会各界人士的充分肯定，市场反映良好。

14.2　水性聚氨酯合成革用胶特点及使用

(1) 特点

① 初黏性强。水性聚氨酯初黏性本身是不好的，但在水性聚氨酯合成革用胶中加入增黏剂，如萜烯树脂乳液改性水性聚氨酯，当加入萜烯树脂乳液质量分数为 20％时，水性聚氨酯合成革用胶的拉伸强度可大幅提高。用 VAE 乳液对水性聚氨酯胶黏剂进行共混改性，也可以有效地提高水性聚氨酯合成革用胶初黏性。

② 粘接强度大。在水性聚氨酯合成革用胶中大部分使用的是 MDI、1，4-丁二醇和聚酯等分子规整性强的原料，这些原料的结晶性使得水性聚氨酯合成革用胶的粘接强度很大。实际应用中，水性交联剂的使用，也使得合成革用胶的粘接强度大大提高。

③ 活化温度适当。干法合成革制备过程中，通常是水性聚氨酯胶黏剂成膜烘干后再使用，而较低温度时干燥了的胶膜是不均匀、非连续的胶膜，它在热压时会再次显示出黏性。这就是我们通常所说的热活化温度。因此，在压合过程中，希望其具有较低的热活化温度，这样可以在较低的温度下操作，降低能耗，减少对被粘面层和底层的破坏；但活化温度过低，其胶层的耐高温性能下降，因此要根据实际要求调整水性聚氨酯合成革用胶的热活化温度。聚氨酯的"可裁剪性"恰恰满足了设计的要求。

④ 耐热性好。稠环化合物的存在和水性交联剂的加入，使得水性聚氨酯合成革用胶的耐热性大大提高，更有环氧树脂和有机硅的加入，水性聚氨酯完全可以满

足合成革耐热的要求。

⑤ 耐水解性好。通常所说的耐水性是包括了耐水性和耐水解性，耐水性目前完全可以通过加入外交联剂加以解决。而目前阻止聚酯水解的措施很多，如抗水解剂碳化二亚胺的加入或有机硅氧烷如 KH550 的加入等都使得水性聚氨酯合成革用胶的耐水解性提高。

⑥ 耐溶剂性好。合成革在制备和使用过程中一定会接触到溶剂，而水性聚氨酯合成革用胶中交联度的提高，以及耐溶剂的高分子材料如环氧树脂、有机硅的引入可以满足合成革耐溶剂的要求。

⑦ 手感丰满。在合成革三种组成中，胶黏剂的软硬程度对最终产品的手感也影响很大。实际应用中，多数是加入一些带有支链的聚酯或小分子扩链剂，适当地破坏其结晶性，增加手感柔顺性。

⑧ 突出的环保性。水性聚氨酯无毒、无味，不燃、不爆；对人无害，不存在环境污染，是目前环保性能突出的合成革材料。

(2) 操作　水性聚氨酯合成革用胶多是使用在干法制革中。干法制革采用干法移膜工艺，即将已经制备好的浆料以一定的厚度均匀地涂于离型纸上，然后用水性聚氨酯胶黏剂将基布和离型纸上的面层黏合在一起，烘干熟化后将离型纸剥离制得样品。PVC 革多是将配好的胶黏剂涂覆在基材上，经过烘干（或不烘干），再涂面层，以一定的压力与面层或基材贴合，制得成品进行熟化后打卷包装。

在传统溶剂型干法制革中一般可采用干贴、半干贴及湿贴，水性胶黏剂通常的加工中大部分是采用半干贴，在大生产中如果采用湿贴，离型纸和基布之间由于胶黏剂初黏力较低而发生侧移，产生皱褶，所以只能采用半干贴，即将胶黏剂涂布后，经烘至半干，再与另一面贴合。有一些特别的胶黏层是将水完全烘干才贴合，称为后贴加工。其机理是水性聚氨酯胶膜具有热熔性，在高温下熔融，具有黏合性，冷却后胶膜结晶，形成很强的黏合力。具体做法是将胶增稠后刮涂在基材布上，经烘道烘干，冷却，再经高温热熔，使胶黏剂达到熔融状态，与面层贴合，再经冷却即可。

由于水性聚氨酯黏度低，很容易透过基材布或者二层革疏松的表面造成吃浆、漏浆、透胶现象，因此，若采用将胶黏剂刮涂在基材布或疏松二层革表面工艺时，在使用前需对其增稠。增稠后的聚氨酯具有较高黏度，从而阻止了在疏松的二层革或"漏浆"皮表面的渗透，使水性聚氨酯树脂在二层革或"漏浆"皮表面形成有效的封闭膜。对于基材是密度特别小的织物，使用水性聚氨酯合成革用胶直接涂覆，即使是增稠，通常仍不可避免发生透胶。因此，对低密度基材布上胶的方式是先将水性聚氨酯合成革用胶涂在离型纸上，经半烘干，再将织物与胶黏层贴合，烘干后剥离离型纸，这样就可以将胶黏层涂覆在织物上而不造成透胶现象。

14.3 水性聚氨酯合成革用胶配方设计

在水性聚氨酯合成革用胶配方设计时要考虑到合成革用面层和基材品种、流平性与润湿性、低软化点和高耐温性、耐水性和耐水解性、耐溶剂性、手感以及工艺与设备要求等因素，所以在其配方设计时，要统筹考虑，而不能单方面追求某一个性能要求。

(1) 多异氰酸酯的选择 在水性聚氨酯合成革用胶中，可以选择 IPDI、TDI、MDI 和 HMDI 作为聚氨酯的硬段。固定氰羟比值、交联剂及亲水基团的含量，合成了一系列水性聚氨酯，所得胶膜的性能测试结果见表 14-1。

表 14-1 二异氰酸酯种类对胶膜性能的影响

二异氰酸酯	拉伸强度/MPa	断裂伸长率/%	溶胀率/%[①]	保持率/%[②]
IPDI	29.8	652	216	70.3
TDI	35.5	630	186	73.1
MDI	38.2	687	129	83.9
HMDI	34.1	621	157	76.7

① 二甲苯中浸泡 24h 后。

② 10% 的氢氧化钠中浸泡 24h，并在 80℃ 烘箱中烘 30min 后测试。

由表 14-1 可以看出，以 TDI、MDI 和 HMDI 为硬段原料制备的胶膜的力学性能都明显优于 IPDI。这是因为 TDI 和 MDI 结构中有刚性的苯环存在，而 HMDI 也因为结构规整而具有结晶倾向，导致最终的胶膜在耐溶剂和耐水解性能较好。IPDI 型为脂肪族，构成的硬段较柔软，溶剂容易进入，因而其耐溶剂性能较差。MDI 同时具有苯环刚性和较强的结晶能力，因此综合性能最优。

所以 MDI 和 HMDI 作为硬段合成的水性聚氨酯具有良好的耐溶剂和耐水解性能，胶膜手感柔软、丰满，满足合成革行业的性能要求。

(2) 大分子多元醇的选择 在水性聚氨酯合成革用胶中，可以选择 PBA、PT-MEG、PCL 及 PCDL 作为聚氨酯的软段，固定氰羟比值、交联剂及亲水基团的含量，合成一系列水性聚氨酯，所得胶膜的性能测试结果见表 14-2。

由表 14-2 可见，PCL、PTMEG 和 PCDL 的拉伸强度和耐溶剂，耐水解性能均优于 PBA，其中 PCDL 的耐溶剂耐水解性能更佳。PTMEG 和 PCL 分子链上无侧基，大分子链能够自由地缠绕运动，易于结晶使得胶膜同时获得较大的拉伸强度和断裂伸长率。正由于结晶能力较强，溶剂和水等小分子难以渗透进材料。而对于PBA，由于含有大量极性较大的酯基基团，很容易与水结合形成氢键，在水分子作用下，聚氨酯分子间的相互作用、分子间距离增大，从而破坏大分子结构，导致力学性能下降。

表 14-2 多元醇种类对胶膜性能的影响

多元醇	拉伸强度/MPa	断裂伸长率/%	溶胀率/%	保持率/%
PBA	27.3	458	258	43.7
PTMEG	29.8	652	216	70.3
PCL	28.2	637	209	75.5
PCDL	32.7	583	153	80.4

　　PTMEG 和 PCDL 作为软段合成的水性聚氨酯具有良好的耐溶剂和耐水解性能，胶膜手感柔软、丰满，满足合成革行业的性能要求。

　　(3) 软、硬段比例的确定　氰羟比值（R）表示—NCO 与—OH 的摩尔比，在聚氨酯合成中可以反映软硬段的比例，R 值越大，硬段含量越高。

　　由表 14-3 可以看出，随着 R 值增大，胶膜的拉伸强度增大，断裂伸长率降低。这是因为 R 值增大，聚氨酯分子链中的刚性基团如氨基甲酸酯键增多，极性基团增多，氢键作用增强导致强度增大。然而，柔性链段如脂肪链、醚键减少导致断裂伸长率降低。随着 R 值增大，大分子链的硬段数量和密度均增加，相当于增加了微相区的硬段交联点，使得分子链间作用力加强，分子链更加紧密，溶剂和水分子不易渗透，耐溶剂和耐水解性能提高。然而硬段含量提高，胶膜手感生硬，不能满足合成革制品的柔软丰满要求。所以，要选择合适的 R 值以满足合成革的性能要求。

表 14-3 R 值对胶膜性能的影响

R 值	拉伸强度/MPa	断裂伸长率/%	溶胀率/%	保持率/%
3	29.3	710	152	73.7
4	38.2	687	129	83.9
5	43.2	576	109	85.5
6	45.7	453	100	89.4

　　(4) 亲水性扩链剂的选择　乳液稳定性是聚氨酯乳液在工业应用中一个重要参数，与乳液的粒径大小直接相关。对于水性聚氨酯乳液，分散介质水中聚氨酯微粒的粒径与水性聚氨酯的外观之间有密切的联系，粒径越小，乳液外观越透明。乳液的外观颜色与粒径大小，分散相和分散介质对光的散射和吸收等问题有关。一般认为，粒子对某个波段的光吸收后，透射光将呈现它的补色，当粒径在 1nm 以下，聚氨酯乳液是半透明的水溶液；粒径在 1～100nm 之间，外观略显蓝光；当粒子更大（超过 100nm）时，光线出现反射，呈白色乳液。通过改变 DMPA 的添加量调

整水性聚氨酯大分子链的亲水性，导致乳液和胶膜性能得到改变，测试结果见于表14-4。

表 14-4   DMPA 对乳液和胶膜性能的影响

DMPA(质量分数)/%	外观	平均粒径/nm	乳液稳定性	保持率/%
1.2	白色乳液	121	分层	90.1
2.4	白色乳液	101	分层	88.7
3.6	略显蓝光	83	不分层	83.9
4.8	半透明	72	不分层	72.4
6.0	半透明	57	不分层	60.5

由表 14-4 可以看出，随着 DMPA 含量的增加，水性聚氨酯乳液的平均粒径减小，且粒径分布逐渐变窄，说明亲水基团含量的增加有助于实现聚氨酯预聚体在水中的分散效果。此外，随着 DMPA 用量的增大，乳液粒径减小，乳液稳定性变好，乳液外观也由白色逐步变得半透明。但是随着水性聚氨酯成膜中残留的离子基团增加，水性聚氨酯胶黏剂的耐水解性能变差。表 14-4 中的剥离强度保持率随着 DMPA 用量增加而逐渐迅速减小，也证实了这一点。综合考虑乳液稳定性和胶黏剂的耐水解性能，DMPA 含量保持 3.6% 最佳。

(5) 交联度的确定　线型聚氨酯虽然在制备过程中预聚体黏度较小，易于分散在水中，然而胶膜力学性能、耐溶剂和耐水解性能较差。而要提高水性聚氨酯合成革用胶的性能，交联改性是最普遍的方法，这可以使得聚氨酯分子量增加、力学性能提高。交联改性分为内交联法和外交联法。内交联法是指在预聚体合成过程引入多官能团的交联剂，使聚氨酯大分子产生部分交联；而采用外交联法同样可以使聚氨酯的交联度显著提高，但该方法因为采用外加固化剂，使得实际的双组分工艺操作相对复杂而尽量被避免使用。实际应用中，经常采用含有三个可与—NCO反应的—OH的TMP作为内交联剂，使聚氨酯大分子形成交联网状结构，会明显提高水性聚氨酯的力学性能、耐溶剂和耐水解性能。由表 14-5 可知，随着 TMP 用量的增大，胶膜拉伸强度提高，断裂伸长率下降，溶胀率降低。这是因为，随着 TMP 用量增大，交联密度提高，成膜力学性能提高，而交联网络密度的提高分子链运动受限，断裂伸长率下降。交联密度的提高使得水和溶剂等小分子难以渗透，所以耐溶剂和耐水解性能有了明显的提高。

表 14-5   TMP 对胶膜性能的影响

TMP(质量分数)/%	拉伸强度/MPa	断裂伸长率/%	溶胀率/%	保持率/%
0.5	34.3	691	153	75.1
1.0	38.2	687	129	83.9

续表

TMP(质量分数)/%	拉伸强度/MPa	断裂伸长率/%	溶胀率/%	保持率/%
1.5	39.7	542	109	84.7
2.0	44.7	473	102	86.2

14.4 水性聚氨酯合成革用胶测试方法

合成革制品总会接触到潮湿环境。如果水性聚氨酯胶膜遇水就泛白，力学性能下降，那么就很难达到合成革制品的实际消费指标。此外，大多数合成革在生产过程中要进行水揉纹处理，如果耐水解性能达不到要求，就揉不出饱满的花纹，严重时还会出现破皮现象。所以水性聚氨酯合成革用胶黏剂的耐溶剂和耐水解性能以及低温柔韧性是其较为独特的性能指标。

(1) 耐溶剂性能测试　耐溶剂性，是指黏结试样经溶剂作用后仍能保持其黏结性能的能力。GB/T 13353—1992 胶黏剂耐化学试剂性能的测定方法。

将充分干燥的胶膜试样裁剪成 20mm×20mm 的正方形，称重之后置于有机溶剂（二甲苯）中，浸泡 24h 后取出，用滤纸吸去表面液体后称重，按照下式计算溶胀率：

$$溶胀率=[(m_2-m_1)/m_1]\times100\%$$

式中，m_1、m_2 分别为试样浸泡前、后的质量。

(2) 耐水解性能测试　现对胶接层耐水和耐沸水有相关检测方法供水性聚氨酯合成革用胶参考。温水水分或湿气作用后仍能保持其粘接性能的能力为耐水性。将粘接试样按规定的时间在沸水中浸渍后，测定其粘接强度的试验参考 GB/T 4893.1—2005。

耐水解性，建议使用以下方法：将制备好的水性聚氨酯胶黏剂作为坯革和表层之间的粘接层，烘干后裁剪出两块 20mm×3mm 长条状，其中一块在 XLW 电子拉力实验机上测试剥离强度。将另一块放置在质量分数为 10% 的氢氧化钠水溶液中浸泡 24h 后放入 80℃烘箱 30min 再取出测试剥离强度。按照下式计算剥离强度保持能力：

$$保持率=[s_2/s_1]\times100\%$$

式中，s_1 和 s_2 分别表示试样浸泡前和浸泡后的剥离强度。保持率越大表示在碱水中浸泡后剥离强度降低得越少，即耐水解性能较好。

(3) 低温柔韧性测试　一般采用在 −20℃、90°弯折次数来确定低温柔韧性。也可参考 GB/T 328.14—2007《建筑防水卷材试验方法第 14 部分沥青防水卷材低温柔度性》测试。

14.5 水性聚氨酯合成革用胶的应用实例

① 配胶。选择合适的树脂，调整好黏度、颜色，搅拌 5min 后，过滤，备用。

② 涂层工艺。涂层工艺现在分为五种，即三涂、二涂半（二涂加刮刀）、二涂、一涂半（一涂加刮刀）、单涂（单刀）等，具体采用哪种涂层工艺，要根据所做产品的品种要求及离型纸花纹、颜色、后处理工艺以及实验室所打小样的工艺来确定。对表面有特殊要求的要根据具体要求确定涂层工艺，如变色产品（如镜面变色、耐刮变色）大多采用三涂工艺。龟裂变色、粗花纹套色、龟裂疯马等一般采用二涂半工艺。大多数鞋面革产品、粗花纹产品、镜面产品、普通疯马产品、一般变色产品、弹力产品等大多采用二涂工艺。一般纸纹套色产品，表面有滑爽要求的鞋里产品，中粗花纹的产品一般会采用一涂半工艺。普通的鞋里，要求不高的鞋面以及其他要求不高的可以用单涂工艺，贴面的产品（例皮带革、装饰革）用单刀法工艺。

③ 贴合工艺。贴合方式一般为半干贴方式，用胶量视离型纸花纹深浅、烘箱长度和对皮革的物性要求等综合因素考虑，起初以打小样的间隙及用量为确认用胶量，但在实际大生产时，因胶料黏度、贴合干湿度、车速、层压间隙及压力不同，以及每个操作人员测定间隙时的习惯和手感不同而有变化，因此需先在机台上"打样"确认实际涂布间隙及用胶量。实际经验，一般控制在 10 丝左右为宜。

④ 烘干温度。一般均在 135℃ 左右，如是 PVC 革，则与 PVC 的压延温度为 250℃。

参 考 文 献

[1] 中国塑料加工工业协会. 中国人造革合成革行业发展现状和展望 [J]. 国外塑料，2008，26（2）：36-42.

[2] 杨富凤，罗朝阳，范浩军，等. 环境友好 PU 革制造技术 [J]. 中国皮革，2009，38（23）：33-41.

[3] 石欢欢，周虎，范浩军，等. 水性聚氨酯在合成革后整理中的应用 [J]. 中国皮革，2008，37（21）：46-58.

[4] 许大生，武春余，倪育新，等. PU-PVC复合革用单组分聚氨酯胶黏剂 [J]. 聚氯酯工业，1999，14（3）：31-33.

第15章

水性聚氨酯汽车内饰用胶

15.1 汽车内饰胶概述及分类

汽车工业是世界上最大的工业之一，随着新型汽车塑料部件用量的增加，汽车内饰胶的用量也将不断增加，汽车内部的装饰（如顶篷、地毯、仪表盘等）大多数使用聚氨酯泡沫塑料、人造革、塑料壁纸、乳胶海绵、人造地毯、丝绒和木材等材料，以此来增加车内美观。目前在国内汽车内饰大多还是使用易燃、有毒、污染环境的溶剂型胶黏剂，如氯丁胶胶黏剂。溶剂型胶黏剂不仅造成资源严重浪费，严重污染环境，而且对施工人员的健康造成很大危害。使用溶剂型胶黏剂装饰的汽车含有大量有毒的挥发性有机物质（VOC），在很长一段时间内溶剂不断地缓慢释放出来，会严重污染环境和危害人体健康。因此，随着环保法规的日益健全，开发科技含量高、性能优良且环保的高性能水性汽车内饰胶则成为必然趋势，水基胶黏剂以水为溶剂，不含有毒溶剂，甚至可以做到 VOC 几乎为 0。近年来在汽车工业上，水基胶黏剂正在取代传统的溶剂型黏合剂，开始用于汽车内饰，并且增长速度很快。目前世界上汽车顶棚内衬水性胶黏剂的比例已超过 1/3，以日本汽车为例，目前汽车内饰胶几乎全部实现水性化，今后国内水基聚氨酯胶黏剂的年增长估计保持在 8%～10%。

在我国，随着经济的持续高速发展，汽车进入家庭的步伐不断加快，汽车车内环境污染问题也越来越引起人们的关注。据 2004 年中国科协工程学会联合会汽车专业委员会对汽车车内环境污染情况调查结果显示，高达 93.82% 的新车车内环境达不到国家房屋室内空气标准，其中苯超过标准 14.45 倍、甲苯超过 80.2 倍、二甲苯超过 17.34 倍、甲醛超过 6.56 倍、VOC 超过 17 倍，而这些污染的主要来源于胶黏剂，而且汽车内空间较室内更为狭小，其危害也将更大。目前，车内空气污染问题已引起社会各界与政府有关部门的广泛重视，国家有关法规对车内污染物及VOC 含量作了严格的规定，这些标准的制定与实施，将促进我国水性胶黏剂等环保型产品在汽车上的使用。

在汽车用内饰胶上，各个国家的汽车化工研究人员花费很大的精力进行环保水性胶黏剂的开发，一些国际上著名的化学品公司都推出了自己的环保水性胶黏剂产品，在产品性能上主要解决环保性能、综合性能和干燥性能之间的平衡。目前国内汽车用胶大部分都来自于汽车生产大国，德国的拜耳公司和美国的国民淀粉公司，产品大部分是水性聚氨酯或者是改性水性聚氨酯。国内很多的研究单位和企业都对环保水性胶黏剂进行研究，产品主要是水性氯丁橡胶、水性压敏胶和水性聚氨酯等，但是没有综合性能与国外产品竞争的品种。在水基胶黏剂中，水性聚氨酯胶黏剂与其他水系材料相比，具有强度高、弹性好、耐低温和抗磨性能优良，胶膜物性可调节范围大等优异特点。在一定的特定条件下，水性聚氨酯大分子上所含的羧基、羟基等基团也可参与固化反应，使大分子交联，从而获得优良的粘接效果。由于在结构中具有较多的极性基团，如氨酯键、脲键、离子键以及羧基、羟基等基团，因此对许多合成材料特别是极性材料、多孔性材料如汽车内饰件用 PVC 人造革、聚氨酯软泡沫、纤维布复合材料、塑料壁纸、乳胶海绵、布、丝绒和木材、ABS、聚丙烯纤维板、织物、乙烯基塑料等具有良好的粘接性能，因而在汽车的仪表板、车门与顶棚内衬、座椅以及杂物箱内饰件等部位上得到应用，具有诱人的发展前景。

与溶剂型聚氨酯胶黏剂相比较，水性胶黏剂有自己的特点：水性聚氨酯的黏度不随聚合物的分子量的改变而有明显差异，因此，可以使聚合物高分子量化来提高内聚强度；但是溶剂型的黏度却随聚合物分子量的增加呈指数关系上升，交联时容易产生凝胶。水性聚氨酯容易与其他树脂或颜料混合以改进性能、降低成本，可以采用水性聚氨酯乳液与其他类型的乳液胶如氯丁胶乳、丙烯酸酯类乳液、EVA 乳液、环氧树脂乳液等共混，形成聚合物合金，组成新的高性能、低成本的水基聚氨酯胶黏剂。在相同固含量的情况下，水性聚氨酯的黏度一般比溶剂型聚氨酯的低，当分散的粒径较小时，水性胶黏剂的黏度增大，而溶剂型的黏度随固含量增大而急剧上升。水性聚氨酯容易调配配方，易清理，不燃无毒，但干燥过程比溶剂型慢，耗能较大，初黏性较差。

目前在汽车内饰用水基聚氨酯胶黏剂研制方面，美国、日本和西欧走在前列。我国水基聚氨酯胶黏剂的应用和研究尚处于起步阶段，研究开发工作虽十分活跃，但应用水平不高，生产厂家不多，且品种单一，产品也多为低档产品，在性能方面与 Bayer 等公司还有较大差距，特别是高档水性聚氨酯胶黏剂全部为进口产品，主要来自 Bayer 公司、罗门哈斯公司、日本 DIC 公司等，我国大陆的水系聚氨酯胶黏剂的开发与生产都还处于起步阶段。

15.1.1　按照树脂种类分类

(1) 丙烯酸类汽车内饰胶　水基丙烯酸酯胶黏剂是以水为分散介质，丙烯酸酯为单体经聚合形成的胶黏剂。丙烯酸酯乳液成本低，但黏性比聚氨酯分散体和溶剂型产品小。20 世纪 80 年代初期，日本 Sunstar 化学公司研制成功喷涂混合型双组分水基丙烯酸酯胶-水基顶棚胶"企鹅 1230A"。这种胶黏剂是一种由聚丙烯酸酯乳液为主剂和能对该乳液起快速凝胶作用的有机金属盐水溶液为胶凝剂的双组分水基胶。它喷涂时凝胶迅速，初粘强度高，但两组分配比要求严格，需要专用涂胶设备。目前已在日本的汽车行业得到推广应用。东风汽车公司和北京航空材料研究院于 20 世纪 90 年代初合作开发研制了 SPJ010 双组分水基顶棚胶，其各项性能指标达到日本企鹅 1230A 双组分水基胶的技术水平，并在东风汽车公司的某些车型上获得应用。双组分水基胶在使用中对主剂和胶凝剂的配比有较严格的要求，需要专用涂胶设备，使其应用范围受到一定的限制。因此，众多汽车厂家希望开发应用单组分水基顶棚胶。湖北大学与东风汽车公司工艺研究所共同开展了 WH-906 水基顶棚胶的研制与应用工作。该胶是一种高固含量（66%～68%）的单组分丙烯酸酯共聚乳液。与其他单组分水基胶相比，该胶初黏性明显提高，耐温性、耐湿性更为优越，对 PU 软泡沫及其复合材料与漆涂装钢板等材料粘贴的工艺性能和效果可以满足汽车内饰使用要求。但由于胶液水分挥发受高湿和低温环境影响较大，在此环境下使用，就没有双组分水基胶那么好的初黏效果。经过几年的试用与改进，现发展为 WH-906 系列化产品，该系列化产品主要有 WH-906A、WH-906B、WH-906C 3 种型号，适用于不同情况下的黏结。WH-906A 玻璃化温度较低，常温下具有较好的压敏性，主要适用于被粘接材料都不吸水也不透气，且能在常温条件下粘接的情况。WH-906B 玻璃化温度较高，在 60～90℃下有较好的热熔压敏性，它适用于粘接强度要求较高的情况。WH-906 C 是高频热合胶，可赋予几乎任意材料高频热合性能。上述 3 种型号的产品都已经工业化生产[1]。

（2）聚氨酯类汽车内饰胶 水性聚氨酯胶黏剂是指聚氨酯溶于水或分散于水中而形成的胶黏剂。欧洲最早研究开发聚氨酯水分散液体系，在 20 世纪 70 年代后形成了几种较为成熟的制备方法，如丙酮法、预聚体分散法、熔融分散法等。20 世纪 80 年代有了应用于皮革涂饰、织物整理、涂料的聚氨酯水分散液，直到 90 年代才逐渐在汽车内饰件粘接上应用。聚氨酯水分散体的特点是黏度与分子质量无关、无毒、无污染、不可燃，对多种材料有良好的黏合性。大多数水性聚氨酯是线型热塑性聚氨酯，由于其涂膜没有交联，分子质量较低，因而耐水性、耐溶剂性、胶膜强度等性能还较差，必须对其进行改性，以提高其性能。欧洲水性密封胶发展迅速，市场每年约需水性聚氨酯黏合剂超过 6000t。在汽车内饰用水性聚氨酯黏合剂研制方面，美国、日本和欧洲仍走在前列。日本 Sunstat、Sunnex 公司最新研制的单组分和双组分水性聚氨酯胶黏剂已用于汽车内饰。日本三洋化学工业公司开发了用于汽车内饰的离子型水性聚氨酯黏合剂，具有良好的粘接性和储存稳定性，特别适合于 PVC 基材的粘接。美国 Evode-Tanner 公司开发了 EVO-Tech385 系列水性聚氨酯胶黏剂，所粘接的硬质基材为 ABS、聚丙烯纤维板等，粘接的软质基材包括织物、乙烯基塑料等，具有耐高温、耐水、粘接强度高等性能，用于汽车的仪表板、前车门、后车门和杂物箱等部位。汽车顶篷胶黏剂用于将软质顶棚材料粘贴到车身顶盖上，增添车内美观。此外，汽车防声、阻尼涂料也已水性化并实际应用。

国内水性聚氨酯黏合剂的应用和研究尚处于起步阶段。黎明化工研究院开发了外交联型阳离子水分散液胶黏剂 J-961，可用于 ABS/尼龙、PVC/PE 泡沫、帆布/金属、玻璃钢/PS 泡沫等粘接。晨光研究院、安徽大学、山西化工研究所都相继开展了这方面的研究工作，从产品结构来看，主要是乳液型，水溶性次之，原料多是聚醚型多元醇和 TDI，制备方法一般是自乳化、羧酸型、阴离子体系。但水性黏合剂应用水平不高，生产厂家不多，且品种单一，尚无大量商品上市[2]。

15.1.2 按照溶剂类型分类

(1) 溶剂型胶黏剂 目前，在国内粘贴汽车内饰件大多还是使用易燃、有毒、污染环境的溶剂型胶黏剂，以氯丁胶为主。溶剂型胶黏剂不仅造成资源严重浪费，对施工人员的健康造成很大威胁，而且严重污染环境。另外，使用溶剂型胶黏剂装饰的汽车，在装饰后很长一段时间内，夹在其中的有机溶剂将不断地缓慢释放出来，使司乘人员受到伤害，汽车质量也受到影响。因此，世界各国都在大力研究、生产和推广环保型的水基汽车内饰胶黏剂。

(2) 水基胶黏剂 在汽车工业上，水基聚氨酯胶黏剂正在取代传统的溶剂型黏合剂，开始用于汽车某些部件，如汽车内饰件 PVC 人造革、仪表板、挡泥板、门板、地毯和顶棚上，汽车顶篷有聚氨酯软泡沫或其与 PVC 膜或纤维布复合的材料、塑料壁纸、乳胶海绵、布、丝绒和木材等，水基聚氨酯胶黏剂对这些材料都有较强的黏结性。在汽车内饰用水基聚氨酯黏合剂研制方面，美国、日本和西欧走在前列。日本 Sunstar、Sunnex 公司开发了用于汽车内饰的离子型水基聚氨酯黏合剂，具有良好的粘接性和储存稳定性，特别适合于 PVC 基材的粘接，他们研制的单组分和双组分水基聚氨酯胶黏剂已用于汽车内部装饰上。美国 Evode-Tanner 公司开发了 EVO-Tech385 系列水基聚氨酯胶黏剂，所粘接的硬质基材为 ABS、聚丙烯纤维板等，粘接的软质基材包括织物、乙烯基塑料等，具有耐高温、耐水、粘接强度高等性能，用于汽车的仪表板、前车门、后车门和杂物箱等部位。荷兰 ZenecaResins 公司开发的 NeoRez 系列水基聚氨酯胶黏剂在低活化温度下具有良好初黏性和最终粘接强度，且能耐温（50℃），对 ABS 塑料有较好粘接性。

(3) 水基胶黏剂与溶剂型胶黏剂的主要区别 胶黏剂类型主要有溶剂型、热熔型和水基型等，水基胶黏剂分为水溶型和水分散型，本文提到的水基型胶黏剂是指水分散型胶黏剂。水基胶黏剂并不是简单地用水作分散介质代替溶剂型胶黏剂中的溶剂，两者的差别主要在于：溶剂型胶黏剂是以苯、甲苯等有机溶剂作为分散介质的均相体系，物相是连续的。水基胶黏剂是以水作为分散介质的非均相体系；溶剂型胶黏剂的分子量较低以保持可涂黏性，而水基胶黏剂的黏度与分子量无关，它的黏度不随聚合物分子量的改变有明显差异，可把聚合物的分子量做得较大以提高其内聚强度；在相同的固含量下，水基胶黏剂的黏度一般比溶剂型的低，溶剂型胶黏剂的黏度随固含量的增高而急剧上升；溶剂型胶黏剂的增黏剂主要是酚醛树脂，使黏附力和耐热性都得到提高；水基胶黏剂含表面活性剂、消泡剂和填充剂等；水基胶黏剂易于与其他树脂或颜料混合以改进性能、降低成本；而溶剂型胶黏剂因受到聚合物间的相容性或溶解性的影响，只能与数量有限的其他品种的树脂共混；水基胶黏剂和溶剂型胶黏剂的黏合机理也不相同。水基型胶黏剂按原料来源主要分为水基聚氨酯胶黏剂、水基聚丙烯酸酯胶黏剂、聚醋酸乙烯类乳液胶、氯丁乳胶、水基环氧树脂胶等。其中用作汽车内部装饰的主要是水基聚氨酯胶黏剂和水基聚丙烯酸酯胶黏剂[3]。

15.2　水性聚氨酯汽车内饰胶黏剂的研究

15.2.1　水性聚氨酯胶黏剂研究进展

水性聚氨酯胶黏剂是指聚氨酯分散于水中而形成的胶黏剂，在国外其应用和研究已非常普遍。欧洲最早研究开发了聚氨酯水分散液体系，20 世纪 70 年代后形成了几种较为成熟的制备方法，如丙酮法、预聚体分散法、熔融分散法等。80 年代有了应用于皮革涂饰、织物整理、涂料的聚氨酯水分散液，直到 90 年代才逐渐在汽车内饰件粘接上应用。聚氨酯水分散体的一个重要优点是分散体系的黏度与分子量无关，可制得高固含量的产品。它具有无毒、无污染、不燃的特点，可以把分子量做到尽可能大，足够高的分子量可以使它形成性能优良的黏合膜，对多种材料有良好的粘接性能，缺点是聚氨酯的成本较高。水基胶的固含量可以在用户要求下任意调整，黏度也能随意调节。它可以常温固化也可以加热固化，几乎可以做到VOC 为 0，因此水基胶在汽车上应用增长速度很快。以日本汽车为例，1992 年，水性胶只占汽车内饰用胶的 2％左右，而 1996 年就已达到 12％，目前汽车内饰胶几乎全部实现水性化，可谓突飞猛进。由于新型汽车塑料部件使用量增加及汽车内饰用胶的增加，德国成为水基聚氨酯胶黏剂最大的用户，估计今后水基聚氨酯胶黏剂的年增长保持在 8％～10％。荷兰 ZenecaResins 估计，为满足汽车工业新型塑料零部件胶接的需要，欧洲市场每年约需水基聚氨酯黏合剂 6000 多吨。在汽车工业上，水基聚氨酯胶黏剂正在取代传统的溶剂型黏合剂，开始用于汽车某些部件，如汽车顶篷有聚氨酯软泡沫或其与 PVC 膜或纤维布复合的材料、塑料壁纸、乳胶海绵、布、丝绒和木材等，水基聚氨酯胶黏剂对这些材料都有较强的黏结性。在汽车内饰用水基聚氨酯黏合剂研制方面，美国、日本和西欧走在前列。日本 Sunstar、Sunnex 公司开发了用于汽车内饰的离子型水基聚氨酯黏合剂，具有良好的粘接性和储存稳定性，特别适合于 PVC 基材的粘接，他们研制的单组分和双组分水基聚氨酯胶黏剂已用于汽车内部装饰上。美国 Evode-Tanner 公司开发了 EVO-Tech385系列水基聚氨酯胶黏剂，所粘接的硬质基材为 ABS、聚丙烯纤维板等，粘接的软质基材包括织物、乙烯基塑料等，具有耐高温、耐水、粘接强度高等性能，用于汽车的仪表板、前车门、后车门和杂物箱等部位。荷兰 ZenecaResins 公司开发的 NeoRez 系列水基聚氨酯胶黏剂在低活化温度下具有良好初黏性和最终粘接强度，且能耐温（50℃），对 ABS 塑料有较好粘接性。国内水基聚氨酯黏合剂的应用和研究尚处于起步阶段，聚氨酯水分散液研究开发工作十分活跃，黎明化工研究院开发了外交联型阳离子水分散液胶黏剂 J-961，其 pH 值为 3.7～4.2，固含量 30%～40%，可用于 ABS/尼龙、PVC/PE 泡沫、帆布/金属、玻璃钢/PS 泡沫等材料的粘接。晨光化工研究院、安徽大学、山西化工研究所都相继开展了这方面的研究工作，从产品结构来看，主要是乳液型，水溶性次之，原料多是聚醚型多元醇和TDI，制备方法一般是自乳化、羧酸型、阴离子体系。但水基聚氨酯黏合剂应用水平不高，生产厂家不多，且品种单一，尚无大量商品上市，市场上仍以进口产品为主。

15.2.2　改性水性聚氨酯胶黏剂研究

为了降低水性聚氨酯胶黏剂的成本，或结合两种、两种以上聚合物的性能优点，取长补短，可使聚氨酯乳液与许多其他类型的乳液胶如氯丁胶乳、丙烯酸酯类乳液、EVA 乳液、环氧树脂乳液等共混，组成新的高性能、低成本的水基聚氨酯胶黏剂。水基聚氨酯还可以在制备过程中进行改性，一种常见的方法是以粒径很微细的水基聚氨酯乳液为乳化剂，加入丙烯酸酯、丙烯腈、苯乙烯等不饱和单体及过硫酸盐为引发剂，以聚氨酯微粒为种子进行乳化聚合。有关改性水基聚氨酯胶黏剂的研究，美国、日本、西欧也走在前列。美国已开发了水基聚氨酯-聚丙烯酸酯胶黏剂，其粘接强度和耐溶剂性等性能较优，产品已投放欧美市场。国内关于这方面的研究也有报道。如许戈文等用环氧树脂改性聚氨酯阳离子乳液得到了水基聚氨酯胶黏剂，用于汽车内部装饰常用的聚丙烯绒毛的粘接，聚丙烯为非极性结构，它的粘接一直较困难。

该胶黏剂室温固化后对聚丙烯绒毛黏附力强，耐水性、耐溶剂性、手感优异，已获准在大型客车的内装饰中应用。杨冰等以特制的含羟基聚丙烯酸酯自交联乳液为主体，掺入一定量的多异氰酸酯（MDI 或 PAPI）溶液，经有效的分散、均质处理，制备了一种适合于硬质聚氯乙烯（PVC-U）材料的水基型黏合体系[3]。

应用实例：四元共聚水性聚氨酯汽车内饰胶。

安徽安大华泰新材料有限公司合成出了一种四元共聚水性聚氨酯汽车内饰胶，该发明属于黏结用胶技术领域，是一种用于汽车内饰的粘接用胶的制备方法，该汽车内饰胶同时具有聚氨酯和环氧等其他材料的优点，很大程度提高了水性聚氨酯胶黏剂的综合性能，并且环保特性更好。

这种发明是以聚氨酯、环氧树脂或者丙烯酸树脂与橡胶（如端羟基聚丁二烯橡胶等）通过共聚和自由基聚合，以聚氨酯为主体而合成出的水性环保型四元共聚体系，目的是在聚氨酯分子主链上引入环氧树脂等其他高分子材料，利用这四种材料各自所具有的优点，使得目标产品综合性能大大提高，在生产过程中无三废生成，使用过程中对人体和环境不产生影响，综合性能优异，完全满足水性环保汽车内饰胶的需要。此汽车内饰胶的合成方法如下：在干燥氮气的保护下，将真空脱水后的低聚物多元醇、异氰酸酯、环氧树脂、羟基橡胶一次性加入反应器中，在机械搅拌下于 70～90℃ 进行反应，反应到一定的程度后加入扩链剂、催化剂、溶剂等，在 80～90℃ 反应 2～3h，反应到一定程度后加入带—OH 基团的丙烯酸酯溶剂，在 60℃ 左右反应 2～3h，降温至室温，加入计量好的中和剂，中速搅拌 30s 后加入水高速分散 1min，1h 内逐滴加入乙烯基单体、引发剂，搅拌均匀，80℃ 反应 2～3h 即可得到产品。在产品的合成过程中，主要解决两个焦点问题：第一是复合材料的协同性，第二是产品水溶性的下降而影响到产品的性能。每种材料都有优点，同时也会有缺陷，在分子设计的过程中，是想将四种材料各自的优点表现出来，而尽量弥补缺陷，主要通过加料顺序、反应温度及反应条件选择等尽量将协同性差的分子之间插入相对缓和的中间区域，以此减少其反协同效应。

这种四元水性聚氨酯汽车内饰胶的典型技术指标如下：拉伸强度 10～31.0MPa，伸长率 200%～600%，粘接强度 8～14MPa，黏度大于 800mPa·s，可挥发物小于 35g/L，固含量大于 45%。四元共聚水性聚氨酯汽车内饰胶与氯丁橡胶相比，综合性能要远远胜过氯丁橡胶，剥离强度接近氯丁橡胶的两倍。

15.3　水性聚氨酯汽车内饰胶黏剂的应用

水性聚氨酯汽车内饰胶黏剂的固含量、黏度、软硬程度都可以任意调节。可以常温固化，也可以加热固化。水性聚氨酯汽车内饰胶黏剂主要应用于：底材如 ABS、亚麻模压板、木粉板（带无纺布）、棉毡模压板、PS 板等；表皮材质如 PVC、布、无纺布之间的真空吸塑成型或手工贴合，现已开始用于汽车内饰件中仪表盘、侧边门、地毯和顶棚的复合粘接等。

水性聚氨酯汽车内饰胶黏剂可用刷涂、浸渍、喷涂三种方法对被粘接材料施胶。喷涂方法适合于大面积部件的粘接。将经洁净处理过的被粘接物用以上方法均匀地涂刷 1～2 层胶黏剂，每平方米施胶 100g，胶层不要过厚。涂过胶黏剂后，需搁置 30min 左右，待水挥发后，将被粘物件胶接在一起，一般经放置 4h 后就有较好的粘接强度，然后在 100℃ 下加热 1min 后进行热压粘接。

参 考 文 献

[1] 沈慧芳，陈焕钦. 水基型汽车内饰胶黏剂的研究进展 [J]. 热固型树脂，2006，21 (1)：42-44.
[2] 沈慧芳，陈焕钦. 汽车用聚氨酯胶黏剂的研究进展 [J]. 粘接，2005，26 (1)：35-37.
[3] 环球聚氨酯网. 概述水基型汽车内饰胶黏剂的研究发展 [J]. 聚氨酯，2010，8：66-68.

第16章

水性聚氨酯在新能源材料中的应用

16.1　新能源材料概述

　　能源是国民经济的命脉，是支撑当今人类文明和社会发展的物质基础之一。随着常规能源资源的日益枯竭以及大量利用化石能源带来的一系列环境问题，传统能源工业已经越来越难以满足人类社会的发展要求，开发利用新能源无疑是出路之一，而解决能源危机的关键则是能源材料尤其是新能源材料的突破点。

　　新能源材料是材料领域的一个重要组成部分，是指实现新能源的转化和利用以及发展新能源技术中所要用到的关键材料，它是发展新能源的核心和基础。新能源材料分为新能源技术材料、能量转换与存储材料和节能材料。新能源技术材料是指核能、太阳能、氢能、风能、地热能、海洋潮汐能和生物质能等新能源技术所使用的材料。能量转换与储能材料是各种能量转换与储能装置所使用的材料，包括锂离子电池材料、燃料电池材料、超级电容器材料和热电转换材料等。节能材料是指能够提高能源利用效率的各种新型节能技术所使用的材料，包括超导材料、建筑节能材料等能够提高传统工业能源利用效率的各种新型材料[1]。

　　近年来，研究者们不断尝试将金属、陶瓷、高分子材料以及复合材料等应用在新能源领域，以满足新能源工业发展的需求，当前的研究热点和技术前沿是通过各种物理和化学的方法来改变材料的特性或行为使传统材料变得更有用。2010 年 7 月 20 日，国家能源局组织编制了新兴能源产业发展规划，规划期为 2011～2020 年，将累计增加直接投资 5 万亿元，每年增加产值 1.5 万亿元[2]。水性聚氨酯作为一种特殊的高分子材料在新能源领域应用也受到关注，诸如风能、太阳能、生物质能、地热能等新兴能源的发展将为水性聚氨酯的应用拓宽新的领域。

16.2　水性聚氨酯在风力发电中的应用

16.2.1　风能概述

　　风能是地球表面大量空气流动所产生的动能。风能的主要应用是风力发电和风力提水。全球的风能约为 2.74×10^9 MW，其中可利用的风能为 2×10^7 MW，比地球上可开发利用的水能总量还要大 10 倍。早在公元前 4000 年人类便开始利用风能，中国人首先将风用于海上竹筏，此后在埃及、波斯等国出现了帆船和风磨；中世纪，荷兰与美国出现了用于排灌的水平轴风车。1887 年左右，美国人 Charles F. Brush 建造了第一台风力发电机，随着人类逐渐认识到清洁、可再生能源对减少碳排放的重要性，风力发电行业出现了井喷式的发展。

作为典型的清洁能源，风电不但可以节省大量煤炭、石油等不可再生资源，具有极其重要的经济价值，而且每千瓦时风电可减少 600～700g 二氧化碳的排放，对降低温室气体排放、保证《哥本哈根协议》全球 2℃ 升温控制目标有着极其重要的作用。2009 年，全球风电总装机容量已经达到了 159213MW，据全球风能协会（WWEA）的统计，到 2013 年全球风机总装机容量约为 33000MW，比 2009 年增长 100% 以上，风力发电装备高速增长的时代仍将继续。中国幅员辽阔，海岸线狭长，风能资源及其丰富，根据国家气象中心根据数值模拟方法对我国风能资源进行的评价，在不考虑青藏高原的情况下，我国陆地上离地面 10m 高度层风能资源可开发量为 25.48 亿千瓦，风能功率在 150W/m^2 以上的陆地面积约为 20 万平方公里。近年来风电产业在中国的腾飞吸引了大批国际风机生产商投资建厂，同时也带动了国内风机生产企业的崛起[3,4]。

16.2.2 水性聚氨酯面漆在风力发电装备中的应用

风能发电是一个方兴未艾的行业，其巨大的发展空间必将带动对相关配套产品的需求增长，其中对风电装备保护涂料的需求将使风电涂料成为推动涂料行业发展的一个新的增长点。运营一台风力发电机，若想获得可观的经济效益，其服务寿命至少需要达到 20 年。这意味在各种物理、化学的侵蚀条件下，风机叶片要在这 20 年间，保持健康的运行状态。风力发电机组主要由叶片、传动系统、发电机、储能设备、塔架及电器系统等组成，由于风机所处的地域宽广，会遭遇到各种恶劣环境的影响，如风沙侵蚀、沿海的盐雾腐蚀、温差变化、紫外线辐射老化等，因此需要采取各种保护措施，在其外层施加必要的防护涂料是很必要的[4]。

我国风能资源丰富，伴随着我国风电产业的蓬勃发展，风机叶片用涂料的需求量自然也越来越大。但是，目前所用涂料多为溶剂型体系，施工过程中释放出大量的溶剂，对环境污染严重，对生态健康更为不利，这与风能本身所具有的环保属性极为不符，更与我国"节能减排"和可持续发展战略相悖。而对于环保型风机叶片涂料，虽然目前国内已有部分厂家开始尝试使用，但由于完全依赖进口，存在产品价格高、供货周期长，尤其是对施工中出现的问题反馈慢等问题，使其应用受到了严重的限制，因此，开发并使用环保型风机叶片涂料对我国来说显得尤为重要并势在必行。

16.2.2.1 风机叶片用水性聚氨酯面漆的性能要求

风机叶片的运营环境十分复杂，可能遭受雨雪、冰雹、风沙、紫外线的侵蚀。

尤其在高速运行状态下，叶尖最高时速可达 300km/h，无疑放大了侵蚀作用。而整支叶片中最脆弱的部分要属叶缘，因为在长达 40～60m 甚至 90m 的叶片中，这一部分是胶接粘连起来的。

　　风机叶片用水性聚氨酯面漆的性能要求[5]如下。

　　(1) 风机叶片的运行环境一般来说是风沙大的沙漠地带或者海边，平均每年要运行约 7000h，叶片边缘的运转速度为 70～80km/h，因此接受空气摩擦的量可达一般汽车的 5～10 倍。

　　(2) 温差大。我国国土幅员辽阔，南方和北方气候差异悬殊，夏季和冬季气温变化明显，尤其是在新疆地区，冬季长、寒冷，夏季短、炎热，春、秋两季气候多变，大部分地区春夏和秋冬之交日温差大，部分地区温差最高可达 70～80℃，因此对涂膜的弹性伸长率、附着力和基本的物理机械性能要求较高。

　　(3) 日照时间长。我国的新疆地区，由于地理纬度较高，日照时间长，尤其是在夏季，因此对耐候性的要求更高。

　　(4) 风沙大。我国是一个多风沙的国家，尤其是在新疆、内蒙古等西北部地区环境更为恶劣，这对涂膜的耐风沙侵蚀性提出了更高的要求。

　　(5) 耐酸碱性。考虑到我国的实际大气环境和有些地区由于环境污染而导致的酸雨问题，以及在海边的盐雾环境，需考虑涂膜的耐酸、碱、盐等介质性能以及耐盐雾性能。

16.2.2.2　风机叶片用水性聚氨酯面漆的设计思路

　　为使风机叶片用水性聚氨酯面漆涂膜满足前面所述的性能要求，涂料的设计主要从以下几方面考虑[5]，其中树脂的选用和搭配最为关键。

　　水性双组分聚氨酯涂料中目前使用较多的羟基组分主要是分散体型多元醇。分散体型多元醇又可细分为聚酯分散体、丙烯酸酯分散体、聚氨酯分散体和杂合分散体等。考虑到风机叶片使用环境的恶劣和对耐候性极高的要求，以及原料的通用性、价格等因素，风机叶片用水性聚氨酯面漆设计中选用纯丙类的羟基丙烯酸分散体。树脂的羟值对涂膜性能影响很大，羟值过高，交联密度过大，涂膜呈现刚性材料的特征；羟值过低，交联密度过小，涂膜的强度和耐沙蚀性等性能就会较低，影响综合性能。因此，羟值需适中，这样一方面能保证最终涂膜具有一定程度的交联密度，另一方面也起到了调整涂膜弹性的作用。

　　水性聚氨酯涂膜能否具有预期的弹性，一方面和羟基组分的选择有关，另一方面也与异氰酸酯组分关系密切。由于羟基组分选择的是羟基丙烯酸分散体，因此涂膜的弹性主要是通过对异氰酸酯组分的调整来赋予。考虑到风机叶片所处环境的特殊性，选用聚醚改性的 HDI 三聚体作为主固化剂，同时，在固化剂体系中并用一部分聚酯改性 HDI 三聚体，使得制备出的涂膜具有一定的弹性，但由于该固化剂不具有亲水的特性，因此，其用量不可过多。

　　此外，颜料选用耐候性钛白粉和沉淀硫酸钡。助溶剂选用丙二醇甲醚醋酸酯，突出其环保属性。各种助剂的搭配也很重要。消泡剂、润湿分散剂、流变助剂及各种表面助剂对改善涂膜的表面状态、增加滑爽性和抗风沙侵蚀性及耐候性均有一定的辅助作用。

16.2.2.3 风机叶片用水性聚氨酯面漆产品性能

中远关西的风机叶片用水性聚氨酯面漆是从日本关西直接引进，并针对我国的实际情况进行改进后的产品。风机叶片用水性聚氨酯面漆及其配套涂膜的性能指标是依据日本关西水性聚氨酯面漆的相关指标，见表 16-1，并参照目前国际上主流风机叶片产品的性能数据以及我国所处的实际地理和自然环境而设定的[5]。

表 16-1 中远关西风机面漆产品性能

测试项目		性　能
涂膜外观		OK
附着力	划格法/级	1
	拉拔法/MPa	6.0
耐冲击性/cm		50
耐曲挠性/mm		2
铅笔硬度		B
伸长率(25℃)/%		66
耐磨性(1000g,500r)/mg		20.6
耐候性	氙灯老化/h	1500,1 级
	QUV/h	1000,1 级

该面漆采用丙烯酸分散体作为羟基组分，以聚醚亲水改性 HDI 三聚体中并用部分聚酯改性 HDI 三聚体作为固化剂组分，制备出的水性聚氨酯面漆具有高弹性、高耐磨性和高耐候性。水性聚氨酯面漆作为一种新兴的环保涂料，通过合理的原料筛选和配方设计，可以制备出具有高弹性、高耐磨性和高耐候性等特点的涂膜，各项性能检测数据表明该涂料可以满足风机叶片用涂料的性能要求，可作为一种环保型产品推广使用，并在风机叶片涂料未来的发展中占据一席之地。

16.3　水性聚氨酯在锂离子电池中的应用

16.3.1　锂离子电池概述

化学电源作为一种有效的能量转换和能量存储设备，自发明以来一直备受关注。其中，锂离子电池因其工作电压高、能量密度大、比能量高、比功率大、放电平稳、无记忆效应等特点广泛应用于各种电子设备之中，在移动通信、笔记本电脑、数字处理机等便携式电子产品以及电动汽车的发展和研究中，都起着不可替代的作用，甚至对航空航天、军事等领域也有所渗透，其未来的市场前景十分广阔，被视为21世纪发展的理想能源。

锂离子电池主要依靠锂离子在正极和负极之间移动来工作。在充放电过程中，Li^+在两个电极之间往返嵌入和脱嵌。充电时，Li^+从正极脱嵌，经过电解质嵌入负极，负极处于富锂状态，放电时则相反。锂离子电池材料主要有正极材料、负极材料、电解质、隔膜以及辅助材料。辅助材料包括导电剂、黏结剂、分散剂等[6,7]，如何将水性聚氨酯用在这些材料的制备中是未来面临的新机遇和挑战。

16.3.2 水性聚氨酯在锂离子电池聚合物电解质中的应用

聚合物电解质是指相对分子质量大的聚合物本体（包括共混）与盐混合并添加无机填料所构成的体系，具有高离子传导性，它是近年来迅速发展起来的一种新型固体电解质材料。在锂离子电池中，聚合物电解质与传统的液体电解质相比，具有质轻、成膜性、黏弹性、稳定性好等优点，克服了电池工作中的漏液和体积变化问题。同时可以充当电池的隔膜，将电池的正极与负极分割开来，形状上可做到薄型化（最薄0.5mm）、任意面积化和任意形状化，大大提高了电池造型设计的灵活性，符合便携式电子产品向小型化、轻量化和薄型化的发展方向[8]。聚合物电解质在电池等化学器件制备方面的巨大应用潜力正吸引着研究者的广泛兴趣。

锂离子电池聚合物电解质需同时满足以下几个基本要求[9,10]：室温电导率大于10^{-3}S/cm数量级；化学、热力学和电化学稳定性好；锂离子迁移数t^+应该接近于1；良好的机械加工性能。目前研究比较成熟的聚合物锂离子电池电解质体系有：聚乙烯氧化物（PEO）、聚丙烯腈（PAN）、聚甲基丙烯酸甲酯（PMMA）、聚偏二氟乙烯（PVDF）、聚氨酯（PU）等。

聚氨酯具有典型的两相结构，其聚醚作为软段可与碱金属盐发生溶剂化作用，促进带电离子的传输，保证固体电解质具有一定的导电性；由氨基甲酸酯等极性基团形成的分子硬段，可以产生物理交联点，使其具有良好的力学性能和成膜性。因此，选用聚氨酯作为基体，可兼顾聚合物固体电解质的电学性能和力学性能，可以期望通过一定的分子设计得到具有优良力学性能和离子导电性能的新型聚氨酯聚合物电解质。

16.3.2.1 聚乙二醇基聚氨酯凝胶聚合物电解质

自20世纪70年代人们首次发现聚环氧乙烷（PEO）与碱金属盐混合具有离子电导性以来，很多研究者都研究设计新型聚合物固体电解质材料，希望能够找到一种具有很好电子传导性能、力学性能、热稳定性的高分子材料，从而可以在高科技中得到应用[11]。在人们发现的众多聚合物电解质材料中，聚醚基的电解质具有最好的性能，例如可以很好地黏附在电极上，可以溶解很多无机盐从而形成均一的溶液。其中，碱金属盐在聚醚聚合物中的溶解研究报道的最活跃，这类材料的分散行为被认为是在主体聚合物的醚氧和碱金属的阳离子之间形成了交联，离子的传输是靠阳离子和聚合物上链段的部分运动的耦合实现的，阴离子通常不易被溶剂化[12,13]。要使导电聚合物在周围环境下可以使用，例如做固体电池、燃料电池等，一方面要获得高的电导率，另一方面聚合物通常还需要很好的弹性，在它们使用的温度范围内具有类似橡胶的性能。离子导电聚合物，例如 PEO-LiX 的复合材料，离子的传导被认为是发生在聚合物的无定形区。但是，PEO-LiX 很容易在使用温度下结晶，很多研究都在努力试图通过改变分子结构来增加无定形相的比例[14]。聚乙二醇基聚醚聚氨酯聚合物电解质材料通过将聚乙二醇和异氰酸酯直接进行反应得到聚氨酯，有较好的机械强度、热稳定性和离子电导率，其中与异氰酸酯反应合成聚氨酯就是一种很有效的方式[15]。

(1) 线型聚乙二醇基聚氨酯凝胶聚合物电解质的制备 将 100g PEG1000、81.33g H_{12}MDI 于 85℃反应 6h，加入 700g DMF，再缓慢加入 12.6g 乙二胺扩链，1h 后加入甲醇封端，即得聚乙二醇基聚氨酯。此聚氨酯与溶有分子量为 $4×10^5$ PEO 的 DMF 溶液混合，将混合液涂覆在玻璃片上干燥成膜，控制干膜膜厚为 190μm，再将此膜浸在 1mol/L 的 $LiClO_4$-PC 溶液中 10min，取出即为凝胶电解质材料。此电解质膜室温下离子电导率为 $6.4×10^{-4}$ S/cm。以此材料制备的电池在 2~4.5V 工作电压范围具有良好的电化学稳定性。合成工艺路线如图 16-1 所示[16]。

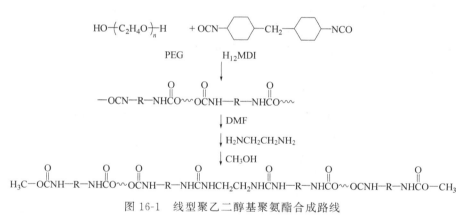

图 16-1　线型聚乙二醇基聚氨酯合成路线

(2) 交联型聚乙二醇基聚氨酯凝胶聚合物电解质的制备 为进一步提高聚合物电解质的力学性能，可以采用交联的方法制备网状聚乙二醇基聚氨酯聚合物电解质，这种电解质的制备路线如图 16-2 所示[17]。由日本聚氨酯公司（NPU）生产的 CORONATE 系列异氰酸酯封端甘油型聚醚与甘油型聚醚多元醇反应，得到交联型聚乙二醇基聚醚聚氨酯聚合物，将此聚合物浸入 $LiClO_4$ 或 $LiPF_6$ 碳酸丙烯酯溶液中，制得聚合物电解质材料。这种材料有很好的力学性能，膜透明且具有很好的柔韧性，60℃时离子电导率可达到 $1.51×10^{-3}$ S/cm。

(3) 丙烯酸改性聚乙二醇基聚氨酯聚合物电解质 交联对提高聚合物电解质的力学性能显然是有效的，但仅仅靠添加交联剂的方式材料的交联度还不够大，要提

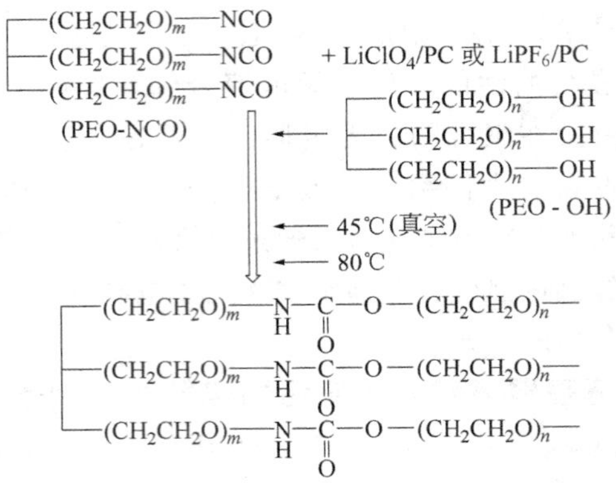

图 16-2　交联型聚乙二醇基聚氨酯的制备路线

高交联密度，可在聚氨酯中引入丙烯酸双键结构，并通过紫外线固化引发双键自由基聚合，制备丙烯酸改性的聚乙二醇基聚氨酯电解质，材料的分子量和交联度得到进一步提高。这一类型的电解质制备方法如图 16-3 所示[18]，合成分两步进行，由 MDI 和 PEG1000 在 60℃下反应 2h，再加入甲基丙烯酸羟丙酯于 45℃反应 3h 封端得到预聚体，将预聚体与丙烯酸单体如 MMA、BA、TPGDA 等在紫外线下聚合，得到交联型 PUA。这种交联型的聚合物电解质 25℃时离子电导率可达到 $1.01 \times 10^{-4}\,\mathrm{S/cm}$，并与锂离子电池电极具有很好的相容性，在 4.8V 的工作电压下电化学性能也非常稳定。

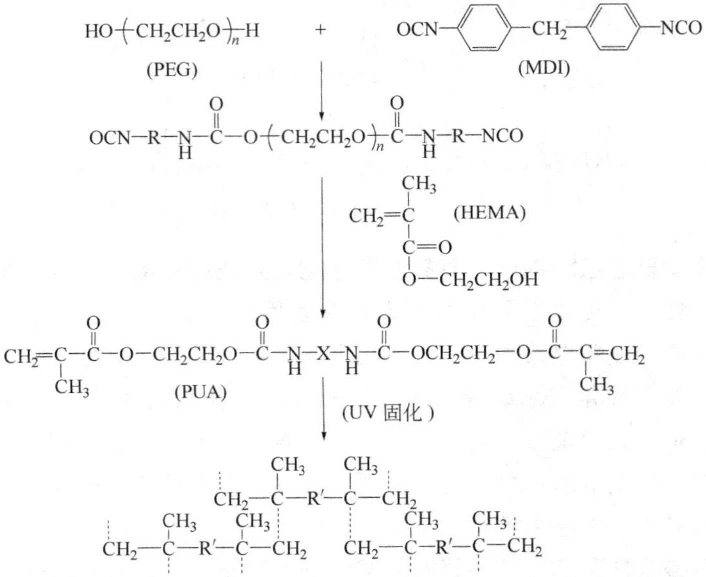

图 16-3　丙烯酸改性聚乙二醇基聚氨酯电解质

16.3.2.2　阳离子水性聚氨酯固态聚合物电解质

阳离子水性聚氨酯合成路线如图 16-4 所示[19]，合成分两步进行，首先由 MDI 和 N-甲基二乙醇胺反应得到预聚物，再用分子量为 600 的聚乙二醇扩链，最后用溴代烷烃中和，即得阳离子型水性聚氨酯。若用不同分子链长度 C_2H_5Br、$C_8H_{17}Br$、$C_{14}H_{29}Br$ 作为中和剂，便可得到不同侧链长度的类似梳形聚合物的结构。

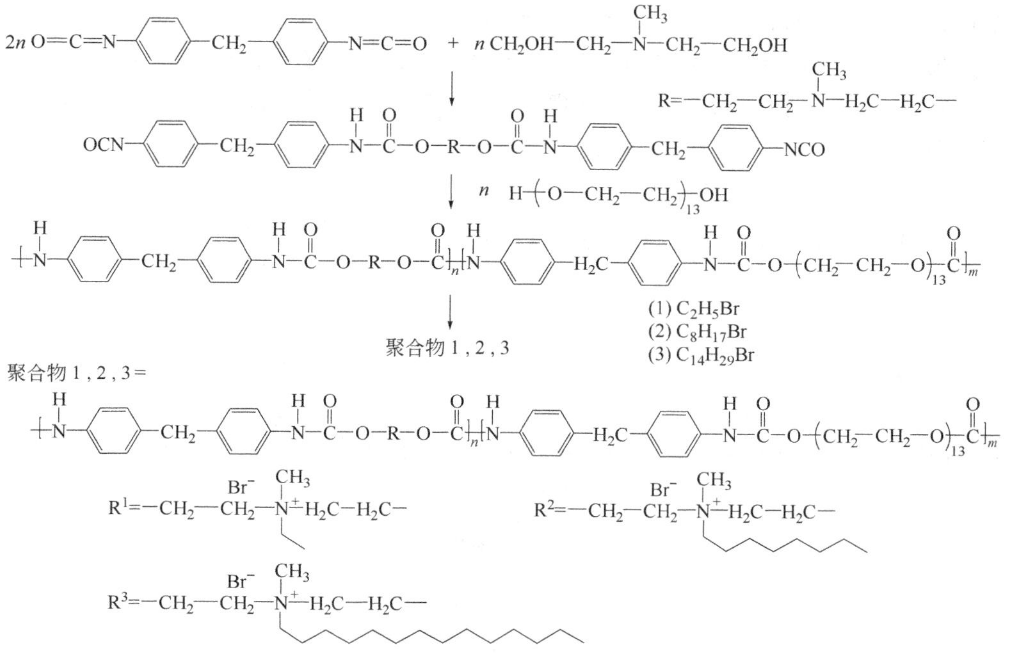

图 16-4　阳离子水性聚氨酯合成路线

将此阳离子聚氨酯与溶有 $LiClO_4$ 的 DMF 溶液 60℃混合搅拌 24h 后，80℃真空干燥 12h 制得固态聚合物电解质。这类阳离子水性聚氨酯固态电解质具有较好的热稳定性能，导电性能符合 Arrhenius 方程。研究表明，用 $C_8H_{17}Br$、$C_{14}H_{29}Br$ 作为中和剂得到的电解质离子电导率比 C_2H_5Br 要高，用 $C_8H_{17}Br$ 作为中和剂电导率在室温下可达 $1.1\times10^{-4}S/cm$。

16.3.2.3　阴离子型水性聚氨酯聚合物电解质

阴离子水性聚氨酯由于体系中带有离子，但主链侧基—COO^- 上的离子数目不可能很多，相对于体积较大 $[HN(C_2H_5)^3]^+$ 离子来说，K^+、Li^+ 等离子体积很小，其在水相中移动速度很快。故在胶粒表面带电荷相同时（即 COOH 的质量分数相同时），PU-KOH 体系和 PU-LiOH 的电导率比 PU-TEA 体系电导率高得多（3～4 倍），因此，制备水性聚氨酯导电材料一般都会选用 KOH 或 LiOH 作为成盐剂。

水性聚氨酯由于以水为溶剂，干燥成膜后水挥发得到薄膜，由 PEG 构成的软段和由氨基甲酸酯键构成的硬段赋予使聚氨酯能成为良好的导电载体和凝胶电解质。一种特制的水性聚氨酯合成方法如图 16-5 所示，由 PEG、IPDI、DMPA 合成预聚体，含磺酸锂的乙二胺扩链剂进行后扩链，再用 LiOH 中和 DMPA 进一步提高 Li 的含量，合成的水性聚氨酯乳液与 LiCF₃SO₃-PC 组合制成电解质膜，25℃时离子电导率可达 4.68×10^{-4} S/cm[20]。若将 LiClO₄ 或 LiCF₃SO₃ 等锂盐溶解在溶剂中，将浇铸的 WPU 薄膜在含有锂盐的溶液中浸渍适当时间，这样就制得了锂盐掺杂聚合物膜，可进一步提高电导率。例如将水性聚氨酯膜浸渍在 LiCF₃SO₃-PC 中，得到了聚合物电解质，研究发现，当 LiCF₃SO₃-PC 加入量为 70%，温度为 25℃时，掺杂后电解质的电导率达到 10^{-3} S/cm[21]。

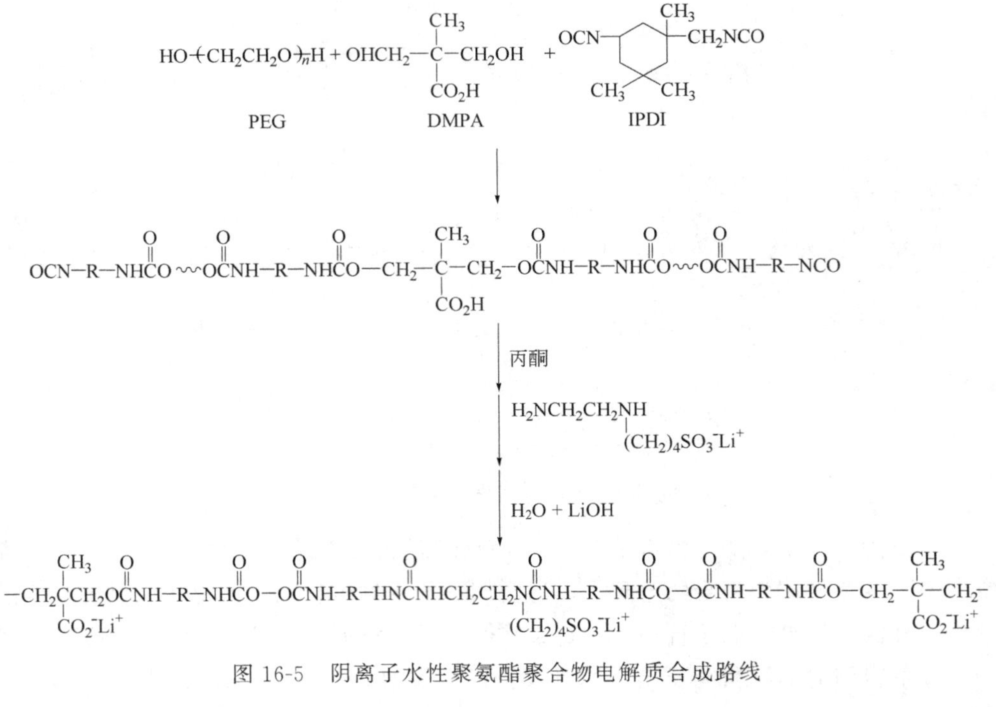

图 16-5　阴离子水性聚氨酯聚合物电解质合成路线

16.3.2.4　单离子型聚氨酯固态聚合物电解质

自 Armand 等提出聚醚和碱金属盐形成的一系列复合物可以作为固体电池的电解质材料的设想以来，聚合物固体电解质的研究取得了很大的进展。但是，在聚醚-碱金属盐络合物内阴、阳两种离子同时可动，在电场作用下，将产生与外电场作用相反的极化电势，给实际应用带来危害。解决这个问题的有效措施是设计单离子型聚合物固体电解质，在单离子型聚合物固体电解质中，阴离子通过共价键固定在主链上，由于聚合物主链庞大的体积、质量和分子链之间的相互缠结，抑制了阴离子的运动。

以聚二氧五环（PDXL）、MDI、1,4-丁二醇合成聚氨酯预聚体，再在 0～5℃温度范围内，把计量的氢化钠加入到此预聚体的 N,N-二甲基乙酰胺溶液中，搅拌反应 1h 后，加入计量的 γ-丙磺酸内酯，逐渐升温到 50℃，反应 2h 后，减压蒸去部分溶剂后在甲苯中沉淀，用甲醇洗涤，浸泡除去未反应的氢化钠和 γ-丙磺酸内酯，在 60℃下真空干燥，用溶液法制成薄膜即得单离子型聚氨酯固体电解质。过程如图 16-6 所示[22]。

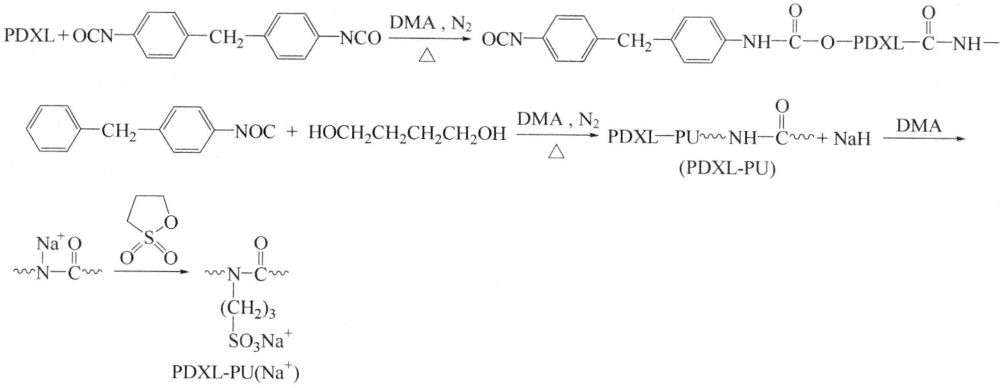

图 16-6 单离子型聚氨酯固体电解质的合成路线

16.3.2.5 水性聚氨酯-聚二甲基硅氧烷共混聚合物电解质

聚合物共混是提高固态聚合物电解质的电化学和力学性能最方便的方法之一。在聚合物中加入低分子聚合物和液态有机溶剂，可以与高聚物分子链之间相互作用，阻碍聚合物链段的规整排列和抑制其结晶的生成，从而达到提高聚合物电导率的目的。研究表明，聚二甲基硅氧烷的加入可以有效改善聚合物电解质体系的热稳定性，体系的热分解温度有较大幅度提高，具有较好的电化学稳定性能[23]。

(1) 水性聚氨酯-聚二甲基硅氧烷共混聚合物制备方法　向 250mL 四口烧瓶中加入摩尔比为 1∶1 的 PEO 和 DMPA，升温至 75℃后，加入定量 IPDI（控制摩尔比 $n_{(NCO)}$∶$n_{(OH)}$＝1.5∶1）及适量催化剂；通 N_2 于 95℃反应 4h，利用二正丁胺法测定使 NCO 含量达到理论值。将温度冷却至 55℃，加入丙酮稀释，以 LiOH 中和羧酸（摩尔比 $n_{(H^+)}$∶$n_{(OH^-)}$＝1∶1），并加入乙二胺扩链，随即在高速搅拌下加水分散。扩链 2h 后，再于 55℃相转化温度蒸馏出丙酮，即得到固含量为 30% 左右的 WPU 水分散液。向散液中加入占 WPU 不同质量分数的聚二甲基硅氧烷（PDMS，羟基封端，M_w＝5000），得到 WPU-PDMS 聚合物共混体系。

(2) 固态聚合物电解质膜的制备方法　将占聚合物不同质量分数的 LiClO₄ 直接溶于聚合物分散液中，充分搅拌后，将溶液倒入聚四氟乙烯模具中，于 55℃真空干燥 72h，即得到 WPU-PDMS/LiClO₄ 共混体系聚合物电解质膜。

（3）凝胶聚合物电解质膜的制备方法　将聚合物乳液倒入聚四氟乙烯模具中，于 55℃真空干燥 72h 成膜。将所得膜片浸入 1mol/L LiClO$_4$（碳酸丙烯酯）溶液中 12h，即得到 WPU-PDMS 凝胶聚合物电解质膜。

（4）WPU-PDMS 聚合物电解质性能　对于固态聚合物电解质，适量加入 PDMS 可有效提高聚合物电解质体系的电导率。电导率随温度的升高而增大，这是因为温度升高，聚合物链段的运动增强，体系的自由体积增大，离子的迁移速率加快，从而使体系的电导率升高。盐浓度的高低对电解质的电导率有很大的影响，在离聚物中增加盐的浓度，可以增加载流子数目从而提高电导率；但当盐的浓度到达某一值时会形成离子对和离子集聚体，此时再增加盐的浓度并不能增加有效载流子的浓度；并且，随着盐浓度增加，T_g 值也会线性增大，从而阻碍链段运动使离子迁移变得困难。由于以上因素制约，聚合物电解质通常存在最佳盐浓度值，此时离聚物具有最高的电导率。本实验体系中，LiClO$_4$ 质量分数为 15% 时对应于最佳盐浓度，其电导率在 30℃ 为 3.82×10^{-6} S/cm，80℃ 达到 1.9×10^{-4} S/cm，因此适当范围内增加锂盐浓度可有效提高离子电导率。

对于凝胶聚合物电解质，将以上制备的聚合物薄膜浸泡在 1mol/L 的 LiClO$_4$（PC）溶液中 12h 后可得到的吸液率为 119% 的凝胶聚合物电解质膜，其电导率随着温度的升高而增大，电导率与温度的关系符合 Arrhenius 方程。室温 30℃ 时电导率为 1.01×10^{-3} S/cm，80℃ 电导率为 5.17×10^{-3} S/cm。

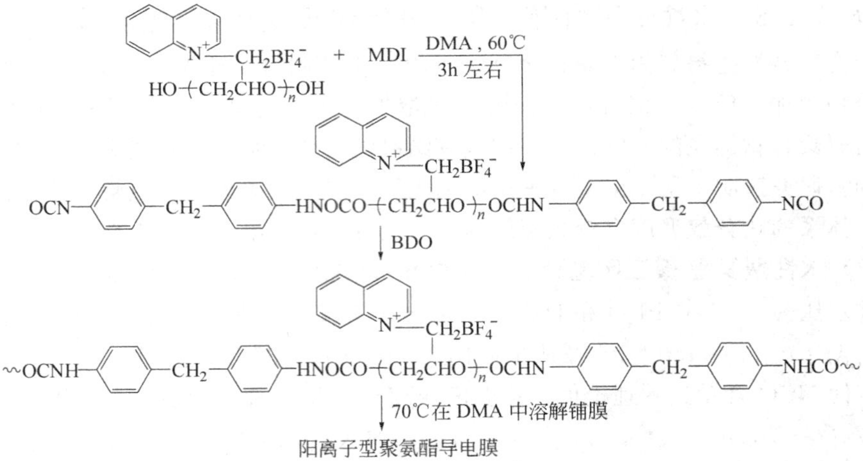

图 16-7　高分子离子液体聚醚聚氨酯合成工艺（1）

16.3.2.6　高分子离子液体聚醚聚氨酯电解质

在聚氨酯链段上引入离子液体结构，可以兼顾聚合物固体电解质的电学性能和力学性能，可以通过分子设计得到具有优良力学性能和离子导电性能的新型聚氨酯聚合物电解质。图 16-7～图 16-9 分别是三种不同类型端羟基聚醚离子液体化合物

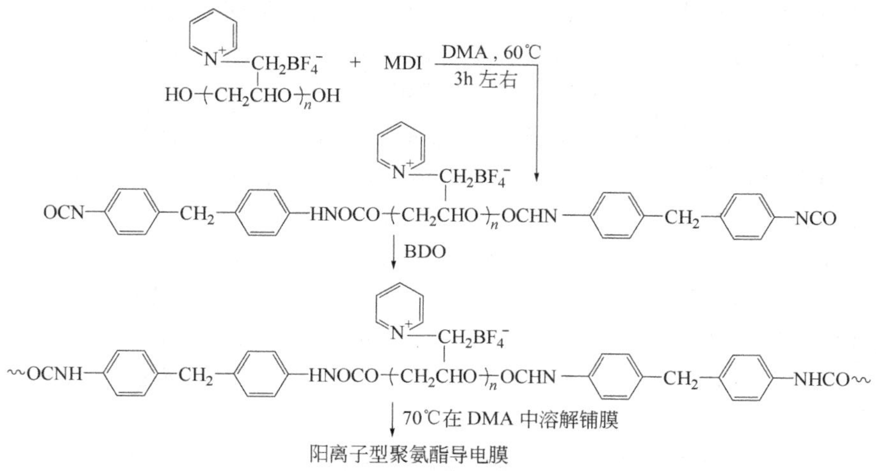

图 16-8　高分子离子液体聚醚聚氨酯合成工艺（2）

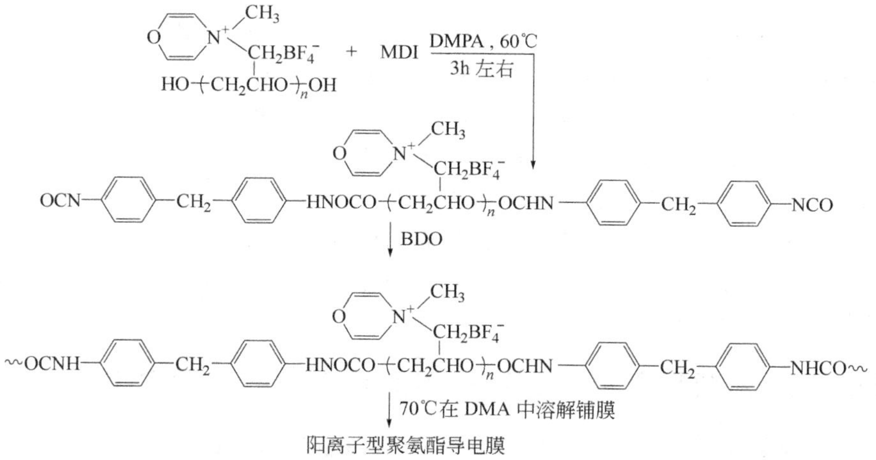

图 16-9　高分子离子液体聚醚聚氨酯合成工艺（3）

与 MDI 反应，生成 NCO 封端的三种新型阳离子聚氨酯聚合物电解质的合成路线。将制得的聚氨酯离子液体电解质溶解于 N,N-二甲基甲酰胺后，倒入聚四氟乙烯膜上，在 60℃烘箱内成膜，然后在 70℃、0.09MPa 的真空烘箱中干燥至恒重，可制出半透明的聚合物电解质膜，具有良好的韧性[24]。

16.3.2.7　增塑剂对聚氨酯固体电解质性能的影响

对聚氨酯固体电解质而言，在聚合物链段上的极性基团可以参与同碱金属阳离子的络合，起到离子传输推动源的作用，为提高聚合物固体电解质的离子导电性能，从外界引入含有这类极性基团的小分子增塑剂，一方面可以提高固体电解质体系中离子推动源的数量和密度，另一方面也会使聚合物分子链段容易运动，从而提高聚合物链段上极性基团与碱金属络合的活性，最终导致体系的离子导电性能有所增加。锂离子电池常用的有机溶剂有乙烯碳酸酯（EC）和丙烯碳酸酯（PC），二乙基碳酸酯（DEC）等，这些都可以作为增塑剂提高电导率。

一般认为，与 PC 相比，EC 具有更优越的性能作为锂离子电池电解质溶剂，因为 EC 具有更低的介电常数和黏度。而且，采用复合溶剂往往比采用单一溶剂要好得多。例如以聚四氢呋喃（PTMG）合成水性聚氨酯[25]，再与聚氧化乙烯（PEO）水乳液共混并成膜，得到具有良好离子电导率和力学性能的 WPU（PTMG）/PEO 复合膜，将此膜浸入 LiClO$_4$-PC、LiClO$_4$-EC、LiClO$_4$-DEC 的混合溶液中，研究了在不同体系和温度下的导电能力，研究发现，使用三重复合溶剂：PC=30%，EC=50%，DEC=20% 效果最好，其最大电导率为 1.46×10^{-3} S/cm。

以 PEG1000、MDI、1,4-丁二醇合成的聚醚聚氨酯[26]，含有酯基的碳酸丙烯酯和碳酸二乙酯、含有醚氧基的聚乙二醇 400 和二乙二醇二甲醚、含有酰胺基团的 N,N-二甲基甲酰胺和含有羟基的丙三醇（甘油）均可作为增塑剂，但增塑效果各有差异。研究表明，碳酸二乙酯和二乙二醇二甲醚的增塑效果较差，而以 N,N-二甲基甲酰胺、丙三醇、碳酸丙烯酯、PEG400 作增塑剂的 PU 电解质体系的 T_g 则显著降低，其中 PEG400 与聚氨酯相容性最好，增塑效果最显著，电解质 T_g 最低，离子电导率最高。随体系中 PEG400 含量的增加，电解质的 T_g 向低温方向移动，而离子电导率明显升高。增塑剂的引入对聚氨酯固体电解质的微观形貌也有很大影响。含 PEG400 的聚氨酯电解质样品表面形貌比较松散，出现较大起伏，随着体系中 PEG400 含量增加，在离子导电过程中起重要作用的软、硬段界面区域比例显著增加，离子导电性能明显改善。

16.3.3　水性聚氨酯在锂离子电池电极材料中的应用

黏结剂是锂电池正负极的重要组成部分。在电极中，黏结剂是用来将电极活性物质黏附在集流体上的高分子化合物。它的主要作用是黏结和保持活性物质，增强电极活性材料与导电剂以及活性材料与集流体之间的电子接触，更好地稳定极片的结构，对于在充放电过程中体积会膨胀-收缩的锂离子电池正负极来说，要求黏结剂对此能够起到一定的缓冲作用，因此选择一种合适的黏结剂非常重要。

采用水性黏结剂制备锂离子电池电极片的过程中，以水作为分散剂，对环境友好，且价格便宜，若广泛应用于生产中，能够起到节能减排作用，从而实现绿色无污染的生产过程。因此，水性电极制备工艺在锂离子电池领域具有广阔的应用前景，将成为锂离子电池电极片制备的重要发展方向之一。选择一种合适的锂电池黏结剂，要求其欧姆电阻要小，在电解液中性能稳定，不膨胀、不松散、不脱粉。一般而言，黏结剂的性能，如黏结力、柔韧性、耐碱性、亲水性等，直接影响着电池的性能。加入最佳量的黏结剂，可以获得较大的容量、较长的循环寿命和较低的内阻，这对提高电池的循环性能、快速充放能力以及降低电池的内压等具有促进作用[27]。

水性聚氨酯黏结剂环保安全，具有软硬度可调节、耐低温、柔韧性好、粘接强度大等优点，能粘接金属、非金属等多种材料，在锂离子电池制备中亦可作为一种优异的电极黏结材料发挥其优势。但要特别注意的是，由于一般的锂电池的工作电压远高于水的分解电压，因此锂电池常采用有机溶剂乙烯碳酸酯、丙烯碳酸酯、二乙基碳酸酯等作为电解质溶液，这一类有机电解质是聚氨酯的良溶剂，会将聚氨酯溶解，导致电极活性材料脱落，破坏电池性能，水性聚氨酯在锂离子电池中的应用还要作深入研究和探讨。

将 MDI、聚四氢呋喃二元醇（PTMEG）、聚乙二醇（PEG）按摩尔比 4∶1∶1 投料，80℃反应 2h，再加入 1,4-丁二醇扩链 5h，即得亲水聚氨酯黏结剂，将此黏结剂用于电池制备，正极材料和负极材料制备配方见表 16-2 和表 16-3[28]，将制备得到的电极材料和溶有 $LiPF_6$ 的碳酸乙烯酯和碳酸丙烯酯电解质以及聚氨酯隔膜组装便得到锂离子电池。

表 16-2 锂离子电池正极材料制备配方

$LiFePO_4$/%	炭黑/%	聚氨酯黏结剂/%
80	10	10

表 16-3 锂离子电池负极材料制备配方

$Li_4Ti_5O_{12}$/%	炭黑/%	聚氨酯黏结剂/%
74.4	15.6	10

测试结果显示，该电池具有较好的容量和循环性能，尤其是具有很好的耐折性，即使经过 5500 次折叠后，电池仍然保留 91.8% 的原始容量。电池具备这样的性能是由于聚氨酯两相分离结构（如图 16-10 所示）赋予材料很好的力学性能，硬段中氨基甲酸酯提供的氢键以及软段结构中 PEG 和 PTMEG 偶极-偶极相互作用强化了黏结剂自身以及黏结剂和电池活性材料之间的黏结力。另外，氨基甲酸酯基和 PEG、PTMEG 中醚氧键还能对 $LiFePO_4$ 和 $Li_4Ti_5O_{12}$ 活性材料起到很好的润湿效果。由于聚氨酯优异的力学性能和弹性，用此黏结剂制备锂离子电池具有很好的耐折性能，可以用在可柔性电池材料上。

16.3.4 水性聚氨酯在锂空气电池中的应用

近几十年来，以金属锂为基础的电池主导了高性能电池的发展，金属锂的电化学容量虽然高达 3860mA·h/g，但大部分锂离子电池正极材料的电化学容量只有 200mA·h/g 左右，原因在于其正极材料的制约。与锂离子电池不同，锂空气电池以金属锂为负极，空气中的氧气作正极，理论比能量达到 13000W·h/kg，与汽油

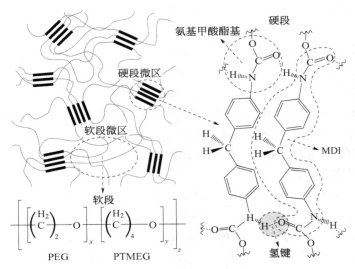

图 16-10　MDI-PEG-PTMEG 聚氨酯胶黏剂的软硬段两相分离结构

相当，成为近年来的研究热点[29]。国际上关于锂空气电池的报道不断涌现，美国、日本、英国、德国和韩国等正在大力研究锂空气电池。然而，无论是用于电动汽车还是电网储能，锂空气电池都需要经历很长的研发过程。

锂空气电池的构造可归结为惰性有机电解质体系、水性电解质体系、混合体系和固态电解质的全固态电池[30]。无论哪种类型，锂空气电池中的正负极材料、电解质、氧化还原催化剂和防水透氧膜等，以及电极反应机理、电池的构造等方面，还存在许多发展空间，随着时间的推移，研究者对锂空气电池的研究也更深更细，也为水性聚氨酯提供了新的用武之地，将水性聚氨酯用于锂空气电池正极材料的黏结剂已有报道。

一种典型的锂空气电池制备配方如表 16-4 所示[31]，阳离子水性聚氨酯可作为电池正极材料的黏结剂，之所以选择阳离子水性聚氨酯，是由于制备材料中的聚苯胺溶液是阳离子体系。电池的制备方法是将 7.9mg 的水溶性聚苯胺纳米纤维、1.5mg 导电炭黑、1mg 阳离子水性聚氨酯黏结剂以及 0.2g 去离子水在室温下混合均匀，然后将此混合物涂覆在镍片上于 55℃真空干燥 72h，即得锂空气电池的正极材料。

表 16-4　锂空气电池正极材料配方

原料	水溶性聚苯胺/mg	导电炭黑/mg	阳离子水性聚氨酯/mg	去离子水/mg
份量	7.5	1.5	1	200

将此正极材料与锂膜负极材料、1mol/L LiBF$_4$（溶液为碳酸丙烯酯）电解质溶液组装成 2032 型电池，该电池比容量达到 2320mA·h/g，循环 27 次后容量仅

损失 4%，循环性能得到明显改善，具有很好的应用前景。

参 考 文 献

[1] 王革华. 新能源概论 [M]. 北京：化学工业出版社，2006.

[2] 童忠良，张淑谦，杨京京. 新能源材料与应用 [M]. 北京：化学工业出版社，2008.

[3] 刘国杰，樊森. 涂料在新能源产业中应用前景探讨 [J]. 中国涂料，2010，25（8）：4-9.

[4] 中国化工学会涂料涂装专业委员会海洋石油工业防腐分会. 风电保护涂料市场发展现状 [J]. 涂料技术与文摘，2010，（3）：3-9.

[5] 康文镖，张洪顺，王新征. 风机叶片用水性聚氨酯面漆的设计及性能 [J]. 2009，（12）：15-22.

[6] 王运灿，罗琳，刘钰，等. 锂离子电池聚合物正极材料研究进展 [J]. 化工进展，2013，32（1）：134-139.

[7] 谌伟民. 聚苯胺、聚吡咯复合材料的制备及其在锂离子电池中的应用 [D]. 华中科技大学，2012.

[8] 吴宇平，袁翔云，董超，等. 锂离子电池应用与实践 [M]. 第 2 版. 北京：化学工业出版社，2011.

[9] Weston J E，Steele B C H. Thermal History-Conductivity Relationship in Lithium Salt-Poly（ethylene oxide）Complex Polymer Electrolytes [J]. Solid State Ionics，1981，10（2）：347-354.

[10] Ferloni P，Chiodelli G，Magistris A，et al. Ion Transport and Thermal Properties of Poly（ethylene oxide）-LiClO$_4$ Polymer Electrolytes [J]. Solid State Ionics，1986，（18）. 265-270.

[11] Abraham K M，Alamgir M，Reynolds R K. Polyphosphazene-Poly（olefin oxide）Mixed Polymer Electrolytes 1. Conductivity and Thermal Studies of MEEP/PEO-（LiX）$_n$ [J]. Electrochemistry Soc.，1989，136：3576-3581.

[12] Berthier C，Gorecki W，Minier M，et al. Microscopic Investigation of Ionic Conductivity in Alkali Metal Salts-Poly（ethylene oxide）Adducts [J]. Solid State Ionics，1983，11（1）：91-95.

[13] Giles J R M.，Gray F M，MacCallum J R，et al. Synthesis and Characterization of ABA Block Copolymer-Based Polymer Electrolytes [J]. Polymer，1989，28（6）：1977-19781.

[14] Ghosh P，Chakrabarti A，Kar S B，et al. Conducting blends of poly（o-toluidine）and poly（ester）urathane [J]. Synthetic Metals，2004，144（3）：241-247.

[15] Wen T C，Wang Y J. Application of Experimental Design to the Conductivity Optimization for Waterborne Polyurethane Electrolytes [J]. Ind. Eng. Chem. Res.，1999，38（4）：1415-1419.

[16] Wen T C，Chen W C. Gelled composite electrolyte omprising thermoplastic polyurethane and poly（ethylene oxide）for lithium batteries [J]. Journal of Power Sources，2001（92）：139-148.

[17] Nobuko Y，Hanako N，Takahiro S，et al. Ionic conductance of gel electrolyte using a polyurethane matrix for rechargeable lithium batteries [J]. Electrochimica Acta. 2004，（50）：275-279.

[18] Digar M L，Hung S L，Wen T C，et al. Studies on cross-linked polyurethane acrylate-based electrolyte consisting of reactive vinyl/divinyl diluents [J]. Polymer，2002，43（5）：1615-1622.

[19] Liu L B，Wu X W，Li T D. Novel polymer electrolytes based on cationic polyurethane with different alkyl chain length [J]. Journal of Power Sources，2014，（249）：397-404.

[20] Tsung-Tien Cheng，Ten-Chin Wen. Novel waterborne polyurethane based electrolytes for lithium batteries——（Ⅰ）tailor-made polymer [J]. Journal of Electroanalytical Chemistry，1998，459（1）：99-110.

[21] Tsung-Tien Cheng，Ten-Chin Wen. Novel waterborne polyurethane based electrolytes for lithium batteries——（Ⅱ）the effect of adding LiCF$_3$SO$_3$-PC [J]. Solid State Ionics，1998，107（1-2）：161-171.

[22] 苗国祥，王雷，罗荫培，等. 单离子型聚氨酯固体电解质的导电理论 [J]. 上海交通大学学报，1997，31（7）：111-114.

[23] 李月姣, 吴锋, 陈人杰, 等. 水性聚氨酯-聚二甲基硅氧烷共混体系聚合物电解质的研究 [J]. 化工新型材料, 2009, 37 (3): 50-63.

[24] 裴新来. 一类聚醚聚氨酯高分子离子液体电解质的制备与表征 [D]. 河南大学, 2010.

[25] Wen T C, Tseng H S, Lu Z B. Co-solvent effect on conductivity of composite electrolytes comprising polyethylene oxide and polytetramethylene glycol-based waterborne polyurethane via a mixture design approach [J]. Solid State Ionics, 2000, 134 (3-4), 291-301.

[26] 郝冬梅, 朱卫华, 王新灵, 等. 增塑剂对聚氨酯型固体电解质离子导电性能的影响 [J]. 中国塑料, 2009, 19 (8): 75-80.

[27] 郝连升, 蔡宗平, 李伟善. 锂离子电池用水基黏结剂的研究进展 [J]. 2010, 34 (3): 303-306.

[28] Lee Y H, Kim J S, Noh J Y, et al. Wearable Textile Battery Rechargeable by Solar Energy [J]. Nano Lett, 2013, 13 (11): 5753-5761.

[29] 王芳, 梁春生, 徐大亮. 锂空气电池的研究进展 [J]. 无机材料学报, 2012, 27 (12): 1233-1241.

[30] 张栋, 张存中, 穆道斌, 等. 锂空气电池研究述评 [J]. 化学进展, 2012, 24 (12): 2472-2482.

[31] Lu Q, Zhao Q, Zhang H M, et al. Water Dispersed Conducting Polyaniline Nanofibers for High-Capacity Rechargeable Lithium-Oxygen Battery [J]. ACS Macro Lett, 2013, (2): 92-95.

第17章

水性聚氨酯建筑用胶

17.1　水性聚氨酯建筑胶概述

建筑结构胶是建筑行业中用于建筑材料粘接，并且能够承受较大外力作用的结构型胶黏剂。它广泛应用在建筑物加固如房屋、水库、大坝、道路、桥梁等方面，可单独使用或采用粘-铆、粘-焊或粘-铆-焊等连接方式，使建筑物更牢固，性能更全面，从而达到加固、密封、修复改造的目的。根据不同的应用状态、部位、受力状况，建筑用胶一般分为粘钢结构胶、粘钢灌注胶、植筋胶、灌缝结构胶等[1]。

建筑物的使用寿命周期因外部环境的自然损坏、使用功能变化以及设计标准的提高等原因，其性能无法继续满足安全性、适用性和耐久性的要求，需要进行维修和加固。20 世纪 50 年代初，美国首先开始采用环氧树脂结构胶对公路路面进行快速修复；20 世纪 60 年代，一些发达国家已广泛将建筑结构胶黏剂用于公路、公路桥、机场跑道等工程以及水利工程、军事设施的加固中；20 世纪 70 年代，各种性能优良的建筑用胶黏剂相继推出，并被广泛应用于更多的领域。如委内瑞拉的马拉开波湖大桥、澳大利亚悉尼歌剧院等。我国建筑用胶黏剂起步较晚，而发展很快。1978 年辽阳化纤总厂一座变电所楼承载梁出现多处裂纹，利用建筑结构胶将钢板粘贴在梁底部进行补强，性能得到恢复。随后国内各大研究院所和公司均推出自己的建筑用胶产品，如江苏昆山汇丽研究所、武汉水利电力学院以及鞍山钢铁公司修建公司等。

20 世纪 50 年代环氧树脂较早被用于土木工程中，但早期环氧树脂胶黏剂性能不能完全符合工程要求，应用范围受到很大限制。随着高分子材料的发展，各类改性环氧树脂和性能优异的固化剂应运而生[2]。随着建筑装修技术水平的提高，各种新型材料不断涌现，这些材料之间的结合主要采用胶黏剂。建筑用胶黏剂的特点是用量较大，价格要低，施工要简便。过去建筑胶黏剂生产和应用过程中只考虑粘接性能和降低成本，忽视了挥发性有机化合物的控制，实际上建筑胶黏剂对室内空气的污染危害比建筑涂料还要大，由于建筑胶黏剂粘接后被材料覆盖，有害气体迟迟散发不尽，如甲醛。经常吸入少量甲醛，能引起慢性中毒，出现黏膜充血、皮肤刺激症等症状，严重时会出现白血病。因此，必须严格控制胶黏剂中的有害物质含量。在保证正常使用功能的前提下，应尽量选用低毒性、低有害气体挥发量的溶剂型胶黏剂或水性胶黏剂。

当下可持续发展是社会主题，面临着污染较重的建筑用胶行业，业内专家多次倡导环保节能，并给出以下五点发展意见[3]。

(1) 开发水性或无溶剂型胶黏剂。如 107 胶的替代产品、代替焦油的聚氨酯、聚氯乙烯胶泥、不含有机溶剂的膏状胶黏剂等。

(2) 开发可再分散乳胶粉预混砂浆。因为这种胶黏剂粘接强度、拉伸强度、抗折强度高，弹性模量小，现场施工方便，施工质量易于保证。目前，乳胶粉国内尚未有厂家生产，主要依靠进口，所以价格较高，但前景看好。

(3) 开发轻质墙体材料抹灰用胶黏剂。由于轻质墙体材料表面强度低以及与胶黏剂附着力小，吸水率及干缩率大等原因，即使采用普通胶黏剂抹灰，空鼓、开裂、雨水渗漏现象仍十分严重。所以要开发弹性模量小或具有弹性并能与玻璃纤维复合的胶黏剂。

(4) 开发改性环氧树脂结构胶。以降低固化物的膨胀系数，增加其弹性模具，使胶层能更好地与混凝土和钢件性能匹配，同时提高负荷下的耐久性及耐湿性。

(5) 开发新型墙体材料使用的密封胶及配套材料等[1]。

17.2　阴离子型水性聚氨酯建筑结构胶黏剂

17.2.1　采用连续法制备高固含量水性聚氨酯乳液用于建筑结构胶[4]

(1) **主要原料**　异佛尔酮二异氰酸酯（IPDI），一缩二乙二醇（DEG），丙酮，二月桂酸二丁基锡（T-12），辛酸亚锡（T-9），乙二氨基乙磺酸盐（A），乙二羟基乙磺酸盐（B），二羟基聚多元醇磺酸盐（C）；数均分子量为 1000，羟值为 1.96mmol/g 的聚氧化丙烯二醇（N-210）；数均分子量为 2000，羟值为 0.98mmol/g 的聚氧化丙烯二醇（N-220）；数均分子量为 1000，羟值为 1.96mmol/g 的聚己二酸己二醇脂（PHA）；数均分子量为 2000，羟值为 0.98mmol/g 的聚己二酸己二醇脂（PHA）。

(2) **具体实例**

实例 1：在干燥氮气保护下，将真空脱水后的聚氧化丙烯二醇（N-210）58g、异佛尔酮二异氰酸酯（IPDI）30g、一缩二乙二醇（DEG）3.7g；适量溶剂及催化剂二月桂酸二丁基锡（T-12）、辛酸亚锡（T-9）一次性加入到 250mL 三口烧瓶中，搅拌，控制一定温度进行至 NCO 含量不变时，降低体系温度至 20～25℃，缓慢滴加适量的磺酸盐亲水性扩链剂 2.0g 于预聚体中，加入适量溶剂，防止黏度过大引起凝胶，待反应至 NCO 含量不再变化，体系降温至室温，在高剪切力作用下加入计量的水进行乳化，得到乳白色不透明水性聚氨酯乳液。将所得的水性聚氨酯乳液减压蒸馏脱去溶剂，即得固含量为 50% 产品。

实例 2：在干燥氮气保护下，将真空脱水后的聚氧化丙烯二醇（N-220）116g，异佛尔酮二异氰酸酯（IPDI）30g，一缩二乙二醇（DEG）3.0g；适量溶剂及催化剂二月桂酸二丁基锡（T-12）、辛酸亚锡（T-9）一次性加入到 250mL 三口烧瓶中，搅拌，控制一定温度进行至 NCO 含量不变时，降低体系温度至 20～25℃，缓慢滴加适量的磺酸盐亲水性扩链剂 2.6g 于预聚体中，加入适量溶剂，防止黏度过大引起凝胶，待反应至 NCO 含量不再变化，体系降温至室温，在高剪切力作用下加入计量的水进行乳化，得到乳白色不透明水性聚氨酯乳液。将所得的水性聚氨酯乳液减压蒸馏脱去溶剂，即得固含量为 50％产品。

实例 3：在干燥氮气保护下，将真空脱水后的羟值为 1.96mmol/g 的聚己二酸己二醇酯（PHA），异佛尔酮二异氰酸酯（IPDI）30g，一缩二乙二醇（DEG）3.7g；适量溶剂及催化剂二月桂酸二丁基锡（T-12）、辛酸亚锡（T-9）一次性加入到 250mL 三口烧瓶中，搅拌，控制一定温度进行至 NCO 含量不变时，降低体系温度至 20～25℃，缓慢滴加适量的磺酸盐亲水性扩链剂 2.0g 于预聚体中，加入适量溶剂，防止黏度过大引起凝胶，待反应至 NCO 含量不再变化，体系降温至室温，在高剪切力作用下加入计量的水进行乳化，得到乳白色不透明水性聚氨酯乳液。将所得的水性聚氨酯乳液减压蒸馏脱去溶剂，即得固含量为 50％产品。

实例 4：在干燥氮气保护下，将真空脱水后的羟值为 0.98mmol/g 的聚己二酸己二醇酯（PHA）116g，异佛尔酮二异氰酸酯（IPDI）30g，一缩二乙二醇（DEG）3.0g；适量溶剂及催化剂二月桂酸二丁基锡（T-12）、辛酸亚锡（T-9）一次性加入到 250mL 三口烧瓶中，搅拌，控制一定温度进行至 NCO 含量不变时，降低体系温度至 20～25℃，缓慢滴加适量的磺酸盐亲水性扩链剂 2.6g 于预聚体中，加入适量溶剂，防止黏度过大引起凝胶，待反应至 NCO 含量不再变化，体系降温至室温，在高剪切力作用下加入计量的水进行乳化，得到乳白色不透明水性聚氨酯乳液。将所得的水性聚氨酯乳液减压蒸馏脱去溶剂，即得固含量为 50％产品。

实例 5：在干燥氮气保护下，将真空脱水后的聚氧化丙烯二醇（N-210）40g，异佛尔酮二异氰酸酯（IPDI）30g，一缩二乙二醇（DEG）5.2g；适量溶剂及催化剂二月桂酸二丁基锡（T-12）、辛酸亚锡（T-9）一次性加入到 250mL 三口烧瓶中，搅拌，控制一定温度进行至 NCO 含量不变时，降低体系温度至 20～25℃，缓慢滴加适量的磺酸盐亲水性扩链剂 3.0g 于预聚体中，加入适量溶剂，防止黏度过大引起凝胶，待反应至 NCO 含量不再变化，体系降温至室温，在高剪切力作用下加入计量的水进行乳化，得到乳白色不透明水性聚氨酯乳液。将所得的水性聚氨酯乳液减压蒸馏脱去溶剂，即得固含量为 50％产品。

（3）主要用途　可以用作建筑、木材装饰等领域胶黏剂。

17.2.2　一种应用于建筑中耐碱性的水性聚氨酯乳液的制备方法[5]

（1）主要原料　甲苯二异氰酸酯 TDI-80，4,4′-二苯基甲烷二异氰酸酯（MDI），分子量为 1000 的聚丙二醇（PPG1000），分子量为 2000 的聚丙二醇

（PPG200），二羟甲基丙酸（DMPA），二羟甲基丁酸（DMBA），壬基酚聚氧乙烯醚（NP-10），辛聚氧乙烯醚（OP-10），烷基聚氧乙烯醚（Emulsogen LCN407），烷基聚氧乙烯醚（Emulsogen EC403C），烷基酚聚氧乙烯醚硫酸钠（Emulsogen EC155C），十二烷基硫酸钠（K12），烷基酚聚氧乙烯醚（Triton X-405），二月桂酸二丁基锡（T-12），丙烯酸羟乙酯（EHA），丙烯酸羟丙酯（HPA），丙烯酸丁酯（BA），甲基丙烯酸甲酯（MMA），甲基丙烯酸乙酯（HEMA），丙烯酸乙酯（EA），醋酸乙烯酯（VAC），乙二胺（EDA）。

（2）具体实例

实例1：PPG1000、1,4-丁二醇和DMPA脱水处理，备用。在70℃下，加60g MDI和20g丙酮到反应容器内，然后在30min中内滴入50g PPG1000和0.11g T-12的混合物，保温反应3h。之后加入8.8gDMPA和10g丙酮反应1h；紧接着在20min中内滴入2.8g的1,4-丁二醇，反应1h。最后在20min中滴入12gEHA，反应2h。降温至40℃，于20min内加入6.6g三乙胺进行中和，搅拌10min，加入250g水高速乳化，接着10min内滴入3.8g 50%的EDA水溶液，继续搅拌1h。脱溶，得到含羟基不饱和单体封端的水性聚氨酯预聚物分散液。

将4g K12和2g 403C加入到50g水中配成溶液，在100r/min下搅拌，并在30min中加入76.5gMMA和76.5g的BA混合物，得到单体预乳化液；用40g的水将0.6g的过硫酸铵引发剂溶解获得引发剂溶液。加0.28gLCN407和100g水到水性聚氨酯预聚物分散液中，混合均匀，升温至70℃，然后在10min内滴入20%引发剂溶液，反应30min；接着在4h内滴入剩余的引发剂溶液以及全部单体预乳化液，保温反应2h。之后降温至40℃，出料，即得固含量为40%（质量分数）的乳液，外观呈带蓝色荧光的乳白液体。

实例2：PPG1000、1,4-丁二醇和DMPA脱水处理，备用。60℃下向反应容器内加入60g MDI和30g丙酮，接着在30min内滴入72gPPG1000和0.13g T-12的混合物，保温反应2h。紧接着加入13.2g的DMPA和30g丙酮，反应1h；接着20min内滴入6.68g的EHA。反应2h。

反应完毕后降温至35℃，在20min内滴入19g三正丁胺中和，高速搅拌10min，并将预聚物溶液缓慢加入400g水中，继续搅拌1h，脱溶，即得以含羟基不饱和单体封端的水性聚氨酯分散液。

将10g155C和5g403C加入60g水中配成溶液，100r/min搅拌，于30min内向上述溶液中滴入204gMMA和102gBA混合物，获得单体乳化液；向水性聚氨酯预聚物分散液中加入0.61gLCN407和600g的水，混合均匀，升温至85℃，并在10min内滴入20%的引发剂溶液（用80g的水溶解1.8g过硫酸铵引发剂），反应30min；之后在4h内滴入剩余的引发剂溶液以及全部单体预乳化液，保温反应2h。反应完毕后降温至40℃，出料，得到固含量30%乳液。

实例3：PPG1000、1,4-丁二醇和DMPA脱水处理，备用。70℃下向反应容器

264

内加入 60g 的 TDI-80 和 20g 丙酮，接着在 30min 内滴入 60gPPG1000 和 0.24g T-12的混合物，保温反应 3h。紧接着加入 12g 的 DMPA 和 30g 丙酮，反应 1h；接着在 20min 内滴入 1.66g 的 1，2-丙二醇，反应 1h。最后在 20min 内将 7.6g 的 HPA 滴加到反应体系中，反应 1h。

反应完毕后降温至 35℃，在 20min 内滴入 9g 三正丁胺中和，高速搅拌 10min，并将预聚物溶液缓慢加入 200g 水中，然后在 10min 内滴入 11g 的 50%EDA 水溶液，继续搅拌 1h，脱溶，即得以含羟基不饱和单体封端的水性聚氨酯分散液。

将 0.9gNP-10 和 0.9gK12 加入 40g 水中配成溶液，100r/min 搅拌，于 30min 中内向上述溶液中滴入 70gVAc、50g 的 BA 混合物，得到单体预乳液；向水性聚氨酯预聚物分散液中加入 0.24g 聚乙烯基吡咯烷酮和 100g 水，搅拌均匀，升温至 80℃，并在 10min 内滴入 20%引发剂溶液（用 80g 的水溶解 1.8g 过硫酸铵引发剂），反应 30min；紧接着在 4h 内滴入剩余引发剂溶液和全部单体预乳化液，反应 2h。反应完毕后，40℃下出料，得到产品，固含量为 40%。

实例 4：PPG2000、1,4-丁二醇和 DMBA 脱水处理，备用。80℃下向反应容器内加入 60g 的 TDI-80 和 20g 丙酮，接着在 30min 内滴入 50gPPG2000 和 0.22gT-9 的混合物，保温反应 2h。紧接着加入 7.8g 的 DMBA 和 30g 丙酮，反应 1h；接着 20min 内滴入 3g 的 1,4-丁二醇，反应 1h。最后在 20min 内将 8g 的 HEMA 加到反应体系中，反应 2h。

反应完毕后降温至 40℃，在 20min 内滴入 5.32g 三正丁胺中和，高速搅拌 10min，并将预聚物溶液缓慢加入 200g 水中，然后在 10min 内滴入 17g 的 50%乙二醇水溶液，继续搅拌 1h，脱溶，即得以含羟基不饱和单体封端的水性聚氨酯分散液。

将 1.8g155C 和 1.2gOP-10 加入到 30g 水中，搅拌均匀，并在转速为 100r/min 下向上述溶液中滴入 60gMMA、40g 的 EA 混合物，得到单体预乳化液；将 0.2gX-405 和 100g 水加入到水性聚氨酯预聚物分散液中，混合均匀，升温至 80℃，并在 10min 内滴入 15%引发剂溶液（用 60g 的水溶解 1.8g 过硫酸铵引发剂），反应 30min；紧接着在 4h 内滴入剩余的引发剂溶液以及全部的单体预乳化液，保温反应 2h。反应完毕后，在 40℃下出料，得到产品，固含量为 38%。

（3）主要用途 以上配方所得乳液在 pH 值为 13 的强碱性条件下能够稳定储存 30d 或更久。与混凝土共混能够明显改善混凝土的韧性，混凝土抗折强度提高程度达 13%。

17.3 阳离子型水性聚氨酯建筑结构胶

17.3.1 一种应用于建筑结构胶的阳离子水性聚氨酯乳液制备方法[6]

（1）主要原料 甲苯二异氰酸酯（TDI），4,4'-二苯基甲烷二异氰酸酯

（MDI），聚四氢呋喃多元醇（PTMEG）（$M_n=2000$），聚四氢呋喃多元醇（PT-MEG）（$M_n=1000$），聚丙二醇（PPG）（$M_n=4000$），82.20g聚己内酯多元醇（$M_n=2000$），聚氧化亚内基二元醇（$M_n=2000$），丁酮，N-甲基二乙醇胺，乙酸，稀盐酸，去离子水。

（2）具体实例

实例1：将42.50g聚四氢呋喃多元醇（PTMEG）（$M_n=2000$）在110～120℃、真空度为0.09MPa脱水1h，然后加入配有温度计、搅拌棒、回流冷凝管的三口烧瓶中，通N_2保护，恒温至70℃，加入10.50g固体MDI（4,4-TDI含量为98％）及1.12g碳化二亚胺改性的二苯基甲烷二异氰酸酯，半个小时后加入0.10g二月桂酸二丁基锡，80℃反应2h，冷却至55℃，分步加入适量丁酮稀释至固含量为60％，冷凝回流，加入2.38gN-甲基二乙醇胺（N-MDEA）（用少量丁酮溶解），反应1h。将反应器的温度降至45℃以下，加入2.00mL乙酸，反应0.5h，同时加入5％的稀盐酸调节pH=5～6将预聚物冷却至室温，匀速加入去离子水300g，在搅拌速率为2000r/min制得固含量大约为20％的水性聚氨酯乳液。

实例2：将23.33g聚四氢呋喃多元醇（PTMEG，$M_n=2000$）在110～120℃、真空度为0.09MPa时脱水1h，然后加入配有温度计、搅拌棒、回流冷凝管的三口烧瓶中，通N_2保护，恒温至70℃，加入11.2g固体MDI（2,4-TDI含量为47％）及1.50g碳化二亚胺改性的二苯基甲烷二异氰酸酯，半个小时后加入0.10g二月桂酸二丁基锡，80℃反应2h，冷却至55℃，分步加入适量丁酮稀释至固含量为70％，冷凝回流，加入2.38gN-甲基二乙醇胺（N-MDEA）（用少量丁酮溶解），反应1h。将反应器的温度降至45℃以下，加入2.15mL乙酸，反应0.5h，同时加入5％的稀盐酸调节pH=5～6，将预聚物冷却至室温，匀速加入去离子水210g，在搅拌速率为2000r/min制得固含量大约为20％的水性聚氨酯乳液。

实例3：将80.00g聚丙二醇（PPG，$M_n=4000$）在110～120℃、真空度为0.09MPa时脱水1h，然后加入配有温度计、搅拌棒、回流冷凝管的三口烧瓶中，通N_2保护，恒温至70℃，加入12.53g固体MDI（2,4-TDI含量为47％）及1.05g碳化二亚胺改性的二苯基甲烷二异氰酸酯，半个小时后加入0.10g二月桂酸二丁基锡，80℃反应2h，冷却至55℃，分步加入适量丁酮稀释至固含量为60％，冷凝回流，加入2.58gN-甲基二乙醇胺（N-MDEA）（用少量丁酮溶解），反应1h。将反应器的温度降至45℃以下，加入3.00mL乙酸，反应0.5h，同时加入5％的稀盐酸调节pH=5.5将预聚物冷却至室温，匀速加入去离子水500g，在搅拌速率为2000r/min制得固含量大约为20％的水性聚氨酯乳液。

实例4：将82.20g聚己内酯多元醇（$M_n=2000$）在110～120℃、真空度为0.09MPa时脱水1h，然后加入配有温度计、搅拌棒、回流冷凝管的三口烧瓶中，通N_2保护，恒温至70℃，加入15.24g固体MDI（2,4-TDI含量为47％）及1.52g碳化二亚胺改性的二苯基甲烷二异氰酸酯，半个小时后加入0.10g二月桂酸二丁基锡，80℃反应 2h，冷却至 55℃，分步加入适量丁酮稀释至固含量为 60%，冷凝回流，加入 2.38gN-甲基二乙醇胺（N-MDEA）（用少量丁酮溶解）及 0.90g1,4-丁二醇，反应 1h。将反应器的温度降至 45℃ 以下，加入 2.34mL 乙酸，反应 0.5h，同时加入 5% 的稀盐酸调节 pH=5.5 将预聚物冷却至室温，匀速加入去离子水 500g，在搅拌速率为 2000r/min 制得固含量大约为 20% 的水性聚氨酯乳液。

实例 5：将 20.00g 聚氧化亚丙基二元醇（M_n=2000）及 40.00g 聚四氢呋喃（M_n=2000）在 110～120℃、真空度为 0.09MPa 时脱水 1h，然后加入配有温度计、搅拌棒、回流冷凝管的三口烧瓶中，通 N_2 保护，恒温至 70℃，加入 15.53g 固体 MDI（4,4-TDI 含量为 98%）及 1.08g 碳化二亚胺改性的二苯基甲烷二异氰酸酯，半个小时后加入 0.10g 二月桂酸二丁基锡，80℃反应 2h，冷却至 55℃，分步加入适量丁酮稀释至固含量为 65%，冷凝回流，加入 3.59gN-甲基二乙醇胺（N-MDEA）（用少量丁酮溶解），反应 1h。将反应器的温度降至 45℃ 以下，加入 1.85 乙酸，反应 0.5h，同时加入 5% 的稀盐酸调节 pH=5～6。将预聚物冷却至室温，匀速加入去离子水 450g，在搅拌速率为 2000r/min 制得固含量大约为 20% 的水性聚氨酯乳液。

17.3.2 一种地坪用自交联水性聚氨酯[7]

(1) 主要原料　亲水性大分子多元醇 2000，蓖麻油（CO），异佛尔酮二异氰酸酯（IPDI），三羟甲基丙烷（TMP），新戊二醇（NPG），二月桂酸二丁基锡（DBTDL），三乙胺（TEA），己二酸二酰肼（ADH），双丙酮丙烯酰胺（DAAM）。

(2) 具体实例

实例 1：表 17-1 给出这种自交联水性聚氨酯原料配方。

表 17-1　自交联水性聚氨酯原料及组成

原 料 种 类	用量/质量份
亲水性大分子多元醇 2000	80
蓖麻油(CO)	10
异佛尔酮二异氰酸酯(IPDI)	48
三羟甲基丙烷(TMP)	2
新戊二醇(NPG)	5
二月桂酸二丁基锡(DBTDL)	0.04
三乙胺(TEA)	6
己二酸二酰肼(ADH)	18.9
双丙酮丙烯酰胺(DAAM)	9.5

① 将分子量为 2000 的亲水性大分子多元醇和蓖麻油在 80～100℃ 下真空脱水

1.5h，降至室温，加入 IPDI 升温至 $50\sim95℃$，保温反应 3h，引入 NPG、TMP、DBTDL，保温反应 3.5h，制得聚氨酯预聚体。

② 将制得的聚氨酯预聚体降温至 $40\sim55℃$，在含有中和剂三乙胺（三乙胺的用量与聚氨酯预聚体等物质的量）的去离子水中以 $3000\sim3500r/min$ 的转速快速剪切搅拌获得水性聚氨酯乳液。最后加入 ADH 和 DAAM，即得地坪用自交联水性聚氨酯。

实例 2：自交联水性聚氨酯地坪用胶组成分别见表 17-2 和表 17-3。

表 17-2　某地坪用水性聚氨酯胶原料及组成

原料种类	用量/质量份
亲水性大分子多元醇 2000	80
蓖麻油(CO)	5
异佛尔酮二异氰酸酯(IPDI)	48
三羟甲基丙烷(TMP)	2
新戊二醇(NPG)	5
二月桂酸二丁基锡(DBTDL)	0.04
三乙胺(TEA)	6
己二酸二酰肼(ADH)	23.5
双丙酮丙烯酰胺(DAAM)	11.5

表 17-3　某地坪用自交联水性聚氨酯原料及组成

原料种类	用量/质量份
亲水性大分子多元醇 2000	100
蓖麻油(CO)	10
异佛尔酮二异氰酸酯(IPDI)	48
三羟甲基丙烷(TMP)	2
新戊二醇(NPG)	5
二月桂酸二丁基锡(DBTDL)	0.04
三乙胺(TEA)	7.5
己二酸二酰肼(ADH)	17.2
双丙酮丙烯酰胺(DAAM)	8.5

上述两例的具体制备过程同上例。

17.4　双组分水性聚氨酯建筑涂料

实例 1[8]：

(1) **主要原料** 聚醚二元醇（D2000）；聚醚三元醇（330N）；甲苯二异氰酸酯（TDI）；氯化石蜡（52#）；改性 MOCA（mL-200）；1,4-丁二醇（BDO）；煅烧滑石粉（1250 目）；溶剂油；二月桂酸二丁基锡（T-12）；烷烃油。

(2) **基本配方** 该双组分中 A、B 组分的配方见表 17-4。

表 17-4 A、B 组分基本配方

A 组分	
材料名称	用量／%
氯化石蜡（52#）	20～25
聚醚二元醇（D2000）	30～35
聚醚三元醇（330N）	7～10
煅烧滑石粉	20～25
TDI	10～1
色浆	0.2
B 组分	
材料名称	用量／%
氯化石蜡（52#）	28～32
聚醚三元醇（330N）	4～7
BDO	0～1
改性 MOCA	1～3
煅烧滑石粉	45～55
烷烃	4～6
溶剂油	4～6
T-12	0.02～0.1

(3) **实验操作**

A 组分：将聚醚多元醇、滑石粉、氯化石蜡等按一定比例加入四口烧瓶中，升温至 120℃并保持压力在 -0.085MPa 以上脱水 2h，降温至 82℃加入 TDI 反应 3h，降温出料即可。

B 组分：将氯化石蜡、聚醚多元醇、烷烃油、粉料等按一定比例分散好，加入到四口烧瓶中，升温至 120℃脱水 2h，降温至 50℃，加入溶剂油、助剂、液体 MOCA、BDO 等搅拌均匀即可出料。

实例 2[9]：

聚丙烯酸多元醇被广泛应用在水性双组分聚氨酯树脂涂料，制得的树脂漆膜外观良好，耐化学品和耐候性优异。目前市场上销售的聚丙烯酸多元醇主要分为以下两类：一级分散体和二级分散体。一级分散体应用外乳化剂，相对分子量高，不含助溶剂，半光或者亚光，漆膜表干快，且因生产工艺简单，价格便宜，如 Bayhydrol XP 2457。二级分散体应用羧基基团自乳化稳定，相对分子量低，体系中含有助溶剂，漆膜光泽亮，表干慢，生产工艺复杂，一次价格昂贵，如

Bayhydrol A XP 2695。Bayhydrol A XP 2695：羧基含量为 5%，具有优异的耐化学品性，可用于抗涂鸦及重防腐面漆；Bayhydrol A 2457：羧基含量为 2.7%，具有快干、性价比高的特性，可用于墙面涂料。

(4) **配方设计** 原料及用量见表 17-5，双组分建筑涂料 A、B 组分配方见表 17-6，建筑涂料性能指标见表 17-7。

表 17-5 涂料用浆料

原　　料	质量/g	原　　料	质量/g
去离子水	110.0	基材润湿剂 2	
HEC 增稠剂	1.2	消泡剂 1	1.5
pH 调节剂	1.5	罐内防腐剂	1.0
润湿分散剂 1	3.0	钛白粉	200
润湿分散剂 2	8.0		
基材润湿剂 1	6.0		

上述物料在 8.0～10.0m/s 的线速度下高速分散 20～30min，检查细度≤20μm。

表 17-6 双组分建筑涂料 A、B 配方

组分 A	质量/g	组分 A	质量/g
Bayhydrol A XP 2695	465.0	蜡乳液	40.0
Bayhydrol A 2457	105.0	流变助剂 2	6.0
去离子水	17.8	流变助剂 3	6.0
消光粉	25.0		
消泡剂 2	3.0		
组分 B		质量/g	
Bayhydur XP 2547		200g	

表 17-7 建筑涂料主要性能

性能指标	结果	性能指标	结果
$n(—NCO)/n(—OH)$	1.7	铅笔硬度(划破,7d)/s	≥4H
质量固含量(A+B)/%	55.9	光泽(60°)	4.9
体积固含量(A+B)/%	47.3	抗冲(正冲)/cm	≥50
TVOC/(g/L)	约85	抗弯/mm	≤1
表干时间/实干时间(min)	90/160	耐磨(CS 10,10N,500 循环)/mg	23.0
摆杆硬度(1d/7d)/s	78/89		
RJCS 耐溶剂测试(往返擦拭,1kg 负载)			
乙醇(100%)		1201	
甲乙酮		509	

在配方中加入适量的防霉剂、抗藻剂等助剂满足建筑涂料的特殊要求。双组分水性聚氨酯建筑涂料已经在国内外取得了很多成功案例。比如双组分水性聚氨酯涂料曾成功用于 2008 奥运会场馆——国家游泳中心（水立方）泡泡吧的艺术地坪，2010 上海世博会沪上·生态家展示地坪以及德国中心等重要工程。

参 考 文 献

[1] 李福志. 建筑结构胶黏剂 [J]. 胶体与聚合物，2008（3）：35-37.

[2] 余益斌. 环氧树脂建筑结构胶的耐热性研究 [D]. 湖南大学，2012.

[3] 马永平. 建筑胶新品的五个发展方向 [J]. 建材工业信息，2001（2）：24.

[4] 许戈文，熊潜生，周海峰，等. 连续法制备高固含量水性聚氨酯乳液的方法 [P]：CN101328253A.

[5] 缪昌文，唐文睿，丁蓓，等. 一种耐碱性水性聚氨酯乳液的制备方法 [P]：CN102050931A.

[6] 黄岐善，张红，张振威，等. 一种阳离子水性聚氨酯乳液及其制备方法 [P]：CN101235130A.

[7] 周静静，张仁哲，刘东华. 地坪用自交联水性聚氨酯的制备方法 [P]：CN102757546A.

[8] 马俊，叶晓敏. 双组分聚氨酯建筑防水涂料的研制 [J]. 中国涂料，2012（9）：50-53.

[9] 张之涵，朱德勇，沈剑平，等. 双组分水性聚氨酯建筑涂料 [J]. 涂料技术与文摘，2011（6）：36-41.

第18章

水性聚氨酯表面活性剂

18.1 概　述

　　表面活性剂是分子中同时含有亲水基团和疏水基团的一种特殊的双亲性分子，它们能吸附在表（界）面上，少量加入即可大大降低溶液表面或液/液界面的张力，改变系统的界面状态，从而产生润湿、渗透、乳化或破乳、消泡、增溶、增稠、絮凝等作用，在化工、纺织、印染、机械、石油等领域有着广泛的应用[1]。

　　高分子表面活性剂是指相对分子质量为数千以上且具有表面活性的高分子化合物，与低分子表面活性剂一样由亲水部分和疏水部分组成，属于功能高分子。最早使用的高分子表面活性剂有淀粉、纤维素及其衍生物等天然水溶性化合物，然而因这类化合物含较多亲水基团，因此表面活性不高。1951年Stauss将含有表面活性基团的聚合物——聚1-十二烷-4-乙烯吡啶溴化物命名为"聚皂"，从而出现了合成高分子表面活性剂。1954年，美国Wyandotte公司发表了聚（氧乙烯-氧丙烯）嵌段共聚物作为非离子高分子表面活性剂的报道，以后，各种合成高分子表面活性剂相继开发并应用于各种领域[2]。与低分子表面活性剂相比，高分子表面活性剂具有以下特点[3]：①含有高分子表面活性剂的溶液黏度高、成膜性好；②具有很好的分散、乳化、增稠、稳定以及絮凝等性能；③大多数是低毒或无毒的，具有环境友好性；④降低表面张力和界面张力的能力较弱，且表面活性随分子量的升高急剧下降，但是当疏水基上引入氟烷基或硅烷基时，其降低表面张力的能力显著增强；⑤在低浓度时，仍然是有效的；⑥具有很长的聚氧乙烯或多糖链，并且能够在界面上停留，因此高分子表面活性剂对于分散体系是很有效的位阻稳定剂，对于固体表面来说则是有效的除垢剂；⑦可以克服传统表面活性剂易向表面迁移的缺陷。

　　高分子表面活性剂由于分子量较大，分子链长，可能引起单个分子链卷曲成线团结构，或者大分子之间相互缠结，缔合成多分子胶束，从而丧失向表（界）面迁移的能力，即降低表面张力的能力减弱。因此欲合成高相对分子质量、高表面活性的水溶性聚合物，在分子结构设计上应控制聚合物的结构和组成，阻碍单（多）分子胶束形成。以下三种大分子结构类型的共聚物可能有较高的表面活性。①亲水链段和憎水链段均匀分布在大分子链上，防止疏水链段的自身缔合（单分子胶束）或

272

分子间缔合（多分子胶束）；②在聚合物中含有直链亲水基团，阻碍由亚甲基和次甲基等组成的疏水链段的聚集缔合，便于参与界面吸附；③主链上存在链段不易卷曲的刚性结构，使大分子聚合物能够舒展，以提高与水的缔合能力[4]。

水性聚氨酯在聚氨酯结构中引入了亲水基团，具有双亲性分子结构，不仅能够明显地降低表面张力，还具有优异的高低温和弹性、耐有机溶剂、环境友好性等特点[5]，而且水性聚氨酯主链上存在刚性结构，分子结构可控性强，可通过改变原料及配比来制备具有高表面活性的水性聚氨酯表面活性剂。

18.2　水性聚氨酯表面活性剂

聚氨酯表面活性剂按照其在反应体系中所起的作用不同，可分为非反应型聚氨酯表面活性剂和反应型聚氨酯表面活性剂[3]。非反应型聚氨酯表面活性剂是指其作用于特定体系时，并不与体系中的其他组分发生化学键合的一类聚氨酯表面活性剂。如图 18-1 所示。

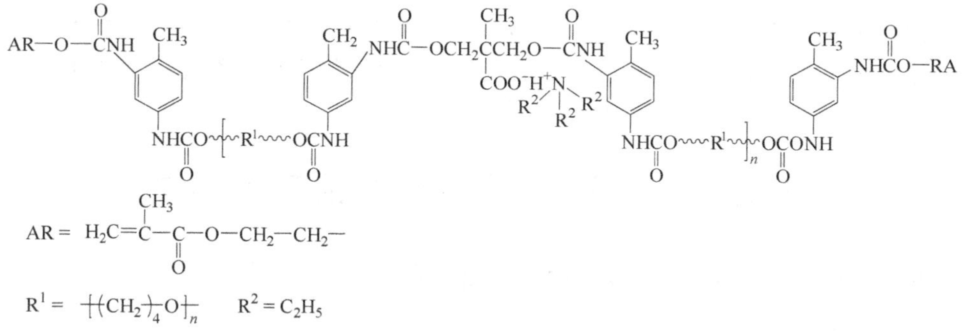

图 18-1　非反应型聚氨酯表面活性剂结构图

非反应型聚氨酯表面活性剂乳化等效果好，但会在最终产品中残留而产生一些负面影响。为此，让表面活性剂与乳胶粒产生化学键合，或者使表面活性剂在固化阶段发生聚合的可聚合的反应型聚氨酯表面活性剂就受到人们的重视。这种表面活性剂除了具有优良的表面活性之外，还可以与体系内的单体发生聚合反应，使其涂膜具有良好的耐腐蚀性、耐化学品性、硬度大、高弹性等优点，乳化性能和理化性能都十分突出。其结构如图 18-2 所示。

水性聚氨酯表面活性剂主要包括在聚氨酯大分子链中引入羧基、磺酸根的阴离子型，季铵盐的阳离子型和羟基、聚乙二醇等非离子型，通过这些亲水性基团与水之间形成的氢键作用以及相互之间的静电作用，获得稳定的水性聚氨酯表面活性剂[6]。制备水性聚氨酯的原料主要有大分子多元醇、多异氰酸酯和扩链剂类。常用的多元醇一般为聚醚、聚酯二醇，有时还使用聚醚三醇、低支化度聚酯多元醇等，扩链剂有小分子二元或多元醇或胺类等，其中的技术关键是亲水基团的引入。

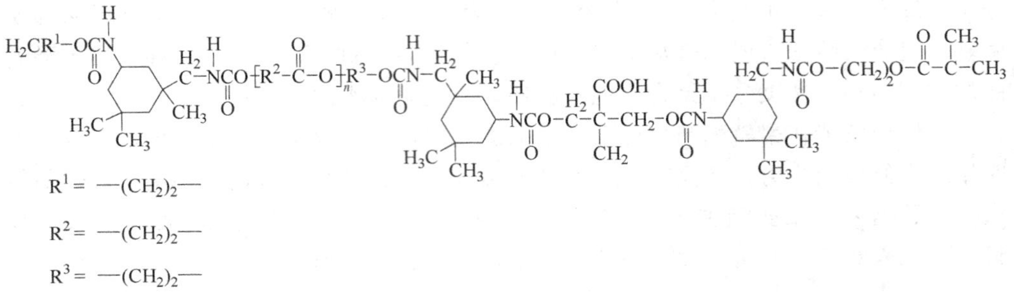

$R^1 = -(CH_2)_2-$

$R^2 = -(CH_2)_2-$

$R^3 = -(CH_2)_2-$

图 18-2　可反应型聚氨酯表面活性剂结构图

合成水性聚氨酯表面活性剂的基本过程为：①由低聚物多元醇、扩链剂、二异氰酸酯形成聚氨酯预聚体；②中和后聚氨酯预聚体在水中分散乳化或备用。按照水性聚氨酯表面活性剂引入的亲水基团结构不同，可分为非离子型和离子型；其中离子型聚氨酯表面活性剂由于其离子基团的存在，使得这种聚氨酯表面活性剂易受酸、碱、盐等电解质的影响，而非离子型的高分子表面活性剂不仅对电解质不敏感，而且一般都有较好的空间位阻稳定性，制得的胶乳有较好的耐寒、耐电解质和耐剪切性，因此近几年来，人们多致力于合成非离子型的反应型聚氨酯表面活性剂。此外，水性聚氨酯表面活性剂还包括有机硅和有机氟改性水性聚氨酯表面活性剂、自组装型水性聚氨酯表面活性剂等[5]。

18.3　离子型水性聚氨酯表面活性剂

18.3.1　一种基于聚氨酯的表面活性剂

(1) 主要原料

异氰酸酯类：1,4-亚丁基二异氰酸酯，1,6-六亚甲基二异氰酸酯（HDI），异佛尔酮二异氰酸酯（IPDI），2,4-和/或 2,6-甲苯二异氰酸酯，2,2'-和/或 2,4'-和/或 4,4'-二苯甲烷二异氰酸酯，1,3-和/或 1,4-双（2-异氰酸根丙-2-基）苯（TMXDI），1,3-双（异氰酸根甲基）苯（XDI）等。

多元醇类：常见的聚酯多元醇、聚醚多元醇、聚碳酸酯多元醇等。

小分子多元醇：乙二醇，丁二醇，二甘醇，三甘醇，聚（亚烷基）二醇，聚乙二醇，三甲基丙烷，甘油，季戊四醇等。

多元胺类：乙二胺，1,2-和 1,3-二氨基丙烷，1,4-二氨基丁烷，1,6-二氨基己烷，异佛尔酮二胺，2,2,4-和 2,4,4-三甲基六亚甲基二胺的异构体混合物等。

二元羧酸：邻苯二甲酸，间苯二酸，对苯二甲酸，四氢化邻苯二甲酸，六氢邻苯二甲酸，环己烷二羧酸，己二酸，壬二酸，癸二酸，戊二酸，四氯邻苯二甲酸，马来酸，富马酸等。

二氨基磺酸盐：$NH_2-CH_2CH_2-NH-CH_2CH_2-SO_3Na$（在水中 45%）。

（2）举例

部分产品编号和规格（除非另作说明，否则，全部百分数按质量分数计）：

Desmopheri C2200：聚碳酸酯多元醇，羟值 56mg KOH/g，数均分子量 2000（Bayer MaterialScience AG，Leverkusen，德国）；

PolyTHF.2000：聚四亚甲基二醇多元醇，羟值 56mg KOH/g，数均分子量 2000（BASF AG，Ludwigshafen，德国）；

PolyTHF.1000：聚四亚甲基二醇多元醇，羟值 112mg KOH/g，数均分子量 1000（BASF AG，Ludwigshafen，德国）；

Polyether LB 25：以环氧乙烷/环氧丙烷为基础的单官能聚醚，数均分子量 2250，羟值 25mg KOH/g（Bayer MaterialScience AG，Leverkusen，德国）；

HDI：六亚甲基 1,6-二异氰酸酯。

举例 1：1077.2g 的 PolyTHF.2000，409.7g 的 PolyTHF.1000，830.9g 的 Desmopheri C2200 和 48.3g 的 Polyether LB 25 在标准搅拌装置中被加热至 70℃。然后，258.7g 的六亚甲基二异氰酸酯和 341.9g 的异佛尔酮二异氰酸酯的混合物在 5min 的时间中在 70℃ 下添加进去，混合物在 120℃ 下进行搅拌，直至达到理论 NCO 值为止或实际 NCO 值稍微低于理论 NCO 值为止。最终的预聚物用 4840g 的丙酮溶解和在该过程中冷却至 50℃，随后与经过 10min 计量加入的 27.4g 的乙二胺、127.1g 的异佛尔酮二胺、67.3g 的二氨基磺酸盐和 1200g 的水的溶液掺混。混合物随后被搅拌 10min。然后，通过添加 654g 的水形成分散体。在这之后通过在减压下的蒸馏除去溶剂。

举例 2：将 1300g 的 HDI，1.3g 的苯甲酰氯和 1.3g 的对-甲苯磺酸甲基酯预先在搅拌下加入到 4L 四口烧瓶中。将 1456g 的具有 2000 的数均分子量的双官能化聚丙二醇聚醚在 3h 的时间中于 80℃ 添加进去，随后在 80℃ 下搅拌 1h。过量的 HDI 随后通过薄膜蒸馏法在 130℃ 和 0.1Torr（1Torr＝133.322Pa）下被除去，在预先加料的烧瓶中有 1g 的氯丙酸。所获得的 NCO 预聚物具有 3.23% 的 NCO 含量和 1650mPa·s（25℃）的黏度。

在 2L 四口烧瓶中预先在搅拌下加入 225g 的 Polyether LB 25 和 100g 的具有 2000 的数均分子量的双官能化聚乙二醇聚醚。260g 的上述 NCO 预聚物经过 2.5h 在 80℃ 下添加进去，随后在 80℃ 下搅拌 4h，直到由红外光谱法不再能检测到 NCO 基团为止。所获得的表面活性剂是具有 21346 的重均分子量的固体。

举例 3：将 2000g 的 HDI，1.3g 的苯甲酰氯和 1.3g 的对-甲苯磺酸甲基酯预先在搅拌下加入到 4L 四口烧瓶中。将 1000g 的具有 1000 的数均分子量的双官能化聚丙双醇聚醚在 3h 的时间中于 80℃ 添加进去，随后在 80℃ 下搅拌 1h。过量的 HDI 在 130℃ 和 0.1Torr 下通过薄膜蒸馏法被除去。所获得的 NCO 预聚物具有 6.24% 的 NCO 含量和 1650mPa·s（25℃）的黏度。

在 2L 四口烧瓶中预先在搅拌下加入 281g 的 Polyether LB 25 和 125g 双官能化

聚乙二醇聚醚。167.5g 的上述 NCO 预聚物经过 2.5h 在 80℃下添加进去，随后在 80～100℃下搅拌 5h，直到由红外光谱法不再检测到 NCO 基团为止。获得的表面活性剂是固体[7]。

(3) 用途　可用于涂料、黏合剂或密封剂中。

18.3.2　聚醚聚氨酯硫酸酯盐阴离子型大分子表面活性剂制备及其用途

举例 1：具体原料和配方见表 18-1。

表 18-1　某聚氨酯表面活性剂制备原料及配方（1）

编号	组分名称	规格型号	质量/g
a	三嵌段聚醚	PPG_4-PEG_8-PPG_4（$P_4E_8P_4$）自制	81.8（0.1mol）
b	2,4-TDI		8.71（0.05mol）
c	氨基磺酸		5.82（0.06mol）
d	N,N'-二甲基脲		0.53（0.006mol）
e	NaOH 水溶液	20%	
f	活性炭		10

将 a 加入到 500mL 四口烧瓶中，升温至 90℃，抽真空出去残留水分。然后降温 50℃以下，在流动高纯氮气氛下缓慢滴加 b。滴加完毕后，反应体系升温至 60℃下搅拌，以 20min 的间隔取样一次进行异氰酸酯官能团含量 W_{NCO} 的滴定分析。当 W_{NCO} 接近初始值的一半时，将反应体系升温至 90℃，继续保持取样和 W_{NCO} 的滴定分析。当 W_{NCO} 接近为 0 时，将反应体系继续升温至 130℃，加入事先研磨并充分混合的 c 和 d，控制加料速度以防止结块。通过测定 ^{1}HNMR 法确定分析监控反应过程，当转化率到达 86.2% 时停止反应，并冷却至 80℃以下抽真空去除挥发性副产物，用 e 调整溶液 pH 值为 7.0～8.0，继续加入 f 脱色处理，过滤、分离、干燥得到聚醚聚氨酯硫酸酯钠盐 SN-1，总收率 81.4%，通过电位滴定分析法得到产物的 SO_3 含量为 3.81%。

举例 2：具体原料和配方见表 18-2。

表 18-2　某聚氨酯表面活性剂制备原料及配方（2）

编号	组分名称	规格型号	质量/g
a	三嵌段聚醚	PPG_4-PEG_8-PPG_4（$P_4E_8P_4$）自制	81.8（0.1mol）
b	六亚甲基二异氰酸酯（HDI）		10.08（0.06mol）
c	氨基磺酸		7.76（0.08mol）
d	尿素		0.72（0.012mol）
e	NaOH 水溶液	20%	
f	活性炭		11

操作步骤同举例 1，总收率 82.7%，通过电位滴定分析法得到产物的 SO_3 含量为 5.33%。

举例 3：具体原料和配方见表 18-3。

表 18-3 某聚氨酯表面活性剂制备原料及配方 (3)

编号	组分名称	规格型号	质量/g
a	三嵌段聚醚	PPG_2-PEG_6-PPG_2（$P_2E_6P_2$）自制	49.8（0.1mol）
b	2,6-TDI		8.71（0.05mol）
c	氨基磺酸		4.85（0.05mol）
d	尿素		0.30（0.005mol）
e	NaOH 水溶液	20%	
f	活性炭		6

操作步骤同举例 1，总收率 82.3%，通过电位滴定分析法得到产物的 SO_3 含量为 4.80%。

举例 4：具体原料和配方见表 18-4。

表 18-4 某聚氨酯表面活性剂制备原料及配方 (4)

编号	组分名称	规格型号	质量/g
a	三嵌段聚醚	PPG_4-PEG_8-PPG_4（$P_4E_8P_4$）自制	81.8（0.1mol）
b	2,6-TDI		8.71（0.05mol）
c	氨基磺酸		4.85（0.05mol）
d	N,N'-二甲基脲		0.45（0.005mol）
e	NaOH 水溶液	20%～30%	
f	活性炭		10

操作步骤同举例 1，总收率 81.7%，通过电位滴定分析法得到产物的 SO_3 含量为 5.17%。

举例 5：具体原料和配方见表 18-5。

表 18-5 某聚氨酯表面活性剂制备原料及配方 (5)

编号	组分名称	规格型号	质量/g
a	三嵌段聚醚	PPG_2-PEG_6-PPG_2（$P_2E_6P_2$）自制	49.8（0.1mol）
b	二苯基甲烷二异氰酸酯（MDI）		18.76（0.075mol）
c	氨基磺酸		5.82（0.06mol）
d	尿素		0.60（0.01mol）
e	NaOH 水溶液	20%	
f	活性炭		6

操作步骤同举例1，总收率84.5%，通过电位滴定分析法得到产物的SO_3含量为5.02%。

举例6：具体原料和配方见表18-6。

表18-6 某聚氨酯表面活性剂制备原料及配方（6）

编号	组分名称	规格型号	质量/g
a	三嵌段聚醚	PPG_2-PEG_6-PPG_2($P_2E_6P_2$)自制	49.8(0.1mol)
b	2,4-TDI		10.56(0.06mol)
c	氨基磺酸		7.28(0.075mol)
d	尿素		0.60(0.01mol)
e	NaOH 水溶液	20%	
f	活性炭		6

操作步骤同举例1，总收率80.4%，通过电位滴定分析法得到产物的SO_3含量为8.91%。

举例7：具体原料和配方见表18-7。

表18-7 某聚氨酯表面活性剂制备原料及配方（7）

编号	组分名称	规格型号	质量/g
a	三嵌段聚醚	PPG_2-PEG_6-PPG_2($P_2E_6P_2$)自制	49.8(0.1mol)
b	2,4-TDI		10.56(0.06mol)
c	氨基磺酸		7.28(0.075mol)
d	N,N'-二甲基脲		0.88(0.01mol)
e	NaOH 水溶液	20%	
f	活性炭		6

操作步骤同举例1，总收率80.1%，通过电位滴定分析法得到产物的SO_3含量为9.10%。

举例8：具体原料和配方见表18-8。

表18-8 某聚氨酯表面活性剂制备原料及配方（8）

编号	组分名称	规格型号	质量/g
a	三嵌段聚醚	PPG_2-PEG_6-PPG_2($P_2E_2P_2$)自制	32.41(0.1mol)
b	2,4-TDI		10.56(0.06mol)
c	氨基磺酸		7.28(0.075mol)
d	N,N'-二甲基脲		0.88(0.01mol)
e	NaOH 水溶液	20%	
f	活性炭		6

操作步骤同举例 1，总收率 80.1%，通过电位滴定分析法得到产物的 SO_3 含量为 11.20%[8]。

此方法制备的聚氨酯表面活性剂可以作为乳化剂，可以乳化双酚 A 型环氧树脂得到水性环氧树脂乳液，应用作为碳纤维上浆剂，应用于碳纤维的制造工程。与现有聚醚硫酸酯盐阴离子表面活性剂比较，可以提高碳纤维上浆剂的耐磨性、耐水性、耐热性和成膜弹性。

18.4　非离子型表面活性剂

非离子型表面活性剂的亲水基主要是由一定数量的含氧基团（一般为醚键和羟基）构成，在水中不是以离子状态存在，稳定性高，不容易受强电解质（如无机盐类）存在的影响，也不容易受酸碱的影响，且与其他类型表面活性剂的相容性好，能很好地混合使用，在水及有机溶剂中皆有良好的溶解性能，因此这一类型的聚氨酯表面活性剂研究逐渐增多。

18.4.1　一种两嵌段可聚合非离子型聚氨酯表面活性剂

以带端乙烯基的聚氧乙烯醚、聚氧丙烯醚与二异氰酸酯为主要原料，合成一类带有双键的两嵌段可聚合非离子型聚氨酯高分子表面活性剂。

(1) 主要原材料　带端乙烯基的聚氧乙烯醚，聚氧丙烯醚，甲苯二异氰酸酯（TDI）或六亚甲基二异氰酸酯（HMDI），二月桂酸二丁基锡，水。

(2) 工艺步骤

工艺 A：以带端乙烯基的聚氧乙烯醚、聚氧丙烯醚与二异氰酸酯组成单体，以常规聚合工艺合成带有双键的两嵌段可聚合非离子型聚氨酯高分子表面活性剂。

工艺 B：先将带端乙烯基的聚氧乙烯醚加入，升温至 50~80℃，加入单体质量 0.01%~0.2% 的油溶性催化剂二月桂酸二丁基锡，搅拌混合 10~30min 后，加入二异氰酸酯，反应 2~4h；加入聚氧丙烯醚继续反应 3~5h，然后将水加入搅拌混合 0.5h。

(3) 主要用途　所合成的可聚合非离子型聚氨酯表面活性剂具有高表面活性和可聚合功能，可用于制备新的疏水缔合型驱油剂及反向乳液聚合。

(4) 具体举例

举例 1：固含量为 20% 和 30% 的非离子型聚氨酯表面活性剂配方分别列于表 18-9 和表 18-10。

上述两种配方具体制备过程如下：将 250mL 四颈瓶、搅拌器、加料管等仪器于 120℃ 干燥 2h，取出置于干燥器中冷却。向带有搅拌器、温度计的 250mL 四颈瓶中加入 a，搅拌加热至 80℃，加入 d，搅拌混合 10min，然后滴加 c，反应 2h 后再加入 b，继续反应 2h。冷却至 30℃，加入 e，搅拌 0.5h 出料。

表 18-9　固含 20%的非离子型聚氨酯表面活性剂配方

编号	组分名称	规格型号	质量/g
a	带端乙烯基的聚氧乙烯醚	分子量 1000	20.0
b	聚氧丙烯醚	分子量 1000	20.0
c	TDI		3.48
d	二月桂酸二丁基锡		0.01
e	水		173.9

表 18-10　固含 30%的非离子型聚氨酯表面活性剂配方

编号	组分名称	规格型号	质量/g
a	带端乙烯基的聚氧乙烯醚	分子量 1000	20.0
b	聚氧丙烯醚	分子量 2000	40.0
c	TDI		3.48
d	二月桂酸二丁基锡		0.02
e	水		148.1

举例 2：调整聚醚的分子量和含量，保持固含量分别为 20%和 25%，同样也制备了聚氨酯表面活性剂。具体配方见表 18-11 和表 18-12。

表 18-11　固含 20%的某种非离子型聚氨酯表面活性剂配方

编号	组分名称	规格型号	质量/g
a	带端乙烯基的聚氧乙烯醚	分子量 1000	10.0
b	聚氧丙烯醚	分子量 3000	30.0
c	TDI		1.74
d	二月桂酸二丁基锡		0.02
e	水		166.9

表 18-12　固含 25%的某种非离子型聚氨酯表面活性剂配方

编号	组分名称	规格型号	质量/g
a	带端乙烯基的聚氧乙烯醚	分子量 2000	20.0
b	聚氧丙烯醚	分子量 3000	30.0
c	TDI		1.74
d	二月桂酸二丁基锡		0.03
e	水		155.2

上述两种配方具体制备过程如下：将 250mL 四颈瓶、搅拌器、加料管等仪器于 120℃干燥 2h，取出置于干燥器中冷却。向带有搅拌器、温度计的 250mL 四颈

瓶中加入 a，搅拌加热至 60℃，加入 d，搅拌混合 10min，然后滴加 c，反应 2h 后再加入 b，继续反应 2h。冷却至 30℃，加入 e，搅拌 0.5h 出料[9]。

18.4.2　一种三嵌段可聚合非离子型聚氨酯表面活性剂

以带端乙烯基的聚氧乙烯醚、聚氧丙烯醚和二异氰酸酯为主要原料，通过聚合工艺而得聚氨酯高分子表面活性剂。

(1) 主要原料　带端乙烯基的聚氧乙烯醚、聚氧丙烯醚、甲苯二异氰酸酯（TDI）或六亚甲基二异氰酸酯（HMDI），二月桂酸二丁基锡，水。

(2) 工艺步骤　先将聚氧丙烯醚加入，升温至 50～80℃，加入单体质量 0.01%～0.2% 的油溶性催化剂，搅拌混合 10～30min 后，加入二异氰酸酯，反应 2～4h；加入带端乙烯基的聚氧乙烯醚继续反应 3～5h，然后将水加入，搅拌混合 0.5h。其中带端乙烯基的聚氧乙烯醚占单体质量的 30%～80%，聚氧丙烯醚占单体质量的 20%～70%，二异氰酸酯占单体质量的 1%～20%，是水单体质量的 2～5 倍。

(3) 用途　制得的表面活性剂属非离子型、分子链两端带有双键的三嵌段聚氨酯表面活性剂，对溶液离子的强度及 pH 值变化容忍性好，具有高表面活性、可聚合及交联功能，可用于制备新的疏水缔合型驱油剂、增黏剂、水性涂料及反相乳液聚合。

(4) 举例　具体配方设计见表 18-13～表 18-16[10]。将 250mL 四颈瓶、搅拌器、加料管等仪器于 120℃ 干燥 2h，取出置于干燥器中冷却。向带有搅拌器、温度计的 250mL 四颈瓶中加入组分 A，搅拌加热至 80℃，加入组分 B，搅拌混合 10min，然后滴加组分 C，反应 2h 后再加入组分 D，继续反应 2h。然后冷却至 30℃，加入组分 E，搅拌 0.5h 出料，制得不同固含量的三嵌段可聚合非离子型聚氨酯表面活性剂。

表 18-13　聚氨酯非离子表面活性剂配方设计举例一（固含量 20%）

编号	组分名称	规格型号	质量/g
A	聚氧丙烯醚	分子量＝1000	10
B	二月桂酸二丁基锡		0.01
C	甲苯二异氰酸酯(TDI)		3.48
D	带端乙烯基的聚氧乙烯醚	分子量＝1000	20
E	蒸馏水		133.9

18.4.3　一种可聚合聚氨酯表面活性剂

(1) 主要原料　带端乙烯基的聚氧丙烯醚，分子量 500～3000；聚氧乙烯醚，分子量 1000～3000；二异氰酸酯，甲苯二异氰酸酯或六亚甲基二异氰酸酯；催化剂，二月桂酸二丁基锡。

表 18-14　聚氨酯非离子表面活性剂配方设计举例二（固含量 25%）

编号	组分名称	规格型号	质量/g
A	聚氧丙烯醚	分子量=2000	20
B	二月桂酸二丁基锡		0.02
C	甲苯二异氰酸酯（TDI）		3.48
D	带端乙烯基的聚氧乙烯醚	分子量=1000	20
E	蒸馏水		130.4

表 18-15　聚氨酯非离子表面活性剂配方设计举例三（固含量 30%）

编号	组分名称	规格型号	质量/g
A	聚氧丙烯醚	分子量=3000	30
B	二月桂酸二丁基锡		0.02
C	甲苯二异氰酸酯（TDI）		3.48
D	带端乙烯基的聚氧乙烯醚	分子量=1000	20
E	蒸馏水		124.8

表 18-16　聚氨酯非离子表面活性剂配方设计举例四（固含量 20%）

编号	组分名称	规格型号	质量/g
A	聚氧丙烯醚	分子量=2000	20
B	二月桂酸二丁基锡		0.03
C	甲苯二异氰酸酯（TDI）		3.48
D	带端乙烯基的聚氧乙烯醚	分子量=500	10
E	蒸馏水		133.9

（2）工艺步骤　先将带端乙烯基的聚氧丙烯醚（占单体质量的 20%～80%）加入，升温到 50～80℃，加入单体质量 0.01%～0.2% 的油溶性催化剂，搅拌混合 10～30min 后，加入二异氰酸酯（占单体质量的 1%～20%），反应 2～4h，然后加入聚氧乙烯醚（占单体质量的 20～80%），继续反应 3～5h，降温即得可聚合聚氨酯表面活性剂。

（3）用途　作为可聚合的聚氨酯表面活性剂，作为乳化剂可用于水性油墨用核壳型聚氨酯-丙烯酸乳液连接剂的制备。

（4）举例[11]

举例 1：将 250mL 四颈瓶、搅拌器、加料管等仪器于 120℃ 干燥 2h，取出置于干燥器中冷却。向带有搅拌器、温度计的 250mL 四颈瓶中加入 20.0g、分子量为 1000、带端乙烯基的聚氧丙烯醚，搅拌下加热至 80℃，加入 0.01g 的二月桂酸二丁基锡，搅拌混合 10min，然后滴加 3.48g 的甲苯二异氰酸酯（TDI）。反应 2h

后再加入 20.0g 分子量为 1000 的聚氧乙烯醚，继续反应 2h。然后冷却至 30℃，出料，即制得可聚合聚氨酯表面活性剂。

举例 2：将 250mL 四颈瓶、搅拌器、加料管等仪器于 120℃ 干燥 2h，取出置于干燥器中冷却。向带有搅拌器、温度计的 250mL 四颈瓶中加入 20.0g 的、分子量为 1000、带端乙烯基的聚氧丙烯醚，搅拌下加热至 80℃，加入 0.02g 的二月桂酸二丁基锡，搅拌混合 10min，然后滴加 3.48g 的甲苯二异氰酸酯（TDI）。反应 2h 后再加入 40.0g 分子量为 2000 的聚氧乙烯醚，继续反应 2h。然后冷却至 30℃，出料，即制得可聚合聚氨酯表面活性剂。

举例 3：将 250mL 四颈瓶、搅拌器、加料管等仪器于 120℃ 干燥 2h，取出置于干燥器中冷却。向带有搅拌器、温度计的 250mL 四颈瓶中加入 10.0g 分子量为 1000、带端乙烯基的聚氧丙烯醚，搅拌下加热至 70℃，加入 0.02g 二月桂酸二丁基锡，搅拌混合 10min，然后滴加 1.74g 甲苯二异氰酸酯（TDI）。反应 2h 后再加入 30.0g 分子量为 3000 的聚氧乙烯醚，继续反应 2h。然后冷却至 30℃，出料，即制得可聚合聚氨酯表面活性剂。

18.5　硅改性水性聚氨酯表面活性剂

(1) 主要原料

疏水性硅油：羟基硅油、羟乙基硅油、羟丙基硅油、羟丁基硅油、氨基硅油、氨乙基硅油、氨丙基硅油、氨丁基硅油或环氧改性硅油。

非离子型亲水性单体：聚乙二醇-400、聚乙二醇-600、聚乙二醇-800、聚乙二醇-1000、聚乙二醇-1500、聚乙二醇-2000、聚乙二醇-3000、聚乙二醇-4000。

离子型亲水性单体：2,2-二羟甲基丙酸、2,2-二羟甲基丁酸、1,2-二羟基-3-丙磺酸钠或 N,N-二羟乙基单马来酰胺酸。

二异氰酸酯：甲苯二异氰酸酯、异佛尔酮二异氰酸酯或六亚甲基二异氰酸酯。

中和剂：三乙胺、三乙醇胺、三丙胺、三丁胺、氢氧化钠、N,N-二甲基乙醇胺、N-甲基二乙醇胺、氢氧化钾、氢氧化锂或氨水。

催化剂：三乙胺、三乙烯二胺、二甲基环己烷、辛酸亚锡或二月桂酸二丁基锡。

溶剂：丙酮、甲乙酮或二甲苯。

(2) 工艺步骤　将疏水性硅油与亲水性二元醇单体按摩尔比 10∶1～1∶10 投入到按反应物总质量 10%～30% 的溶剂中，在惰性气氛和搅拌下，升温至 50～60℃，加入按反应物总质量 0.5%～5% 的催化剂，在 70～80℃ 缓慢加入异氰酸酯，反应 2～3h；降温至 60℃ 加入质量为离子型亲水单体质量 50%～100% 的中和剂，30～60min 后在 50～55℃ 蒸发除去溶剂，得到粗产品；再在 20～25℃ 甲醇中沉淀，将沉淀物在 50～60℃ 干燥至恒重即得产物。

(3) 用途 外观为微黄色透明的黏稠液体，25℃时的黏度为 10～500mPa·s，用于纺织、造纸和油田等行业。

(4) 举例[12] 具体举例配方设计见表 18-17～表 18-21。

表 18-17 含硅水性聚氨酯表面活性剂举例 1

编号	组分名称	质量/g
a	羟丙基硅油（HPMS）	25
b	聚乙二醇-1000	25
c	2,2-二羟甲基丙酸（DMPA）	6.75
d	丙酮	22.86
e	辛酸亚锡	0.76
f	异佛尔酮二异氰酸酯（IPDI）	19.45
g	三乙胺	5.05
h	甲醇	

将 a，b，c 溶于 d 中，搅拌均匀后，倒入装有搅拌器、回流冷凝管、温度计和通氮气装置的 500mL 四口烧瓶中，通入 N_2，搅拌速度为 200r/min，升温至 50～60℃，加入 e，升温并保持温度在 70～80℃，然后以每分钟 5～20 滴的速度缓慢滴加 f，40～60min 滴加完，保持反应温度在 70～80℃，反应 2h，降温至 60℃，加入 g 成盐 0.5h，然后在 50～55℃下旋蒸除去溶剂，得到粗产品在 20～25℃的甲醇中沉淀，将沉淀物在 50～60℃真空干燥箱中干燥至恒重，得到外观为微黄色透明的黏稠液体即为产物。

表 18-18 含硅水性聚氨酯表面活性剂举例 2

编号	组分名称	质量/g
a	氨丙基硅油（APMS）	37.5
b	聚乙二醇-1500	37.5
c	2,2-二羟甲基丙酸（DMPA）	6.75
d	丙酮	30.36
e	二月桂酸二丁基锡（DBTDL）	1.01
f	异佛尔酮二异氰酸酯（IPDI）	19.45
g	三乙醇胺	7.46
h	甲醇	

将 a，b，c 溶于 d 中，搅拌均匀后，倒入装有搅拌器、回流冷凝管、温度计和通氮气装置的 500mL 四口烧瓶中，通入 N_2，搅拌速度为 200r/min，升温至 50～60℃，加入 e，升温并保持温度在 70～80℃，然后缓慢滴加 f，30～60min 滴加完，保持反应温度在 70～80℃，反应 2h，加入 g 成盐 1h，然后在 50～55℃下旋蒸除去

溶剂，得到的粗产品在 20～25℃的甲醇中沉淀，将沉淀物在 50～60℃真空干燥箱中干燥至恒重，得到外观为微黄色透明的黏稠液体即为产物。

表 18-19 含硅水性聚氨酯表面活性剂举例 3

编号	组分名称	质量/g
a	羟丙基硅油(HPMS)	39.48
b	聚乙二醇-1000	30
c	2,2-二羟甲基丁酸(DMBA)	8.89
d	二甲苯	28.44
e	二月桂酸二丁基锡(DBTDL)	0.95
f	六亚甲基二异氰酸酯(HDI)	14.62
g	N,N-二甲基乙醇胺	5.35
h	甲醇	

将 a，b，c 溶于 d 中，搅拌均匀后，倒入装有搅拌器、回流冷凝管、温度计和通氮气装置的 500mL 四口烧瓶中，通入 N_2，搅拌速度为 200r/min，升温至 50～60℃，加入 e，升温并保持温度在 70～80℃，然后缓慢滴加 f，20～50min 滴加完，保持反应温度在 70～80℃，反应 2h，降温至 60℃，加入 g 成盐 1h，然后在 50～55℃下旋蒸除去溶剂，得到粗产品在 20～25℃的甲醇中沉淀，将沉淀物在 50～60℃真空干燥箱中干燥至恒重，得到外观为微黄色透明的黏稠液体即为产物。

表 18-20 含硅水性聚氨酯表面活性剂举例 4

编号	组分名称	质量/g
a	氨丙基硅油(APMS)	25.01
b	聚乙二醇-1500	30.00
c	1,2-二羟基-3-丙磺酸钠	5.04
d	二甲苯	21.17
e	二甲基环己烷	0.71
f	六亚甲基二异氰酸酯(HDI)	10.51
g	氢氧化钠	1.6
h	甲醇	

将 a，b，c 溶于 d 中，搅拌均匀后，倒入装有搅拌器、回流冷凝管、温度计和通氮气装置的 500mL 四口烧瓶中，通入 N_2，搅拌速度为 200r/min，升温至 50～60℃，加入 e，升温并保持温度在 70～80℃，然后缓慢滴加 f，15～45min 滴加完，保持反应温度在 70～80℃，反应 2h，加入 g 成盐 1h，然后在 50～55℃下旋蒸除去溶剂，得到的粗产品在 20～25℃的甲醇中沉淀，将沉淀物在 50～60℃真空干燥箱中干燥至恒重，得到外观为微黄色透明的黏稠液体即为产物。

表 18-21　含硅水性聚氨酯表面活性剂举例 5

编号	组分名称	质量/g
a	羟丙基硅油（HPMS）	20.00
b	聚乙二醇-2000	20
c	2,2-二羟甲基丁酸（DMBA）	2.96
d	丙酮	14.45
e	二月桂酸二丁基锡（DBTDL）	0.48
f	甲苯二异氰酸酯（TDI）	5.22
g	氨水	0.70
h	甲醇	

将 a，b，c 溶于 d 中，搅拌均匀后，倒入装有搅拌器、回流冷凝管、温度计和通氮气装置的 500mL 四口烧瓶中，通入 N_2，搅拌速度为 200r/min，升温至 50～60℃，加入 e，升温并保持温度在 70～80℃，然后缓慢滴加 f，30～40min 滴加完，保持反应温度在 70～80℃，反应 2h，降温至 60℃，加入 g 成盐 0.5h，然后在 50～55℃下旋蒸除去溶剂，得到的粗产品在 20～25℃的甲醇中沉淀，将沉淀物在 50～60℃真空干燥箱中干燥至恒重，得到外观为微黄色透明的黏稠液体即为产物。

18.6　水性聚氨酯表面活性剂的测定

（1）临界胶束浓度 CMC 测试　以电导率为纵坐标，水性聚氨酯表面活性剂的浓度为横坐标作图，曲率变化大的拐点所对应的浓度即为 CMC。对水性聚氨酯表面活性剂来说，CMC 值表现为一个浓度范围。

（2）表面张力测定　在 20℃下，用吊环法对其表面张力进行测定。以表面活性剂的表面张力为纵坐标，浓度对数值为横坐标作图，得产物的表面张力随浓度对数的变化曲线。

（3）浊点测定　如水性聚氨酯表面活性剂中为非离子结构，它通常以生成氢键的方式在水中稳定分散，当溶液温度升高到一定程度时分子热运动程度的加剧会使氢键断裂，此时会分离为混浊的两相混合物，这个温度点即为浊点。按 GB 5559—2010 浊点测定法测定。

（4）乳化力测定　有分散指数法、酸量滴定法、比浊法共三种方法，这是测定水性聚氨酯表面活性剂的乳化能力，按照 GB 6369—2008 表面活性剂乳化力的测定比色法测定。

（5）亲水亲油平衡值 HLB 的计算　一般可以按照水性聚氨酯结构进行计算，参照 Griffin 提出的定量方法。

对非离子型水性聚氨酯表面活性剂：

$$HLB = 20 \times MH/M$$

式中，MH 为亲水基部分的分子量；M 为总分子量。

对于离子型水性聚氨酯表面活性剂，需要加一矫正因子 C，即：

$$HLB = 20 \times MH/M + C$$

参 考 文 献

[1] 苗青，曹志峰，金勇. 水性聚氨酯表面活性剂合成的研究进展 [J]. 中国皮革，2007 (19)：11-16.

[2] 陈永春，易昌风，程时远，等. 高分子表面活性剂的研究现状 [J]. 日用化学工业，1997 (5)：25-28.

[3] 廖波，郑朝晖，成煦，等. 聚氨酯高分子表面活性剂的研究进展 [J]. 高分子通报，2008 (2)：27-35.

[4] 杨丑伟. 聚氨酯高分子表面活性剂的合成与性能研究 [D]. 中北大学，2012.

[5] 王艳飞，宋海香，张艳维，等. 水性聚氨酯表面活性剂的研究进展 [J]. 聚氨酯工业，2010 (4)：5-8.

[6] 张燕. 水溶性聚氨酯表面活性剂的合成与性能研究 [D]. 中国海洋大学，2008.

[7] J. 舍恩贝格尔，S. 德尔. 基于聚氨酯的表面活性剂 [P]：德国，CN102292368A. 2011-12-21.

[8] 曹阿民，杭传伟. 聚醚聚氨酯硫酸酯盐阴离子型大分子表面活性剂、制备方法及其用途 [P]：中国，CN201110174053.1. 2012-1-4.

[9] 金勇，董阳，苗青，等. 一种两嵌段可聚合非离子型聚氨酯表面活性剂的制备方法 [P]：中国，CN200610020330.2. 2006-9-6.

[10] 金勇，董阳，苗青，等. 一种三嵌段可聚合非离子型聚氨酯表面活性剂的制备方法 [P]：中国，CN200610020328.5. 2006-8-2.

[11] 杨建平，金勇，邵双喜，等. 一种水性油墨用乳液连接剂的制备方法 [P]：中国，CN200710306826.0. 2008-7-30.

[12] 丁运生，陈小慧，薛攀，等. 一种含硅聚氨酯表面活性剂及其制备方法 [P]：中国，CN201210178010.5. 2012-10-3.

第19章

水性聚氨酯增稠剂

增稠剂是近年来迅速发展起来的一类新型功能材料，主要用于提高产品的黏度或稠度，具有用量小、增稠明显、使用方便等特点，被广泛地应用于制药、印染、化妆品、食品添加剂、采油、造纸、皮革加工等行业中。增稠剂是一种能提高熔体黏度或液体黏度的助剂。对于黏度较低的水性涂料来说，是非常重要的一类助剂。人们目前所熟悉的工业增稠剂基本都起源于20世纪，1905年，开始出现了工业增稠剂概念，1953年，Goodrich公司首先将第一种完全由人工合成的增稠剂——聚丙烯酸类增稠剂引入市场；20世纪70年代中期，我国开始了合成增稠剂的研究工作。近年来，国内已经研究开发成功一些合成增稠剂，它们大部分属阴离子型合成增稠剂，如中科大研制的合成增稠剂KG-201以及沈阳化工院研制的合成增稠剂PF。交联型聚丙烯酸胶乳作为涂料印花增稠剂得到广泛应用，但是这类阴离子型增稠剂仍存在一些缺陷，如耐电解质性能、色浆触变性、印花时的色量等均不十分理想。20世纪80年代，聚氨酯缔合型增稠剂相继发展起来。

19.1　增稠剂的分类

能够作为增稠剂的物质很多，并且随着应用的不同，增稠剂的种类也不一样。一般增稠剂按性质分为无机增稠剂和有机增稠剂；按相对分子质量分有低分子增稠剂和高分子增稠剂；按功能团分主要有无机增稠剂、纤维素类、聚丙烯酸酯和缔合型聚氨酯增稠剂四类。下面以无机和有机增稠剂来分类介绍。

19.1.1　无机增稠剂

19.1.1.1　低分子无机盐增稠剂

用无机盐（如氯化钠、氯化钾、氯化铵、硫酸钠和三磷酸五钠等）来作增稠剂的体系一般是表面活性剂水溶液体系，最常用的无机盐增稠剂是氯化钠，增稠效果明显。基本原理是表面活性剂在水溶液中形成胶束，电解质的存在使胶束的缔合数量增加，导致球形胶束向棒状胶束转化，运动阻力增大，从而使体系的黏稠度增加。

19.1.1.2 高分子无机增稠剂

无机高分子量增稠剂有膨润土、凹凸棒土、硅酸铝、海泡石、水辉石等，其中膨润土最具有商业价值。主要的增稠机理由具有吸水膨胀而形成触变性的凝胶矿物组成。这些矿物一般具有层状结构或扩张的格子结构，在水中分散时，其中的金属离子从片晶往外扩散，随着水合作用的进行，发生溶胀，到最后与片晶完全分离，形成胶体悬浮液。此时，片晶表面带有负电荷，它的边角由于出现晶格断裂面而带有少量的正电荷。在稀溶液中，其表面的负电荷比边角的正电荷大，粒子之间相互排斥，不产生增稠作用。但随着电解质浓度的增加，片晶表面电荷减少，粒子间的相互作用由片晶间的排斥力转变为片晶表面的负电荷与边角正电荷之间的吸引力，平行的片晶相互垂直地交联在一起形成"卡片屋"的结构，引起溶胀产生凝胶从而达到增稠的效果。

19.1.2 有机增稠剂

19.1.2.1 有机小分子增稠剂

（1）脂肪醇、脂肪酸类增稠剂　脂肪醇、脂肪酸是带极性的有机物，它们既有亲油基团，又有亲水基团。少量的该类有机物的存在对表面活性剂的表面张力等性质有显著影响，其作用大小是随碳链加长而增大，一般来说呈线性变化关系。

（2）烷醇酰胺类增稠剂　烷醇酰胺能在电解质存在下，进行增稠并且能达到最佳效果。最常用的是椰油二乙醇酰胺。这类增稠剂的缺点是烷醇酰胺的杂质中有游离胺，它是亚硝胺的潜在来源。

（3）醚类增稠剂　这类增稠剂属于非离子增稠剂，一般以脂肪醇聚氧乙烯醚硫酸盐（AES）为主，通常情况下，仅用无机盐即能调成合适的黏度。

（4）酯类增稠剂　这类增稠剂也属于非离子增稠剂，主要用于表面活性剂水溶液体系中。其优点是不容易水解，在宽的 pH 值和温度范围内黏度稳定。

19.1.2.2 有机高分子增稠剂

（1）纤维素类增稠剂　纤维素类增稠剂的使用历史较长，品种也很多，广泛应用于各种领域。纤维素类产品主要有羧甲基纤维素钠（CMC）、乙基纤维素（EC）、羟乙基纤维素（HEC）、羟丙基纤维素（HPC）、甲基羟乙基纤维素（MHEC）和甲基羟丙基纤维素（MHPC）等。纤维素类增稠剂通过水合膨胀的长链而增稠，其体系表现明显的假塑性流变形态。

（2）聚丙烯酸类增稠剂　聚丙烯酸类增稠剂属阴离子型增稠剂，是目前应用比较广泛的合成增稠剂，尤其在印染方面。一般由三种或更多的单体聚合而成，主单体一般为羧酸类单体；第二单体一般为丙烯酸酯或苯乙烯；第三单体是具有交联作用的单体。聚丙烯酸类增稠剂的增稠机理有中和增稠与氢键结合增稠两种。中和增稠是将酸性的聚丙烯酸类增稠剂用碱中和，使其分子离子化并沿着聚合物的主链产生负电荷，依靠同性电荷之间的相斥促使分子链伸直张开形成网状结构达到增稠效果。氢键结合增稠是聚丙烯酸分子与水结合形成水合分子，再与羟基给予体如具有 5 个或以上乙氧基的非离子表面活性剂结合，通过羧酸根离子的同性静电斥力，分子链由螺旋状伸展为棒状，使卷曲的分子链在含水体系中解开形成网状结构达到增稠效果。

(3) 聚氨酯类增稠剂　聚氨酯类增稠剂是近年来新开发的缔合型增稠剂，这种增稠剂是分子量相对较低的水溶性聚氨酯。分子结构中有亲水部分也有亲油部分，呈现出一定表面活性。增稠机理主要得益于其特殊的"亲油-亲水-亲油"形式的三嵌段聚合物结构，使链端为亲油基团（通常为脂肪烃基），中间为水溶性的亲水链段（通常为较高分子量的聚乙二醇）。在水体系中 [图 19-1(a) 水体系增稠机理]，当增稠剂浓度大于临界胶束浓度时，亲油端基缔合形成胶束，增稠剂通过胶束的缔合形成网状结构增加体系黏度。在乳胶体系中 [图 19-1(b) 乳胶体系增稠机理]，增稠剂不但可以通过亲油端基胶束形成缔合，更主要的是增稠剂的亲油端基吸附在乳胶粒子表面。亲油端基与乳胶粒子一直处于缔合和解缔合平衡状态，其缔合时间和解缔合时间都很短（$t \ll 1s$），正是这种缔合和解缔合的瞬间平衡使得距离大于增稠剂分子末端距的粒子间也可产生力的作用[1]。

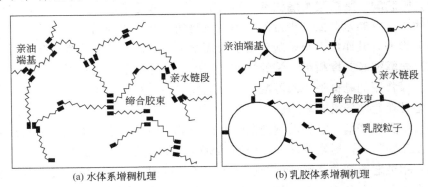

(a) 水体系增稠机理　　　　(b) 乳胶体系增稠机理

图 19-1　聚氨酯增稠剂增稠机理

(4) 天然胶增稠剂　天然胶主要有胶原蛋白类和聚多糖类，但是作为增稠剂的天然胶主要是聚多糖类。

(5) 聚氧乙烯类增稠剂　一般把相对分子质量大于 25000 的产品称作聚氧乙烯，增稠机理主要与高分子聚合物链有关。但聚氧乙烯的水溶液在紫外线、强酸和过渡金属离子作用下会自动氧化降解，失去其黏度。

19.2　水性聚氨酯增稠剂选择

19.2.1　水性聚氨酯增稠剂的研究

随着现代生活质量的日益提高，人们对水性涂料或低 VOC 含量涂料的需求在不断增加，但目前水性涂料存在黏度低，涂刷效果不理想等问题，因此需要添加增稠剂来提高黏度。无机增稠剂、纤维素类和聚丙烯酸类与聚氨酯树脂间的相容性较差，导致成膜分相而引起涂层消光。而水性聚氨酯增稠剂具有增稠能力强，良好的流平性、耐水性、洗刷性、防飞溅性、耐划伤性、抗生物分解性及涂膜光泽好等特点，已逐渐成为水分散体系增稠剂的研究热点。目前国内聚氨酯缔合型增稠剂的研制、生产企业和科研院所还不是很多，只有为数不多的几家企业在小规模地生产。

高楠等[2]将聚乙二醇（PEG1500、PEG4000、PEG6000）和封端剂加入到四口烧瓶中，低速搅拌并分步升温至 10℃，开启真空泵脱水 2h 后将物料冷却至 70℃，将异佛尔酮二异氰酸酯（IPDI）置于恒压滴液漏斗中缓慢加入同时高速搅拌，IPDI 滴加完毕后升温至 80℃加入催化剂，快速升温至 120℃，搅拌 3min，停止反应将物料移至预热至 100℃的烘箱中，待物料烘 6h 后自然冷却得黄色水性聚氨酯增稠剂。将适量的黄色固体溶于适当配比的溶剂中，并置于 70℃恒温水浴中 10min，搅拌 2min 后得增稠剂产品。研究发现随着增稠剂分子量的增大，对水分散体的增稠效果有一定的提高，但是分子量的进一步增加，增稠效果增稠程度不大。PEG4000 为原料制备的增稠剂增稠效果优于 PEG1500 和 PEG6000，这表明聚乙二醇的分子量对聚氨酯增稠剂的增稠效果影响较大。

因为水性聚氨酯缔合型增稠剂是由亲水基团和疏水基团构成的，当其分散于浆料中时，亲水基团与水分子以氢键的形式结合，疏水基团则与乳液颗粒相结合，在浆料中形成缔合的空间网状结构，从而阻碍分散液的流动，增加黏度，也就是说聚氨酯增稠剂中起增稠作用的决定性因素的是其疏水端。

封端疏水的分子量直接影响增稠剂的增稠效果，MyungwoongKim 等[3]分别比较了以辛醇、十二醇和十八醇封端的分子量为 4000 的聚乙二醇，发现短的疏水链对聚氨酯类缔合增稠剂不足以形成疏水胶束聚集而增稠效果欠佳，而长的疏水链段有更好的增稠效果。

传统的聚氨酯增稠剂只在两端含有疏水基团，而梳状聚氨酯增稠剂是指每个增稠剂分子中间还有悬挂的疏水基，它能使原来的两点缔合变为多点缔合。多点缔合的聚氨酯增稠剂与乳胶粒子构成网状结构，大大提高水性乳液的黏度，使其既具有低剪切下的高黏度，又具有高剪切下的低施工黏度。黄艳玲等[4]以自制的疏水二醇为扩链剂，异佛尔酮二异氰酸酯和封端剂十六醇合成了聚氨酯增稠剂。当疏水性二醇含量为 20%时，即有很好的增稠效果，但当疏水性二醇含量增大到 40%时，增稠剂较难分散开来，应该是增稠剂中的疏水基团太多，疏水基团除了与乳胶粒子缔合外，自身疏水基团之间也发生了缔合。杨升等[5]以 1,2-十四碳二醇为扩链剂，六亚甲基二异氰酸酯，不同分子量的聚乙二醇和十六醇合成了聚氨酯增稠剂。研究发现利用 1,2-十四碳二醇扩链后的产品比未扩链产品的增稠效果要好。1,2-十四碳二醇作为侧链疏水基团引入，提高了增稠剂分子的疏水性，增强了增稠剂对乳胶颗粒的吸附作用，黏滞阻力增大，特别是在较低质量分数就可以达到较好的增稠效果。

水性聚氨酯增稠剂结构中，异氰酸酯也是疏水基团的一部分。不同异氰酸酯合成的水性聚氨酯增稠剂表现出不同的增稠效果。关有俊等[6]在试验中选取了六亚甲基二异氰酸酯（HDI）、异佛尔酮二异氰酸酯（IPDI）、4,4′-二苯基甲烷二异氰酸酯（MDI）、氢化MDI（HMDI）合成了水性聚氨酯增稠剂。各个增稠剂对乳液都有良好的增稠效果，其增稠效果由强到弱依次为：HDI＞MDI＞IPDI＞HMDI，而且HDI型增稠剂效果远比其他类型的好。这是因为HDI的反应性强，并且分子链中的疏水基团越大，疏水基团的疏水性就越强，疏水链段就越易卷缩在乳液中，大分子在水溶液中就越难以伸展开来，使大分子的疏水链段与乳胶粒子的接触机会减少，因此阻碍了立体网络的形成，影响了乳液黏度的增加。

19.2.2　水性聚氨酯增稠剂的应用

19.2.2.1　对纯丙乳液、苯丙乳液的增稠

李金华等[7]采用聚乙二醇、甲苯二异氰酸酯、六亚甲基二异氰酸酯、异佛尔酮二异氰酸酯、双酚A、壬基酚等原料利用溶剂稀释二异氰酸酯滴加入反应体系的方式合成了缔合型增稠剂。用该增稠剂分别增稠纯丙乳液、苯丙乳液并进行增稠测试，其增稠效果如表19-1、表19-2所示。

表 19-1　自制增稠剂应用于纯丙乳液中的黏度变化及储存情况

加量/%	黏　　度				触变指数（TI）
	斯托默/KU	(6r/min)/mPa·s	(60r/min)/mPa·s	ICI/mPa·s	
0	不在量程内	190	135	17	1.41
0.1	50	1498	710	19	2.10
0.2	85	10257	5126	40	2.00
0.3	119	39524		54	
0.4	137	43896		69	
0.5	142	50497		72	

注：第二天无分水，无絮凝；热储存后无分水，无絮凝。

表 19-2　自制增稠剂应用于苯丙乳液中的黏度变化及储存情况

加量/%	黏　　度				触变指数（TI）
	斯托默/KU	(6r/min)/mPa·s	(60r/min)/mPa·s	ICI/mPa·s	
0	不在量程内	190	149	17	1.30
0.2	不在量程内	780	339	20	2.30
0.4	62	2937	1330	24	2.21
0.6	85	6519	3897	31	1.68
0.8	94	11798	6299	35	1.87
1.0	109	18196		39	

注：第二天无分水，无絮凝；热储存后无分水，无絮凝。

19.2.2.2　对木器涂料的增稠

烟台万华聚氨酯股份有限公司[8]以聚乙二醇、六亚甲基二异氰酸酯、异佛尔酮二异氰酸酯以及芳香胺和脂肪醇合成了增稠剂-万华 A（假塑性增稠剂）和增稠剂-万华 B（牛顿性增稠剂）。研究发现合成的自制增稠剂 A 具有优异的增稠效率，良好的配方稳定性、色浆稳定性及展色性。自制增稠剂 B 具有高效的高剪切增稠效率，在水性木器涂料中性能表现优异，性能良好。经增稠剂-万华 B 增稠后的涂膜具有良好的丰满度；极好的流平效果；高光涂料具有优异的光泽度，20°和 60°的光泽分别高达 80％和 91％；亚光涂膜也同样具有良好的外观效果。由此可见，自制增稠剂-万华 B 可有效提高水性木器涂料的使用性能，并提升涂膜的最终外观性能。水性木器涂料参考配方如表 19-3 所示。

表 19-3　水性木器涂料参考配方

原 料 名 称	功　能	质量分数/％
Lacper　4110	树脂	88
Tego　wet KL245	基材润湿剂	0.3
BYK-346	流平剂	0.3
DPM	成膜助剂	3
Acematt TS-100①	消光粉	3
DPNB	成膜助剂	5
D. I. Water	去离子水	3
BYK-028	消泡剂	0.2
VisolTM U300	流变助剂	0.2

① 消光粉只在亚光配方中使用。

19.3　水性聚氨酯增稠剂作用机理

水性聚氨酯以水作为分散介质，黏度通常都较低，容易发生流挂和渗入等现象。为了使水性聚氨酯具有适当的黏度以改善其施工性能、流平性能及储存稳定性，常需要加入一定量的增稠剂。增稠剂能赋予水性聚氨酯体系良好的触变性和适当的黏度，从而满足其在生产和储存、使用过程中的稳定性能和应用性能等多方面要求。增稠剂在水性聚氨酯中包含着三种意义：①缔合增稠作用；②控制流变性质；③减少颜料或填料的沉降。由于水性聚氨酯缔合型增稠剂结构的复杂性，使其对乳液的增稠效率和黏度的假塑性差别较大，根据其特征可分为假塑型和牛顿型。假塑型增稠剂疏水基强烈吸附在乳液粒子表面，显著提高低剪切和中剪切黏度，此类增稠剂在提高黏度的同时，具有较高的中、低剪切增稠效率，以增稠作用为主；另一类具有较低的中、低剪切增稠效率（牛顿型），在有效提高黏度的情况下，不会提高低剪切、中剪切黏度，所以，结构上稍加调整，水性聚氨酯增稠剂可以作为流平剂使用。

水性聚氨酯增稠的作用机理主要是触变性的电荷理论（图 19-2），即分散体系中聚氨酯粒子表面的电荷使得粒子有序排列。排列程度不同，体系触变性的强度也不同。

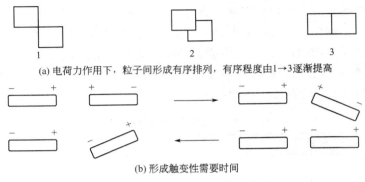

(a) 电荷力作用下，粒子间形成有序排列，有序程度由1→3逐渐提高

(b) 形成触变性需要时间

图 19-2 触变性的电荷理论

由于排成直线需要一定时间，故聚氨酯粒子要完全地定向排列不可能瞬间完成，此时聚氨酯粒子变得无约束，且相互扰乱，体系黏度也会下降。当体系剪切作用去除后，在电荷力作用下，趋向于聚氨酯粒子间的有序排列，黏度上升，由此，水性聚氨酯体系产生了触变性。

另外，缔合理论认为，通常增稠剂分子的支链与聚氨酯粒子相互缠绕，发生交联而产生网络结构，使体系具有结构黏度。若增稠剂分子的支链上连接有非离子表面活性剂，它们在水中互相缔合形成许多微胞，同时还会与体系中其他组分，如疏水型表面活性剂、颜料和聚氨酯粒子等的疏水端缔合，形成更多的微胞。这种缔合的疏水支链能互相转换位置而使微胞处于不断变化状态。这些微胞结构无论在高或低的剪切力作用下，都不易断裂，从而使体系具有稳定的黏度。

缔结型增稠剂应用于水性聚氨酯中的优点是：增稠效果高；流动更接近牛顿流体；低剪切率的黏度较低，平坦化性质较好；高剪切速率的黏度较佳，成膜性好；不易形成喷溅的效应；不会被微生物降解。缺点是增稠效果对水性涂料的配方很敏感，包含乳胶颗粒大小、乳化剂、添加剂、共溶剂种类等。

水性聚氨酯所采用的缔合型增稠剂有两类不同类型。

① 中、低剪切速率的增稠剂：使用这些缔合型增稠剂增稠水性聚氨酯表现为弱假塑性流变行为。

② 高剪切速率的增稠剂：使用这种缔合型增稠剂增稠的水性聚氨酯的流变曲线，实际上是牛顿型的。该增稠剂在高剪切速率范围起作用，大约 $10000s^{-1}$。（此处提到的黏度按照不同的黏度计叫作刷涂黏度或叫作 ICI 黏度）。

在实际水性聚氨酯中，常把适用于高剪切速率与中低剪切速率的缔合型增稠剂配合使用。这样，涂料的流变效果可以得到改善（如降低流挂性），增稠剂用量也可降到最低。

19.4　水性聚氨酯增稠剂的测试

水性聚氨酯增稠性的测试分两种情况。

（1）如果在使用前搅动典型涂料，其剪切速率通常在 $10 \sim 100 s^{-1}$ 之间时，可以用两种广泛用于涂料工业的黏度计，即 Brookfield 和 Stormer 黏度计进行测量。

（2）在喷涂、滚筒和涂刷时，其剪切速率在 $10000 \sim 40000 s^{-1}$ 时，由于涂料通常显示出假塑性流动特性，黏度计不适合测量高剪切速率范围（$1000 s^{-1}$ 以上），因而不能提供涂料在施工中的有关黏度性能的数据。能够在较广剪力范围进行测量的仪器有 Haake Rotovisco，Ferranti-Shirley 黏度仪，也可以通过使用一种测量中度范围的黏度计（如 Brookfield，Stormer）和一种测量较高范围的设施（如 ICI Cone 和平板黏度计）来达到一种折中方案。

19.5　水性聚氨酯用增稠剂实例

19.5.1　水性聚氨酯增稠剂

WT-105A（供应商：台湾德谦公司）为聚氨酯成分的液体水性增稠剂，使用方便，并且在流平性、涂膜光泽及耐水性等方面均优于传统的纤维素或丙烯酸类增稠剂。

（1）性质

组成　　　　　非离子性聚氨酯化合物
外观　　　　　微黄色微浊液体
不挥发分　　　48%～52%
溶剂　　　　　乙二醇单丁醚和水
相对密度　　　约 1.02
黏度　　　　　<14000mPa·s
pH 值　　　　6.5～7.0（在 5%水溶液中）
闪点　　　　　约 74℃

（2）特征与用途

① 可增加高剪切力的黏度，抑制低剪切力的黏度，使流动性和流平性获得大幅改善；并使水性涂料具有溶剂型醇酸树脂般的流动性质。在涂膜厚度、涂刷性与外观均优于其他传统的增稠剂。

② 在水性涂料中具有缔合的作用，并能与一般乳化漆的树脂完全相容，以 WT-105A 制成的涂料较其他增稠剂有较佳的耐热性与抗划伤性；在高光泽涂料

中，更能增进光泽度。

③ 对细菌的分解有较佳的抗性，增进黏度安定性。

适用于亚光至高光泽的各种体系，如：建筑涂料、皮革涂料、纸张涂布、纺织品涂布等。

（3）配方（质量分数）

WT-105A	25％
共溶剂	37.5％
水	37.5％

共溶剂可为乙二醇、丙二醇、丁二醇或其他醇类。

（4）添加量与使用方法

① 添加量：0.2％～2.0％。添加前依体系成分以及所需的流动性而定最佳加入量。

② 可在研磨前添加，最好是一部分在前，一部分在后。

③ 分散性佳，不需要事先稀释活化，若需要稀释活化可参考下列增稠剂的稀释曲线（如图 19-3 所示）。

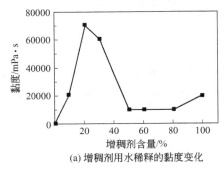
(a) 增稠剂用水稀释的黏度变化

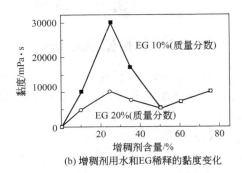
(b) 增稠剂用水和EG稀释的黏度变化

图 19-3　增稠剂稀释曲线

19.5.2　水性丙烯酸增稠剂

丙烯酸增稠剂 Alcoprint PTF（亨斯迈）、PTE-1（传化富联）。

（1）基本特性　丙烯酸增稠剂基本性质见表 19-4。

表 19-4　Alcoprint PTF、PTE-1 增稠剂的基本特性

增稠剂	pH 值	固含量/％	外观	干燥后状态	成膜速度
Alcoprint PTF	6.8～7.5	62	乳白至米黄色黏状液	无色透明膜状物	快
PTE-1	7.0～7.5	63	乳白至米黄色黏状液	无色透明膜状物	快

（2）增稠性能　配制不同浓度的增稠剂白浆，用 Brookfield DV-II＋PRO 黏度计（6 号转子）以 10r/min 转速于室温条件下测试器黏度，结果如图 19-4 所示。

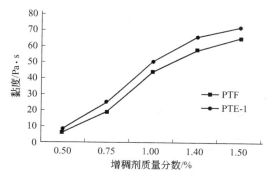

图 19-4　Alcoprint PTF、PTE-1 增稠剂的增稠性能图

（3）增稠剂对水性聚氨酯涂层的性能影响　用 Alcoprint PTF、PTE-1 增稠剂配制的水性聚氨酯涂饰剂对纯棉府绸进行圆网涂层加工，测试涂层的各项性能如表 19-5 所示。

表 19-5　增稠后水性聚氨酯涂层的性能

性　　能		未加增稠剂	PTE-1	PTF
（干）涂覆量/(g/m²)		17.4	19.6	19.1
耐水压/mm 水柱		290	350	332
拒水性/分		90＋	95＋	95
透气量/[L/(m²·s)]		18.9	18.5	18.0
断裂强力/kgf	经	70.9	69.6	69.3
	纬	52.8	53.7	53.2
断裂伸长率/%	经	18	13.3	12.8
	纬	19.5	18.8	18.3
缩水率/%	经	1.6	1.4	1.4
	纬	1.7	1.1	1.1
染色牢度/级	褪色	3～4	4	4
	沾色	3～4	4～5	4～5
	干摩	3～4	4～5	4
	湿摩	3	3～4	3～4

注：1mm 水柱＝9.80665Pa。

参　考　文　献

[1]　王武生，陈修宁，刘斌. 聚氨酯缔合型增稠剂分水现象的理论 [J]. 涂料工业，2006，34 (6)：1-4.

[2]　高楠，张琢，董擎之. 缔合型水性聚氨酯增稠剂的制备及其对聚氨酯水分散液性能的影响 [J]. 涂料工业，2012，42 (5)：20-23.

[3]　Kim M W, Choi Y W, Sim J H, et al. End chain length effect of hydrophobically end-capped poly (ethyl-

ene oxide)s on their self-assemblies in solution [J]. J Phys Chem B，2004，108：8269-8277.

［4］ 黄艳玲，郭建维，吕满庚. 新型梳状聚氨酯缔合型增稠剂的合成及性能研究 [J]. 功能材料，2010，I（41）：168-172.

［5］ 杨升，周瑜，林银利，等. 含疏水侧基的水性聚氨酯的合成及其增稠性能 [J]. 涂料工业，2012，42（11）：18-24.

［6］ 关有俊，谢兴益. 新型水性缔合型聚氨酯增稠剂的研制 [J]. 现代涂料与涂装，2006，03：46-48.

［7］ 李金华，何唯平，许钧强等. 缔合型增稠剂的合成及其应用性能研究 [J]. 现代涂料与涂装，2006. 12：1-4.

［8］ 乔义涛，张伟辉，冯聪聪等. 聚氨酯缔合型增稠剂的合成及其应用性能研究 [J]. 水性木器涂料与涂装，2012，27（07）：59-63.

第20章

水性聚氨酯抗静电剂和固化剂

20.1　水性聚氨酯抗静电剂

20.1.1　概述

　　水性聚氨酯抗静电剂属于高分子型抗静电剂，亲水性高聚物作为抗静电剂使用是20世纪80年代后期抗静电剂领域开发研究的重大进展，而水性聚氨酯抗静电剂是近年来才开始研究开发的一类新型抗静电剂。当两种不同性质的物体紧密接触或相互摩擦后迅速剥离时，由于它们对电子的吸引力大小各不相同，就会发生电子转移。一部分物体因失去部分电子而带正电，另一部分获得电子而带负电。如果该物体与大地绝缘，则电荷无法泄漏，停留在物体的内部或表面呈相对静止状态，这种电荷就称静电。静电在我们的日常生活中可以说是无处不在的，我们的身上和周围就带有很高的静电电压，几千伏甚至几万伏。平时可能体会不到，人走过化纤的地毯静电大约是32000V，翻塑料薄膜大约7000V。所以任何物体都带有静电。静电的聚集使得生活或者工业生产受到影响甚至危害，抗静电剂就是将聚集的有害电荷导引以消除，使其不会造成危害。与目前常用的小分子类抗静电剂相比，水性聚氨酯抗静电剂的价格较高，但效果好，不易析出，不冒霜，不喷白，不粘连，效果长久（一般3年内都有抗静电效果），实际添加量较少，一般使用量在3%左右即可达到使体积电阻率达到$10^8\Omega\cdot cm$的级别。

　　不同于传统的表面活性剂型抗静电剂，水性聚氨酯抗静电剂通常是利用聚合物合金化技术来保证改性制品具有优异抗静电性、耐热性、抗冲击性的，其重点是提高亲水性高聚物在树脂中的分散程度和状态，这可以通过聚氨酯的强氢键特性或合成时键入可反应基团加以解决。当其和高分子基体共混后，一方面由于其分子链的运动能力较强，分子间便于质子移动，通过离子导电来传导和释放产生的静电荷；另一方面，抗静电能力是通过其特殊的分散形态体现的。所以说，水性聚氨酯抗静电剂是通过降低材料体积电阻率来达到抗静电效果。研究表明：高分子永久型抗静电剂主要是在制品表层呈微细的层状或筋状分布，构成导电性表层，而在中心部分几乎呈球状分布，形成所谓的"核壳结构"，并以此为通路泄漏静电[1]。

20.1.2　水性聚氨酯抗静电剂的分类

目前，水性聚氨酯抗静电剂主要有两大类，即离子型和复配型。

(1) 离子型水性聚氨酯抗静电剂　水性聚氨酯抗静电剂按离子电荷种类可以分为阳离子型、阴离子型、非离子型等。其中离子类型靠其亲水基团的性质决定。水性聚氨酯抗静电剂可以单独使用。

(2) 复配型水性聚氨酯抗静电剂　一类新的耐久型抗静电剂是通过水性封端聚氨酯与阳离子表面活性剂复配而制备的，此复配物在一定条件下解封闭，于催化剂作用下相互交联形成三维网状结构固着在织物上。它良好配伍性、反应性和渗透性，使得在低加入量时能获得良好的抗静电性能，加上聚氨酯固有的耐磨特点，使得此类抗静电剂具有广阔的发展前景[2]。

20.1.3　水性聚氨酯抗静电剂配方原则

水性聚氨酯抗静电剂的效果首先取决于它作为表面活性剂的基本特性——表面活性。比如阳离子型表面活性好，所反映出的抗静电性强，但耐热性差。要根据具体使用对象选择粒子的性质；憎水基团是水性聚氨酯抗静电剂依附到树脂上借以形成静电荷通道的关键，所以它的极性大小、软硬段比例、甚至有无可以和树脂键合的基团，都是表面活性大小以至抗静电性能好坏的关键。水性聚氨酯分子量也是其表面活性重要的影响因素，分子量太高，不利于水性聚氨酯抗静电剂向树脂表面迁移；分子量太低，材料表面耐摩擦性能等又会下降，更重要的是使得树脂材料的理化性能下降。通常水性聚氨酯抗静电剂的分子量比树脂分子量小得多，添加量也仅为 0.3%～2.0%。

当水性聚氨酯抗静电剂分子在相界面作定向吸附时，会降低相界面的自由能及水和树脂之间的接触角。这种吸附作用，与基体的性质有关，也与水性聚氨酯的性质有关。根据极性相似规则，水性聚氨酯抗静电剂分子的疏水链段倾向与树脂的非极性链段接触，而亲水基团则倾向与空气中的水接触，从而形成规则的面向空气中的水的亲水吸附层。在空气湿度相同的情况下，亲水性好的水性聚氨酯抗静电剂会结合更多的水，使得聚合物表面吸附更多的水，离子电离的条件更充分，从而改善抗静电效果。通过质子置换，也能发生电荷转移。含有羟基或氨基的抗静电剂，可以通过氢键连成链状，在较低的湿度下也能起作用。所以，基团体积大，极性强的阳离子型水性聚氨酯抗静电效果要强于其他电荷种类的水性聚氨酯。

水性聚氨酯抗静电剂与树脂的相容性同样遵循极性相近相容原理。树脂都具有长碳链结构，属非极性树脂，有的具有极性端基，极性增大。水性聚氨酯抗静电剂同时具有聚氨酯链等憎水基链段和羧基、磺酸基等阴离子基团，氨基等阳离子基团、聚乙二醇等非离子等亲水基团。一般憎水链段越长，与树脂的相容性越好。亲水基离子强度大、数量多的水性聚氨酯，极性很强，与树脂的相容性不好，同时迁出太快，持效期太短，影响长期使用；但亲水基离子强度过低，极性过低，则亲水吸附性差，与树脂相容性太好，抗静电剂不易迁出，达不到抗静电效果。因此在设计和使用水性聚氨酯抗静电剂时需要统筹考虑，通过实验筛选出水性聚氨酯抗静电剂离子性质、离子强度、憎水链段长度以及最佳使用量。

20.1.4　水性聚氨酯抗静电剂的测试

评价抗静电剂效果的测试方法有两个：表面电阻（率）法和静电衰变法；这两种方法都在广泛地使用。

(1) 表面电阻率的测试　将高阻仪的两个电极放置于高分子材料样品表面的同一侧，并给电极通过直流电；测量通过试样的电流，并计算电阻；然后把表面电阻率的测量结果用欧姆表示出来。按照 ASTMD257－2007 绝缘材料的直流电阻或电导率的标准试验方法测定，国内参考的测定方法 GB/T 1410—2006。

(2) 联邦测试标准 101，4046 方法　静电衰变是指感应电荷的放电速度。将试样（通常是薄板或薄膜）置于两个电极之间，电极与样品表面的距离为数毫米。一个电极接连于电源，另一个电极连接于电流表和记录器，由一个电极在样品表面上感应的电荷所引起的电场变化由另一个电极测量。抗静电样品将表现出感应电荷的衰变。衰变半衰期（以秒计）便是电荷由其最初值衰减一半所需的时间。国内采用 GB/T 12703.1—2008 测定半衰期。

20.1.5　水性聚氨酯抗静电剂实例

合成例 1：将一定量的 MDI 加入到装有搅拌器、温度计、滴液漏斗和冷凝回流管的四颈瓶中，逐滴加入 PEG-400，控制反应温度和反应时间，并适当加入丙酮以降低反应混合物的黏度，再用 15％的 $NaHSO_3$ 溶液封闭，加入一定量的水使乳液均匀混合，最后脱去丙酮，得到封端型水性聚氨酯（含固量为 37％）。将封端型水性聚氨酯和抗静电剂 TN 按一定比例混合，高速搅拌，充分混匀，即可得到抗静电剂复配物，该复配物呈白色乳状，均一、稳定[2]。

合成例 2：在装有搅拌器、温度计、回流装置的烧瓶中加入 2,4-甲苯二异氰酸酯（TDI）和经脱水处理的聚醚二元醇 210，升温至 90℃保持反应 2.5h 后加入 1,4-丁二醇和二羟甲基丙酸，加热至 60℃，3～4h。并在反应过程中加入适量丙酮，防止黏度过大。反应完全后冷却到室温。将预聚体用三乙胺中和后加水进行高速乳化，得到半透明乳液，减压蒸馏脱去溶剂即得阴离子型水性聚氨酯。

季铵盐的合成：在装有搅拌器、温度计、回流装置的烧瓶中加入30g脂肪胺聚氧乙烯醚（18烷）和100mL的四氢呋喃（THF），再加入17.8g的1-溴代辛烷，加热至65℃左右回流3h。得到含固量约40%的季铵盐。

抗静电剂的制备：将以上合成的水性聚氨酯和季铵盐按一定的比例混合，高速搅拌，充分混匀，即得到抗静电复合液[3]。

举例[4]：用水溶性聚氨酯1%和脂肪胺聚氧乙烯醚及其季铵盐衍生物2%分别配成工作液，浸轧涤纶、锦纶和腈纶织物，分别控制轧余率65%、30%和70%，经100℃烘干2min、150℃焙烘3min，制成样布系列Ⅰ和Ⅱ，按GB/T 12703.1—2008测定半衰期。对照样用市售的耐久型抗静电剂3%的溶液按同法处理织物制作。半衰期见表20-1。

表20-1　半衰期　　　　　　　　　　　　　单位：s

试样布	洗涤次数				
	0	5	10	20	40
涤纶-1	<1.0	1.0	2.0	3.0	12.0
锦纶-1	<1.0	1.0	1.0	3.0	10.0
腈纶-1	<1.0	1.0	3.0	4.0	10.0
涤纶-2	<1.0	1.0	2.0	4.5	13.5
锦纶-2	<1.0	1.0	2.0	3.0	13.0
腈纶-2	<1.0	1.0	2.0	3.0	10.0
涤纶对照	3.5	23.0	>30		
锦纶对照	2.0	20.0	28.0	>30	
腈纶对照	3.0	20.0	24.0	>30	

20.2 水性聚氨酯固化剂

20.2.1 概述

在水性聚氨酯合成中,聚氨酯分子链结构多为线型或微交联,造成分子量小,交联度低,这是造成水性聚氨酯和溶剂型聚氨酯材料性能差异的主要原因。传统的聚氨酯涂料固化剂为溶剂型,溶剂的挥发会造成大气污染,并且大多数有机溶剂具有毒性,对人体健康造成了威胁;同时,虽然作为带有亲水疏水链段的水性聚氨酯可以部分乳化掉溶剂型聚氨酯固化剂,但就总体而言,溶剂型聚氨酯固化剂难以分散在水中,不能形成稳定体系,在施工前就有可能形成相分离。水性聚氨酯固化剂,准确的表述应该是水分散型多异氰酸酯或亲水改性聚异氰酸酯。它具有水可分散性,近年来,随着人们环保意识的增强,以及对 VOC 的严格限制,促进了低污染、高性能的环保型水性涂料的开发,也促进了水性异氰酸酯固化剂较快地发展。

水性聚氨酯固化剂的最初想法是利用亲水基团对多异氰酸酯进行改性,制备出的目标产物中还是必须含有活泼的异氰酸酯基。但异氰酸酯基极易与水反应,所以最初的想法一直难以实现。早期亲水改性多异氰酸酯都是使用阳离子型、阴离子型或非离子型的乳化剂使得多异氰酸酯可以分散到水体系中。但该法存在乳化剂用量大、分散后颗粒较粗、储存稳定性差、胶层物理机械性能不好、耐水性差等缺点。20 世纪 90 年代初期,P. B. Jacobs and P. C. Yu.[5]用聚乙二醇单甲醚改性三聚 HDI,从而得到在水中能分散的亲水性多异氰酸酯固化剂,它可以分散在水中,并可以长期保持稳定性。他们的发明为水性聚氨酯固化剂的合成提供了工业化基础。

20.2.2 水性聚氨酯固化剂的分类

亲水改性的多异氰酸酯固化剂是用带有亲水基团的物质对多异氰酸酯进行改性,而合成出一种新的多异氰酸酯。它可以与水混合,混合后,亲水改性多异氰酸酯上所带的亲水基团朝向水相,从而保护了异氰酸酯基团,亲水基团因所带同种电荷而相互排斥,使得多异氰酸酯分散相处于稳定状态。这里,关键是亲水基团,所以,按照亲水基团电荷的性质,水性聚氨酯固化剂分为三大类。

(1) 非离子型 Jacobs 等合成出的就是非离子型,它是目前主流水性固化剂。通过氨基甲酸酯的反应,将含有环氧乙烷或环氧丙烷等亲水基团引入多异氰酸酯中,使其达到一定的亲水性,一般多使用一个摩尔的亲水聚醚多元醇,如聚乙二醇(PEG)、聚丙二醇(PPG)、聚乙二醇单丁醚或环氧乙烷与环氧丙烷共聚的混合物与两个多异氰酸酯分子交联反应。此类固化剂可以提高聚异氰酸酯官能度。而少量聚醚醇足以使这些产品达到规定的分散性,适用面广。但此类固化剂的异氰酸酯平均官能度低,所得到的胶膜的交联密度低,耐化学品性等性能不是很好。

(2) 离子型 使用阴离子或阳离子基团的化合物与多异氰酸酯反应,也可以为多异氰酸酯提供亲水性，所得到的水性聚氨酯固化剂就为离子型的。含阴离子基团的化合物包括羧酸盐和磺酸盐，而含阳离子基团的化合物则包括叔铵盐、季铵盐和磺胺盐等。目前多用阴离子磺酸盐型。此类固化剂异氰酸酯平均官能度相对较高，所得到的胶膜的交联密度大，耐化学品性等性能大大提高，所制得的双组分水性聚氨酯胶膜性能类似溶剂型。

(3) 混合型　同时使用非离子和离子型亲水基团对多异氰酸酯进行改性可以得到混合型水性聚氨酯固化剂。

20.2.3　水性聚氨酯固化剂配方原则[6]

(1) 亲水基团电荷性质的选择　非离子具有良好水分散性，适用面广。但在使用时，由于需要较高亲水聚醚类物质，才能达到良好的分散性，这就导致干燥所需的时间长，同时胶膜耐水性降低，另异氰酸酯基团的降低会降低交联密度，故非离子型水性聚氨酯固化剂在抗性要求不太高的体系中应用。离子改性中阳离子改性是在多异氰酸酯引入含有阳离子基团的物质，再中和成盐，得到含有季铵盐、吡啶鎓盐或咪唑鎓盐等具有亲水性的多异氰酸酯。这种改性方法步骤多，成本高，同时阳离子的存在将促进—NCO和活泼氢的反应，加快发泡的趋势，导致体系的稳定性下降，故很少选用。阴离子改性与阳离子改性机理相同，含阴离子基团的物质主要有羧酸盐、磺酸盐、磷酸盐等。如用 DMPA 和 HDI 的脲二酮、HDI 三聚体反应，形成加成物后用三乙胺等叔胺中和后得到羧酸型，用 3-(环己氨基)-1-丙烷磺酸与HDI、IPDI 等脂肪族多异氰酸酯，在温和条件和叔胺中和剂存在下反应，可以得到磺酸盐型。阴离子型较阳离子改性常用，是由于其产物可延缓—NCO和水的反应速率，从而延长了使用期，同时较高异氰酸酯官能度使得阴离子型在高抗性体系中应用。混合改性是将以上两种方法结合，它可以解决由于亲水聚醚的引入带来的耐抗性差、易结晶的问题，同时解决阴离子对 pH 值的限制，如通过磺酸盐和聚乙二醇单醚共同改性多异氰酸酯，所形成的胶膜不仅可以避免结晶现象，同时可增加耐抗性。

(2) 改性剂的选择　多异氰酸酯采用 HDI 三聚体时，改性剂用量多在异氰酸酯量 10% 以下，很难溶解超过 10%。在非离子亲水改性异氰酸酯中亲水聚醚的含量越高，分散体在水中的黏度越大。这是因为内相的浓度增加的缘故。改性聚醚的含量越大，改性的多异氰酸酯的水溶解性越好，但 NCO 与水的反应产生更多的 CO_2，导致分散体在储存时 pH 下降加快。另外，亲水聚醚的含量越大，由于聚醚链的增塑作用，固化膜的硬度越低，胶膜耐水性和耐酸性下降。

不同相对分子质量的 MPEG 对水性异氰酸酯在乳液中分散性能的影响是不同的。在 MPEG 的相对分子质量较小时，由于所含亲水性的醚键较少，接枝到多异氰酸酯分子上之后，由于亲水基团不足而难以在乳液中达到良好的分散；而相对分子质量大时，分子链之间的缠绕使得产物的黏度较大，同时由于 MPEG 分子链较规整，具有较强的结晶性，甚至在常温下为固态，使得产物在乳液中难以轻松地达到良好的分散状态。另外，亲水聚醚改性剂的链越长，与分散体混合越容易，分散体的稳定性越强，如果用于改性的聚醚其重复单元—CH_2CH_2O—数超过 10，多异氰酸酯会有结晶化的倾向。通过使用平均 5.0～9.9 个亚乙氧基单元的聚乙二醇单甲醚来改性脂肪（环）族的 HDI 多异氰酸酯，可制得容易分散在水中的 HDI 多异氰酸酯即使在长期的储存或在低温下也没有结晶的倾向。所以，在非离子水性聚氨酯固化剂中选用 MPEG400 与 MPEG600 较为合适。

在制备非离子型水性聚氨酯固化剂中，通常会加入聚环氧丙烷类聚醚，如聚醚210。聚醚 210 的加入是为了破坏 MPEG 的分子规整性，制备出的非离子水性聚氨酯固化剂能在乳液中稳定分散，且分散过程不需要较强的剪切力，手动搅拌即可达到良好的分散效果。

（3）多异氰酸酯的选择　多异氰酸酯的类型对水性聚氨酯固化剂水分散性影响很大。采用 TDI 三聚体与乳液配制的涂料在涂膜外观、耐水性、力学性能等方面均与采用 HDI 三聚体所配制的涂料有一定差距。这是因为 TDI 三聚体（芳香族多异氰酸酯）中由于苯环的存在，使得—NCO 基团之间发生诱导效应，使异氰酸酯的反应活性大大增加，与水的反应速率大大高于 HDI 三聚体（脂肪族多异氰酸酯），会很快与水发生反应，生成的二氧化碳难以及时排除，而破坏了成膜性能。而且用芳香族多异氰酸酯合成的产物较易黄变。由于多异氰酸酯相当一部分与水反应生成了脲键，分子之间交联增加，氢键等作用力增强，从而分子内应力过强，使得涂膜发脆，力学性能下降。另外芳香族多异氰酸酯与水反应快，亲水改性后用途有限；脂肪族异氰酸酯与水反应温和，但直接用单体来进行改性实例不多。异氰脲酸酯和加成物类型的多异氰酸酯与水反应缓慢，稳定性好，品种较多，用途广泛。在相同的改性剂类型、分子量和用量时，改性的 HDI 三聚体较 MDI 更易溶于水，可分散在水中的多异氰酸酯官能度最好在 2.2 以上，要使多异氰酸酯容易分散在水中，其异氰酸酯（NCO）含量最低在 12%，最好 20% 以上，对于 NCO含量低的多异氰酸酯，如单体异氰酸酯与高分子量多元醇的反应产物，黏度高，即使亲水改性也很难使之溶于水中；在异氰酸酯中引入亲油基团，可以降低水与异氰酸酯的反应速率，同时保持亲水改性多异氰酸酯的稳定性。如利用亲水的聚乙二醇单醚和亲油的醇来改性多异氰酸酯，降低了水的敏感性。HDI 和 1,3-丁二醇的加成物三聚后，再与聚乙二醇单甲醚和蓖麻油酸单酯反应，提高了化学稳定性。

（4）溶剂　水性聚氨酯固化剂有一个突出的问题，即在储存时会有异氰酸酯与水的反应发生，这会导致多异氰酸酯官能度减少，多异氰酸酯分子量增加以及二氧化碳气体产生。多异氰酸酯官能度减少，会使成膜性能变差，表现在较差的光泽、硬度、耐水和耐有机溶剂性能；多异氰酸酯分子量增加，导致其黏度增加，使流动性变差、外观变差。要改进外观需要加入有机溶剂来降低黏度。对水可分散的亲水改性的异氰酸酯要求黏度较低，这样可用较少的溶剂使之分散于水中，尽管聚乙二醇单醚有助于使脂肪（环）族异氰酸酯分散在水中，为使其容易分散在水中，常常需要将异氰酸酯溶解在溶剂中，如果使用的聚乙二醇单羟基醚是固体或半固体，所得到的改性异氰酸酯也是固体，要将其分散在水中，也必须先溶解于溶剂。使用的有机溶剂应该与多异氰酸酯有较好的相容性，并且不含有能与NCO反应的基团，如醋酸酯类、醚类、酮类以及芳香族化合物，溶剂用量应尽可能少；在亲水改性的多异氰酸酯中加入乳化剂和有机溶剂还可以提高其在水中的稳定性，另外，含溶剂的多异氰酸酯比不含溶剂的异氰酸酯有较好的耐水性，这是因为溶剂降低了漆膜的最低成膜温度，有利于漆膜更好的成膜；同时使多异氰酸酯和多元醇有机溶剂分布更均匀，可增加涂层和底材之间的粘接性能，因为溶剂减低了底材的表面张力，增加了接触面积。

20. 2. 4 水性聚氨酯固化剂的测试

(1) 稳定性测试 将亲水性多异氰酸酯：水为 30：70 的混合物加入高速搅拌器中，在 1000r/min 下转 2min，并在 1500r/min 下再转 1min 后，发泡开始的时间即为储存稳定性。

(2) 异氰酸酯含量测定 按照 GB 12009.4—1989 异氰酸酯中异氰酸根的含量测定方法测定。

(3) 黏度测定 按照 GB/T 22235—2008 液体黏度的测定方法测定。

20. 2. 5 水性聚氨酯固化剂实例

举例 1[7]：在装有搅拌、冷凝管、温度计的反应容器中按 n（—NCO）：n（—OH）＝6 加入配方量的丙酮与三聚 HDI，升温到 80℃，然后分三次加入聚乙二醇单甲醚 MPEG400 或 MPEG600 和聚醚 210 [n（聚乙二醇单甲醚）：n（聚醚 210）＝6：4]，每次加入总量的 1/3，加完后保温 4h，然后抽真空脱除丙酮，降温即得产品。

涂料的配制方法：在配方量的羟基丙烯酸酯乳液中加入计量好的流平剂与消泡剂搅拌均匀，然后按照比例加入上述所得的多异氰酸酯并搅拌均匀，即可得到涂料清漆。

举例 2[8]：在反应釜中第一步分别加入 100 份的聚异氰酸酯，本举例中选用 IPDI 三聚体；25 份分子量为 650 的多乙二醇单丁醚和少量二月桂酸二丁基锡催化剂。第二步将反应釜中各组分搅拌均匀，升温至 60℃，在此温度条件下反应约 4h，加入 75 份的丙二醇甲醚醋以酯稀释后出料即成水分散型聚异氰酸酯交联剂。

应用例：在固含量为 35%、羟基含量 1.5% 的水性羟基聚氨酯分散体中，按 NCO：OH＝1.5：1 的比例加入上述举例中的水分散型聚异氰酸酯交联剂，手动搅拌均匀，加入水稀释至涂刷适宜的黏度，按中华人民共和国国家标准制板和进行涂膜性能测试，结果如下所述。

涂膜外观：平整光滑；

光泽（60°）：98%；

耐水：120h 无变化；

铅笔硬度：2H 耐磨（750g/500r）：10mg；

表干时间：10min。

举例3[9]：将亲水性多异氰酸酯与去离子水按 1：1 混合，用木铲手工强搅拌大约 30s，产生一种溶液，将其经 80μm 过滤器过滤。

将聚氨酯分散体在瓶中初始称重，并将以上制得的亲水性多异氰酸酯水溶液按 5.0% 称入其中。用木铲手工强搅拌大约 30s。产生均匀分散体。将这种分散体经 80μm 过滤器过滤，然后以 30~50μm 的层厚刮涂到铝板（Gardobond 722W0F）上。随后在室温下静置后或在干燥后（30min，180℃）将该涂布的板进行分析测试。结果见表 20-2。

表 20-2　涂布板性能测试

HPIC	固化	干燥时间 /min	层厚 /μm	埃里克森杯突	Peugeot	摆锤硬度			化学品耐受性(7d)	
						1d	2d	7d	MEK	MeOH
无	室温	23	42~48	7.0	0	57	53	53	30	5
	30~80℃		32~44	5.5	0	45	53	52	50	10
实施例 6	室温	25	32~57	7.0	0	42	61	66	130	45
	30~80℃		37~57	7.0	0	43	67	74	>150	100
Bayhydur 3100	室温	25	29~53	6.5	0	47	66	81	80	80
	30~80℃		32~43	6.5	0	50	68	89	>150	100

参 考 文 献

[1] 王雅珍，李栋，朱清梅，庞向阳，阮诗平，杨雪静. 聚丙烯抗静电剂的研究现状及发展趋势 [J]. 塑料工业，2008，36（7）：11-15.

[2] 周向东，李纯清，桂陆军. 封端型水系聚氨酯抗静电剂的研制及应用 [J]. 纺织学报，2003，24（4）：293-295.

[3] 鲍俊杰，汪乐春，刘都宝，纪学顺，许戈文. 水性聚氨酯抗静电剂的研制 [J]. 中国胶黏剂，2007，16（3）：34-36.

[4] 朱建平. 新型水系聚氨酯抗静电剂的制备和应用 [J]. 印染助剂，1998，（4）：16-18.

[5] Jacobs P B，Yu P C. Two-component waterborne polyurethane coating [J]. J. Coat. Technol.，1993，69（822），45~50.

[6] 张发爱，王云普，柴春鹏. 亲水改性多异氰酸酯 [J]. 化学通报（网络版），2004，67（1）：w002，1-7.

[7] 吕夏阳，廖玉，曹德榕等. 水性聚氨酯固化剂研究应用进展 [M]. 现代涂料与涂装，2012，15（1）：10-15.

［8］ 张东阳，周铭，张玉兴等. 水分散型多异氰酸酯的研制与应用 ［J］. 涂料工业，2008，38（11）：37-43.

［9］ 韦雨春，高文先. 水分散型聚异氰酸酯交联剂 ［P］：CN 1278537 A.

［10］ 阿尔布雷希特 E，施皮劳 E，利林塔尔 A，劳坎普 A，霍佩 D，库珀特 D，文兹默 J，舒贝特 F，费伦茨 M. 亲水性多异氰酸酯 ［P］：CN 102892803 A.